EUROPA LEHRMITTEL

EUROPA-FACHBUCHREIHE
für Kraftfahrzeugtechnik

Arbeitsblätter Kraftfahrzeugtechnik Lernfeld 9 ... 14

AF833263

Autoren:

Fischer, Richard	Studiendirektor a.D.	Polling – München
Gscheidle, Rolf	Studiendirektor a.D.	Winnenden
Gscheidle, Tobias	Dipl.-Gewerbelehrer, Studiendirektor	Sindelfingen – Filderstadt
Heider, Uwe	Kfz-Elektriker-Meister, Trainer Audi AG	Neckarsulm – Ellhofen
Hohmann, Berthold	Oberstudiendirektor	Eversberg
van Huet, Achim	Dipl.-Ingenieur, Oberstudienrat	Oberhausen – Essen
Keil, Wolfgang	Oberstudiendirektor a.D.	München
Lohuis, Rainer	Dipl.-Ingenieur, Oberstudienrat a. D.	Hückelhoven
Mann, Jochen	Dipl.-Gewerbelehrer, Studiendirektor	Schorndorf
Schlögl, Bernd	Dipl.-Gewerbelehrer, Studiendirektor	Rastatt – Gaggenau
Wimmer, Alois	Oberstudienrat a.D.	Berghülen

Leitung des Arbeitskreises und Lektorat:
Rolf Gscheidle, Studiendirektor a.D., Winnenden

Bildbearbeitung:
Zeichenbüro des Verlags Europa-Lehrmittel, Nourney Vollmer GmbH & Co. KG, Ostfildern

3. Auflage 2021, korrigierter Nachdruck 2024

Druck 5 4 3 (keine Änderung seit der 2. Druckquote)

Alle Drucke derselben Auflage sind parallel einsetzbar, da sie bis auf die Korrektur von Druckfehlern identisch sind.

Satz: rkt, 51379 Leverkusen, www.rktypo.com
Umschlag: braunwerbeagentur, 42477 Radevormwald
Umschlagfotos: Audi AG, Ingolstadt und Dr. Ing. h. c. F. Porsche AG, Stuttgart
Druck: Himmer GmbH, 86167 Augsburg

Europa-Nr.: 2281X
ISBN 978-3-7585-2189-8

VERLAG EUROPA-LEHRMITTEL · Nourney, Vollmer GmbH & Co. KG
Düsselberger Straße 23 · 42781 Haan-Gruiten

Vorwort

Die Arbeitsblätter Kraftfahrzeugtechnik Lernfeld 9 … 14 sind so gestaltet, dass mit ihnen berufliche Handlungskompetenzen nach dem Rahmenlehrplan erworben werden. Die vorgegebenen Aufgabenstellungen können in Einzel- oder Gruppenarbeit selbstständig bearbeitet werden. Dabei werden die vom Rahmenlehrplan geforderten Fach- und Systemkenntnisse erworben und vertieft, wobei die betriebliche Handlung Ausgangsbasis ist und im Mittelpunkt steht.

In der dritten Auflage wurden bei den Aufgabenstellungen zum *Direktschaltgetriebe* und zur *Diagnose von Automatikgetriebe* Aktualisierungen vorgenommen.

Die Lernsituationen im Lernfeld 9…14 wurden so überarbeitet, dass sie auf den Lernsituationen der ersten acht Lernfelder in spiralcurricularer Weise aufbauen.

Methodisch gliedert sich der Aufbau der Arbeitsblätter nach folgendem Schema:

1. **Situation:**
   Sie dient zum praxisorientierten Einstieg in das Thema.

2. **Informationsbeschaffung und Systemkenntnis:**
   In diesem Bereich sollen ganzheitliche berufliche Handlungsaufgaben mit mathematischen und arbeitsplanerischen Elementen abgearbeitet werden. Dadurch wird die Basis für eine Problemlösung geschaffen.

3. **Problemlösung:**
   Nach dem Erwerb der notwendigen Fach- und Systemkenntnisse kann der Bearbeiter mit Hilfe unterschiedlichster Hilfsmittel, wie Tabellenbuch, Fachkundebuch und Herstellerunterlagen, wie z. B. ESI[tronic], die anfänglich gestellte Situation lösen.

Inhaltlich sind Aufgabenstellungen zu folgenden Lernfeldern vorhanden:

Lernfeld 9	**Service** **Serviceaufgaben an Komfort- und Sicherheitssystemen durchführen**
Lernfeld 10	**Reparatur** **Schäden an Fahrwerks- und Bremssystemen instand setzen**
Lernfeld 11	**Diagnose** **Vernetzte Antriebs-, Komfort- und Sicherheitssysteme diagnostizieren und instand setzen**
Lernfeld 12	**Service** **Fahrzeuge für Sicherheitsprüfungen und Abnahmen vorbereiten**
Lernfeld 13	**Reparatur** **Antriebskomponenten reparieren**
Lernfeld 14	**Um- und Nachrüsten** **Systeme und Komponenten aus-, um- und nachrüsten**

Die Arbeitsblätter bilden mit den weiteren Büchern der Fachbuchreihe Kraftfahrzeugtechnik, wie Fachkundebuch, Sim-Kfz/EFA 6.1 (Bilder und Animationen), Tabellenbuch, Rechenbuch, Prüfungstrainer Basis- und Fachwissen, eine geschlossene Einheit. Sie sollen eine Hilfe für die Durchführung von kompetenzförderndem, lernfeldorientiertem Unterricht sein.

In der EUROPATHEK kann das interaktive Arbeitsheft mit digitalen Verknüpfungen zum Fachkundebuch, Tabellenbuch, Rechenbuch und SimKfz/EFA genutzt werden.

An den jeweiligen Stellen der Aufgaben wurden dort Hinweise zu Verknüpfungen eingefügt:

Fachkundebuchseiten   Tabellenbuchseiten   Rechenbuchseiten

Hinweise und Verbesserungsvorschläge können dem Verlag und damit den Autoren unter der E-Mail-Adresse **lektorat@europa-lehrmittel.de** gerne mitgeteilt werden.

Die Autoren   Winter 2021/2022

Inhaltsverzeichnis

Arbeitsblätter Lernfelder 9 ... 14

Lernfeld 9 Service

Serviceaufgaben an Komfort- und Sicherheitssystemen durchführen

Lernfeld 10 Reparatur

Schäden an Fahrwerks- und Bremssystemen instand setzen

Lernfeld 11 Diagnose

Vernetzte Antriebs-, Komfort- und Sicherheitssysteme diagnostizieren und instand setzen

Lernfeld 12 Service

Fahrzeuge für Sicherheitsprüfungen und Abnahmen vorbereiten

Lernfeld 13 Reparatur

Antriebskomponenten reparieren

Lernfeld 14 Um- und Nachrüsten

Systeme und Komponenten aus-, um- und nachrüsten

Firmenverzeichnis – Bildquellenverzeichnis – Danksagung

Die nachfolgend genannten Firmen haben die Autoren durch fachliche Beratung und durch Informations- und Bildmaterial unterstützt. Wir danken Ihnen hierfür recht herzlich.

AUDI AG, Ingolstadt-Neckarsulm:
S. 8/1; S. 31/1; S. 32/1; S. 54/2; S. 56/1; S. 80/1–5; S. 96/1–3, 6; S. 99/1; S. 132/1, 2; S. 135/2; S. 144/1; S. 146/2

BLAUPUNKT BOSCH, Hildesheim:
S. 164/1–5; S. 167/1

BMW AG, München:
S. 33/2; S. 66/1; S. 157/2, 4; S. 162/1; S. 177/1

ROBERT BOSCH GMBH, Stuttgart:
S. 7/1; S. 51/1; S. 54/1; S. 58/4; S. 163/2; S. 200/1, 2

BRC GAS EQUIPMENT DEUTSCHLAND,
Althengstedt: S. 191/1, 2; S. 192/1

EBERSPÄCHER GMBH & CO. KG,
Esslingen: S. 178/1

GASDRIVE TECHNOLOGIES GMBH,
Althengstedt: S. 190/1,2

HELLA KG HUECK & CO,
Lippstadt: S. 173/3,4

H&R SPEZIALFEDERN GMBH & CO. KG,
Rottweil: S. 195/3

HUNTER DEUTSCHLAND GMBH,
Greifenberg am Ammersee: S. 46/8

KW AUTOMOTIVE GMBH, Fichtenberg:
S. 195/4; S. 197/1–5

MS-DESIGN, Roppen: S. 195/5,6

NISSAN DEUTSCHLAND GMBH,
Wesseling: S. 193/1

DR. ING. H. C. F. PORSCHE AG,
Stuttgart: S. 70/2; S. 71/1; S. 72/2; S. 199/1

TARTARINI AUTOGAS GMBH,
Bottrop: S. 186/1

TOYOTA DEUTSCHLAND GMBH,
Köln: S. 158/1

TWIN BUSCH GMBH, Bensheim: S. 16/3

VOLKSWAGEN AG, Wolfsburg:
S. 11/1, S. 12/1; S. 18/1; S. 30/1; S. 30/2; S. 45/1; S. 104/2; S. 117/1–5

ZENEC ACR BRÄNDLI & VÖGELI,
CH-Bad Zurzach: S. 183/1, 3, 4; S.184/1

ZF FRIEDRICHSHAFEN AG,
Saarbrücken: S. 136/1

ZF FRIEDRICHSHAFEN AG,
Schwäbisch Hall: S. 62/1

Alle Bilder im Heft ohne Bildquellenangabe wurden vom **Zeichenbüro des Verlags Europa-Lehrmittel**, Ostfildern, oder von den Autoren bearbeitet und erstellt.

Folgende Firmen haben die Autoren durch fachliche Beratung und durch Informationsmaterial unterstützt. Auch Ihnen danken wir herzlich.

BEISSBART GMBH, München

CONTINENTAL TEVES AG & CO, OHG AFTERMARKET, Frankfurt

FORD AG, Köln

GTÜ PRÜFSTELLE WILDBERG, Sulz am Eck

HAZET-WERK HERMANN ZERVER GMBH & CO KG,
Remscheid

HONDA R&D EUROPE (DEUTSCHLAND) GMBH,
Offenbach/Main

ITT AUTOMOTIVE
(ATE, VDO, MOTO-METER, SWF, KONI, Kienzle),
Frankfurt/Main

LUK GMBH, Bühl/Baden

MAHA MASCHINENBAU HALDENWANG GMBH & CO. KG, Haldenwang

MANNESMANN SACHS AG, Schweinfurt

MERCEDES-BENZ AG, Stuttgart

NGK/NTK EUROPE GMBH, Ratingen

ADAM OPEL AG, Rüsselsheim

SCHAEFFLER GROUP, AUTOMOTIVE AFTERMARKET GMBH & CO. KG,
Langen

TEXTARTMD FRICTION SERVICES GMBH,
Leverkusen

VEREINIGTE MOTOR-VERLAGE GMBH & CO. KG,
Stuttgart

DOMETIC WAECO INTERNATIONAL GMBH,
Emsdetten

AUTOHAUS WESTERMANN, Rastatt

WÜRTH GRUPPE, Künzelsau

ZF SACHS AG, Schweinfurt

Name:		
Klasse:	Datum:	Blatt-Nr.:

Situation: Bei einem AUDI A6 löste bei einem Auffahrunfall der Fahrerairbag aus. Dieser ist zu ersetzen. Außerdem sind alle pyrotechnisch arbeitenden Insassenschutzsysteme zu überprüfen und bei Bedarf ebenfalls zu erneuern.

1. Im Schema sind die sicherheitstechnischen Einrichtungen des Fahrzeugs dargestellt. Ordnen Sie die Ziffern dem Bild richtig zu.

   1 Fahrerairbag
   2 Crashsensoren für Frontairbag
   3 Seitenairbags
   4 Beifahrerairbag
   5 Kopfairbags
   6 Crashsensoren für Seitenairbags/Kopfairbags
   7 Airbagsteuergerät
   8 Diagnoseanschluss
   9 Motorsteuergerät
   10 Gurtschlossschalter Fahrer-, Beifahrersitz
   11 Sitzpositionssensor Fahrer-, Beifahrerseite
   12 Gurtschlossschalter hintere Sitzreihe
   13 Zünder für Airbags
   14 Kontrollleuchte für Airbag Beifahrerseite aus (PASSENGER AIRBAG OFF)
   15 Schlüsselschalter für Abschaltung Airbag Beifahrerseite
   16 Zünder für Gurtstraffer
   17 Sitzbelegungssensor Beifahrerseite
   18 Gateway
   19 Kontrollleuchte für Gurtwarnung (Gurt anlegen)
   20 Kontrollleuchte für Airbag
   21 Relais Batterieabschaltung

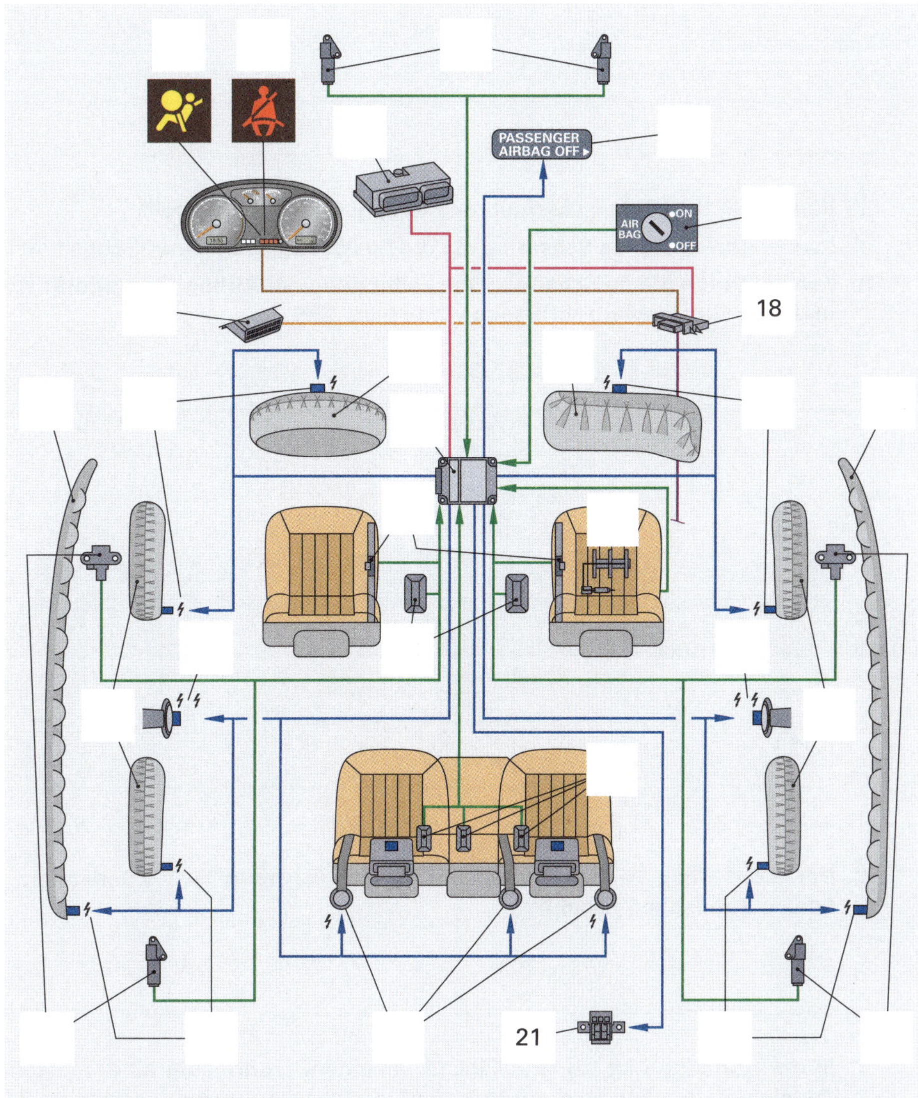

2. Die in Aufgabe 1 dargestellten Insassenschutzeinrichtungen werden der passiven Sicherheit zugeordnet. Welche Aufgabe haben Systeme und konstruktive Maßnahmen der passiven Sicherheit?

3. Geben Sie vier Beispiele für Systeme und konstruktive Maßnamen der aktiven Sicherheit an.

4. Bei Arbeiten an pyrotechnisch arbeitenden Gurtstraffern und Airbags sind Sicherheitsvorschriften einzuhalten. Unter welchen Voraussetzungen ist man berechtigt, selbstständig an diesen Systemen zu arbeiten?

5. **Nennen Sie vier Sicherheitsvorschriften/Regeln, für den Umgang mit pyrotechnischen Systemen.**

6. **Im Bild ist ein Schaltplanausschnitt des Airbagsystems dargestellt.**
   a) **Kennzeichnen Sie die Sensoren, die die Auslösung des Fahrerairbags bewirken grün.**
   b) **Kennzeichnen Sie im Schaltplan die Leitungen vom Airbag-Steuergerät zum Frontairbag Fahrerseite rot und zum Gurtstraffer Fahrerseite vorne blau.**

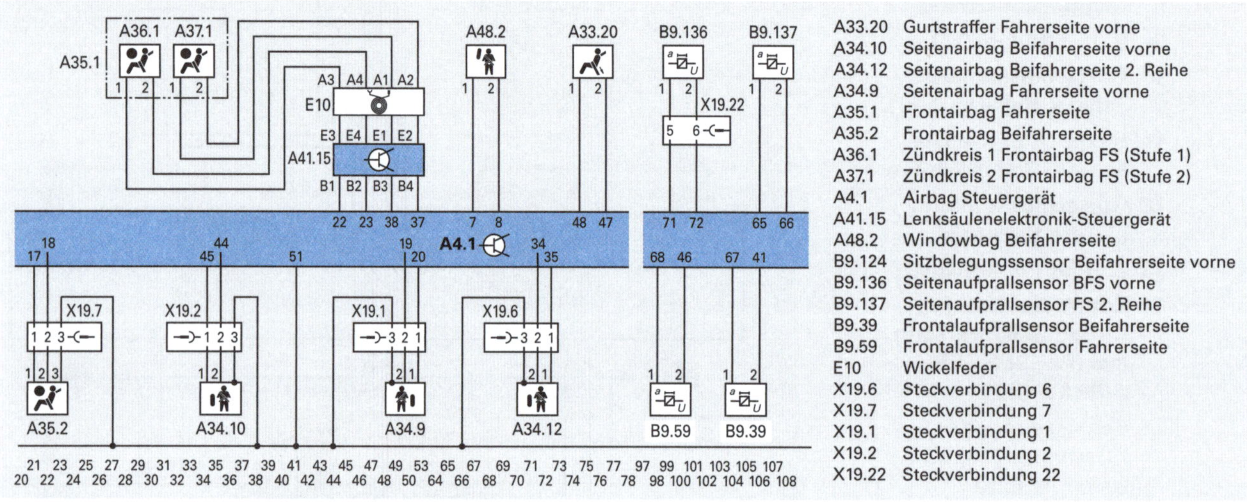

   c) **Der Frontairbag Fahrerseite hat bei diesem Fahrzeug zwei Zündstufen. Erklären Sie, welche Aufgabe die beiden Zündstufen haben?**

7. a) **In der Abbildung ist ein Unfallablauf bei einem Frontalaufprall dargestellt. Tragen Sie auf dem Zeitpfeil die Zeiteinheit, den Beginn der Airbagzündung und die Zeit bis zur vollständigen Airbagentfaltung ein.**
   b) **Bei einem schrägen Frontalaufprall des Fahrzeugs kommt es nur innerhalb eines begrenzten Winkels zur Auslösung des Fahrer- bzw. Beifahrerairbags. Messen Sie den Winkel aus und tragen Sie den Wert in das Bild ein.**

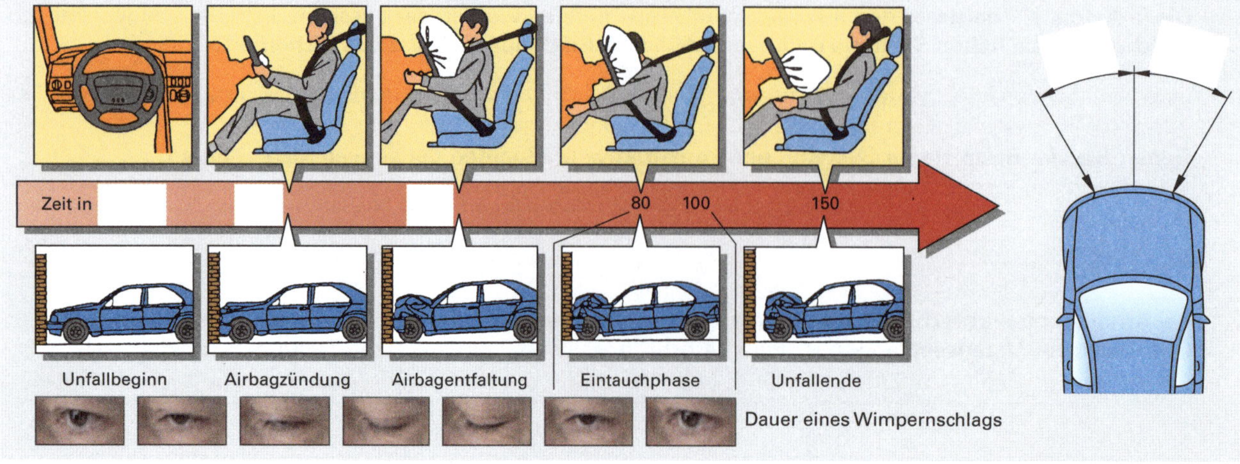

8. Das Steuergerät Airbag/Gurtstraffer verarbeitet Informationen und steuert abhängig von der Schwere eines Unfalls Stellglieder an. Kennzeichnen Sie in der Tabelle durch Ankreuzen, welche Systemkomponenten Eingangsinformationen (E) liefern und welche angesteuert (A) werden.

Systemkomponenten	E	A	Systemkomponenten	E	A
Motorsteuergerät (zum Deaktivieren der Kraftstoffpumpe)	___	___	**Drucksensoren für Seitenairbag**	___	___
Fahrer-/Beifahrerairbag/Kopfairbag	___	___	**Seitenairbags**	___	___
Batterieleitungsunterbrechung	___	___	**Gurtstraffer (Fahrer, Beifahrer, Fondpassagiere)**	___	___
Crashsensoren Frontairbags	___	___	**Airbag-, Gurtstrafferkontrollleuchte**	___	___
Gurtschlossschalter	___	___	**Crashsensoren Seitenairbag**	___	___

9. Beschreiben sie anhand des Funktionsschemas den prinzipiellen Auslösevorgang für Gurtstraffer und Airbag. Ergänzen Sie dazu im Flussdiagramm die fehlenden Begriffe.

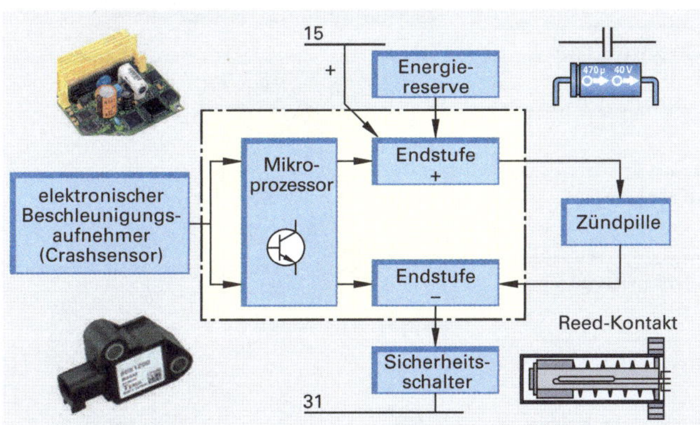

⇒ **Crashsensor erfasst**

______________________________.

⇒ **Airbagsteuergerät wertet anhand von Kennfeldern das Spannungssignal aus.**

⇒ ______________ **werden angesteuert.**

⇒ **Ein** ________________________ **schließt den Stromkreis.**

⇒ **Die Zündpillen im** __________ ______________ **werden gezündet.**

10. Ordnen Sie den Bauteilen des abgebildeten Fahrerairbags die richtigen Ziffern zu.

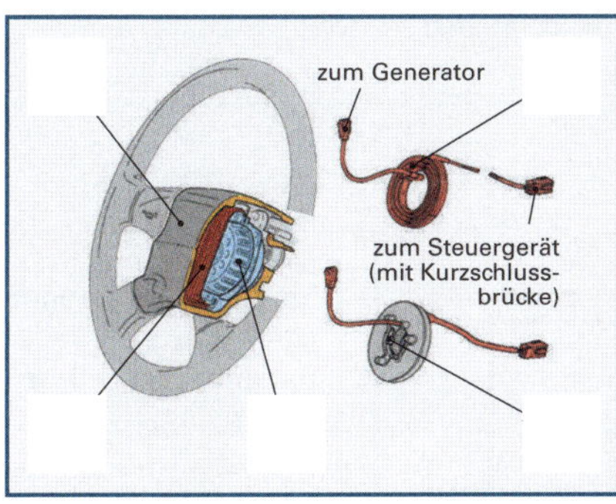

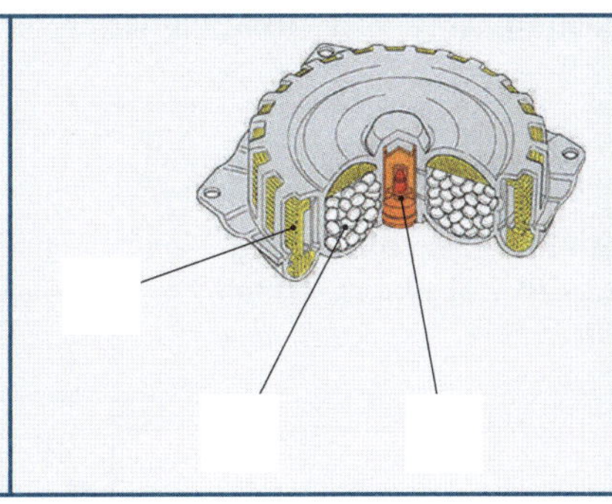

1 **Abdeckkappe (Cover)**
2 **Brückenzünder mit Zündpille**
3 **Airbag**
4 **Rückstellringgehäuse**
5 **Gasgenerator**
6 **Feststofftreibsatz**
7 **Wickelfeder**
8 **Metallfilter**

11. Warum wurde bei dem Auffahrunfall der Beifahrerairbag nicht ausgelöst?

____

____

12. Welche Systemkomponenten sind aufgrund des Unfalls zu tauschen? Geben Sie für die zu tauschenden Systemkomponenten die Bezeichnung lt. Schaltplan an (siehe Aufgabe 6).

Bauteilbezeichnung
____
____
____
____

Reparaturhinweise

Das Steuergerät für Airbag muss erneuert werden:
- bei einer Fahrer-/Beifahrerairbag-Auslösung
- nach drei Seiten- bzw. Kopfairbag-Auslösungen
- bei einer Beschädigung des Gehäuses
- bei einer Verfomung am Tunnel im Umkreis von 200 mm um das Steuergerät.

Grundsätzlich muss ausgetauscht werden:
- alle ausgelösten Airbageinheiten

Zusätzlich bei Fahrerairbag-Auslösung:
- Rückstellring mit Schleifring
- beide Sensoren für Frontairbag am Frontend
- restliche Sensoren für Querbeschleunigung bei Verformung der Befestigungspunkte im Bereich der Sensoren.

13. Zur Instandsetzung ist u. a. der Rückstellring mit Schleifring (1) [= Wickelfeder E10] auszubauen. Ordnen Sie die Arbeitsschritte in der richtigen Reihenfolge. Beachten Sie dabei die mit Ziffern bezeichneten Bauteile im Bild.

Hinweis: Vor dem Austausch der Systemkomponenten ist der Minuspol der Batterie abzuklemmen.

1	Abdeckkappen links und rechts unterhalb des Lenkrads ausclipsen.
____	Befestigungsschraube (3) am Lenkrad lösen.
9	Die obere und untere Lenksäulenverkleidung entfernen.
____	Fahrerairbag (5) entfernen (nicht ausgelöste Airbags sind mit der Entfaltungsseite nach oben abzulegen).
5	Lenkrad in Mittelstellung bringen (Räder in Geradeausstellung).
____	Befestigungsschrauben auf der Rückseite des Fahrerairbags (5) herausschrauben.
____	Lenkrad (2) und Lenksäule mit Filzstift zueinander markieren.
____	Lenkrad (2) abziehen und ablegen.
____	Fahrerairbag anheben und die Steckanschlüsse (4) entriegeln und abziehen.
____	Komponente E10 (Wickelfeder) ausclipsen und durch neue ersetzen.
____	Die Lenksäulenelektronik (A41.15) ausbauen (Schraube 6 lösen und Haltenasen 7 und 8 entriegeln).
Hinweis:	Der Einbau erfolgt in umgekehrter Reihenfolge.

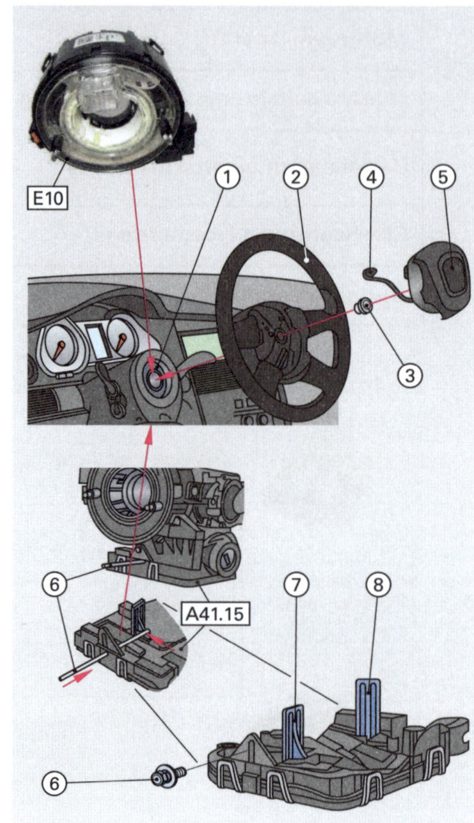

14. Warum ist ein unbeaufsichtigtes Liegenlassen von Airbageinheiten nicht zulässig?

____

____

15. Bei einem Crash wird das Batterietrennrelais vom Airbagsteuergerät angesteuert. Warum wird bei einem Unfall die Batterie vom Bordnetz getrennt?

____

____

____

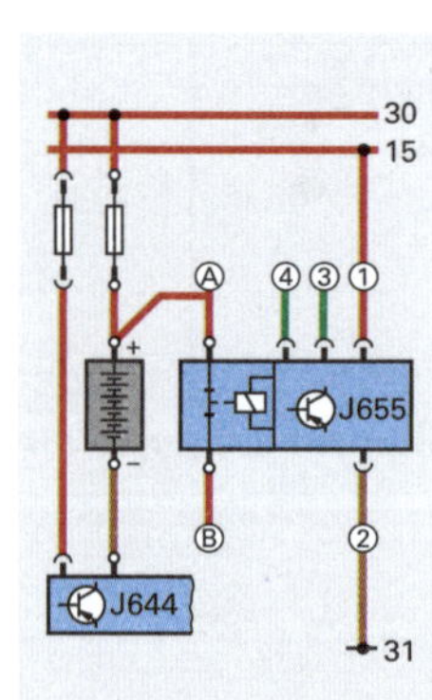

- J 644 Steuergerät Energiemanagement
- J 655 Relais für Batterieabschaltung
- A Batterie Plus
- B Ausgang zum Anlasser
- 1 geschaltetes Plus
- 2 Fahrzeugmasse
- 3 Ansteuerung vom Airbagsteuergerät/Crashsignal
- 4 Diagnoseleitung vom Airbagsteuergerät

16. Nach dem Erneuern der in Aufgabe 13 genannten Systemkomponenten und dem Austausch des Batterietrennrelais schalten Sie die Zündung ein und schließen Sie den Minuspol der Batterie an.

Welche Sicherheitsvorschriften sind dabei zu beachten?

____

17. Anschließend überprüfen Sie mit dem Fahrzeugdiagnosetester die Systemkomponenten der Insassenschutzsysteme. Sie erhalten folgende Fehlermeldung:
„B1061B – Zündkreis Gurtstraffer Fahrerseite vorne Widerstand zu groß".

a) Welche Ursache für die Fehlermeldung vermuten Sie?

____

b) Welche Aufgabe haben Gurtstraffer?

____

18. **In dem Unfallfahrzeug ist die im Schema dargestellte Gurtstraffereinheit verbaut.**

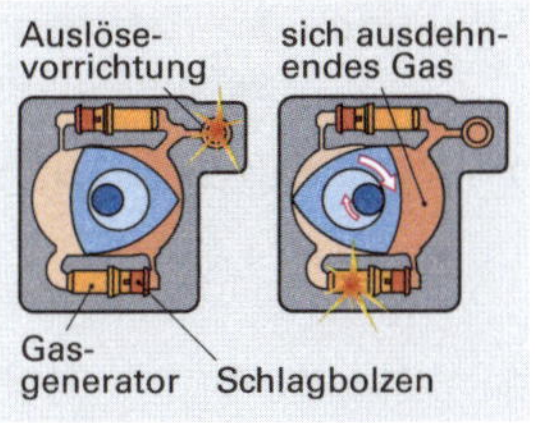

a) Nach welchem Prinzip arbeitet dieser Gurtstraffer? ______________________

b) Wie wird die Gurtstraffung bewirkt?

____

____

____

19. **Im Diagramm ist die Verzögerung eines Fahrzeugs bis zum Stillstand bei einer Aufprallgeschwindigkeit von 50 km/h und die Vorverlagerung eines Insassen mit und ohne Gurtstraffersystem dargestellt.**

a) Kennzeichnen Sie im Diagramm mit zwei verschiedenfarbigen senkrechten Linien die Zündung von Gurtstraffer / Airbag und die vollständige Airbagentfaltung.

b) Wie groß ist die Vorverlagerung des Fahrzeuginsassen mit und ohne Gurtstraffersystem, wenn die Fahrzeugrestgeschwindigkeit gegen Null geht?

Mit Gurtstraffer ≈ ______________ **Ohne Gurtstraffer ≈** ______________

c) Berechnen Sie die mittlere Fahrzeugverzögerung zwischen Aufprallbeginn und Unfallende. In welchem Verhältnis steht diese Verzögerung zur Erdbeschleunigung (1 g = 9,81 m/s²)?

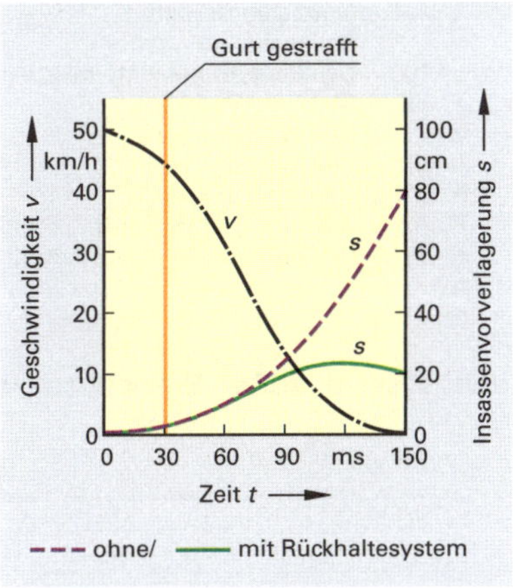

Geg.:

Ges.:

Lös.:

d) Welche mittlere Kraft wirkt auf den Gurt, wenn man von einem Personengewicht von 75 kg ausgeht?

____

Hinweise:
- Der Gurtstraffer incl. Sicherheitsgurt ist zu tauschen.
- Das Gurtschloss ist auf Beschädigung und Funktion zu prüfen.
- Nach erfolgtem Tausch sind die Komponenten der Insassenschutzsysteme nochmals mit dem Fahrzeugtester auf Funktionsbereitschaft zu prüfen.

20. **a) Welche Entsorgungsvorschriften bestehen für den Airbag und den Gurtstraffer, wenn nicht sichergestellt ist, dass alle Treibsätze des Airbags/des Gurtstraffers gezündet haben?**

____

____

b) Wie dürfen pyrotechnisch arbeitende Bauteile entsorgt werden, wenn sicher ist, dass alle Treibsätze gezündet haben?

____

21. **Welche Arbeiten sind abschließend noch durchzuführen?**

____

____

Hinweis: **Die elektrischen Fensterheber sind anzulernen.**

22. **Der Kunde wünscht noch Schonbezüge für sein Fahrzeug. Worauf ist bei der Auswahl der Schonbezüge zu achten?**

____

____

Name:

Klasse: | Datum: | Blatt-Nr.:

Situation: Im Rahmen eines Service bei einem Golf V, Bj. 2009, 1,6 l, wird vom Kunden angemerkt, dass zeitweise die Airbag-Kontrollleuchte aufleuchtet. Im Fehlerspeicher ist kein Fehler hinterlegt.

1. Der Kunde möchte wissen, welche Folgen sich ergeben können, wenn der Fehler nicht behoben wird.

2. Sie vermuten deshalb einen Fehler in der Sitzbelegungserkennung des Beifahrersitzes.

a) Kennzeichnen Sie im Schaltplan den Sitzbelegungssensor, den Gurtschlossschalter der Beifahrerseite und den Deaktivierungsschalter Airbag Beifahrerersitz (BFS) farbig.

b) Über welche Steckverbindung/Klemme sind Gurtschlossschalter und Sitzbelegungssensor Beifahrerersitz mit dem Airbagsteuergerät verbunden? **Steckverbindung** ______

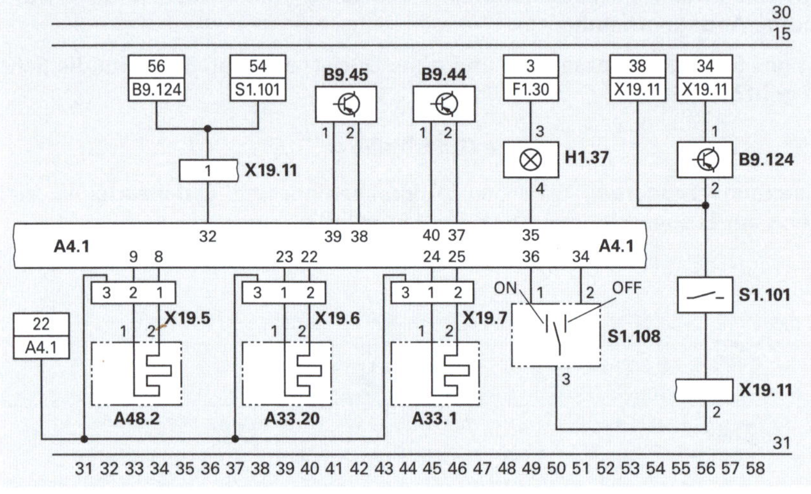

A4-1 = Airbag-Steuergerät
A33.1 = Gurtstraffer Beifahrerseite vorne
A33.20 = Gurtstraffer Fahrerseite vorne
A48.1 = Windowbag Fahrerseite
B9.124 = Sitzbelegungssensor Beifahrerseite vorne
B9.44 = Seitenaufprallsensor links 2. Reihe
B9.45 = Seitenaufprallsensor rechts 2. Reihe
S1.101 = Gurtschlossschalter Beifahrerseite vorne
S1.108 = Deaktivierungsschalter Airbag BFS
X19.5 = Steckverbindung 5
X19.6 = Steckverbindung 6
X19.7 = Steckverbindung 7
X19.11 = Steckverbindung 11
F1.30 = Sicherung 30 (Sicherungskasten 1)
H1.37 = Deaktivierungsleuchte Airbag BFS

3. Um den eingangs genannten Fehler eingrenzen zu können, ist das Airbagsystem außer Betrieb zu setzen. Beschreiben Sie stichpunktartig die Arbeitsschritte.

4. Sie messen den Widerstand der Leitungsverbindungen zwischen A4.1 und dem Stecker X19.11

a) Welche Arbeitsschritte sind vor der Messung durchzuführen?

b) Ergänzen Sie die Tabelle.

Messpunkte	Sollwert	Istwert	Beurteilung	Kennzeichnen Sie am Steuergerätestecker die jeweiligen PIN
A4.1 Pin ___ X 19.11 Pin ___	0,3 – 1,5 Ω	0,7 … ∞ Ω	______	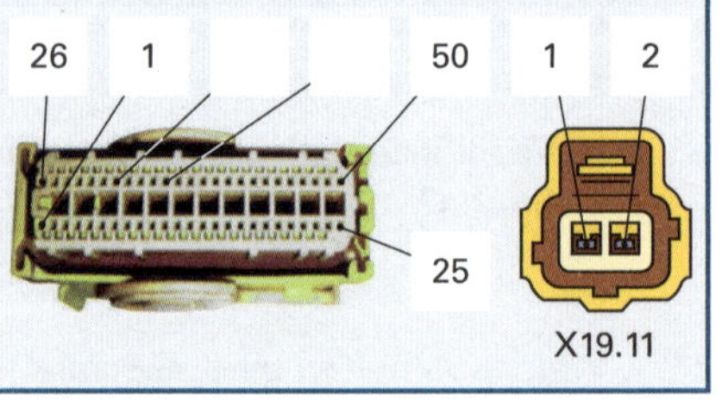
X 19.11 Pin ___ A4.1 Pin ___ Hinweis: Deaktivierungsschalter Airbag BFS muss auf „ON" sein.	0,3 – 1,5 Ω	0,8 Ω	______	

c) Wie ist der schwankende Messwert zu erklären?

d) Um den Fehler exakt einzugrenzen bewegen Sie X19.11 leicht und stellen fest, dass der Fehler dabei auftritt. Welche Reparaturempfehlung geben Sie?

Name:		
Klasse:	Datum:	Blatt-Nr.:

Situation: Ein Kunde bringt seinen Opel Omega 2.5 V6 in die Werkstatt. Er bemängelt die schlechte Kühlleistung der eingebauten Klimaanlage.

1. **Welche Ursachen kann die schlechte Kühlleistung der Klimaanlage haben?**

2. **Welche Aufgaben erfüllt die Klimaanlage, damit ein angenehmes Raumklima im Fahrzeuginnenraum erzeugt wird?**

3. **Benennen Sie die nummerierten Teile der abgebildeten elektronisch geregelten Klimaanlage und tragen Sie im Bild die Zuordnungsnummern ein.**

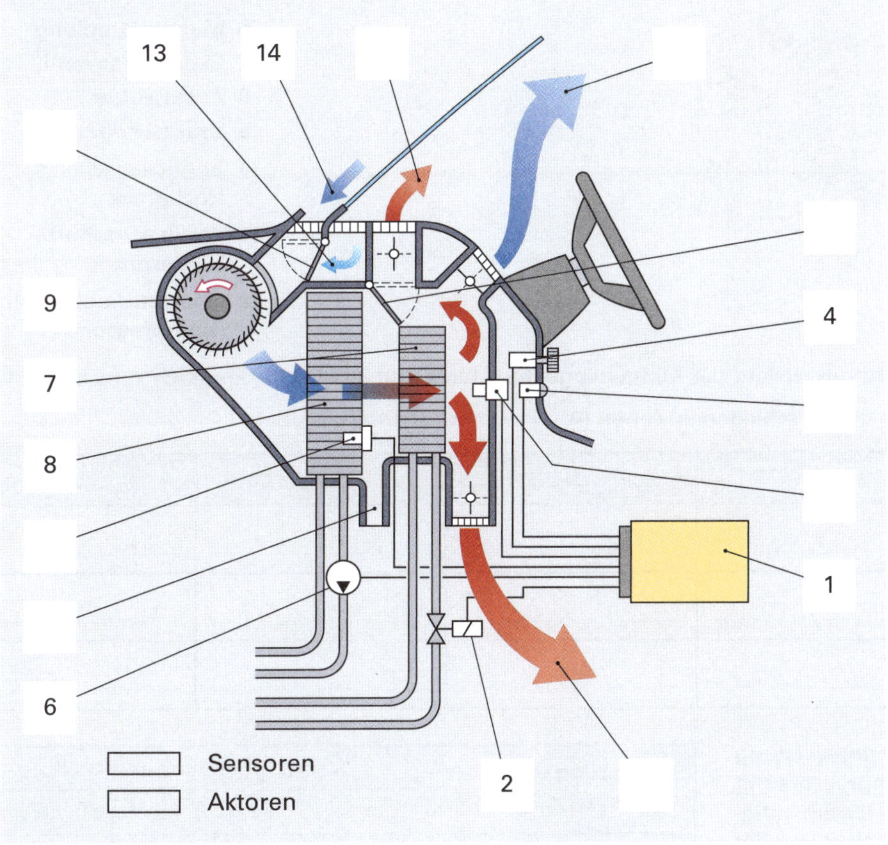

1
2
3 Innentemperaturfühler
4
5 Verdampfungs-temperatursensor (Enteisungsschalter)
6
7
8
9
10 Kondenswasserablauf
11 Ausblastemperatur-sensor
12 Luftstrom zum Fußraum
13
14
15 Entfrostung
16 Bypassklappe Entfrostung
17 Innenraumbelüftung
18 Bypassklappe Umluft / Außenluft

4. **In welche drei Bereiche wird die Klimaanlage unterteilt?**

5. **Kennzeichnen Sie die Sensoren und die Aktoren im Bild farbig.**
6. **Ergänzen Sie mit Pfeilen die Richtung der Signale an den elektrischen Leitungen des Steuergerätes.**
7. **Welche Aufgabe haben folgende Teile der Klimaanlage? Ergänzen Sie die Tabelle.**

Teile der Klimaanlage	Aufgaben
Gebläse	
Verdampfer	
Wärmetauscher	
Kondenswasserablauf	
Magnetventil	
Kompressor	

8. **Benennen Sie die nummerierten Teile des abgebildeten Kältemittelkreislaufes, und tragen Sie im Bild die Zuordnungsnummern ein.**

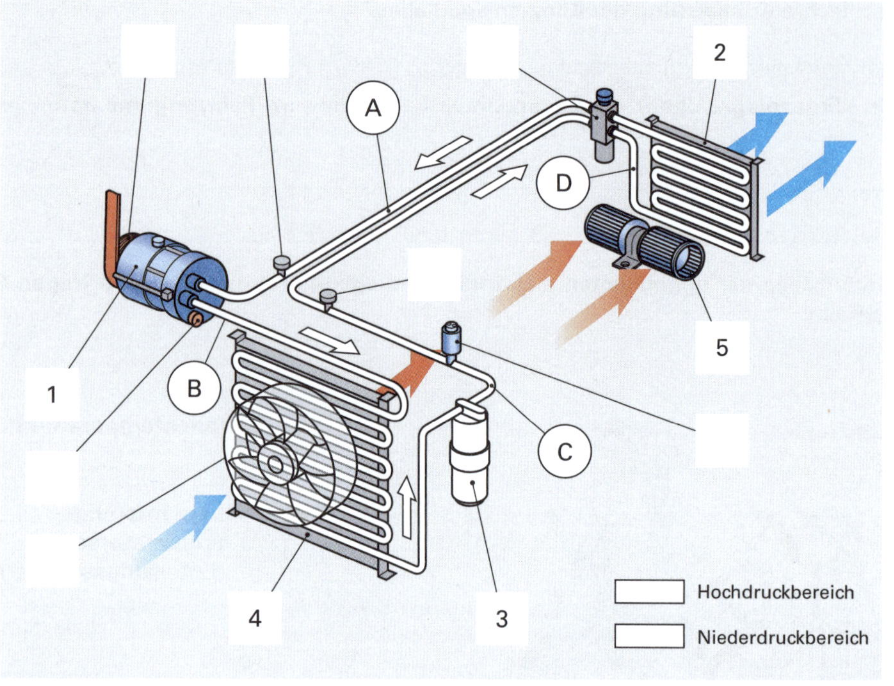

1 ______
2 ______
3 ______
______
______
4 ______
5 ______
6 Magnetkupplung
7 Expansionsventil
8 Zusatzlüfter
9 Druckschalter
10 Serviceanschluss Hochdruck
11 Serviceanschluss Niederdruck
12 Überdruckabblasventil (Kompressor)

9. **Kennzeichnen Sie im Kältemittelkreislauf der Klimaanlage den Hoch- und Niederdruckbereich verschiedenfarbig.**

10. **Ergänzen Sie die Tabelle für die verschiedenen Zonen (A – D) im Kältemittelkreislauf.**

Zone	A	B	C	D
Aggregatzustand des Kältemittels				
Druck in bar				
Temperatur in °C				

11. **Die Tabelle zeigt die Antriebsleistung eines intern geregelten Kompressors mit Magnetkupplung bei einer Geschwindigkeit von 60 km/h in Abhängigkeit von der Umgebungstemperatur, wenn die Luft durch den Verdampfer auf ca. 2,5 °C … 4,5 °C abkühlt. Berechnen Sie**

Leistung und Verbauch	Umgebungstemperaturen		
	10 °C … 19 °C	20 °C … 29 °C	30 °C … 39 °C
$P_{Kompressor}$ in W	705	1374	1922
$P_{Kraftstoff}$ in W			
Verbrauch $\dot{V}_K$ in l/h			

a) die Leistung P_{Kr} in W, die dem Kraftstoff für den Kompressorantrieb entnommen werden muss, bei einem Motorwirkungsgrad von η_{Motor} = 30 % und dem Wirkungsgrad des Riementriebs $\eta_{Riementrieb}$ = 97 %,

b) den Kraftstoffverbrauch $\dot{V}_K$ in l/h für den Kompressorantrieb (H_u = 42.700 kJ/kg, ϱ_{Kr} = 0,74 kg/dm³).

c) Ergänzen Sie die Tabelle.

a)

b)

12. Warum darf nur gasförmiges und kein flüssiges Kältemittel in den Kompressor gelangen?

13. Die Sichtprüfung aller Bauteile der Klimaanlage und das Auslesen des Fehlerspeichers ergaben keine Erkenntnisse über die Fehlerursache. Deshalb ist der Kältemittelkreislauf zu prüfen. Wie erfolgt diese Prüfung?

Hinweis: Die Überprüfung des Kältemittelkreislaufs darf nur von geschultem Fachpersonal durchgeführt werden, weil das Kältemittel R134a zu den Gefahrstoffen gehört. Die UVV ist zu beachten.

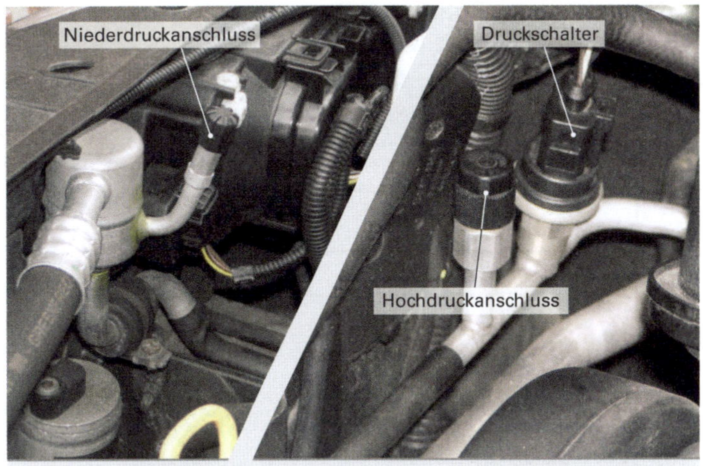

14. An welchen Stellen der Klimaanlage sind die Schläuche der Manometer für die Druckmessung anzuschliessen?

15. Wie unterscheiden sich die Anschlussquerschnitte der Serviceanschlüsse für Hoch- und Niederdruck?

16. Die Druckmessung wurde bei einer Außentemperatur von 20 °C durchgeführt. Welche Drücke lesen Sie auf den nebenstehenden Manometern ab?

Niederdruckkreis ....

Hochdruckkreis ....

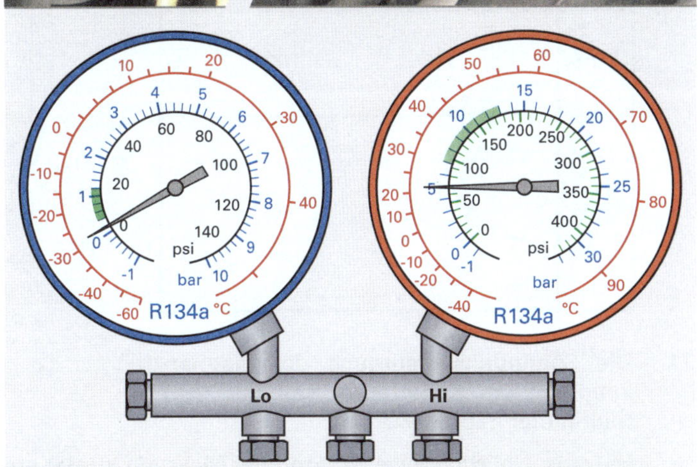

17. Aus nebenstehenden Diagrammen sind die Druckbereiche im Hoch- und Niederdruckkreis der intakten Klimaanlage mit Expansionsventil zu entnehmen. In welchen Bereichen sollten die Drücke der geprüften Klimaanlage liegen?

Niederdruckkreis ....

Hochdruckkreis ....

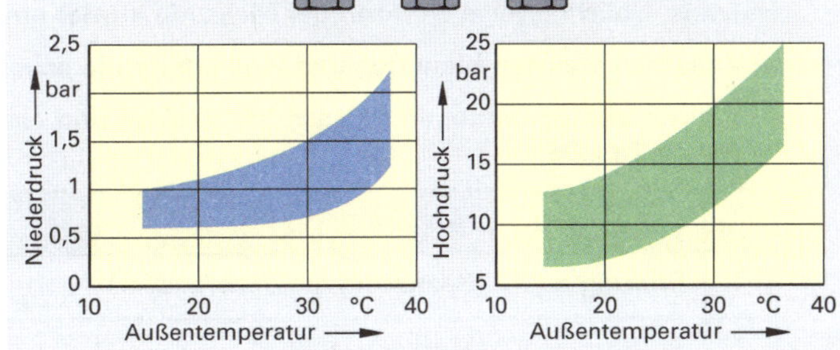

18. Mit Hilfe der Diagnosetabelle aus der Prüfanleitung kann der Fehler eingegrenzt werden. Welche Fehlerursachen können für die zu geringe Kühlleistung der Klimaanlage verantwortlich sein?

Auszug aus der Diagnosetabelle der Prüfanleitung

Hochdruck	Niederdruck	Mögliche Ursache
Normal oder zu hoch	Zu niedrig	Expansionsventil verstopft, Filter im Flüssigkeitsbehälter verstopft, Querschnittsverengung in Hochdruckleitung, Rohrleitung im Kondensator verstopft.
Normal oder zu niedrig	Zu hoch	Expansionsventil defekt (spritzt zuviel Kältemittel ein), Kompressor defekt (schlechte Kompression).
Normal oder zu niedrig	Zu niedrig	Zu wenig Kältemittel im System, Magnetkupplung Kompressor schließt nicht oder schließt unvollständig.
Zu hoch	Zu hoch	Zu viel Kältemittel im System, Kondensator verschmutzt (wenig Luftdurchsatz), Motorlüfter / Zusatzlüfter ausgefallen.

19. **Sie überprüfen die Magnetkupplung des Klimakompressors. Zeichnen Sie in den Schaltplan den Stromlauf für die Kompressorkupplung farbig ein.**

20. **Welche Aufgabe haben folgende Bauteile? Ergänzen Sie die Tabelle.**

Hinweis: **Der Druckschalter S3 ist im Hochdruckkreis am Expansionsventil eingebaut. Er sichert den Hochdruckkreis vor Überlastung ab. Die Steuerung der Klimaanlage erfolgt nicht über den Druckschalter, sondern ausschließlich über den Temperaturschalter S2 (Enteisungsschalter).**

Bauteile	Aufgabe
S1	
S2	
S3.2	
S3.3	
Y1	

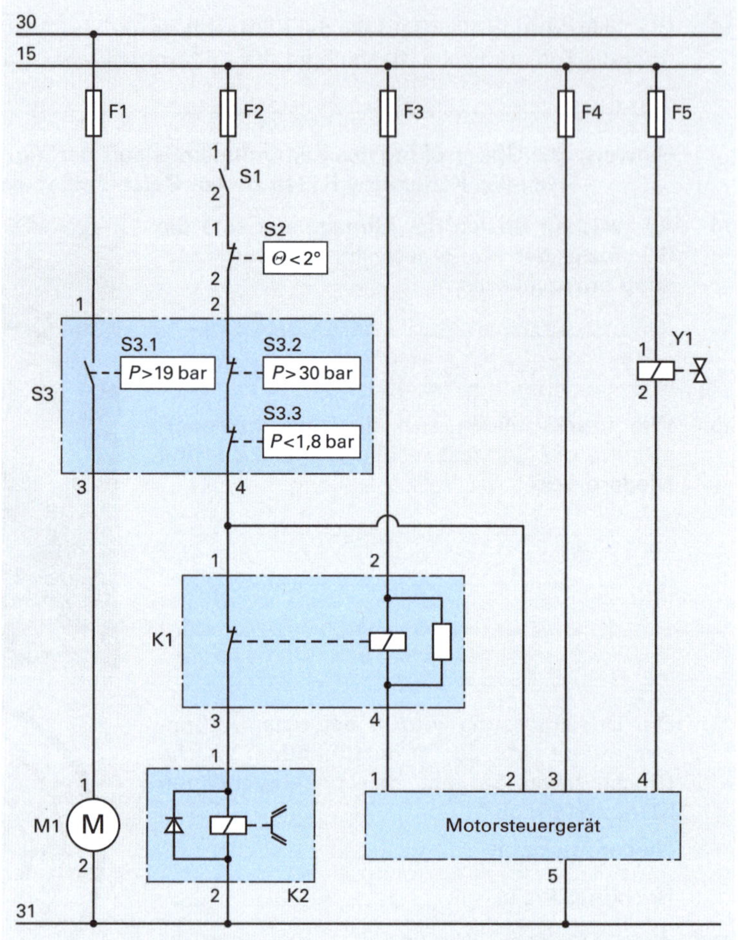

M1 Zusatzlüfter
K1 Relais Klimaanlage
K2 Kupplung Klimakompressor
Y1 Leerlauffüllungsregler
S1 Schalter Klimaanlage
S2 Schalter Enteisungsanlage
S3 Druckschalter Klimaanlage

21. **Die Spannungsversorgung der Magnetkupplung am Kompressor soll mit dem Multimeter geprüft werden.**

Hinweis: **Üblicherweise wird mit der Messung immer am Verbraucher begonnen.**

a) Zwischen welchen Klemmen und Pins erfolgt die jeweilige Messung.

b) Welche Soll-Spannungen müssen bei intakter und eingeschalteter Klimaanlage gemessen werden. Ergänzen Sie die Tabelle.

Nr.	Messung	Klemmen / Pin	Soll-Spannung	Ist-Spannung
1	Prüfung an K2 (Spannung am Verbraucher)			12 V
2	Prüfung an K2 (Masseanschluss)			0 V
3	Prüfung an K1 (gegen Masse)			12 V

22. **Welche Aussage über den Zustand der Magnetkupplung ist richtig?**

Die Magnetkupplung ist ☐ **i.O.** ☐ **nicht i.O.**

23. **Welcher Fehler liegt vor?**

24. **Wie muss weiter vorgegangen werden, um den Fehler zu beseitigen?**

EUROPA LEHRMITTEL	**LERNFELD 9** Service **Klimaservice** Blatt 1	Name:		
		Klasse:	Datum:	Blatt-Nr.:

Situation: Bei einem Kundenfahrzeug ist eine Wartung der Klimaanlage durchzuführen. Der letzte Service ist vor 5 Jahren durchgeführt worden. Der Kunde ist mit der Kühlleistung der Klimaanlage bislang zufrieden.

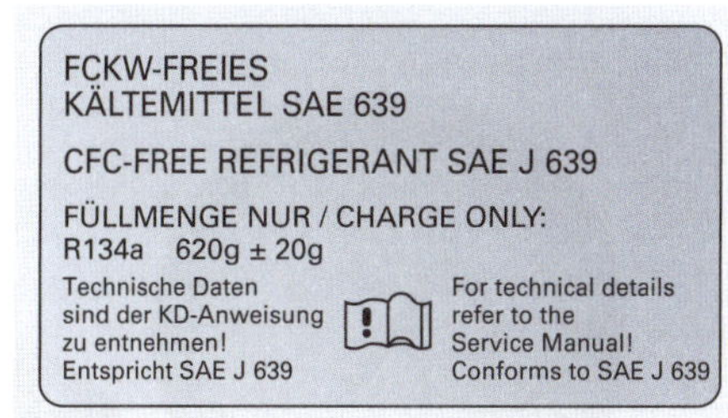

1. **Welches Kältemittel wird bei dem Fahrzeug verwendet?** ______

2. **Nennen Sie zwei Gründe, warum eine Wartung der Klimaanlage regelmäßig alle 2 bis 3 Jahre durchgeführt werden sollte.**

______

______

______

R134a ist giftig und greift Haut wie Schleimhäute an. Beim Umgang mit dem Kältemittel sind Handschuhe und Schutzbrille zu tragen. Gasförmiges R134a darf nicht eingeatmet werden.

R134a ist hygroskopisch und bildet mit Wasser eine Säure, die Metalle angreift. Dieser Korrosionsprozess wird durch Wärme unterstützt.

Kfz-Klimaanlagen verlieren je nach Hersteller und Nutzungsverhalten jährlich bis zu 10 % der Kältemittelfüllung.

Kompressoröl wird mit dem Kältemittel transportiert und schmiert den Kompressor.

3. **a) Warum können am Klimakompressor bei zu geringer Kältemittelmenge Schäden entstehen?**

______

______

______

______

b) Welche Bauteile erwärmen sich beim Betrieb der Klimaanlage und sind deshalb besonders korrosionsanfällig?

______

4. **Welche Arbeiten müssen bei einer Wartung der Klimaanlage durchgeführt werden? Ergänzen Sie die Tabelle und markieren Sie die Tätigkeiten, die ausschließlich von einem Sachkundigen für Kfz-Klimaanlagen durchgeführt werden dürfen.**

• ______ ______	• ______ • ______ ______	• ______ ______	• ______ ______
	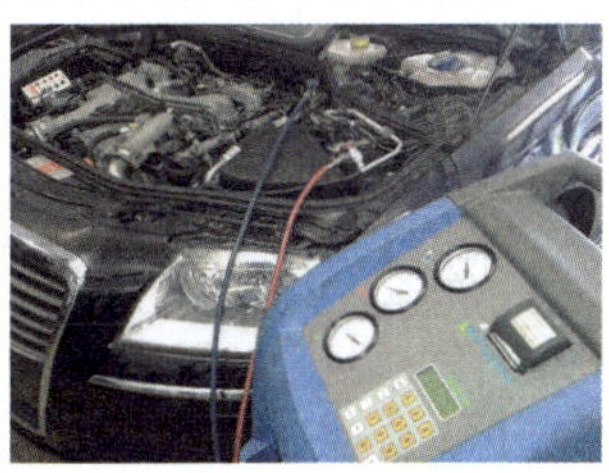	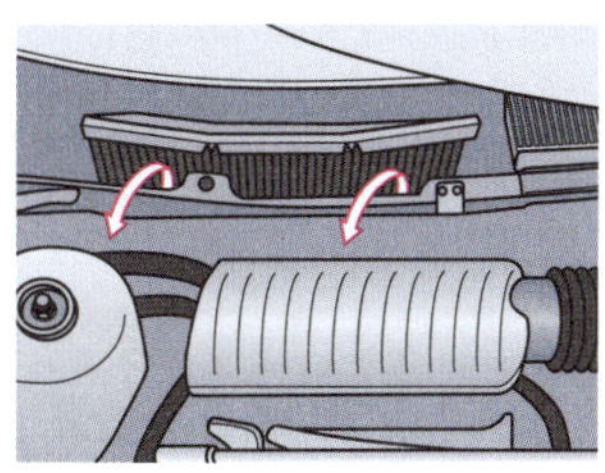	

5. **Wie führen Sie den Funktionstest der Klimaanlage vor und nach der Wartung durch? Beschreiben Sie den Ablauf, beachten Sie dazu die Schalterstellungen in der Abbildung.**

1) ______

2) ______

3) ______

4) ______

______

5) ______

Ihr Geselle verfügt über den Sachkundenachweis (EG 307/2008) und führt vor der Kältemittelaufbereitung eine Druckprüfung mit einem für das Kältemittel zugelassenen Klima-Service-Gerät durch.

6. **Bewerten Sie die Drücke der Klimaanlage. (Sollwertbereiche bei der herrschenden Außentemperatur: Niederdruck LP: 0,6 bar –1,4 bar; Hochdruck HP: 10 bar –17 bar).**

____

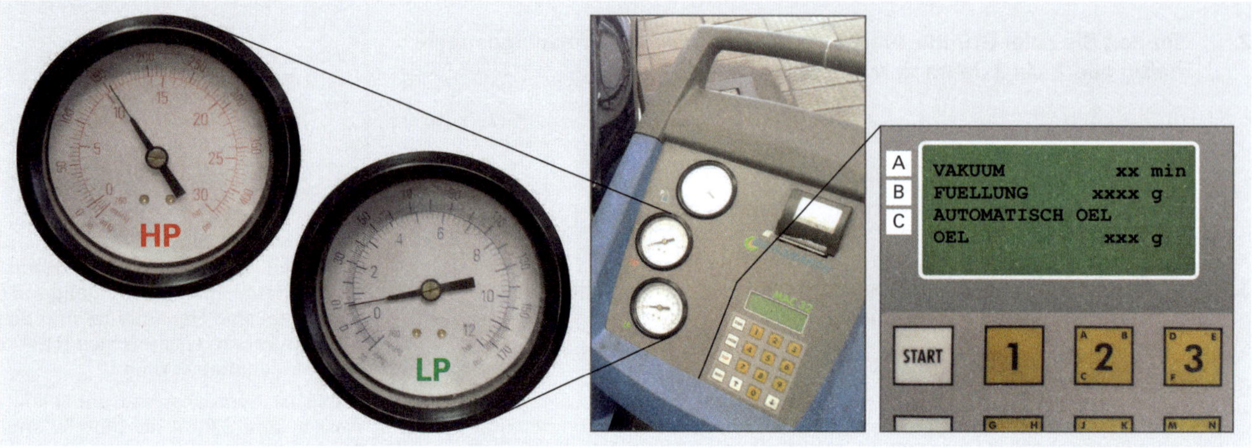

7. **Die Kältemittelaufbereitung lässt sich in vier Phasen gliedern. Benennen bzw. beschreiben Sie diese.**

Absaugen von ...	Evakuieren, um ...	________	Auffüllen von...
________	________	Kältemittel wird von Wasser und Öl getrennt und gewogen.	________

8. **Zu Beginn müssen verschiedene Angaben über die Tastatur eingegeben werden. Ergänzen Sie die Tabelle.**

A Vakuumzeit	B Füllung	C Kompressoröl
________	________	________ Kein Bauteilwechsel: Es wird nur das abgesaugte Öl ersetzt.

9. **Beim Evakuieren wird der Systemdruck auf unter 10 mbar gesenkt. Ermitteln Sie aus dem Diagramm die Siedetemperatur von Wasser bei 10 mbar.**

____

Warum kann so Wasser aus dem System entfernt werden?

____

____

10. a) **Warum darf nicht die in den technischen Daten angegebene Ölmenge aufgefüllt werden?**

____

____

b) **Welche Folgen hat eine zu große Ölmenge?**

____

____

Service-Hinweise

Vakuum. Diese Phase dient dazu, Wasser aus der Klimaanlage zu entfernen. Durch Druckabsenkung (Evakuieren) wird das verbliebene Wasser verdampft. Die Dauer der Evakuierung ist abhängig von der Kältemittelfüllung und der seit der letzten Aufbereitung vergangenen Zeit. Als Orientierung gilt: 60 Minuten je kg Kältemittel. Bei einer dichten Klimaanlage muss der Unterdruck im System mindestens 20 Minuten gehalten werden.

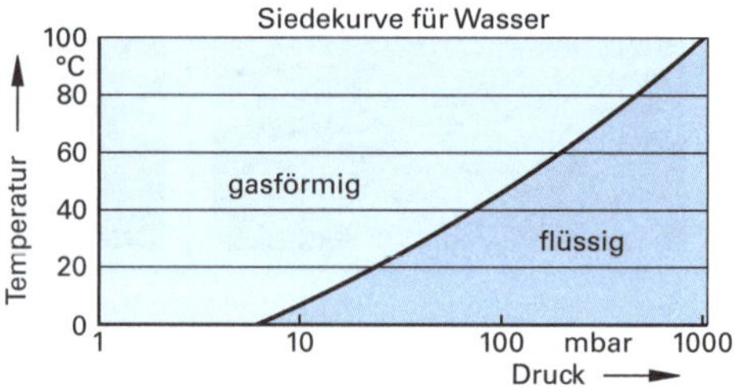

Aufbereitung. Das abgesaugte Kältemittel wird im Service-Gerät von Öl und Wasser getrennt, gewogen und, mit neuem Kältemittel ergänzt, wieder aufgefüllt. Es ist jeweils die vom Hersteller maximal angegebene Kältemittelmenge aufzufüllen.

Automatisch Öl: Das Öl, das mit dem Kältemittel abgesaugt wird, wird im Service-Gerät vom Kältemittel getrennt, gewogen und durch neues Öl ersetzt.

Öl xxx g: Werden Teile der Klimaanlage erneuert, muss beim Befüllen zu der abgesaugten Ölmenge entsprechend der Herstellerangaben Öl zugegeben werden.

Werkstatthinweis Kompressoröl: Zu viel Öl mindert die Kälteleistung. Im Extremfall besteht Gefahr des „Flüssigkeitsschlages“ im Kompressor.

11. Bei der Dichtheitsprüfung während der Vakuumphase wurde der Unterdruck mehr als 20 min gehalten. Das Gerät gibt nach dem Service nebenstehenden Ausdruck heraus.

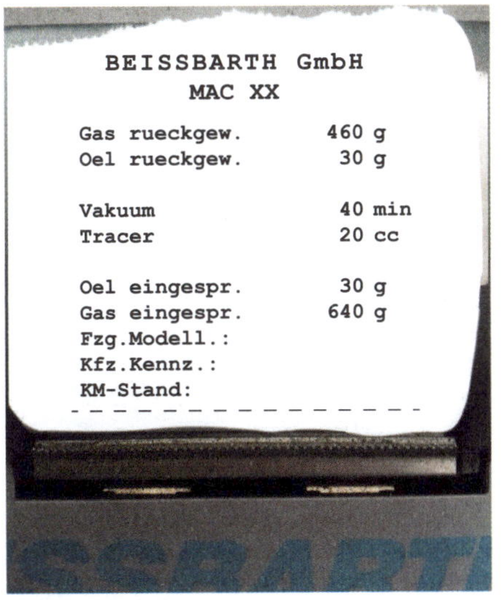

a) Berechnen Sie den Verlust an Kältemittel in % bezogen auf eine Füllmenge von 640 g.

Geg.:

Lös.:

b) Beurteilen Sie diesen Verlust vor dem Hintergrund, dass der letzte Klimaservice 5 Jahre her ist.

Hinweis: Wenn der Verdacht besteht, dass die Klimaanlage undicht ist, darf sie unter keinen Umständen mit Kältemittel gefüllt werden. Der Fehler ist zuerst zu beheben. Ist für die Fehlersuche eine Befüllung notwendig, muss ein Ersatzmedium eingefüllt werden: z. B. Stickstoff mit H_2 als Spurengas, das mit einem H_2-Spürgerät detektiert wird.
Wenn in der Klimaanlage ein Indikator (Tracer) enthalten ist, können Leckstellen mit UV-Licht sichtbar gemacht werden.

12. Ihr Geselle hat sich für die Zugabe von Tracer entschieden und die Anlage in der Nähe der Serviceanschlüsse entsprechend gekennzeichnet (siehe Bild).

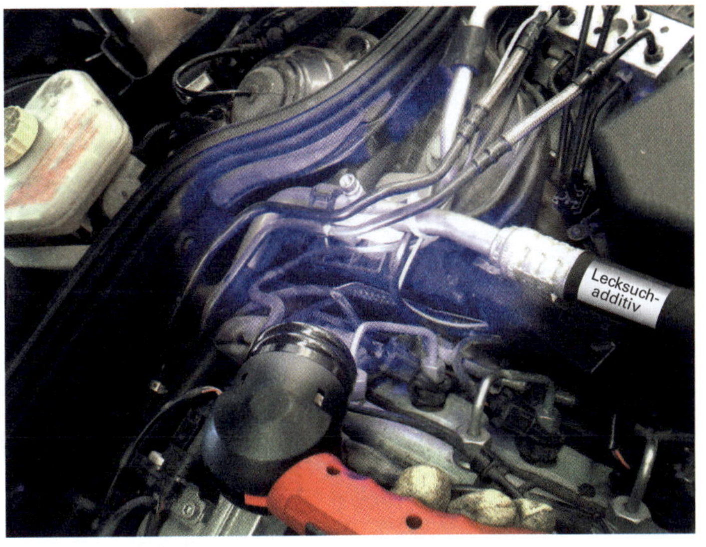

a) Welcher Vorteil ergibt sich hieraus?

b) Beschreiben Sie anhand der Abbildung, wie die Dichtheit des Kältemittelkreislaufs überprüft wird.

13. Für das Abkoppeln schreibt der Hersteller des Service-Gerätes folgende Vorgehensweise vor: *HP-Schlauch abnehmen, Klimaanlage anschalten, HP- und LP-Absperrhähne öffnen. Nach 1 Minute LP-Anschluss abnehmen.* Was wird hierdurch erreicht?

Nach der abschließenden Funktionsüberprüfung heften Sie den Ausdruck an das Klima-Serviceprotokoll.

Situation: Der Fahrer eines VW Passat kommt in die Werkstatt, weil zeitweise der elektrische Fensterheber der Fahrertüre nicht funktioniert. Die Tür kann außerdem dann auch elektrisch nicht verriegelt werden.

1. Das Bild zeigt den Aufbau des installierten Schließsystems. Benennen Sie die mit Ziffern versehenen Bauteile und ordnen Sie den Bezeichnungen die jeweiligen Ziffern zu.

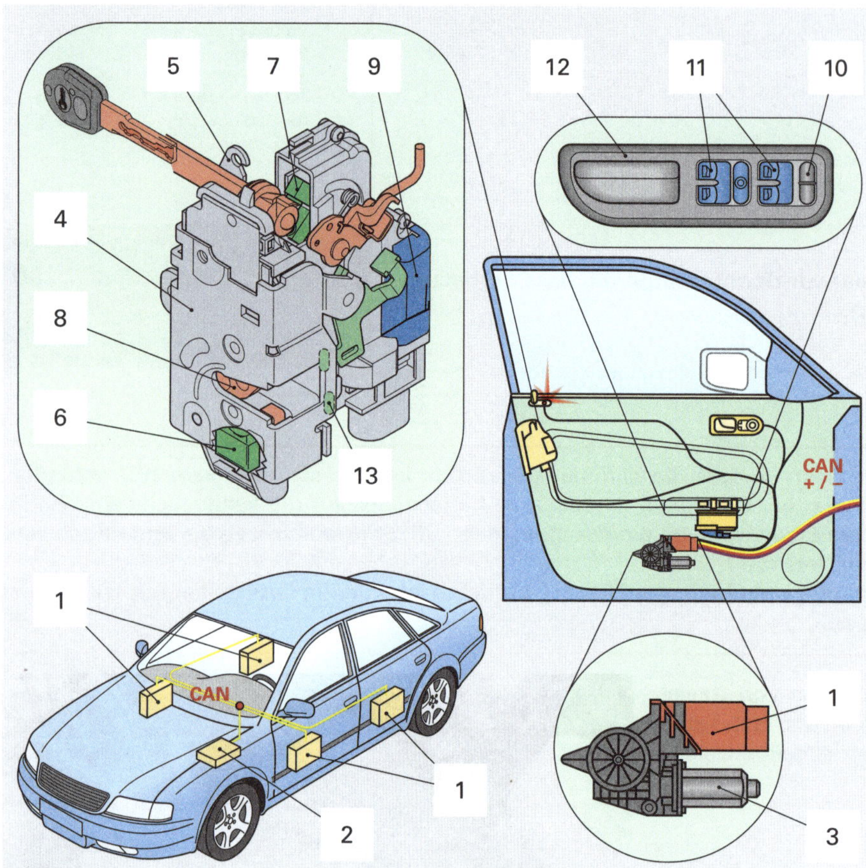

1 ______________________

2 ______________________

____

____ Schließeinheit

____ Bedienfeld Fahrertür

____ Fensterhebermotor

____ Türver-/-entriegelung

____ Türgriffbetätigung

____ Motor für Türverriegelung

____ Tasten für Fensterheber

____ Schnappschloss

6 Mikroschalter „Tür offen"

7 Mikroschalter „Schlüsselstellung"

13 Mikroschalter „verriegelt"

2. Geben Sie an, welche Aufgaben die einzelnen Bauteile der Schließanlage haben. Ordnen Sie die einzelnen Aufgaben den jeweiligen Bauteilen zu.

Bauteil	Aufgabe
	Zuständig für: Steuerung der Heckdeckel-Zentralverriegelung, Innenleuchtensteuerung, Empfang der Funkfernbedienung, Schiebedachsteuerung, Komfortschließung, Diebstahlwarnanlage mit Innenraumüberwachung, Steuerung der Tankdeckelentriegelung.
	Zuständig für: Zentralverriegelung der Türen, Steuerung der elektrischen Fensterheber, Steuerung der elektrisch einstellbaren und beheizbaren Außenspiegel.
Bedienfeld Fahrertüre	
Schließeinheit	
Microschalter „Tür offen"	
Microschalter „verriegelt"	

3. Wie viele Schalter werden benötigt, um die drei Schaltzustände „verschließen", „neutral" und „öffnen" dem Steuergerät anzeigen zu können?

____

LERNFELD 9 Service	Name:		
Zentralverriegelung Blatt 2	Klasse:	Datum:	Blatt-Nr.:

4. **Welche Informationen geben die Microschalter A und B der Fahrertüre im mittleren und rechten Bild an das Steuergerät? Ergänzen Sie die Schalterstellungen.**

Schlüsselstellung: **neutral**

Schalter: **A und B geöffnet**

Schlüsselstellung:

Schalter:

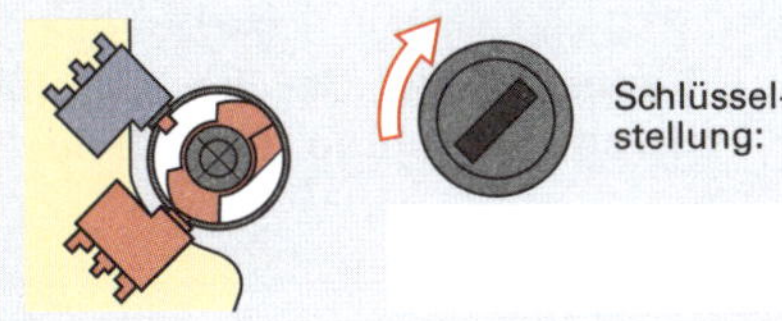

Schlüsselstellung:

Schalter:

5. **Beschreiben Sie den Ablauf eines mit dem Fahrzeugschlüssel eingeleiteten Schließvorgangs, der durch die abgebildeten Piktogramme dargestellt ist.**

1 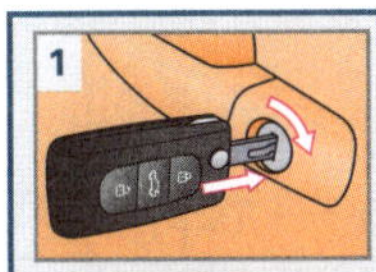		5 	
2 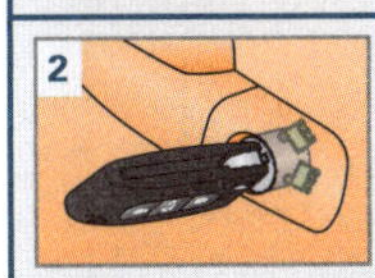		6 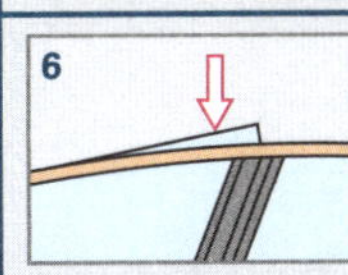	
3 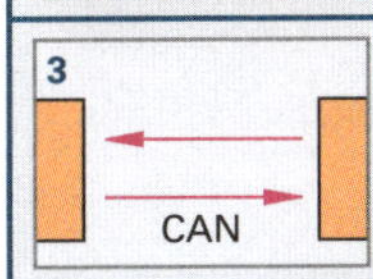		7 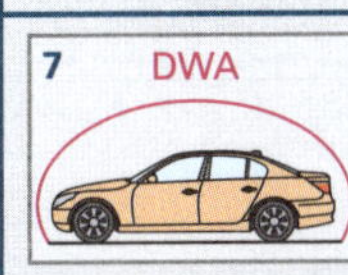	
4 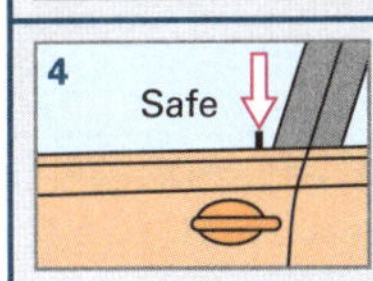		8 	

6. **Beschreiben Sie den Schließvorgang, der durch die Funkfernbedienung ausgelöst wird.**

7. **Auf Grund von Reaktionen der Schließanlage auf verschiedene Schließbefehle können Fehler an der Anlage eingegrenzt werden. Kennzeichnen Sie in der Tabelle vermutlich defekte Bauteile mit –, Bauteile, die wahrscheinlich in Ordnung sind, mit +.**

Fehlerbeschreibung / Fehler	Stromversorgung	CAN-Leitung	Türsteuergerät	Zentralsteuergerät	Fernbedienung	Schließeinheit
Fahrzeug lässt sich nur mit Fahrzeugschlüssel ver-/entriegeln; alle Türen öffnen gleichzeitig.						
Fahrertüre kann überhaupt nicht gesperrt werden, alle anderen Türen funktionieren, Fenster lässt sich öffnen.						
Alle Türen, außer der Beifahrertür sperren mit der Funkfernbed., Tür kann aber mit dem Schlüssel geöffnet werden.						
Beifahrertür kann nicht entriegelt werden, Fensterheber funktioniert nicht.						
Türen können nur einzeln mit dem Schlüssel geöffnet werden.						

Name:		
Klasse:	Datum:	Blatt-Nr.:

8. Welche Bauteile bzw. Baugruppen können Ursache für die Kundenbeanstandung sein?

____

9. Kennzeichnen Sie im abgebildeten Schaltplan den Fensterhebermotor, das Türsteuergerät und dessen Stromversorgung (plus, minus) mit verschiedenen Farben.

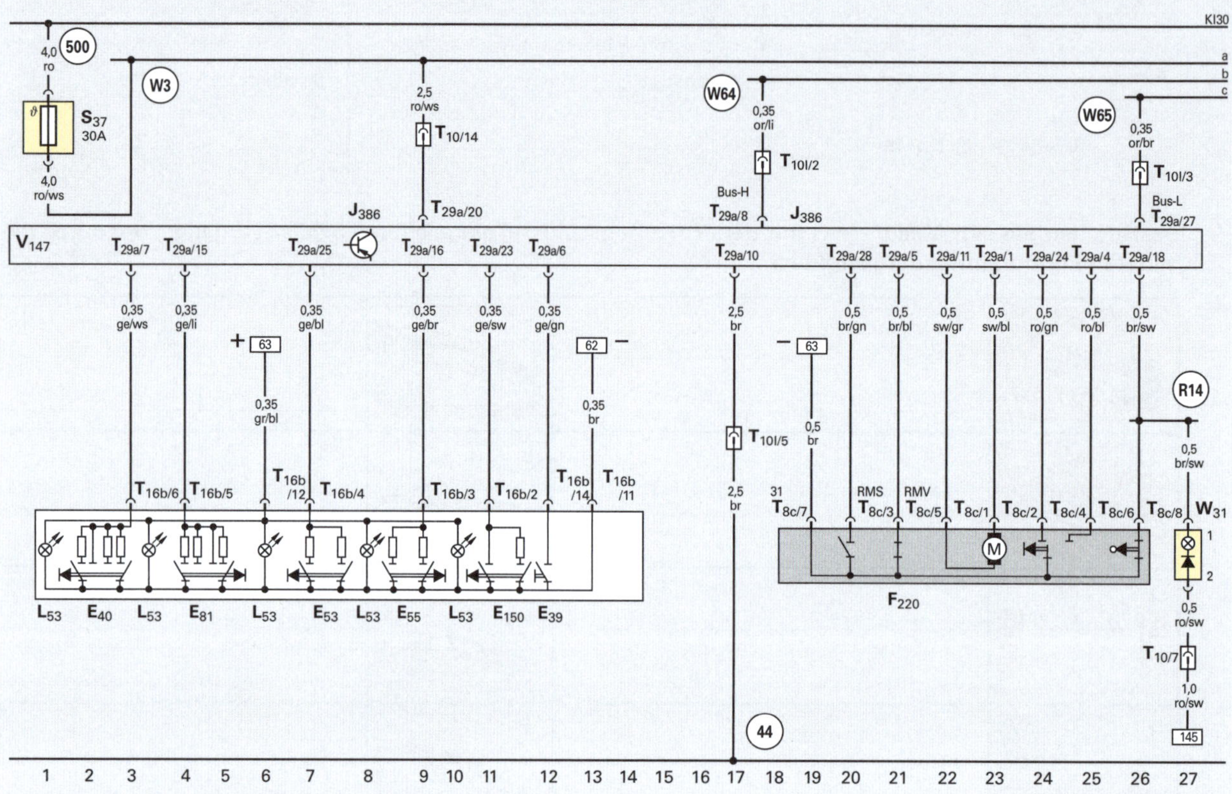

E_{39}	Sperrschalter für Fensterheber hinten
E_{40}	Schalter für Fensterheber, vorn links
E_{53}	Schalter für Fensterheber, hinten links, Fahrer
E_{55}	Schalter für Fensterheber, hinten rechts, Fahrer
E_{81}	Schalter für Fensterheber, vorn rechts, Fahrer
E_{150}	Schalter für Innenverriegelung, Fahrerseite
F_{220}	Schließeinheit für Zentralverriegelung, Fahrerseite, Schalterstellungen sind bei geschlossener Tür dargestellt
J_{386}	Türsteuergerät, Fahrerseite
L_{53}	Lampe für Beleuchtung/Schalter für Fensterheber
S_{37}	Einzelsicherung für Fensterheber, auf dem 8-fach Relaisträger
T_{8c}	Steckverbindung, 8-fach, schwarz, an der Schließeinheit für Zentralverriegelung, Fahrerseite
T_{10l}	Steckverbindung, 10-fach, schwarz, Kupplungsstation, A-Säule links
T_{16b}	Steckverbindung, 16-fach, braun
T_{29a}	Steckverbindung, 29-fach
V_{147}	Motor für Fensterheber, Fahrerseite
W_{31}	Einstiegsleuchte vorn links

44	Massepunkt, Säule A-Links, unten
500	Schraubverbindung -1- (30), an der Relaisplatte
W3	Verbindung im Leitungsstrang hinten
R14	Verbindung -1- (auf), im Leitungsstrang Türverkabelung-Fahrerseite
W64	Verbindung (CAN-Bus Komfort, High) im Leitungsstrang Boden
W65	Verbindung (CAN-Bus Komfort, Low) im Leitungsstrang Boden

10. Kennzeichnen Sie im abgebildeten Schaltplan das Bedienfeld der Fahrertüre farbig.

11. Geben Sie an, wozu folgende Anschlüsse am Bedienfeld Fahrertüre benötigt werden:

PIN T16b/11 ____

PIN T16b/12 ____

12. Wozu dient der Schalter E39?

____

13. Über welche Leitung erhält das Steuergerät den Befehl das Fenster der Fahrertüre zu öffnen / zu schließen?

a) Geben Sie die PIN am Bedienfeld und Steuergerät sowie den Leitungsquerschnitt und die Leitungsfarbe an.

b) Kennzeichnen Sie die Leitung im Schaltplan farbig.

14. Welche Fehler können vorliegen, wenn das Fenster nicht geöffnet wird?

15. Wie erkennt das Steuergerät, in welche Richtung und wie schnell der Fensterhebermotor bei Betätigung des Schalters E40 anlaufen soll? Beachten Sie dazu die im Schalter eingezeichneten Widerstände.

16. Um den Schalter zu überprüfen, messen Sie bei abgezogenem Stecker den Widerstand des Schalters an PIN T16b/6 und PIN T16b/11. Welche qualitativen Ergebnisse erhalten Sie, wenn der Schalter in Ordnung ist?

17. Welches Bauteil ist für die Verriegelung der Fahrertüre zuständig?

18. Über welche Leitung wird der Verriegelungsmotor vom Steuergerät angesteuert? Geben Sie die PIN am Steuergerät sowie die Leitungsfarbe an und kennzeichnen Sie die Leitung im Schaltplan grün.

19. Da sowohl der Fensteröffner als auch die Verriegelung der Fahrertüre zeitweise nicht funktionieren, vermuten Sie eine fehlerhafte Stromversorgung des Steuergerätes. Beschreiben Sie die Überprüfung der Stromversorgung. Ergänzen Sie dazu die Tabelle.

Prüfung:	Messleitung rot	Messleitung schwarz	Istwert	Sollwert
Plusversorgung:			12 V	
Minusversorgung:			12 V	

20. Bei der zweiten Messung erhalten Sie am Messgerät eine Anzeige von „12 V". Wenn Sie die Türe aber während des Messvorgangs bewegen, zeigt das Messgerät abwechselnd 0 V bzw. 12 V. Welcher Fehler liegt vor?

21. Welche Möglichkeiten haben Sie, den Schaden zu beheben?

Situation: Das elektrisch betätigte Fenster auf der Beifahrerseite lässt sich nicht schließen. Der Kunde berichtet, dass das Fenster der Beifahrertür beim Hochfahren bevor es geschlossen ist, kurz stehen bleibt und dann wieder ganz nach unten fährt.

1. **Sie überprüfen die Kundenbeanstandung. Noch vor der Endstellung bleibt das Fenster stehen und fährt wieder zurück. Welches System ist dafür verantwortlich, dass das Fenster wieder selbsttätig heruntergefahren wird?**

2. **Wozu dient dieses System?**

3. **Was bedeutet Antippautomatik?**

> **74/60 EWG.**
> Elektrisch betätigte Fensterheber und Schiebedächer mit Antippautomatik müssen mit einem Einklemmschutz mit Umkehrautomatik ausgerüstet sein.
> Das gilt für Pkw, die ab 2003 erstmalig zugelassen worden sind.

Nachfolgend ist die Bedieneinheit Fahrertür, die Beifahrertür und der Schaltplan dargestellt.

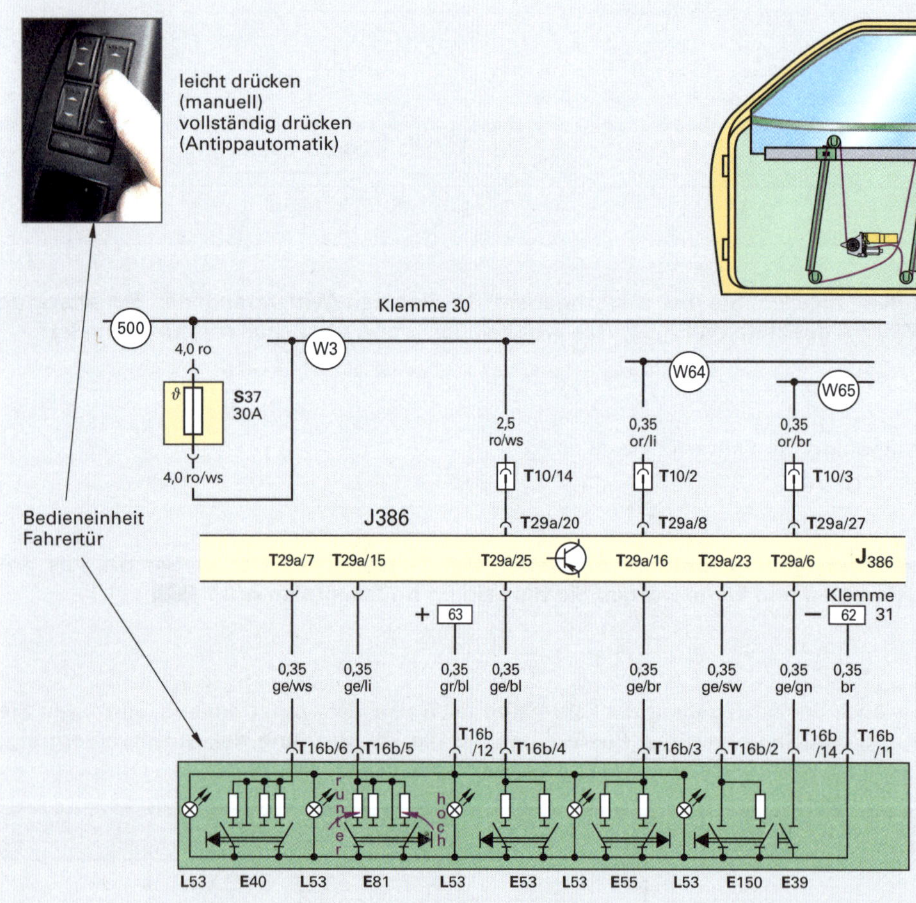

- (W64) Verbindung (CAN-Bus Komfort, High) im Leitungsstrang Boden
- (W65) Verbindung (CAN-Bus Komfort, Low) im Leitungsstrang Boden
- **E40** Schalter für Fensterheber, vorn links
- **E53** Schalter für Fensterheber, hinten links, Fahrer
- **E55** Schalter für Festerheber, hinten rechts, Fahrer
- **E81** Schalter für Fensterheber, vorn rechts, Fahrer
- **E150** Schalter für Innenverriegelung, Fahrerseite
- **J386** Türsteuergerät, Fahrerseite
- **L53** Lampe für Beleuchtung/ Schalter für Fensterheber
- **S37** Einzelsicherung für Fensterheber, auf dem 8-fach Relaisträger
- **T10** Steckverbindung, 10-fach, schwarz, Kupplungsstation, A-Säule links
- **T16b** Steckverbindung, 16-fach, braun
- **T29a** Steckverbindung, 20-fach

4. a) **Wie wird mit der Antippautomatik das automatische Hochfahren eingeleitet?**

   b) **Kennzeichnen Sie im Schaltplan die Masseversorgung der Bedieneinheit.**

   c) **Zeichnen Sie den Stromverlauf für das automatische Hochfahren des Beifahrerfensters von der Bedieneinheit Fahrertüre beginnend bei der Masseversorgung bis zum Türsteuergerät Fahrertüre.**

   d) **Kennzeichen Sie den Weg der Informationsübertragung zwischen den beiden Türsteuergeräten.**

   e) **Wie erfolgt die Kommunikation zwischen den Türsteuergeräten?**

5. Wie erkennt das System ein Einklemmen?

6. Zur Bestimmung der Fensterheberdrehzahl und -drehrichtung werden Hallsensoren verwendet.

a) Welche Vorteile bieten sie bei der Ermittlung der Drehzahl im Vergleich zu Induktivgebern?

b) Warum kann mit dem nebenstehend dargestellten Sensor die Drehrichtung erkannt werden?

c) Geben Sie nebenstehend die Drehrichtung an.

d) Welche Hallzelle nimmt bei dieser Drehrichtung zuerst eine Veränderung des Magnetfeldes wahr.

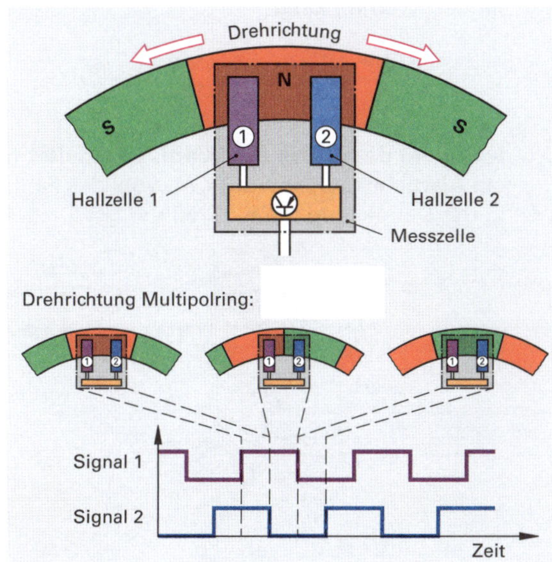

7. Es ist kein Eintrag im Fehlerspeicher enthalten, und es sind keine weiteren Fehlfunktionen festzustellen. Warum ist kein Fehlerspeichereintrag zu finden?

8. Bei der Sichtkontrolle stellen Sie fest, dass die Fensterführung verhärtet und im oberen Bereich ausgefranst ist. Erklären Sie dem Kunden, warum das der Grund für die Beanstandung ist.

9. Nach dem Wechseln der Fensterführung lässt sich das Fenster manuell ohne Einschränkung betätigen. Die Antippautomatik funktioniert jedoch nicht.

a) Was ist zu tun?

b) Wozu dienen die Schritte 1b und 2b?

c) Welche Folgen hat es, wenn der Anlernvorgang nicht vollständig abgeschlossen wird?

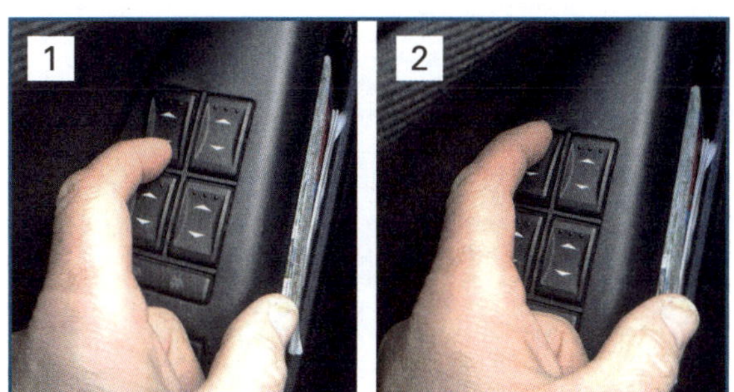

Anlernen Fensterheber.

1a) Fenster manuell herunterfahren
1b) Schalter erneut 1 – 2 Sekunden drücken
2a) Fenster manuell hochfahren.
2b) Schalter erneut 1 – 2 Sekunden drücken. Hierbei wird das Fenster in die Fensterführung (Dichtung) eingefahren.

Sollte die automatische Betätigung nicht einwandfrei funktionieren, ist der Anlernprozess zu wiederholen.

Hinweis: Wird die Fahrzeugbatterie abgeklemmt, werden die Anlernwerte der elektrischen Fensterheber gelöscht und somit die Antippautomatik deaktiviert. Die Fensterheber müssen dann ebenfalls neu angelernt werden.

EUROPA LEHRMITTEL	**LERNFELD 9**	Service	Name:		
	Diebstahlwarnanlage (DWA)	**Blatt 1**	Klasse:	Datum:	Blatt-Nr.:

Situation: Die Funkfernbedienung der Zentralverriegelung eines Mercedes-Benz C 220 T-Modell mit Anhängervorrichtung funktioniert nicht mehr, da die Batterie des Fahrzeugschlüssels entladen ist. Das Fahrzeug ist mit einer Diebstahl-Warnanlage (DWA) ausgestattet.

1. Der Fahrer öffnet die Tür mit dem Notschlüssel. Welche Folgen hat das Öffnen der mechanischen Entriegelung mit dem Notschlüssel?

____

2. Erläutern Sie, wie der Alarm abgeschaltet bzw. die Auslösung des Alarms verhindert werden kann.

____

____

3. Nachdem der Kunde den Alarm deaktiviert hat, fährt er in die Werkstatt und möchte von Ihnen wissen, warum ein Alarm ausgelöst wurde, obwohl das Fahrzeug mit dem richtigen Schlüssel geöffnet wurde. Kennzeichnen Sie in der Darstellung die Aktoren der DWA rot ▬ und die Sensoren der DWA grün ▬.

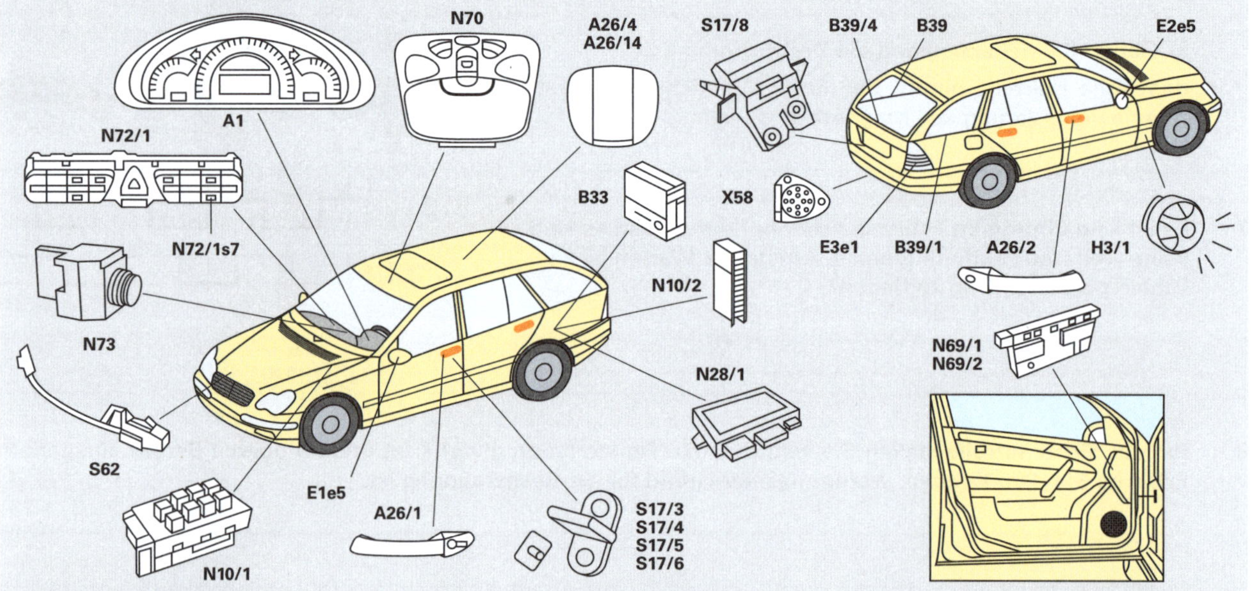

A1	Kombiinstrument
A26/1	Empfängereinheit IR, vorn links
A26/2	Empfängereinheit IR, vorn rechts (nur (USA) und (J))
A26/4	Sende- und Empfangseinheit Innenraumschutz, links (bei Typ 203.7 mit Code (882b) Innenraumabsicherung (nur bei DWA)
A26/14	Sende-und Empfangseinheit Innenraumschutz (bei Typ 203.0/2 mit Code (882b) Innenraumabsicherung (nur bei DWA)
B33	Neigungsgeber DWA
B39	Glasbruchsensor hinten links (bei Typ 203.2 mit Code (882b) Innenraumabsicherung (nur bei DWA)
H3/1	Alarmsignalsirene mit Zusatzbatterie
B39/1	Glasbruchsensor hinten rechts (bei Typ 203.2 mit Code (882b) Innenraumabsicherung (nur bei DWA)
B39/4	Glasbruchsensor Heckscheibe (bei Typ 203.2/7 mit Code (88.2b) Innenraumabsicherung(nur bei DWA)
E1e5	Blinker Tür links
E2e5	Blinker Tür rechts
E3e1	Blinker Heck rechts
E4e1	Blinker Heck links
N10/1	Steuergerät SAM mit Sicherungs- und Relaismodul vorn
N10/2	Steuergerät SAM mit Sicherungs- und Relaismodul Fond
N28/1	Steuergerät Anhängererkennung (bei Code (550) Anhängervorrichtung)
N69/1	Türsteuergerät vorn links
N69/2	Türsteuergerät vorn rechts
N70	Steuergerät Dachbedieneinheit
N72/1	Steuergerät oberes Bedienfeld
N72/1s7	Schalter Abschleppschutz/IRS mit DWA-Funktionsanzeige
N73	Steuergerät EZS/elektronischer Zünd-Startschalter
S17/3	Türkontaktschalter vorn links
S17/4	Türkontaktschalter vorn rechts
S17/5	Türkontaktschalter hinten links (bei Typ 203.0/2)
S17/6	Türkontaktschalter hinten rechts (bei Typ 203.0/2)
S17/8	Mikroschalter Drehfalle Heckdeckel
S62	Schalter Motorhaube DWA
X58	Steckdose AHV, 13-polig (bei Code (550) Anhängevorrichtung)

4. Welche Auswirkung hätte bei einem abgeschlossenen Fahrzeug mit Anhänger das Abziehen des 13-poligen Anhängersteckers?

____

5. Warum wird für die H3/1 eine Zusatzbatterie benötigt?

____

____

6. Wie lange darf eine akustische Alarmdauer sein? ______________________

7. Erklären Sie die Abkürzung SAM. ______________________

8. **Markieren Sie das Steuergerät (N10/2) farbig ▬. Welche Aufgabe hat es?**

9. **Das Blockschaltbild zeigt die Struktur einer DWA. Geben Sie durch rote Pfeile an, wie die Kommunikation zwischen Zündschlüssel und den Steuergeräten verläuft, wenn das Fahrzeug erkannt wurde. Geben Sie mit grünen Pfeilen an, welche weiteren Steuergeräte darüber informiert werden.**

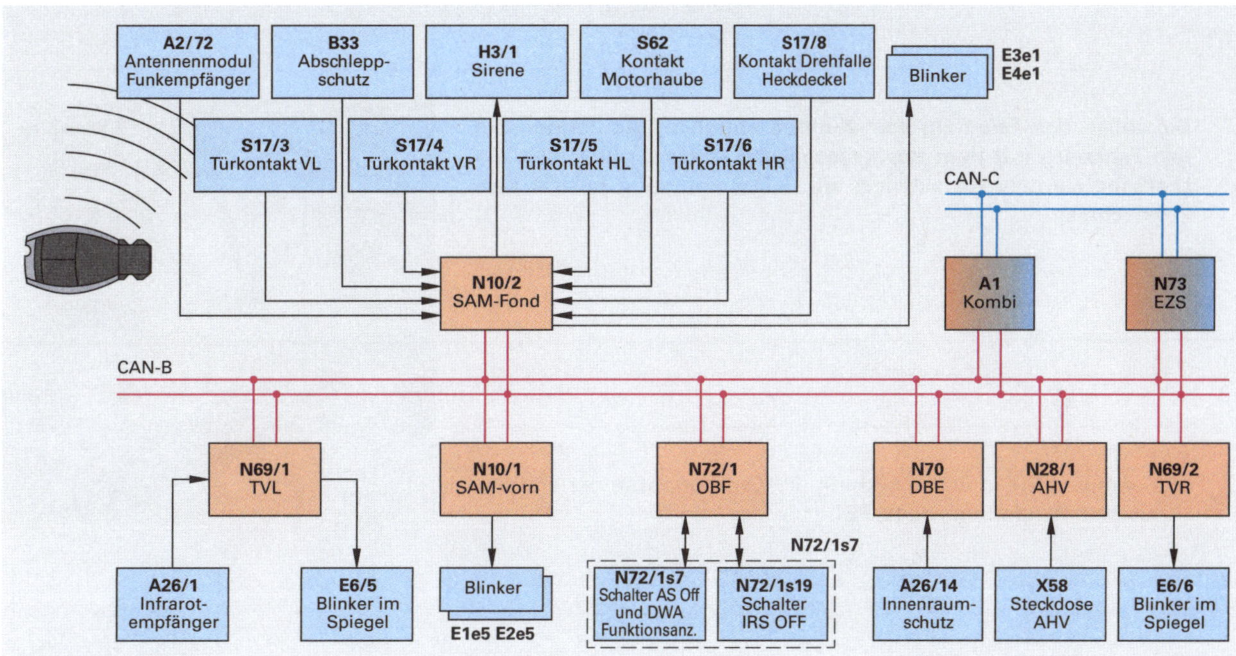

10. **Über welchen Can-Bus kommunizieren die Steuergeräte?**

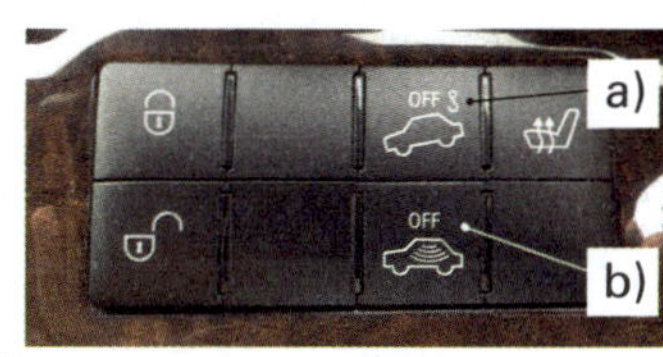

11. **Welche Funktionen werden durch Betätigen des Schalters N72/1s7 ermöglicht?**

12. **Für welche Betriebssituationen ist das Ausschalten dieser Funktionen erforderlich?**

a)

b)

13. **Beim Öffnen der Fahrertür mit dem Notschlüssel wird ein Alarm ausgelöst. Welcher Sensor ist dafür verantwortlich?**

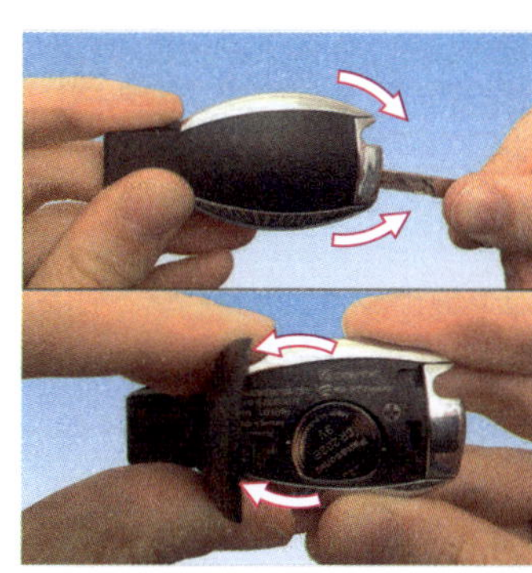

14. **Warum erfolgte die Alarmauslösung?**

15. **Wie wird das Batteriefach zum Batteriewechsel am Schlüssel geöffnet?**

16. **Welche abschließende Tätigkeit hat zu erfolgen?**

Name:		
Klasse:	Datum:	Blatt-Nr.:

Situation: Ein Kunde vermisst seinen Fahrzeugschlüssel. Bei seinem Reserveschlüssel funktionieren Fernbedienung und Komfortzugang nicht mehr. Das Fahrzeug lässt sich mechanisch öffnen. Nach etwa 15 Sekunden ertönt jedoch die Diebstahlwarnanlage.

1. **Wie wird bei einem Schlüssel mit intakter Fernbedienung die Zugangsberechtigung erteilt und die Diebstahlwarnanlage deaktiviert?**

2. **Sie sollen das Fahrzeug vom Kunden abholen. Wie können Sie das Fahrzeug mit dem Reserveschlüssel starten, ohne dass die Diebstahlwarnanlage aktiviert wird? Das Fahrzeug besitzt kein Zündschloss.**

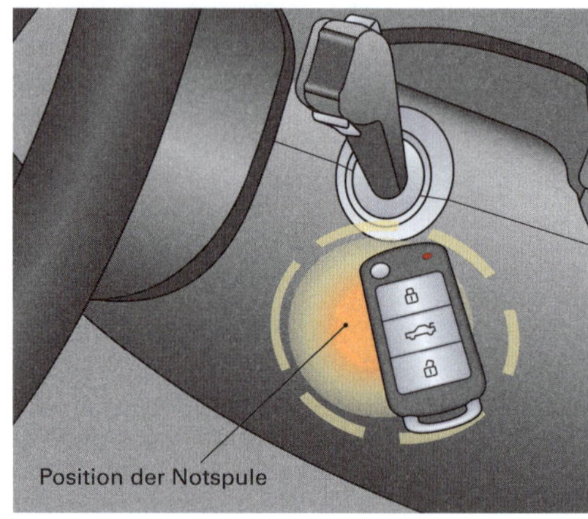
Position der Notspule

3. a) **Benennen Sie in der Abbildung die Komponenten der elektronischen Wegfahrsperre (WFS).**

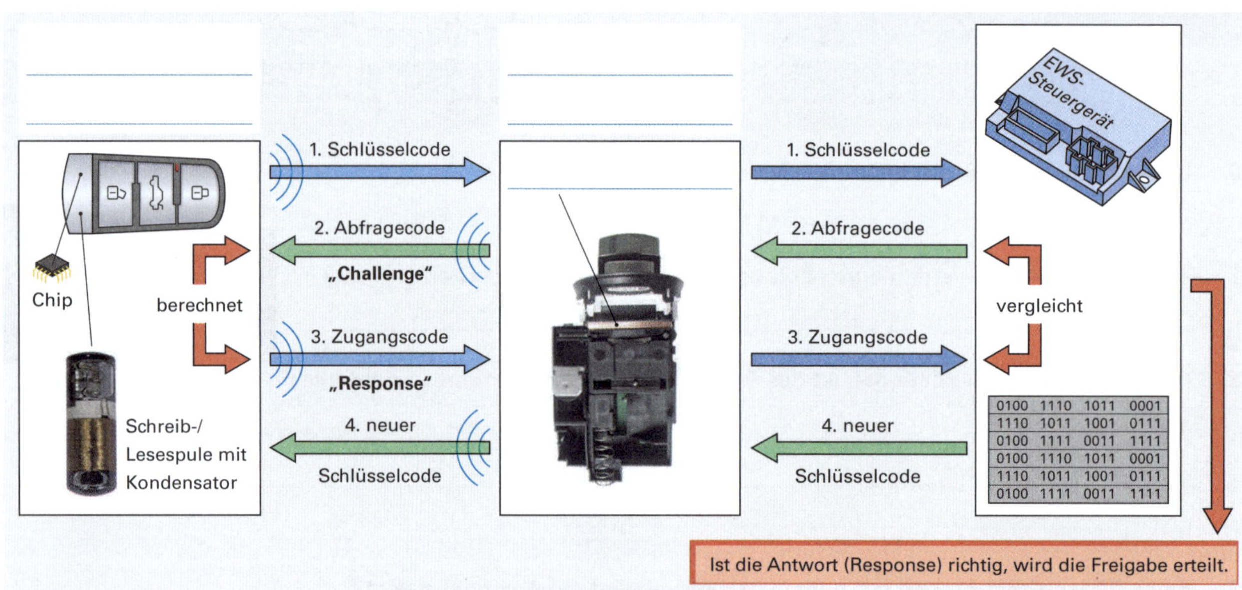

b) **Wie erfolgt die Energieversorgung des Schlüssels bei entladener Batterie zur Deaktivierung der Wegfahrsperre?**

c) **Die Authentifizierung erfolgt nach dem Challenge-Response-Verfahren. Beschreiben Sie das Verfahren.**

4. **Warum muss vom Schlüsseltransponder bei der Challenge-Response-Authentifizierung neben dem Schlüsselcode auch die Rechenvorschrift (der Algorithmus) gespeichert werden?**

5. **Warum nutzt es nichts, wenn Unbefugte die Kommunikation zwischen Schlüssel und Fahrzeug abfangen und später zum unbefugten Öffnen erneut senden?**

Bei Verlust eines Schlüssels muss das Fahrberechtigungssystem (Wegfahrsperre) neu angelernt werden. Hierzu ist eine Online-Verbindung zur zentralen Hersteller-Datenbank notwendig.

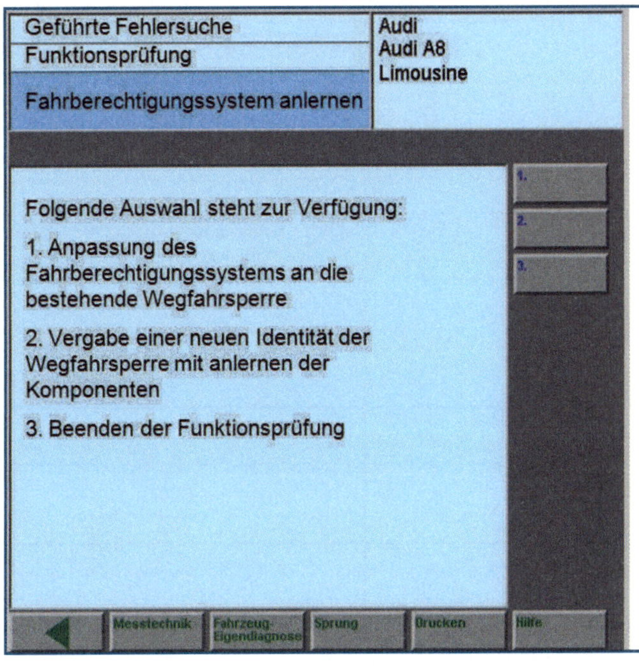

Werkstatthinweis Fahrberechtigungssystem

Nach Verlust eines angelernten Fahrzeugschlüssels gibt es zwei Vorgehensweisen:

1. Neues Anlernen aller verbliebenen Fahrzeugschlüssel. Danach kann der verlorene Fahrzeugschlüssel nicht mehr zum Starten genutzt werden. Ein mechanisches Öffnen der Fahrertür mit dem Schlüssel ist jedoch weiterhin möglich.
2. Ersetzen des Schließzylinders und aller Fahrzeugschlüssel für das Fahrzeug. Das Fahrzeug erhält eine neue Identität*). Verbliebene Fahrzeugschlüssel können nicht wieder an das Fahrzeug angelernt werden.

*) **Neue Identität.** Sie versieht alle Steuergeräte, die in die Wegfahrsperre integriert sind, mit einer neuen Basiscodierung. Die neue Basiscodierung wird von der zentralen Datenbank des Herstellers mitgeteilt. Die bislang verwendeten Fahrzeugschlüssel können nach dem Umcodieren nicht mehr verwendet werden.

6. **Bei Schlüsselverlust gibt es gemäß Werkstatthinweis zwei Möglichkeiten.**

a) Welche Möglichkeit empfehlen Sie dem Kunden, wenn …

… der Schlüssel nur verlegt wurde und ein Diebstahl ausgeschlossen werden kann?	… der Kunde von einem Schlüsseldiebstahl ausgeht?
Begründung:	**Begründung:**

b) Können die alten noch vorhandenen Schlüssel weiter verwendet werden?

Name:		
Klasse:	Datum:	Blatt-Nr.:

Situation: Ein Kundenfahrzeug wurde beim Einparken durch ein anders Fahrzeug im Frontbereich beschädigt. Nachdem die notwendigen Karosseriearbeiten abgeschlossen sind, erhalten Sie den Auftrag, den in der Fahrzeugfront eingebauten, defekten Sensor der adaptiven Fahrgeschwindigkeitsregelanlage ACC auszutauschen und die Funktion des Systems wieder herzustellen.

1. a) Was bedeutet die Abkürzung ACC?

____

____

b) Erklären Sie die Aufgaben dieses Systems.

____

____

____

____

2. Je nach Hersteller und Fahrzeugtyp kommen verschiedene Geschwindigkeits- und Abstandsregelsysteme zum Einsatz. Ergänzen Sie die Tabelle, indem Sie den Funktionsbeschreibungen die zugehörigen Bezeichnungen und Abkürzungen zuordnen.

Funktionsbeschreibung	Deutsche Bezeichnung	Englische Bezeichnung, Abkürzung
Die vom Fahrer eingestellte Geschwindigkeit wird automatisch beibehalten.		
Die eingestellte Geschwindigkeit wird automatisch beibehalten. Bei Bergabfahrten wird ggf. die Bremse angesteuert.		
Zwischen 30 km/h und 200 km/h passt das System Geschwindigkeit und Abstand automatisch der aktuellen Verkehrssituation an.		
Zwischen 0 km/h und 200 km/h passt das System Geschwindigkeit und Abstand automatisch der aktuellen Verkehrssituation, auch bei Verkehrsstau (Schrittfahren), an.		

3. Bei Geschwindigkeits- und Abstandsregelsystemen unterscheidet man die Fahrzustände „Freifahrt" und „Folgefahrt". Beschreiben Sie, was man darunter versteht.

Freifahrt	
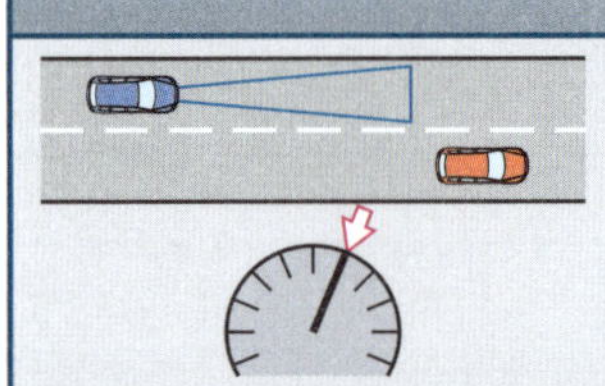	
Folgefahrt	
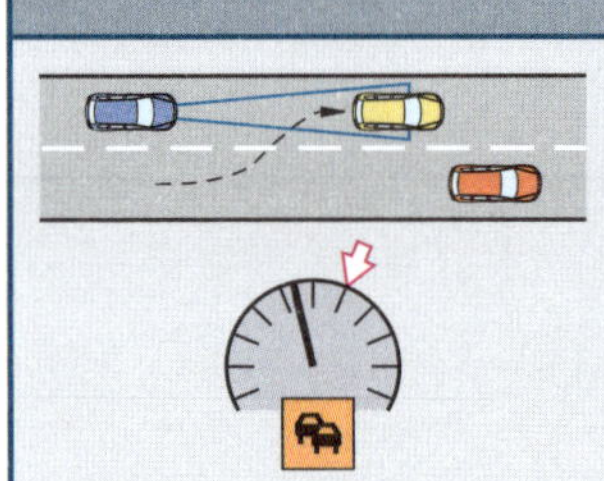	

4. Das Bild zeigt den prinzipiellen Aufbau eines im Fahrzeug eingebauten ACC-Systems. Ordnen Sie die Ziffern den Bauteilen im Bild richtig zu.

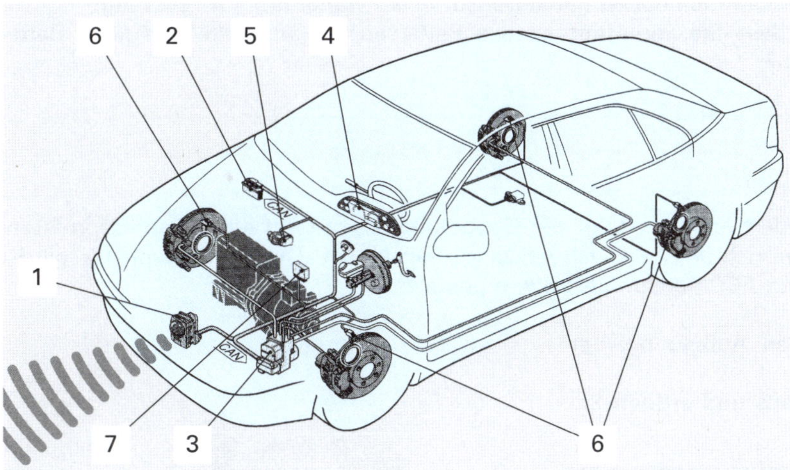

___	Radar-Sensor mit ACC Steuergerät
___	Raddrehzahlsensoren
___	Motormanagement-Steuergrät
___	Bedien- und Anzeigeeinheit
5	Drosselklappensteller für Motoreingriff
___	ABS/ESP-Hydroeinheit für Bremseingriff
___	Getriebesteuergerät für Getriebeeingriff

5. Um im Modus „Folgefahrt" arbeiten zu können, nutzt das ACC-System neben den Radardaten die Signale der Sensoren anderer Fahrzeugsysteme.

Ordnen Sie die Begriffe in der Tabelle den jeweiligen Informationen/Aufgaben zu:

Drehratensensor, Querbeschleunigungssensor, Lenkwinkelsensor, Raddrehzahlsensor, Fahrstufensensor, Radarsensor

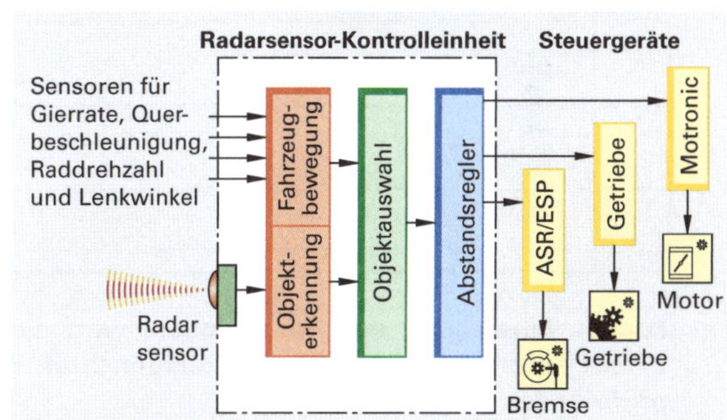

Sensor	Aufgabe	System
___	liefert die aktuelle Fahrzeuggeschwindigkeit	ABS, ESP
___ ___	erkennen die dymamische Kurvenfahrt	ESP
___	liefert Information zur Stellung der Vorderräder (Fahrwegvorhersage)	ESP, Servolenkung
___	erkennt die gewählte Fahrstufe	Getriebe-steuerung
___	ermöglicht Objekterkennung, Messung von Relativgeschwindigkeit und Entfernung	ACC

6. Das Auslesen des Fehlerspeichers ergibt die Fehlermeldung „Radarsensor-Kontrolleinheit – kein Signal". Nennen Sie mögliche Fehlerursachen, die zu diesem Eintrag im Fehlerspeicher führen .

___

___

Herstellerhinweise:

Beschädigung: Bei Instandsetzungsarbeiten im Frontbereich ist mit großer Sorgfalt vorzugehen. Ist der Stoßfänger verformt, oder weist die Blende des Radarsensors für ACC eine Beschädigung auf, so kann die Funktion des Sensors beeinträchtigt werden.

Justierung: Eine horizontale Abweichung von nur einem Grad zur korrekten Einbaulage des Gebers verursacht in 130 m Entfernung bereits eine Abweichung von ca. 2,1 m. Im Extremfall würde dann die Distanz zu einem vorausfahrenden Fahrzeug in der benachbarten Fahrspur geregelt.

7. **Sie entfernen die Frontverkleidung, hinter der sich der Radarsensor befindet. Die Sichtkontrolle zeigt, dass die Blende des Sensors gebrochen ist. Außerdem ist Feuchtigkeit in das Sensorgehäuse eingedrungen. Sie demontieren den defekten Sensor und montieren den neuen Radar-Sensor in der Halterung am Fahrzeug.**
Warum schreibt der Hersteller vor, dass Sie zur Montage des Radarsensors ausschließlich neue Halte- und Einstellschrauben verwenden müssen?

____

____

Nachdem Sie den Radarsensor montiert haben, erfolgt die Einstellung. Dazu wird ein Achsmessprüfstand mit Messaufnehmern und eine Einstellvorrichtung (Spezialwerkzeug) verwendet. Der Diagnosetester wird angeschlossen und das Unterprogramm zur ACC-Sensor-Einstellung gestartet.

8. **Die Abbildung zeigt den prinzipiellen Aufbau bei der Einstellung.**
Benennen Sie die Teile des Prüfaufbaus und ordnen Sie die Ziffern zu.

1	______________________
__	**Spiegel**
__	**Laserpointer**
2	______________________

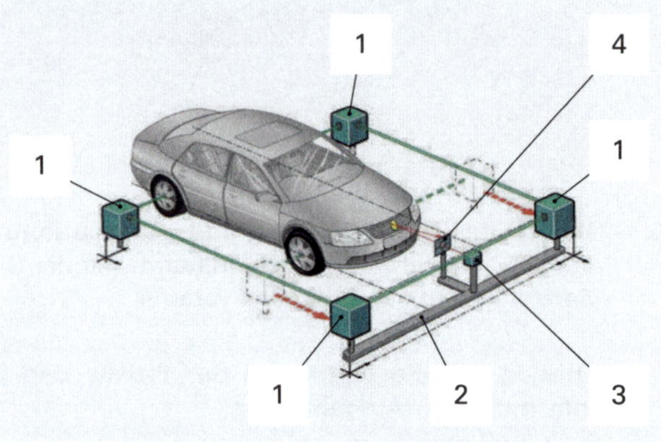

9. **Für die Einstellung des Radarsensors wird die Einstellvorrichtung senkrecht zur geometrischen Fahrachse in einem Abstand von 1200 mm ausgerichtet. Warum schreibt der Hersteller die Verwendung des Achsmessprüfstandes vor?**

____

____

____

Achsparallele Ausrichtung der Einstellvorrichtung (Bild 1):
Spiegel und Laserpointer werden ausgerichtet. Dazu befinden sich zwei Libellen (kleine Wasserwaagen) am Spiegel **(Bild 2)**.

Ausrichtung von Spiegel und Radarsensor:
Spiegel und Laserpointer werden auf der horizontalen und vertikalen Schiene der Einstellvorrichtung so verschoben, dass der Laserstrahl auf den Einstellspiegel **(Bild 3)**, der sich am Radarsensor befindet, trifft, und von ihm reflektiert wird.

Einstellung des Radarsensors:
Sie erfolgt – je nach Fahrzeughersteller und Fahrzeugtyp – mechanisch z. B. mit einem T-Schlüssel nach Anweisung des Diagnosetesters **(Bild 4)** oder elektronisch durch Starten einer vorgegebenen Routine des Testers.

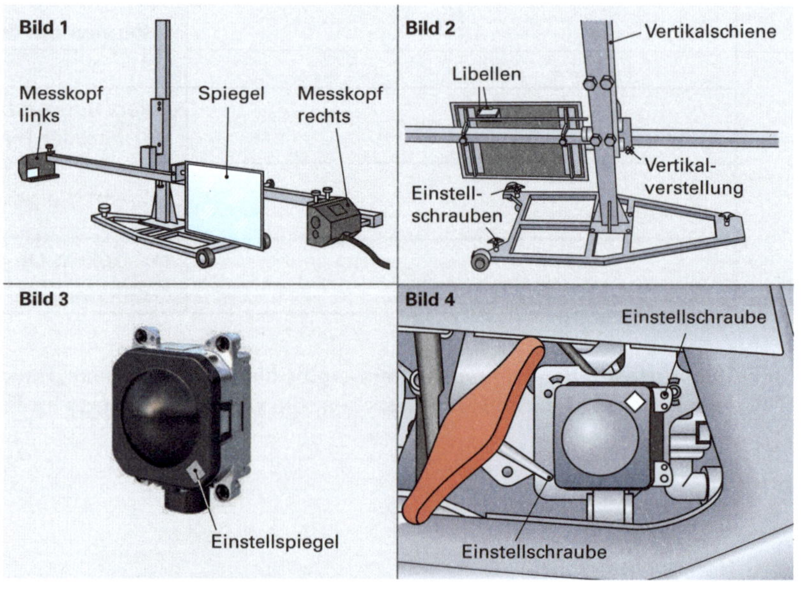

10. **Nach Abschluss der Einstellung des Radarsensors erfolgt die Bestätigung durch den Diagnosetester.**
Welche abschließenden Arbeiten sind vor der Übergabe des Fahrzeugs an den Kunden noch auszuführen?

____

____

Situation: An einem Kundenfahrzeug wurde die Frontscheibe wegen eines Steinschlagschadens getauscht. Bei der anschließenden Probefahrt stellt sich heraus, dass das Fahrerassistenzsystem „Spurhalteassistent" nicht mehr funktioniert. Das Auslesen des Fehlerspeichers mit dem Diagnosetester zeigt den folgenden Eintrag: „Frontkamera – kein Signal".

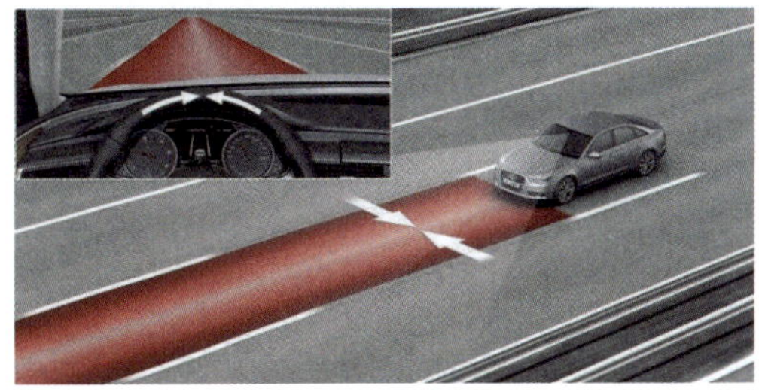

1. a) Welche Aufgabe hat der „Spurhalteassistent"?

____

____

____

b) Nennen Sie die englische und eine weitere deutsche Bezeichnung für dieses Assistenzsystem.

____

2. Wie reagiert das System, wenn es die Gefahr eines unbeabsichtigten Fahrspurverlassens erkannt hat?

____

____

3. a) Welche zusätzliche Funktion bietet ein sogenannter „Aktiver Spurhalteassistent" ?

____

____

b) Für diese Zusatzfunktion greift der Spurhalteassistent auf zwei weitere Fahrzeugsysteme zurück. Tragen Sie diese in die Tabelle ein und erläutern Sie die Funktionsweise.

System	Funktion

4. Welche Bedingungen müssen bei aktiviertem Spurhalteassistenten erfüllt sein, damit das System arbeitet?

Fahrgeschwindigkeit	
Fahrbahnmarkierung	
Fahrspurbreite	

5. Im Bild ist die Systemübersicht des Spurhalteassistenten schematisch dargestellt. Benennen Sie die Bauteile und ordnen Sie die Ziffern im Bild richtig zu.

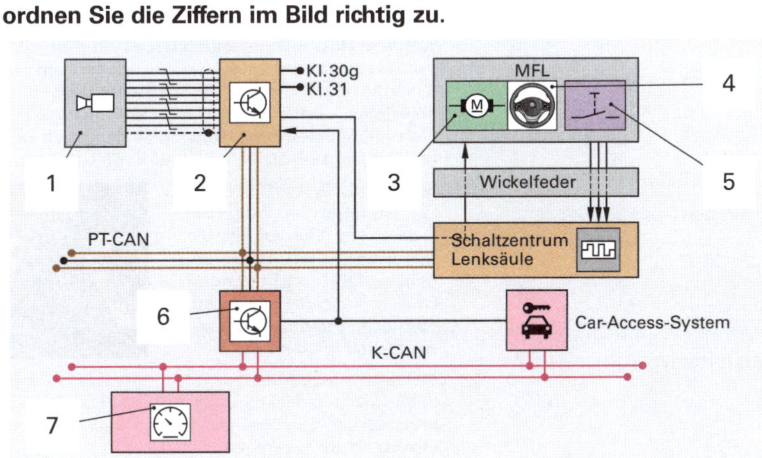

1	
6	Karosserie-Gateway
	Steuergerät Spurhalteassistent
4	
	Einschalter Spurhalteassistent
	Vibrationsmotor Lenkrad
	Kombiinstument/Statusanzeige

A6. Zur Erfassung der Fahrspur ist im Fahrzeug eine Videokamera eingebaut.

a) An welcher Stelle im Fahrzeug befindet sie sich?

b) Benennen Sie die Bauteile der Kamera.

1

2

3

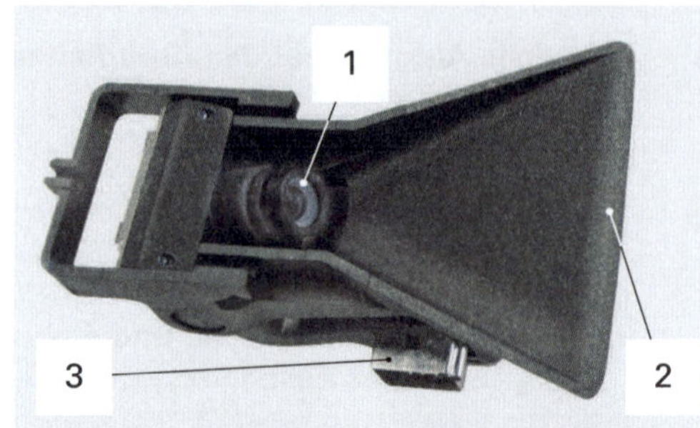

7. Manche Spurhalteassistenzsysteme sind nicht in der Lage, gelbe Fahrbahnmarkierungen zu erkennen. Woran liegt das?

Menschliche Wahrnehmung

Kameradarstellung

8. Benennen Sie mögliche Fehlerquellen für den eingangs beschriebenen Fehler.

9. Sie öffnen an der Kamera die Steckerverbindung des Kabels, das zum Steuergerät führt. Bei der Sichtprüfung des Steckers stellen Sie fest, dass ein Kontaktpin im Stecker abgebrochen ist. Was ist zu tun?

10. Das Kabel enthält laut Schaltplan acht Leitungen, die gemeinsam von einem Drahtgeflecht ummantelt sind, das mit der Fahrzeugmasse verbunden ist. Wozu dient das Drahtgeflecht?

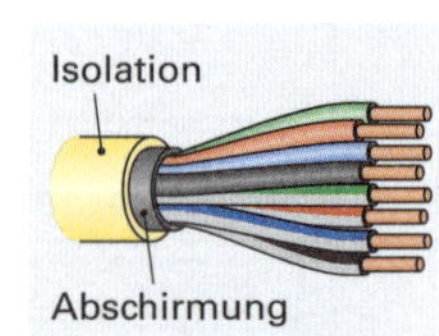

11. Zum weiteren Vorgehen finden Sie im Diagnosetester den nebenstehenden Hinweis.

a) Wie erfolgt die automatische Kalibrierung?

b) Wie lange dauert die Kalibrierfahrt?

c) Woran erkennt man, dass die Kalibrierung erfolgreich war?

d) Was ist zu tun, falls keine Warnbereitschaftsanzeige erfolgt?

Ein Frontscheibenaustausch kann vom System nicht erkannt werden. Nach Abschluss der Montagearbeiten muss daher der Diagnoseschritt „Kalibrierung Frontkamera" durchgeführt werden. Hierbei überprüft das System zunächst, ob die Kamera ein einwandfreies Bild liefert und Bewegungen erkannt werden. Ist dies der Fall, so startet das System die automatische Kalibrierungsroutine:
Während einer Kalibrierfahrt nutzt das System Bilder, die bei Geradeausfahrt aufgenommen werden, um die neue Kameraeinbauposition und den neuen Sichtwinkel zu berechnen und abzuspeichern. In Abhängigkeit von Sichtverhältnissen und weiteren Bedingungen kann dieser Vorgang zwischen 5 min. und 20 min. dauern.

Sobald das System kalibriert ist, erscheint im Fahrzeugdisplay das Symbol für die Warnbereitschaft. War die Kalibrierfahrt nicht erfolgreich, so kann das System zurückgesetzt und der Vorgang wiederholt werden.

Bleiben weitere Kalibrierfahrten erfolglos, so muss die Kalibrierung in der Werkstatt mit Hilfe von Spezialwerkzeug, wie es auch bei der Justage von ACC-Systemen eingesetzt wird, erfolgen.

Situation: Ein Kunde bringt seinen 3er BMW zur Inspektion. Bei der Direktannahme fällt Ihnen auf, dass die Innenseiten der Laufflächen beider Vorderräder stark abgefahren sind (siehe Bild). Der Kunde möchte wissen, wodurch dieser Verschleiß an den Vorderrädern entstanden ist.

1. Um die Ursache für den Reifenverschleiß zu ermitteln, ist eine Sicht- und eine Spielprüfung an der Vorderachse durchzuführen. An welchen Bauteilen des Fahrzeugs erfolgen diese Prüfungen?

Sichtprüfung: ______________________

____

____

Spielprüfung: ______________________

____

2. Die Spielprüfung ergab keine fehlerhaften Teile. Wie gehen Sie weiter vor, um die genaue Ursache für den Fehler zu finden?

____

3. Um die in Aufgabe 2 genannte Arbeit durchführen zu können, sind Kenntnisse über fahrwerksspezifische Begriffe, Radstellungen und Radaufhängungen erforderlich. Benennen Sie die nummerierten Teile in der Darstellung und tragen Sie im Bild die Zuordnungsnummern richtig ein.

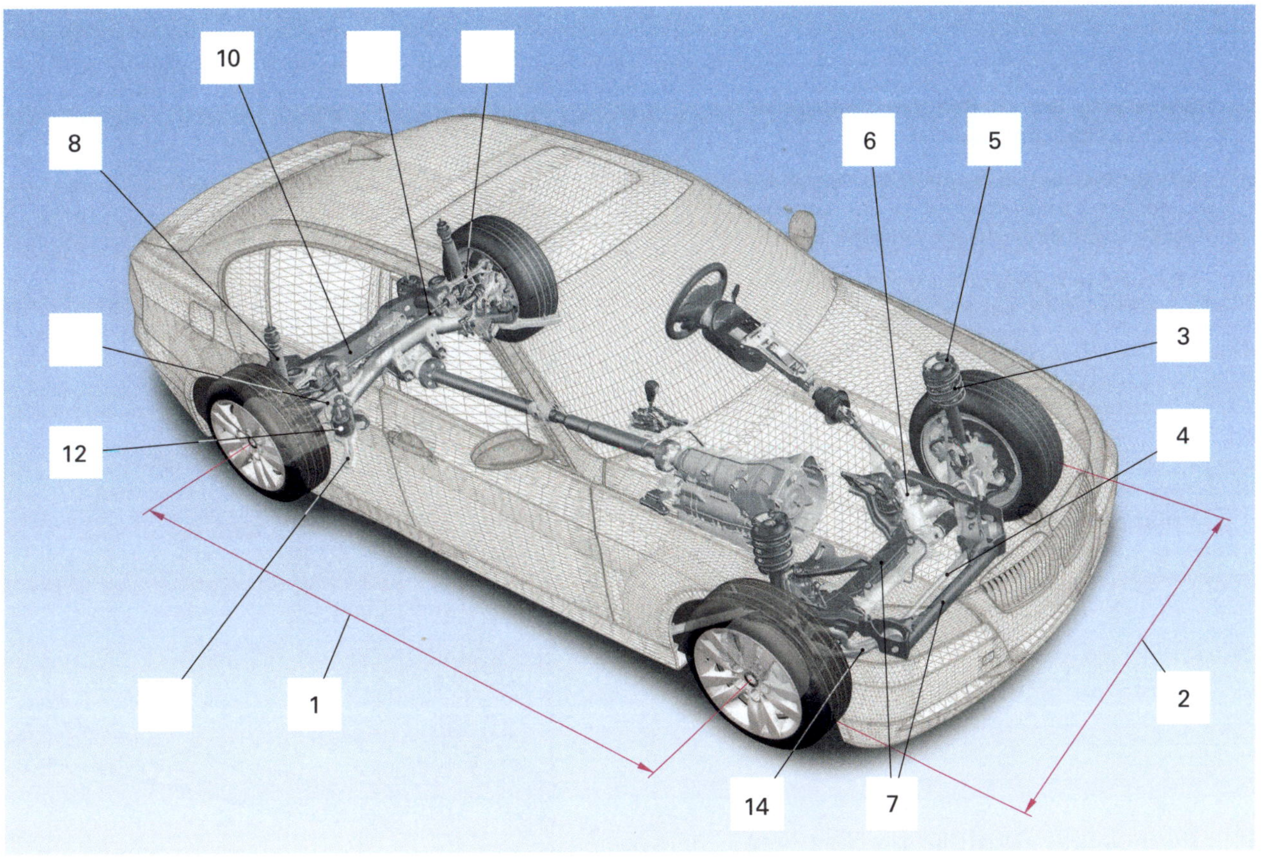

8	______	9	Unterer Schräglenker HA	___	Radstand
10	______	11	Oberer Querlenker HA	___	Spurweite
___	Achsträger	4	______	6	______
___	Federbein	5	______	___	Gummilager Achsaufhängung
13	Stabilisator HA	14	______	15	Vorderer Querlenker HA

4. **Ordnen Sie die im Bild mit Ziffern gekennzeichneten Bezugsgrößen am Fahrwerk in der Tabelle richtig zu.**

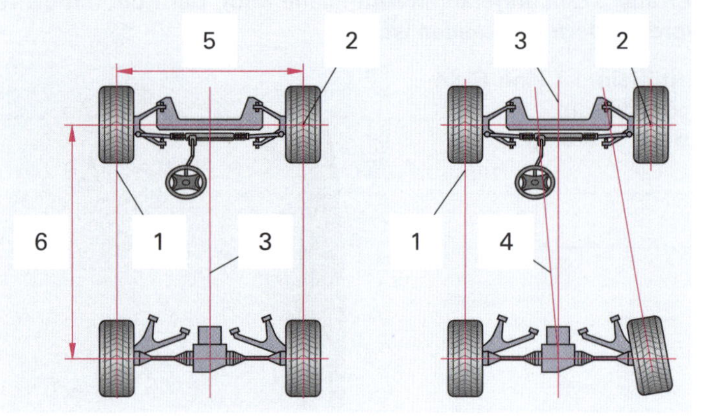

___	**Radmittelebene.** Sie ist die Ebene, die senkrecht auf der Drehachse des Rades in der Radmitte steht.
___	**Radaufstandspunkt.** Er ist der Schnittpunkt der Radmittelebene mit der Fahrbahn.
___	**Geometrische Fahrachse.** Sie ist die Winkelhalbierende der Differenz der Einzelvorspurwinkel an der Hinterachse.
___	**Fahrzeuglängsmittelachse.** Sie ist die Achse, die durch die Mitte der Vorder- und Hinterachse verläuft.
___	**Radstand.** Er ist der Abstand zwischen den Radaufstandspunkten der Vorder- und Hinterräder.
___	**Spurweite.** Sie ist der Abstand zwischen den Radaufstandspunkten der Räder einer Achse.

5. **Was versteht man unter dem Sturz?**

6. **Was versteht man unter der Spreizung?**

7. **Bezeichnen Sie im Bild den Sturzwinkel und den Spreizungswinkel.**

8. **Benennen Sie die Bauteile, durch die die Lage der Lenkdrehachse in der abgebildeten Radaufhängung bestimmt wird.**

9. **Welche Auswirkung hat der im Bild dargestellte Sturz auf die Seitenführungskräfte?**

10. **Was versteht man unter dem Lenkrollhalbmesser R_0?**

11. **Durch welche Radstellungsgrößen wird der Lenkrollhalbmesser in der nebenstehenden Abbildung bestimmt?**

12. **Zeichnen Sie den Lenkrollhalbmesser im Bild ein und geben Sie den Wert in mm an. (Maßstab 10:1)**

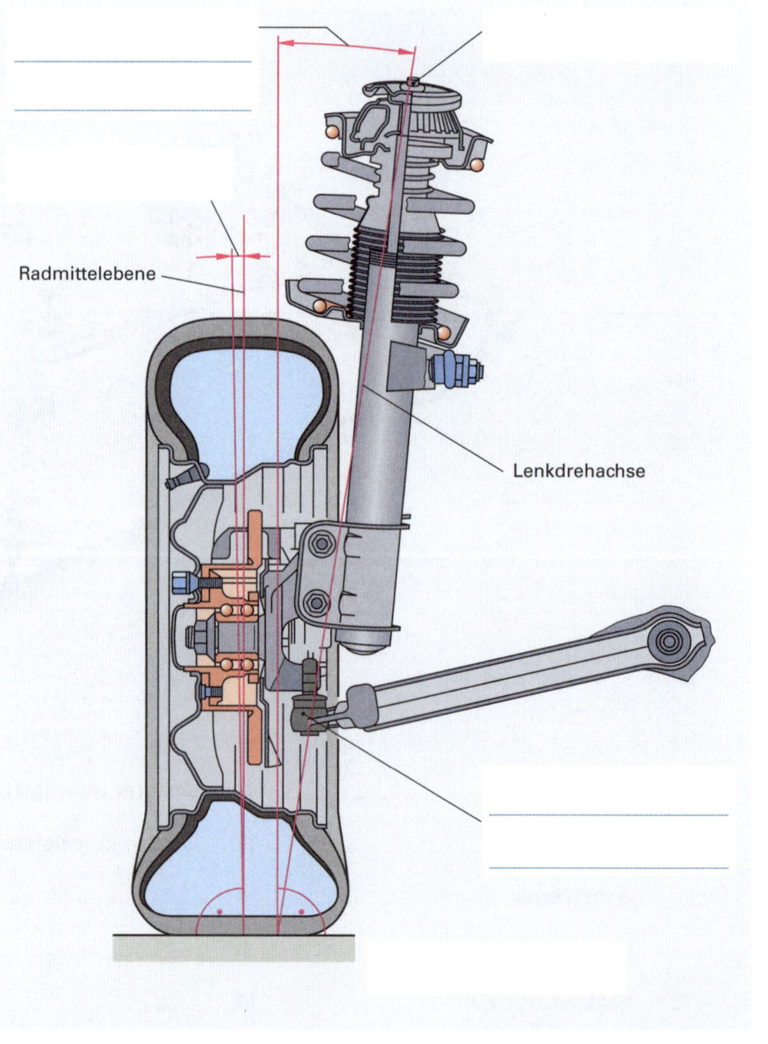

13. Zeichnen Sie in die drei Abbildungen der Tabelle die Lenkrollradien ein und geben Sie an, welcher Lenkrollradius R_0 entsteht.

Hinweis:
Verwenden Sie dafür die Begriffe: Positiv, negativ, null.

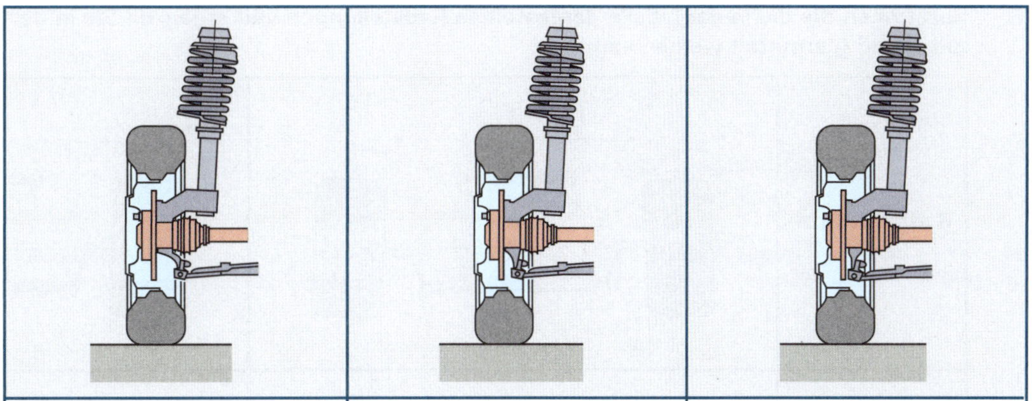

R_0 = ______	R_0 = ______	R_0 = ______

14. Ein Kfz mit positivem und eines mit negativem Lenkrollradius wird abgebremst, wobei sich die Räder der rechten Fahrzeugseite auf glattem Untergrund befinden. Die Räder der linken Seite werden dadurch mit größerer Kraft abgebremst (Bremskraftdifferenz F_{Bdiff}).

a) Zeichnen und benennen Sie die Drehpunkte an beiden linken Vorderrädern mit R_0 = 4 mm und bemaßen Sie R_0.

b) Kennzeichnen Sie durch einen Drehmomentpfeil, wie sich das jeweilige Kfz um die Hochachse im Schwerpunkt *S* bewegt.

c) Kennzeichnen Sie durch einen Drehmomentpfeil M_{Rad}, wie sich jeweils das linke Vorderrad um den Drehpunkt bewegt.

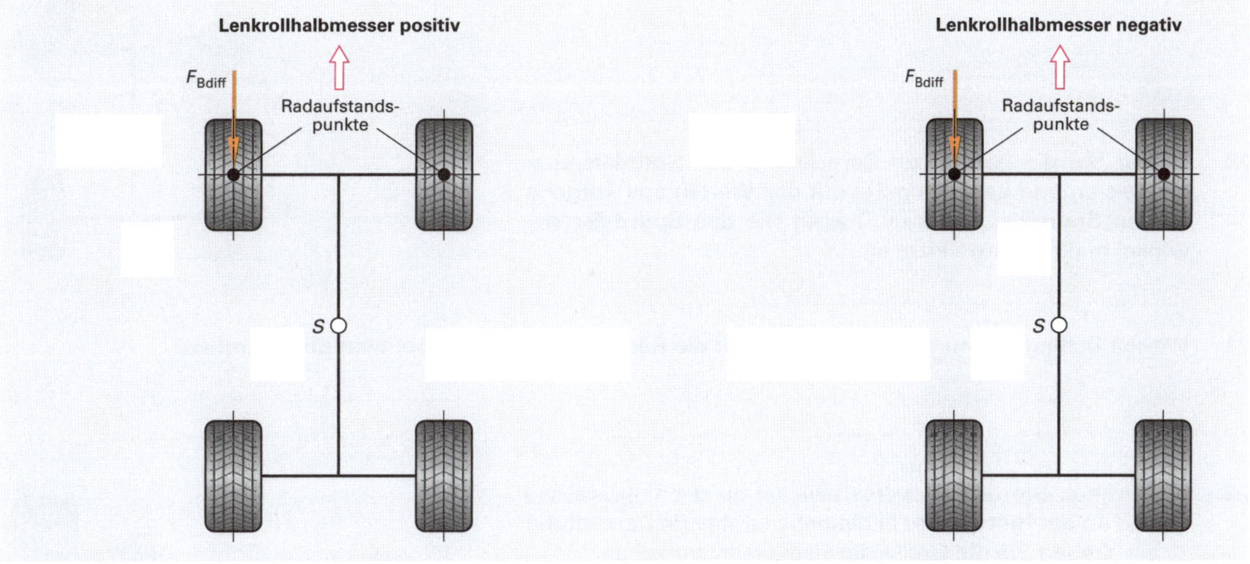

15. Wie verhalten sich die Fahrzeuge mit den unterschiedlichen Lenkrollradien beim Bremsen?

Positiver Lenkrollradius	Negativer Lenkrollradius

16. Erklären Sie den Begriff „Vorspur" einer Achse.

______

______

EUROPA LEHRMITTEL	**LERNFELD 10** Reparatur	Name:		
	Radstellungen Blatt 4	Klasse:	Datum:	Blatt-Nr.:

17. **Bezeichnen Sie die in der Tabelle dargestellten Radstellungen und ergänzen Sie in der Klammer, wie die Vorspur mit l_1 und l_2 ermittelt werden kann.**

Radstellung	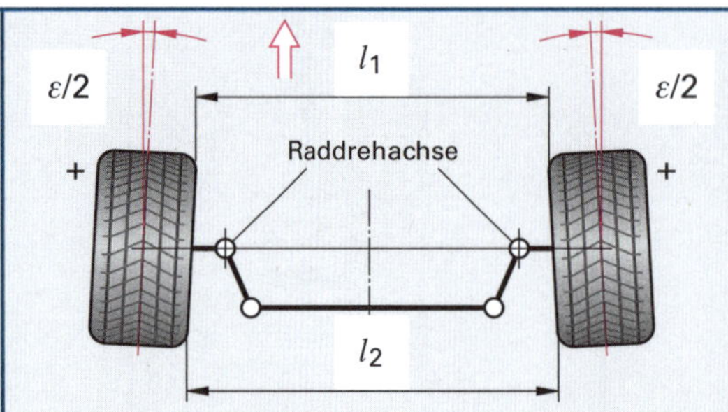	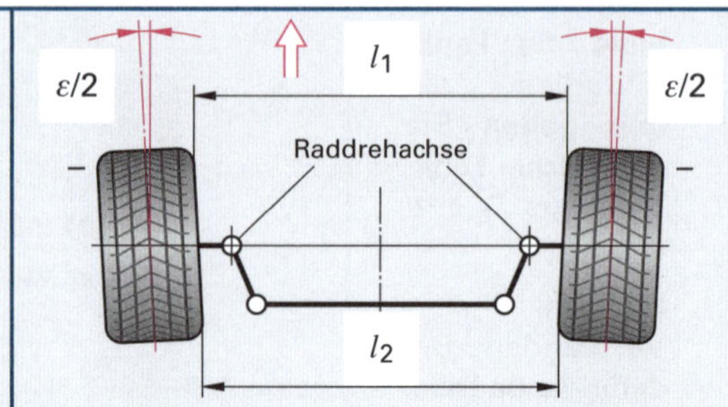
Bezeichnung	______________ (______________) > 0	______________ (______________) < 0
Hinweis	**Vorspur ε ist positiv.**	**Vorspur ε ist negativ.**

18. **Ermitteln Sie in der nebenstehenden Skizze die Einschlagwinkel des linken und rechten Vorderrades. Bezeichnen Sie den Winkel des kurvenäußeren Rades mit α und den Winkel des kurveninneren Rades mit β. Tragen Sie die Winkel in die Skizze ein.**

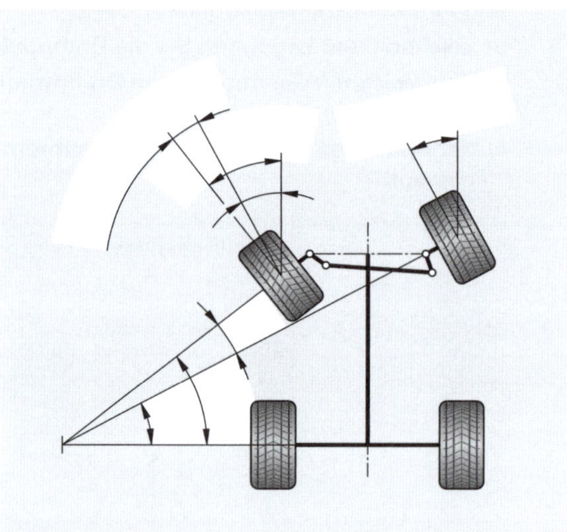

19. **Was versteht man unter dem Spurdifferenzwinkel δ?**

____

____

____

20. **Geben Sie die Formel zur Berechnung des Spurdifferenzwinkels an und berechnen Sie mit den Werten aus Aufgabe 18 den Spurdifferenzwinkel. Tragen Sie den Spurdifferenzwinkel in die rechte Skizze ein.**

____

21. **Welche Bedingung muss erfüllt sein, damit die Räder bei Kurvenfahrt einwandfrei abrollen?**

____

____

22. **a) Zeichnen Sie den Radversatzwinkel an der Vorderachse und an der Hinterachse in die nebenstehende Darstellung ein. Geben Sie die Größe der Radversatzwinkel an.**

Radversatzwinkel an der Vorderachse ______________

Radversatzwinkel an der Hinterachse ______________

Hinweis: **Der Radversatzwinkel α ist die Winkelabweichung der Verbindungslinie zwischen den Reifenaufstandspunkten einer Achse zu einer Linie, die 90° zur geometrischen Fahrachse verläuft.**

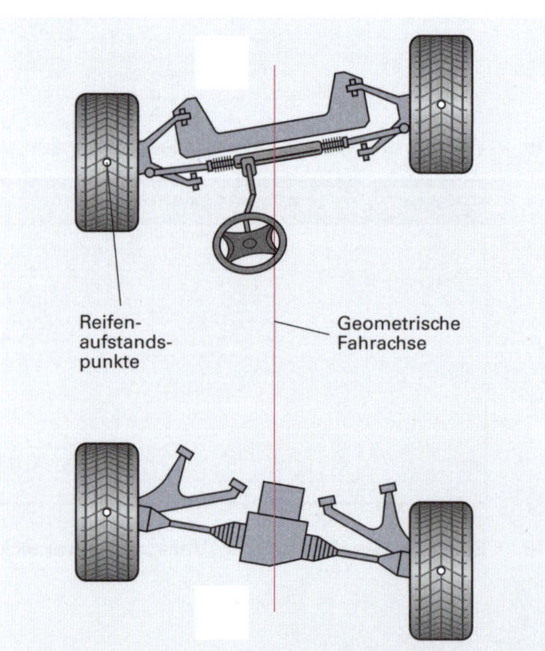

b) Welche Art von Radversatzwinkel liegt an den Achsen vor?

Radversatzwinkel an der Vorderachse ______________

Radversatzwinkel an der Hinterachse ______________

Hinweis: **Der Radversatzwinkel ist positiv, wenn das rechte Rad nach vorne versetzt ist, er ist negativ, wenn es nach hinten versetzt ist. In der Praxis sind maximale Radversatzwinkel von 10 Minuten zulässig.**

Name:

Klasse: Datum: Blatt-Nr.:

23. a) Bezeichnen Sie im Bild die Fahrzeuglängsmittelachse und kennzeichnen Sie die Achse rot.

b) Zeichnen Sie im Bild die Einzelspurwinkel an der Hinterachse ein und geben Sie die Werte in Grad an.

Einzelspurwinkel-Hinterachse rechts ______

Einzelspurwinkel-Hinterachse links ______

c) Wie groß ist der Gesamtspurwinkel der Hinterachse? ______

d) Ermitteln Sie den Fahrachswinkel ______

e) Zeichnen Sie die geometrische Fahrachse an der HA ein und erklären Sie den Begriff „Fahrachswinkel".

24. Zeichnen Sie die geometrische Fahrachse in die Mitte der Vorderachse ein.

Hinweis: Können die Einzelspurwerte der Hinterachse so korrigiert werden, dass der Fahrachswinkel 0 Grad wird, dann beziehen sich die Einzelspurwerte der Vorderachse auf die Fahrzeugslängsmittelachse. Können die Einzelspurwerte der Hinterachse nicht korrigiert werden, müssen die Einzelspurwerte der Vorderachse auf die geometrische Fahrachse bezogen werden. Die dargestellte Schrägstellung des rechten Hinterrades bewirkt, dass das Fahrzeug nach rechts lenkt. Dies muss durch die Einstellung der Vorderachse ausgeglichen werden, da sonst der Fahrer ständig gegenlenken muss. Außerdem nimmt der Reifenverschleiß zu. Durch die Korrektur läuft das Fahrzeug im „Dackelgang".

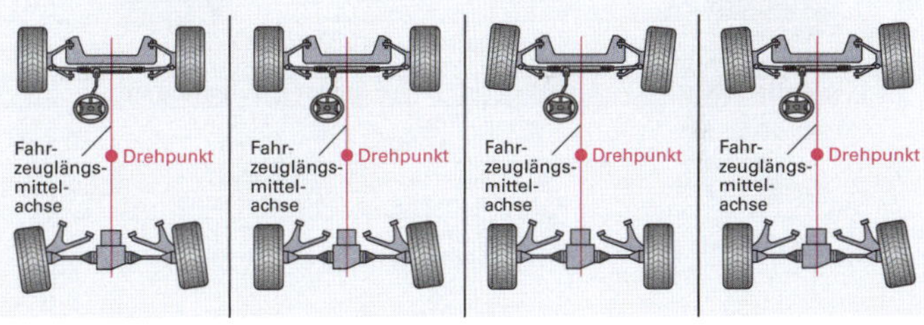

25. Welche Auswirkung haben die dargestellten Radstellungen auf die Bewegungsrichtung des Fahrzeugs? Kennzeichnen Sie die Bewegungsrichtung jeweils durch einen Pfeil.

26. Wie entsteht Nachlauf?

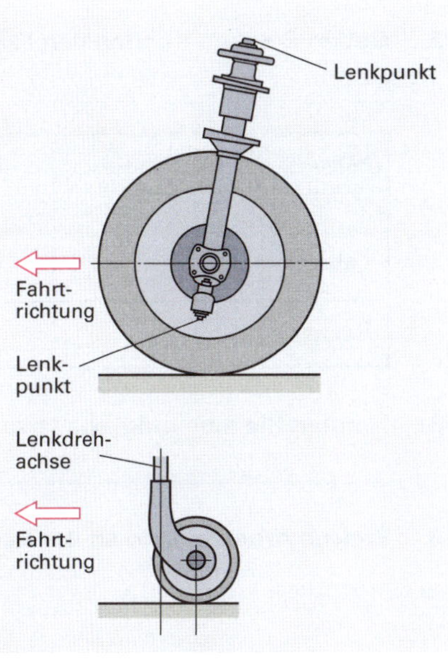

27. Zeichnen Sie in das Bild die Lenkdrehachse und die Senkrechte zur Fahrbahn ein.

a) Ergänzen Sie den Nachlaufwinkel ε und kennzeichnen Sie den Winkel farbig. Tragen Sie die Größe des Nachlaufwinkels in die Zeichnung ein.

b) Zeichnen Sie den Nachlauf als Strecke n_a (+) mit Bemaßung ein (Maßstab 1:10).

c) Welcher Nachlauf ist im Bild dargestellt? ______

28. Welche Wirkung hat ein positiver Nachlauf auf die gelenkten Räder?

Name:		
Klasse:	Datum:	Blatt-Nr.:

29. Erklären Sie die gewichtsabhängige Rückstellwirkung des positiven Nachlaufs bei eingeschlagenen Rädern.

______

______

______

30. Welche Radstellungsgrößen wirken sich stabilisierend auf den Geradeauslauf und das Lenkverhalten eines Kraftfahrzeuges aus?

______

31. Bei der Achsvermessung des eingangs genannten Fahrzeugs ergeben sich folgende Werte. Beurteilen Sie das Messprotokoll und ergänzen Sie die Tabelle.

Messprotokoll
PKW Standardvermessung
M*R- **OK *VEHICLEDATABASE_BMW / 3.00 / 146 / C * 1 * 5.0 301
Datum: 18.07.2014 10:45:37

Version (Programm) | Version (CCD) | Version (Solldaten) | **Seriennummer**

Kunde 0001
Name: Hinterbichler, Franz

Fahrzeug
Fahrzeug-Ident-Nummer WBACF01030EW71351 — Auftrag
Kennzeichen S-NA 7103 — Ausgeführt von 00000
Kilometerstand 12500 — Auftragsnummer 00000

Fahrzeug: **BMW**
BMW 3er Sportfahrwerk Produktion ab 2005
Grund: Reifenverschleiß, Felgenhornbeschädigung

Hinterachse		**Eingangsvermessung**	**Sollwerte**
Sturz	links rechts	−1°37′ −1°49′	-0°30′ [−1°30′] +0°30′
Sturz max. Differenz		+0°12′	[0°35′]
Einzelspur	links rechts	+0°18′ +0°18′	−0°05′ [+0°18′] +0°05′
Einzelspur max. Differenz		+0°00′	[0°20′]
Gesamtspur		+0°36′	−0°10′ [+0°32′] +0°10′
Radversatz		−0°07′	
Fahrachswinkel		+0°00′	
Vorderachse		**Eingangsvermessung**	**Sollwerte**
Nachlauf 20°	links rechts	+7°35′ +7°15′	−0°30′ [+7°05′] +0°30′
Spreizung 20°	links rechts	+14°22′ +14°14′	−0°30′ [+14°07′] +0°30′
Spurdifferenzwinkel	links rechts	−1°11′ −1°39′	−0°45′ [−1°15′] +0°45′
Sturz	links rechts	−1°41′ −1°05′	−0°30′ [−0°18′] +0°30′
Sturz max. Differenz		+0°36′	[1°00′]
Einzelspur	links rechts	+0°12′ +0°11′	−0°05′ [+0°07′] +0°05′
Einzelspur max. Differenz		+0°01′	[0°12′]
Gesamtspur		+0°24′	−0°10′ [+0°14′] +0°10′
Radversatz			

Beurteilung	i.O.	Nicht i.O.
Hinterachse		
Sturz	___	___
Sturzdifferenz	___	___
Einzelspur	___	___
Einzelspurdifferenz	___	___
Gesamtspur	___	___
Vorderachse		
Einzelspur	___	___
Einzelspurdifferenz	___	___
Gesamtspur	___	___
Sturz	___	___
Sturzdifferenz	___	___
Spreizung 20°	___	___
Nachlauf 20°	___	___
Spurdifferenzwinkel	___	___

32. Geben Sie dem Kunden den Fehler an und berechnen Sie die Abweichung in Grad und Minuten.

______

Sturz-werte	Maximaler Sollwert	Minimaler Sollwert	Istwert	Diff. Istwert zu max. Sollwert	Diff. Istwert zu min. Sollwert	Verstellwert zum idealen Sollwert
Links	___	___	___	___	___	___
Rechts	___	___	___	___	___	___

33. Nennen Sie eine mögliche Ursache für den aufgetretenen Fehler.

______

34. Welche Arbeiten sind an der Radaufhängung durchzuführen?

______

______

Situation: Ein Kunde bringt sein Fahrzeug (Porsche Cayman) in die Werkstatt, weil es bei Geradeausfahrt nach rechts zieht.

1. Welche Prüfarbeiten sind durchzuführen, um den Fehler einzugrenzen?

2. Am Fahrzeug sind die rechts abgebildeten Radaufhängungen verbaut.
Wie werden die Radaufhängungen bezeichnet?

3. An der rechten Felge der Vorderachse stellen Sie eine starke Beschädigung fest.
Wie ist weiter vorzugehen?

4. Bei Fahrzeugen ändern sich z. B. der Sturz beim Einfedern. Sind diese Werte verstellt, verändern sich die Fahreigenschaften des Fahrzeuges. In den Diagrammen sind die Sturzänderungen an der Vorderachse in Abhängigkeit vom Federweg für drei verschiedene Fahrzeuge dargestellt.

a) Ermitteln Sie die Sturzänderungen in Grad und Minuten der Fahrzeuge bei den vorgegebenen Federwegen. Ergänzen Sie die Tabelle.

b) Markieren Sie in der Tabelle die größten Sturzänderungen farbig.

c) Geben Sie für alle Sturzänderungen die Richtung („+" oder „–") an.

	Fahrzeug 1	Fahrzeug 2	Fahrzeug 3
Vorderachse	Doppel-querlenker	Mc Pherson Federbein	Mc Pherson Federbein
Einfederweg 0 bis 20 mm			
Sturz bei 0 mm			
Sturz bei 20 mm			
Sturzänderungen			
Richtung			
Ausfederweg 20 bis 50 mm			
Sturzänderung			
Richtung			

Sturzänderung an den Vorderachsen

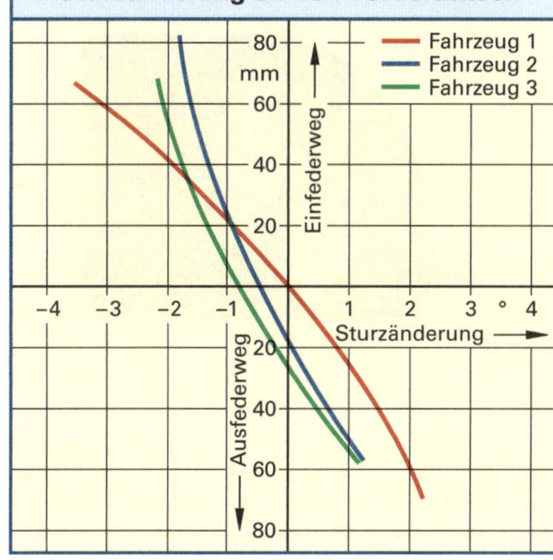

5. Wie wirkt sich eine große Sturzänderung auf die Reifen aus?

6. Welche Auswirkungen haben die Sturzänderungen beim Ein- und Ausfedern auf die Spurweite des Fahrzeugs?

EUROPA LEHRMITTEL	**LERNFELD 10** Reparatur	Name:		
	Fahrwerksvermessung Blatt 2	Klasse:	Datum:	Blatt-Nr.:

7. **Die Achsvermessung wird mit dem im Bild dargestellten Werkstatteinrichtungen durchgeführt. Benennen Sie die abgebildeten Bauteile/Einrichtungen und geben Sie, soweit gefordert, deren Verwendungszweck an.**

1 ______________ 2 ______________ 3 ______________

4 ______________ 5 ______________ 6 ______________

Sie werden benötigt für …

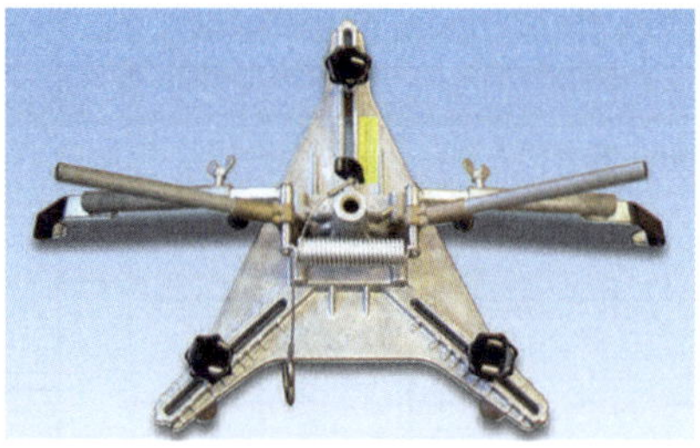

Hinweis:
Bei Fahrzeugen ohne Spezialadapter wird ein Universalmesswerthalter verwendet, der am Reifen befestigt wird. Hier muss eine Felgenschlagkompensation durchgeführt werden.

8. **Warum müsste bei Anwendung von Universalmesswerthaltern eine Felgenschlagkompensation durchgeführt werden?**

____

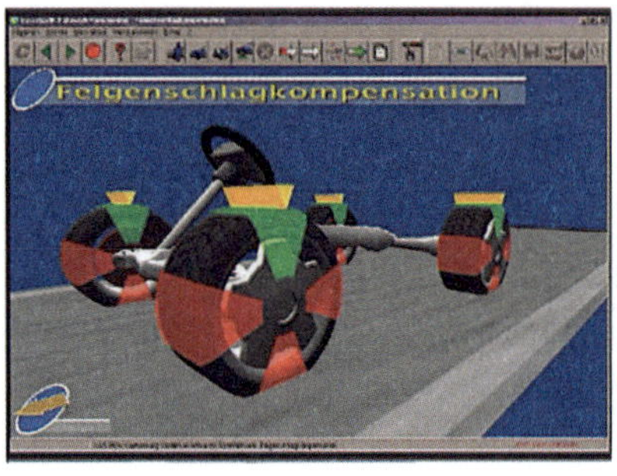

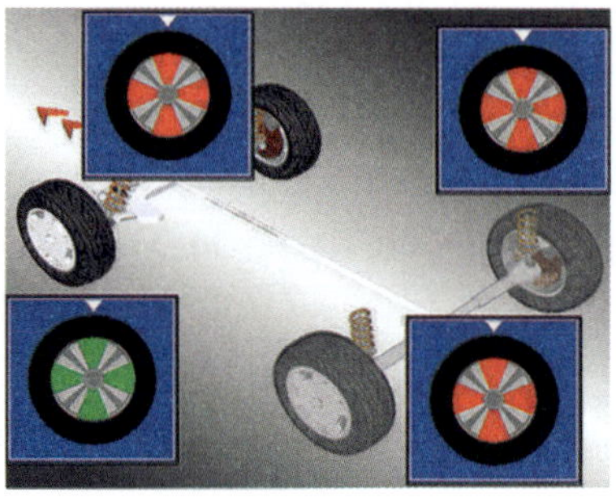

Felgenschlagkompensation:
Die Räder sind nacheinander so lange zu drehen, bis alle Räder grün unterlegt sind.

Name:		
Klasse:	Datum:	Blatt-Nr.:

9. Laut Achsvermessungsprogramm sind die abgebildeten Prüfbedingungen einzuhalten. Welchen Hinweis geben Sie dem Kunden, bevor dieser zur Achsvermessung seines Fahrzeuges vorbeikommt?

Prüfbedingungen:

- Gutes, gleichmäßiges Reifenprofil
- Vorschriftsmäßiger Reifendruck
- Vorschriftmäßige Reifen und Felgen
- Vorschriftmäßiges Radlagerspiel
- Bremsenspanner einsetzten
- Fahrzeug nach DIN-Leergewicht einstellen (Kraftstofftank voll, ggf. durch Ballast im Kofferraum ausgleichen).

10. Warum sind diese Prüfbedingungen einzuhalten?

11. Welche vorbereitenden Arbeiten sind am Achsmesscomputer durchzuführen?

Hinweis: Vor der Vermessung muss die Fahrzeughöhe (Nullniveau) kontrolliert werden. Dazu Fahrzeug auf eine ebene Fläche stellen.

12. Von welchen Größen ist die Fahrzeughöhe abhängig?

13. Welcher Schritt ist bei abweichenden Istwerten durchzuführen?

Hinweis: Die Werte sind nur Prüfwerte. Ist die Höhe außerhalb der Toleranz sind die Federn zu kontrollieren.

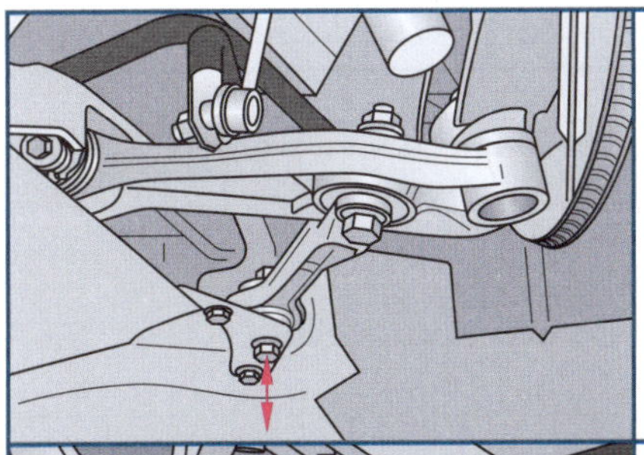

Fahrzeughöhe vorne messen:
Gemessen wird zwischen Unterkante Sechskantschraube der Zugstrebenverschraubung an der Karosserie und Radaufstandsfläche.
Die Fahrzeughöhe ist abhängig von der Fahrzeug-Variante und der Radgröße.

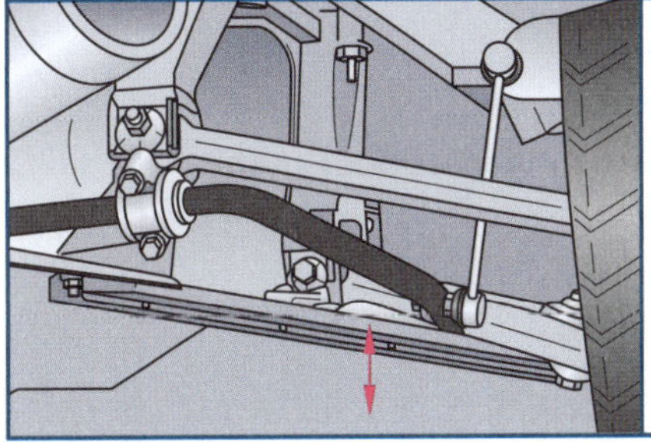

Fahrzeughöhe hinten messen:
Gemessen wird zwischen Unterkante Diagonalstrebe bei Querlenkerfestpunkt und Radaufstandsfläche.
Die Fahrzeughöhe ist abhängig von der Fahrzeug-Variante und der Radgröße.

14. Nach der Höhenmessung wird die Achsvermessung durchgeführt. Beschreiben Sie die in den Bildern dargestellten Arbeitsschritte bei der Achsvermessung.

1. Fahrzeug vorbereiten.

2. Fahrzeug vermessen.

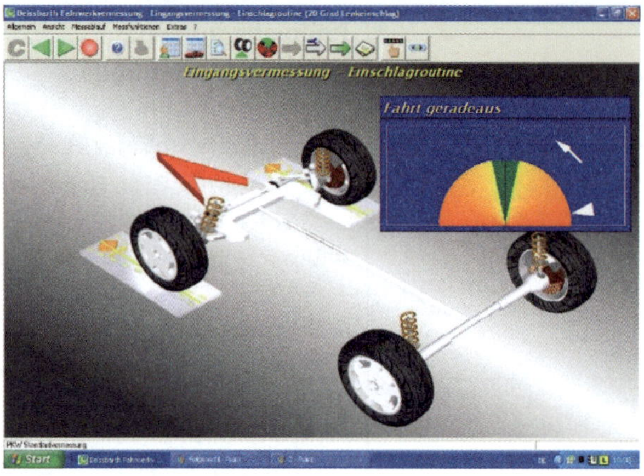

Bild 1

Bild 2

Hinweis:

Nach der Mittelstellung des Lenkrads (Fahrt geradeaus) muss ein Bremsspanner eingesetzt werden, damit das Fahrzeug auf der Messbühne feststeht und die Messwerte genau ermittelt werden können.

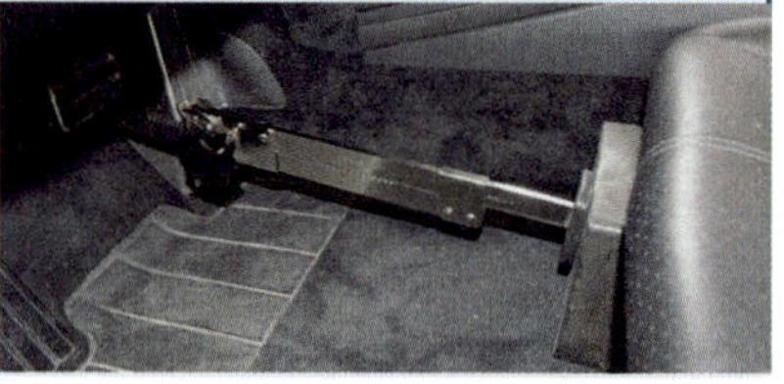

15. Warum muss das Lenkrad so lange gedreht werden (Bild 1), bis der weiße Pfeil auf Mittelstellung ist?

16. Weshalb ist ein Bremsenspanner einzusetzen?

17. Warum werden zuerst die HA-Werte (Bild 3) ermittelt?

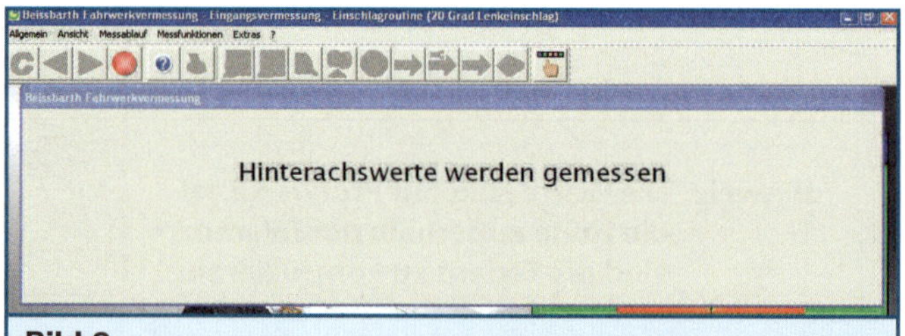

Bild 3

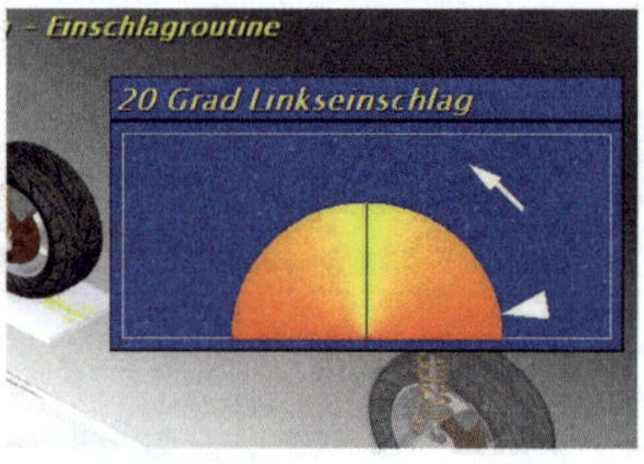

Bild 4

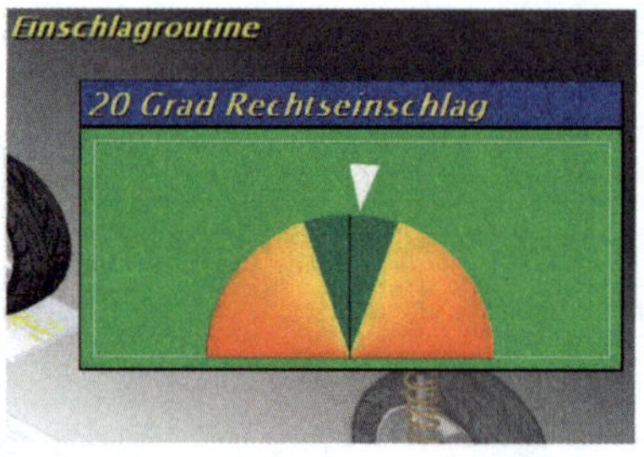

Bild 5

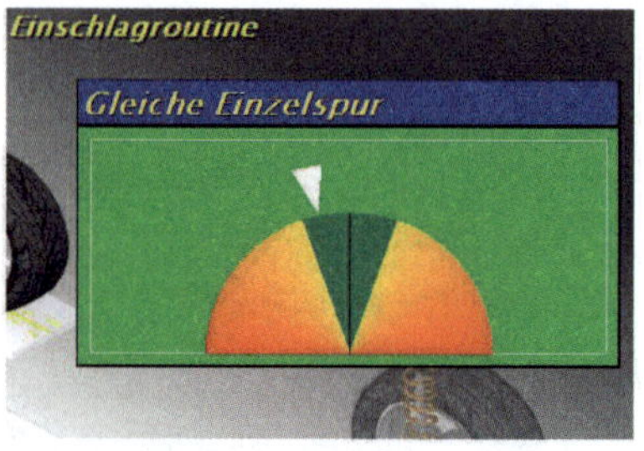

Bild 6

18. Welche Arbeitsschritte sind entsprechend den Abbildungen durchzuführen?

Bild 4 und 5:

Bild 6:

Bei der Eingangsvermessung werden vom Achsmesscomputer alle notwendigen Messwerte ermittelt, angezeigt und für den Kunden ausgedruckt.

3. Messprotokoll auswerten

Beissbarth Fahrwerkvermessung - Eingangsvermessung - Übersicht Messprotokoll

Allgemein Ansicht Messablauf Messfunktionen Extras ?

Messprotokoll (tabellarisch) | Messprotokoll (grafisch) | Reifenschäden

Hinterachse		Eingangsvermessung	Sollwerte
Sturz	links	−1°48'	-1°00' [-2°00'] +1°00'
	rechts	−1°55'	
Sturz max. Differenz		+0°40'	[0°40']
Einzelspur	links	−0°13'	-0°20' [+0°30'] +0°20'
	rechts	+0°36'	
Gesamtspur		+0°23'	-0°40' [+1°00'] +0°40'
Radversatz		+0°04'	
Fahrachswinkel		+0°07'	
Vorderachse		**Eingangsvermessung**	**Sollwerte**
Nachlauf 20°	links	+7°01'	-0°45' [+8°30'] +0°45'
	rechts	+10°17'	
Spreizung 20°	links	+16°48'	
	rechts	+10°03'	
Spurdifferenzwinkel	links	−1°21'	-0°30' [-1°40'] +0°30'
	rechts	−1°01'	
Sturz	links	−1°41'	-0°30' [-0°40'] +0°30'
	rechts	−0°25'	
Sturz max. Differenz		+0°50'	[0°50']
Einzelspur	links	−0°08'	-0°05' [+0°04'] +0°05'
	rechts	+0°02'	
Gesamtspur		−0°06'	-0°10' [+0°08'] +0°10'
Eingeschlossener Winkel 20°	links	+15°23'	
	rechts	+9°24'	

19. Bewerten Sie die Messergebnisse.

20. Welche Arbeiten sind durchzuführen?

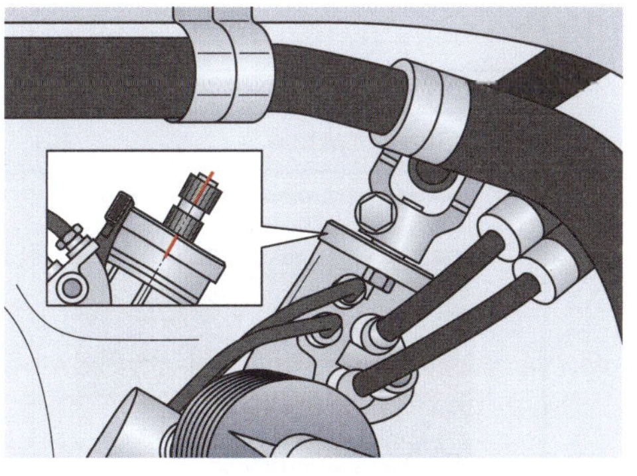

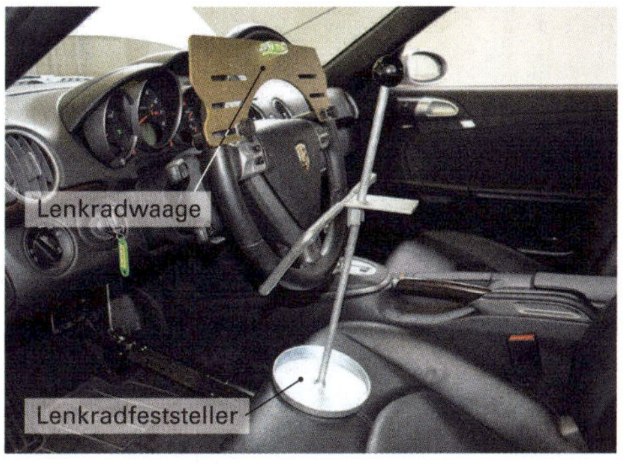

Hinweis:

Vor dem Einstellen ist zu prüfen, ob das Lenkrad zum Lenkgetriebe versetzt ist.

1) Lenkgetriebe in Mittelstellung fixieren (Markierung beachten, Lenkradwaage verwenden).
2) Fixierung durch Arretierbolzen oder Lenkradfeststeller.
3) Markierung an der Lenkung kontrollieren.

Die Herstellervorgaben sind zu beachten.

Um die Einstellgrößen zu korrigieren, muss am Bildschirm im Menü der Punkt Einstellarbeiten angewählt werden.

Name:		
Klasse:	Datum:	Blatt-Nr.:

4. Einstellarbeiten vornehmen und Radeinstellgrößen korrigieren.

Hinweis: Die Einstellarbeiten beginnen gemäß den Vorgaben des Messprotokolls an der Hinterachse. Die notwendigen Arbeitsschritte werden in der Abfolge im Menü angezeigt.

21. Beschreiben Sie die in den Bildern dargestellten Arbeiten, die aufgrund der Messwerte durchzuführen sind.

Einzelspur links HA | **durchzuführende Arbeiten** | **Bildschirmanzeige**

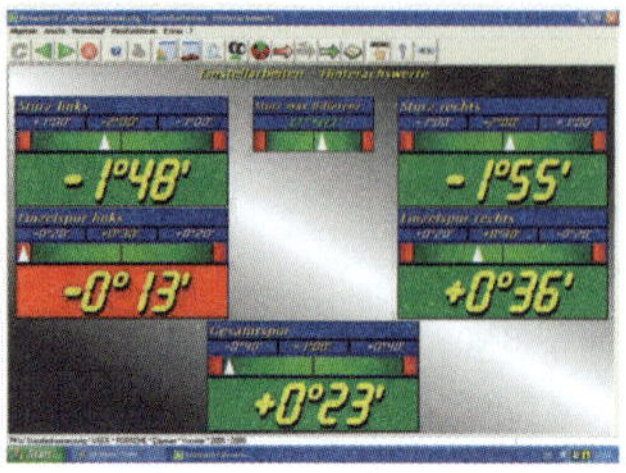

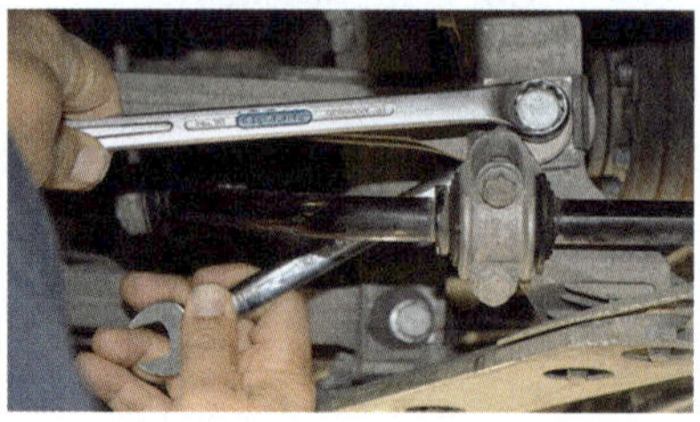

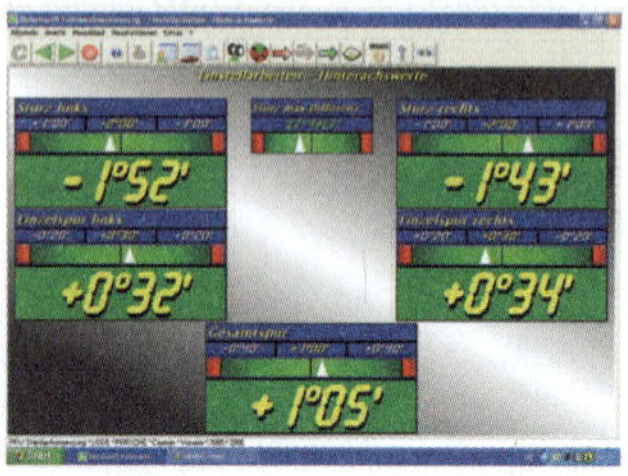

Sturz links VA | **durchzuführende Arbeiten** | **Bildschirmanzeige**

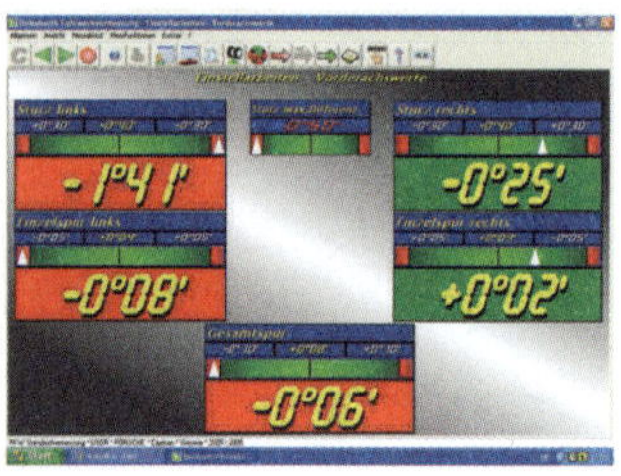

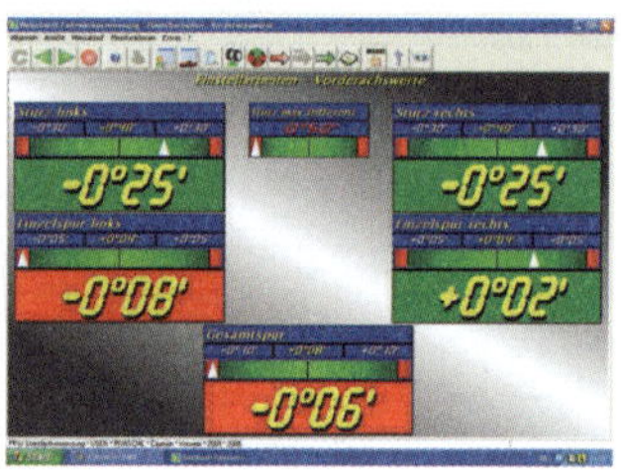

Spur Vorderachse | **durchzuführende Arbeiten** | **Bildschirmanzeige**

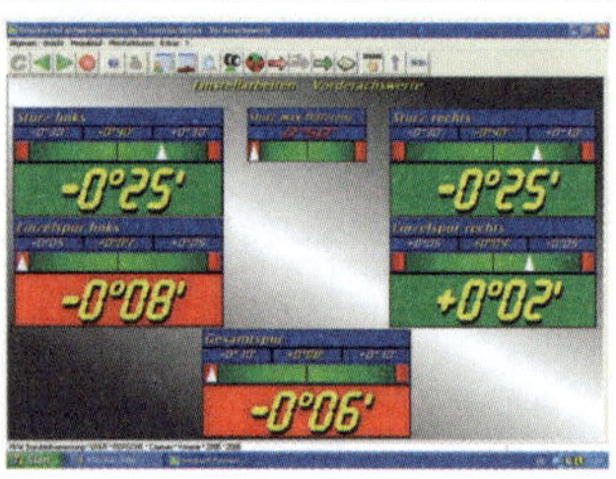

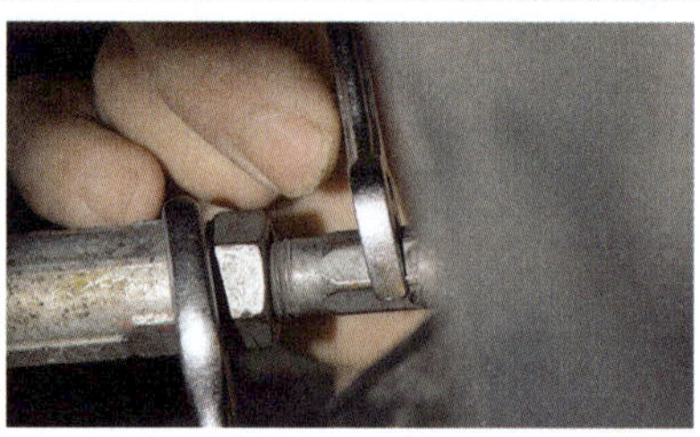

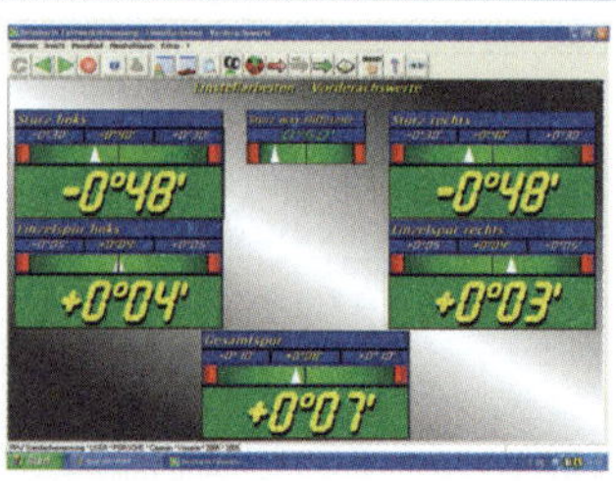

Alle Messwerte müssen an der Bildschirmanzeige grün unterlegt sein. Somit ist gewährleistet, dass die Einstellung erfolgreich durchgeführt wurde. Nun ist der Menüpunkt Ausgangsmessung anzuwählen und das Messprotokoll für den Kunden auszudrucken.

Die Vermessung und die Korrektur der Achswerte sind somit abgeschlossen.

Situation: Ein Kunde bringt sein Fahrzeug (Audi A6 mit Frontantrieb) in die Werkstatt, weil das Fahrzeug beim Bremsen nach links und beim Beschleunigen nach rechts zieht. Bei der Überprüfung der Bremsanlage wurden keine Mängel festgestellt.

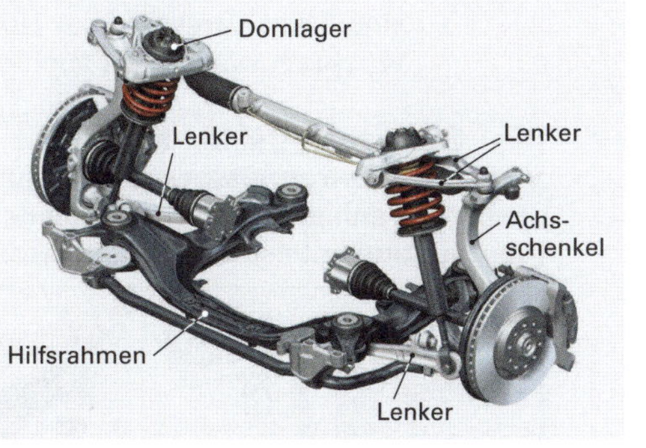

1. Welche Prüfung führen Sie am Fahrzeug auf der Hebebühne durch, um den Fehler einzugrenzen?

2. Welche Achse ist bei diesem Fahrzeug verbaut?

3. a) Welche Aufgabe haben die Lenker bei dieser Achse?

   b) Wo sind diese Lenker jeweils befestigt?

4. Bei dieser Achse wird beim Ein- und Ausfedern die Spur verändert.
   a) Benennen Sie die Fahrsituationen.
   b) Geben Sie die Änderung der Spur bei diesen Fahrsituationen an der Vorderachse an.
   c) Welcher Vorteil ergibt sich aus der Spuränderung für die jeweilige Fahrsituation?

	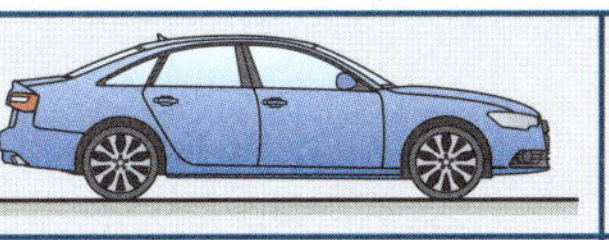		
a) Fahrsituation			
	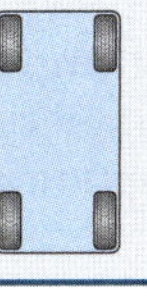	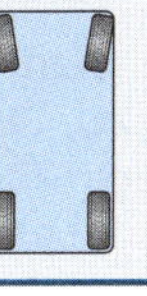	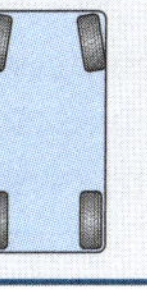
b) Spuränderung an der Vorderachse			
c) Vorteil	–		

5. Um die Kundenbeanstandung nachvollziehen zu können, führen Sie eine Probefahrt durch. Dabei analysieren Sie das Fahrverhalten des Fahrzeuges. Bewerten Sie die Spuränderung an der Vorderachse anhand der Bilder und beschreiben Sie die Auswirkung auf das Fahrverhalten.

	Bremsen	Beschleunigen
		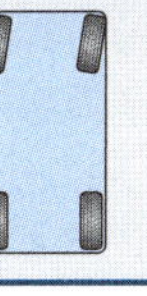
Spuränderung an der Vorderachse		
Auswirkung auf das Fahrverhalten		

Hinweis: Das Verändern der Spur beim Ein- und Ausfedern verbessert das Fahrverhalten nur dann, wenn die Spuränderungen bei beiden Rädern gleich sind. Daher benötigt diese Achse eine besondere Einstellroutine im Service. Die Spurstangen sind nicht nur in Länge, sondern auch in der Höhe verstellbar. Für gleiche Spurveränderungen an den Vorderrädern beim Ein-und Ausfedern müssen die Spurstangen auf gleicher Höhe sein.

6. **Welche Service- und Einstellarbeit führen Sie am Fahrzeug durch?**

Hinweis: **Bei der Achsvermessung werden zuerst alle Standard-Vermessungsschritte ausgeführt und nach Bedarf eine Sturzkorrektur über ein Verschieben des Hilfsrahmens durchgeführt. Im Anschluss daran wird die Vorspurkurve in zwei Positionen gemessen.**

Die Sturzwerte sind an dieser Vorderachse in Ordnung. Im nächsten Arbeitsschritt ist eine Vorspurkurvenvermessung durchzuführen. Ordnen Sie dazu die Arbeitsschritte den Bildern richtig zu: „Fahrzeug anheben", „Gewindespindeln herausdrehen und arretieren", „Fahrzeug auf Messbrücke ablassen (Vermessung in Position B2)", „Messbrücke anbringen (Vermessung in Position B1)"

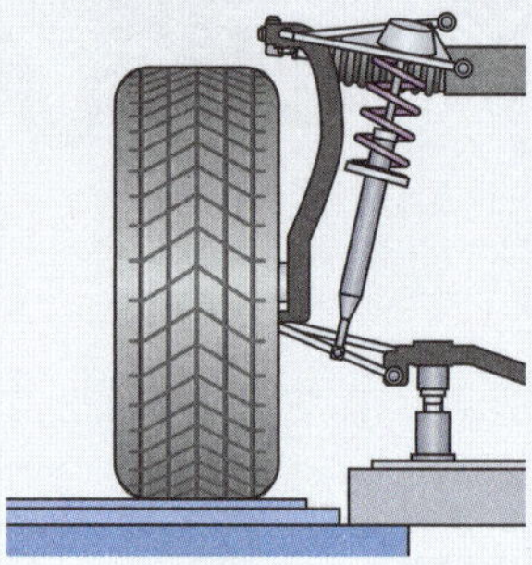	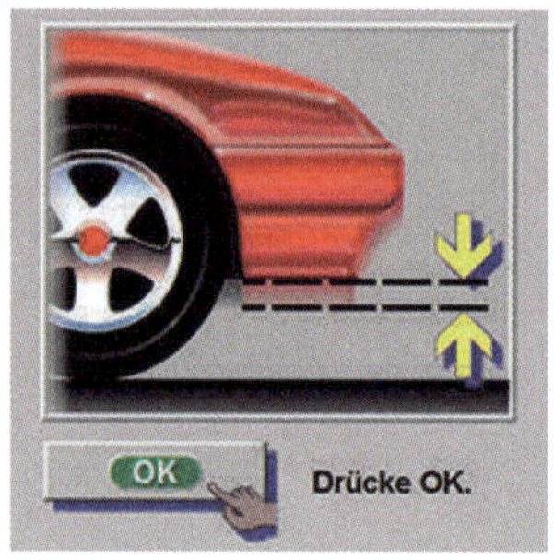	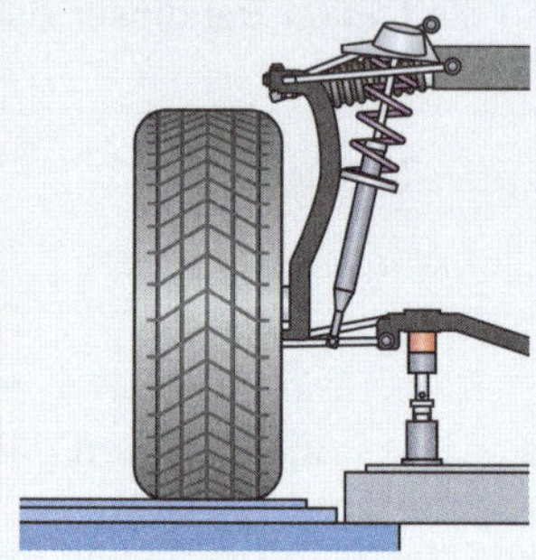	

7. **Die Spurwertänderung in Abhängigkeit von der Einfederung ist im rechts abgebildeten Diagramm dargestellt. Beurteilen Sie die dargestellte Ist-Vorspurwerte mit der vom Hersteller angegeben Sollwertevorspurkurve.**

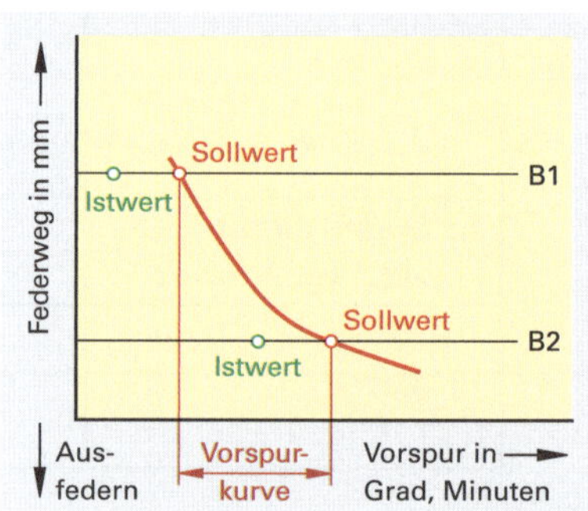

8. **Zum Einstellen ist eine Messung in Position B1 und B2 durchzuführen. Die Messung ergibt, dass die Werte in Position B2 abweichen. Wie kann laut Abbildung die Höhe und Länge der Spurstangen verstellt werden?**

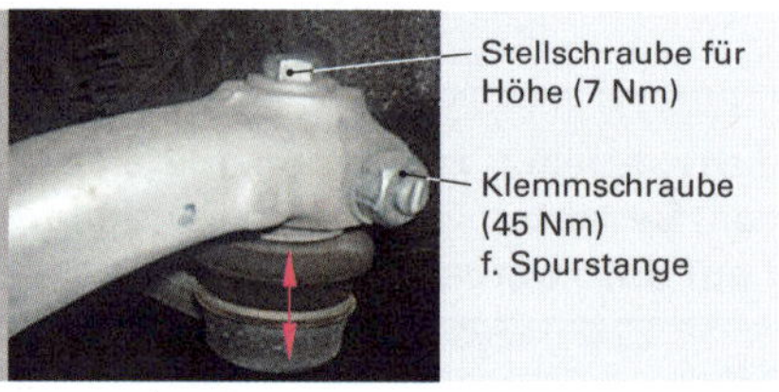

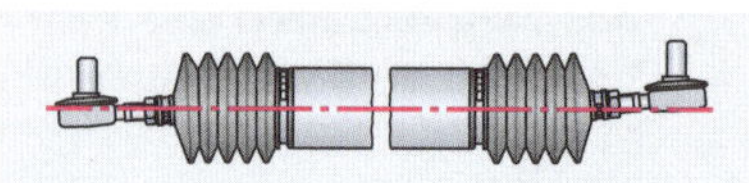

9. **Zur Achsvermessung wurde der abgebildete Achsmessstand verwendet. Welcher Vorteil ergibt sich bei einer 3D-Achsvermessung gegenüber einer 2D-Achsvermessung?**

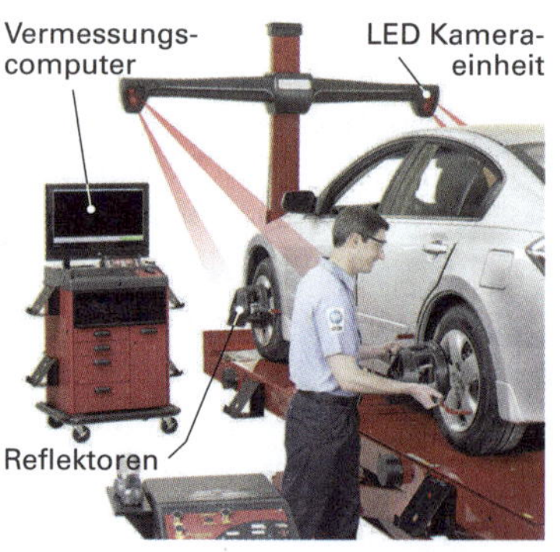

10. **Welche abschließende Arbeiten führen Sie nach der Vermessung durch?**

EUROPA LEHRMITTEL

LERNFELD 10 Reparatur

Antiblockiersystem (ABS) Blatt 1

Name:

Klasse: Datum: Blatt-Nr.:

Situation: Der Besitzer eines VW Sharan, 110 kW reklamiert, dass sein Fahrzeug beim Abbremsen immer auf den letzten Metern vor dem Stillstand eine ABS Regelung einleitet. Das Auslesen des Fehlerspeichers ergibt keinen Eintrag.

1. Ordnen Sie den Begriffen die Ziffern aus der Abbildung zu und tragen Sie die Zuordnungsnummern ein.

1 ______________________

2 ______________________

3 ______________________

4 Elektronisches Steuergerät

5 Hydroaggregat

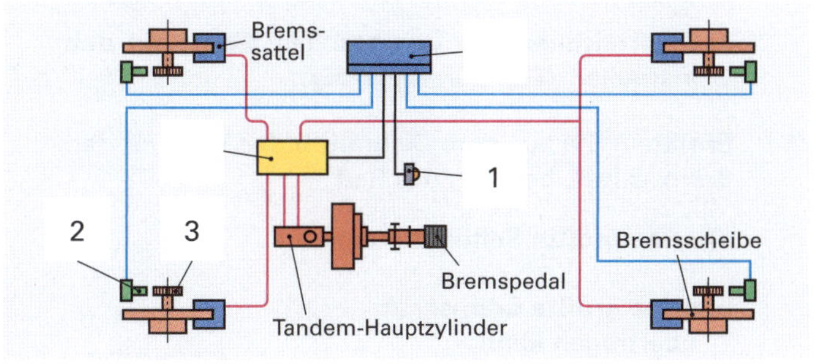

2. Welche Aufgabe haben Anti-Blockier-Systeme?

____

____

____

3. Wie ist die prinzipielle Wirkung eines Anti-Blockier-Systems?

____

____

4. Wie heißen die drei Regelphasen beim ABS?

____

____

5. a) Tragen Sie die folgenden Begriffe des ABS-Regelkreises in das nebenstehende Bild ein.
   - Regelstrecke
   - Störgröße
   - Stellgröße
   - Regler mit Kennfeld
   - Führungsgröße
   - Regelgröße

   b) Kennzeichnen Sie den Regelkreis durch Pfeile.

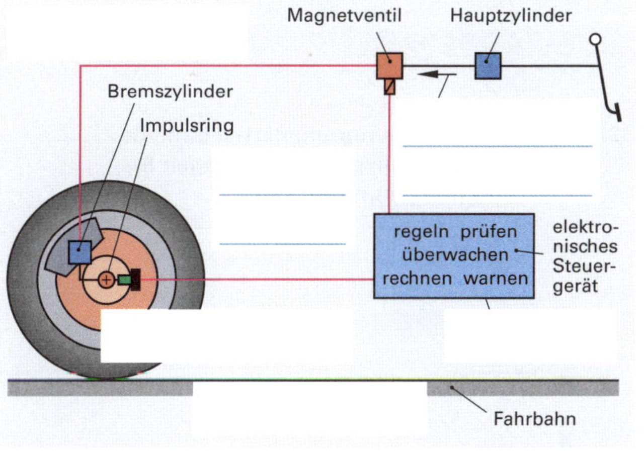

6. a) Ergänzen Sie die fehlenden Begriffe des ABS-Regelkreises in dem untenstehenden Bild.

   b) Vervollständigen Sie den Regelkreis durch farbige Pfeile.

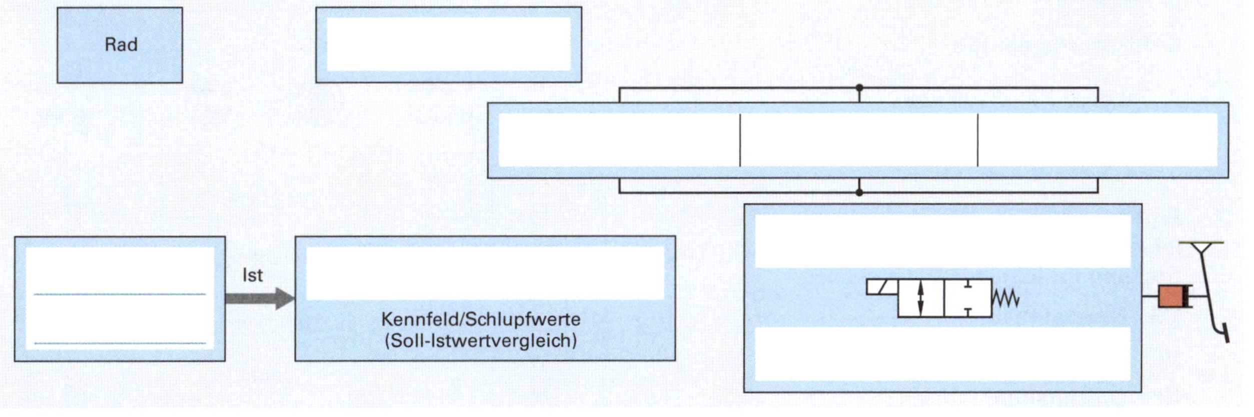

7. Beschreiben Sie den Regelvorgang bei Blockierneigung eines Rades.

____

____

EUROPA LEHRMITTEL	**LERNFELD 10** Reparatur Antiblockiersystem (ABS) Blatt 2	Name: Klasse: Datum: Blatt-Nr.:

8. a) Markieren Sie im Schaubild mit senkrechten Linien den ABS-Regelbereich so, dass das auf trockener Fahrbahn gebremste Rad noch über 50 % der maximalen Seitenführungskraft und über 60 % der maximalen Bremskraft verfügt.

b) Kennzeichnen Sie den stabilen ▬ und den instabilen ▬ Bereich farbig.

9. Ermitteln Sie aus dem Diagramm den Wert für den Bremschlupf, bei dem das Rad

a) seine größte Seitenführungkraft ____________

b) seine größte Bremskraft übertragen kann. ____________

10. In welchem Schlupfbereich regelt das ABS-System?

____

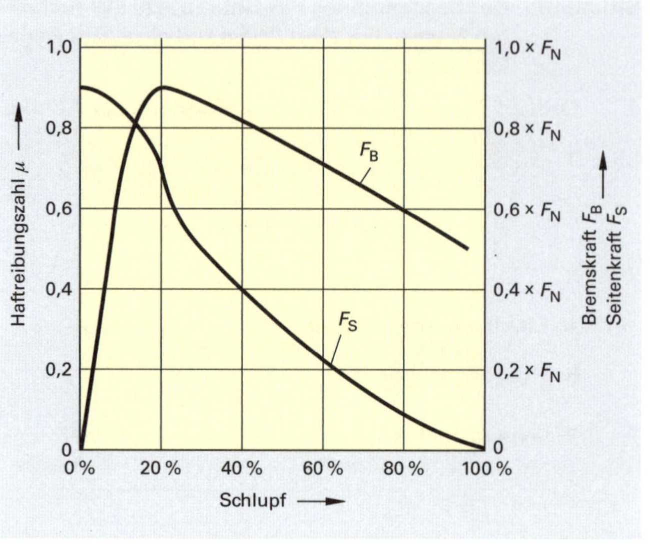

11. Berechnen Sie die vom Rad übertragbare Bremskraft F_B und Seitenführungkraft F_S bei einer Radlast von 350 kg und einem Schlupf von 20 %. Entnehmen Sie die Reibwerte aus dem Diagramm.

Geg.: Ges.:

Lös.:

12. Benennen Sie die nummerierten Bauteile des ABS-Hydraulikplanes und tragen Sie die Zuordnungsnummern ein.

1 ____________

2 ____________

3 ____________

4 ____________

5 Ausgleichsbehälter

6 Rückförderpumpe

7 Tandem-Hauptzylinder

8 Rückschlagventil

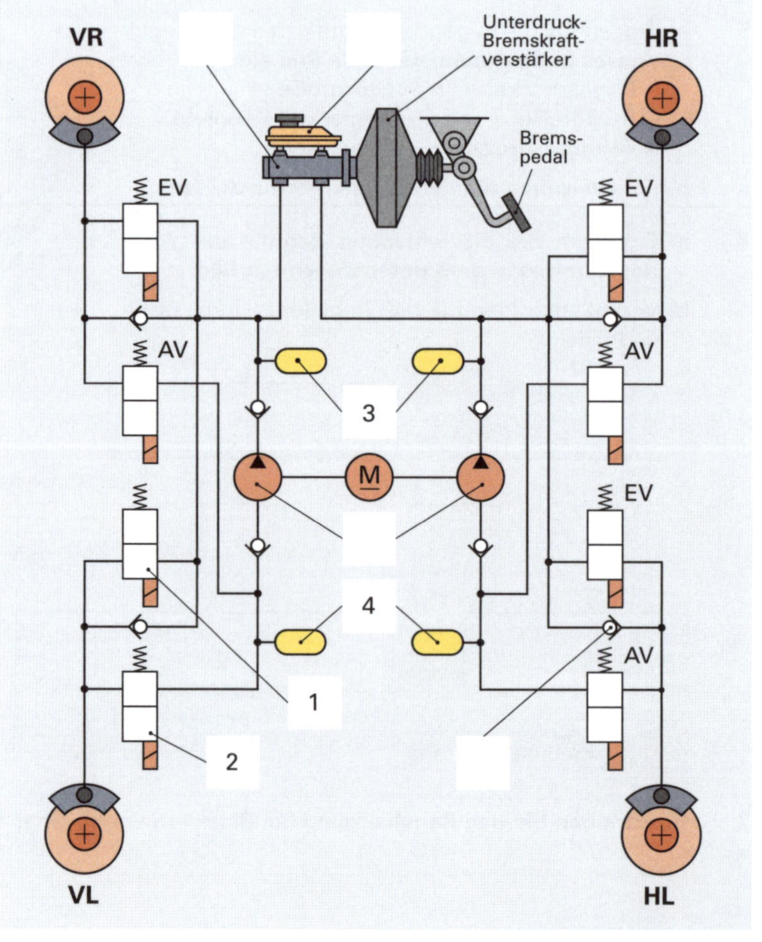

13. Ergänzen Sie im ABS-Hydraulikplan die fehlenden Schaltventile in der richtigen Stellung für folgende Regelphasen:

VR: Druckaufbau

VL: Druckabbau

H: Druckhalten

14. Kennzeichnen Sie im Schaltplan durch farbige Pfeile die Flussrichtung des Hydraulikstromes beim Druckaufbau VR und beim Druckabbau VL.

Name:		
Klasse:	Datum:	Blatt-Nr.:

15. Ergänzen Sie die Tabelle zur ABS-Regelung.

	Druckaufbau	Druckhalten	Druckabbau
Funktion der Ventile			
Druck im Radzylinder			
Angesteuerte Ventile			

16. Erklären Sie die Begriffe zur ABS-Regelung und geben Sie Vor- und Nachteile an.

Individual-Regelung IR	
Select-low-Regelung SLR	

17. Nachdem Sie eine Probefahrt mit angeschlossenem Tester durchgeführt haben, stellen Sie fest, dass die Regelung immer am rechten Vorderrad erfolgt. Sie vermuten den Fehler im elektrischen System der ABS Anlage. Übertragen Sie die Gerätekennzeichnungen in den Schaltplan. Ergänzen Sie die Klemmenbezeichnungen.

1 Warnlampe
2 Steuergerät
3 Elektronik-Schutzrelais
4 Steckverbindung Drehzahlfühler
5 Magnetventile
6 Ventilrelais
7 Rückförderpumpe
8 Hydroaggregat
9 Drehzahlsensor HR

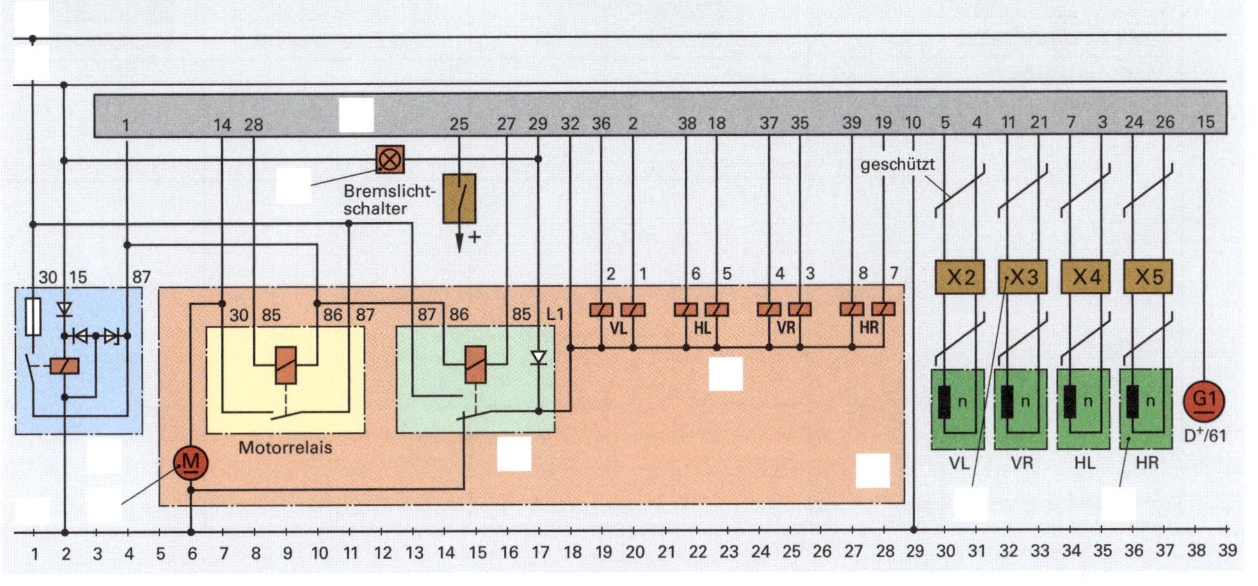

18. Kennzeichnen Sie farblich den Steuerstrom des elektronischen Schutzrelais (blau) und den Arbeitsstrom des Schutzrelais (orange). Die ABS-Warnleuchte leuchtet, der Motor ist noch nicht gestartet und die Eigendiagnose ist noch nicht durchgeführt.

19. Wie viele Regelkanäle hat das dargestellte ABS? ______

20. Geben Sie die Anzahl und Art der verwendeten Magnetventile an. ______

21. Zur Überprüfung der einzelnen Sensoren und Aktoren verwenden Sie eine Pinbox. Welche Arbeitsschritte sind vor dem Überprüfen der elektrischen Anlage erforderlich?

______

22. Ermitteln Sie zur Überprüfung der Größen die notwendigen Pins und Sollwerte. Ergänzen Sie die Tabelle.

Zu überprüfende Größe	Von Pin → zu Pin	Sollwert	Hinweise
Versorgungsspannung des Steuergerätes			Fahrtschalter „ein"
Funktionsprüfung Motorrelais			Fahrtschalter „ein", Pin 28 auf Masse Schaltfunktion, Motorlauf erfühlen
Widerstand Steuerspule am Ventilrelais messen		$R \approx 80\ \Omega$	Fahrtschalter „aus"
Funktion des Bremlichtschalters			Bremse betätigen
Funktion Ventilrelais			Fahrtschalter „ein", Pin 27 auf Masse Schalten am Relais erfühlen
Widerstandsprüfung am Drehzahlfühler VR		$R = 750\ \Omega$ bis 1,6 kΩ	Fahrtschalter „aus", Widerstandsmessung
Funktion am Drehzahlfühler VL		$U > 30$ mV	bei ≈ 1 Radumdrehung/Sekunde, Wechselspannung ablesen

23. Im Fahrzeug ist der abgebildete Drehzahlfühler verbaut. Benennen Sie die Bauteile.

1 ______ 2 ______ 3 ______

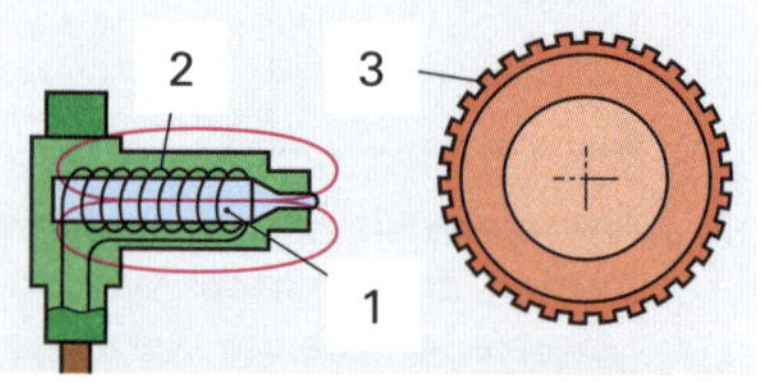

24. Beim Prüfen mit dem Oszilloskop können die nachfolgenden Sensorsignale aufgenommen werden. Ergänzen Sie die Tabelle.

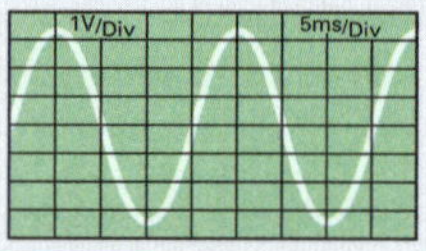	Sensor-signal	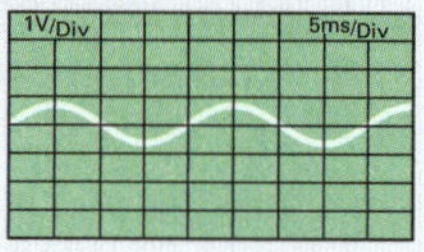	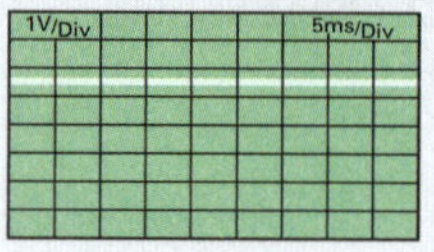	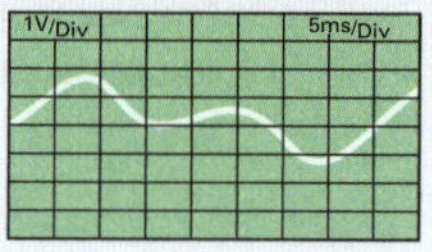
Merkmale des Gutsignals	Fehler			
	Ursache			
	Abhilfe			

25. Die Überprüfung des Sensors VR ergab, dass die Steckverbindung der Drehzahlfühlereinheit korrodiert ist und gewechselt werden muss. Erklären Sie dem Kunden warum es nur bei langsamer Fahrt zu dem Fehler einer ABS-Regelung kam.

Hinweis: Da bei höheren Raddrehzahlen eine ausreichende Signalspannung vorhanden war, ergab sich kein Fehlereintrag.

Name:

Klasse: Datum: Blatt-Nr.:

Situation: An einem Audi A6 3.0l TDI, 165 kW, Bj. 2011, leuchtet die ABS-Warnleuchte auf. Das Auslesen des Fehlerspeichers ergibt den Fehler „Drehzahlsignal HL unplausibel".

1. An dem Fahrzeug ist der abgebildete aktive Drehzahlfühler verbaut.
   Wie bezeichnet man diesen Sensor?
   Ergänzen Sie die angezogenen Begriffe in der Darstellung.

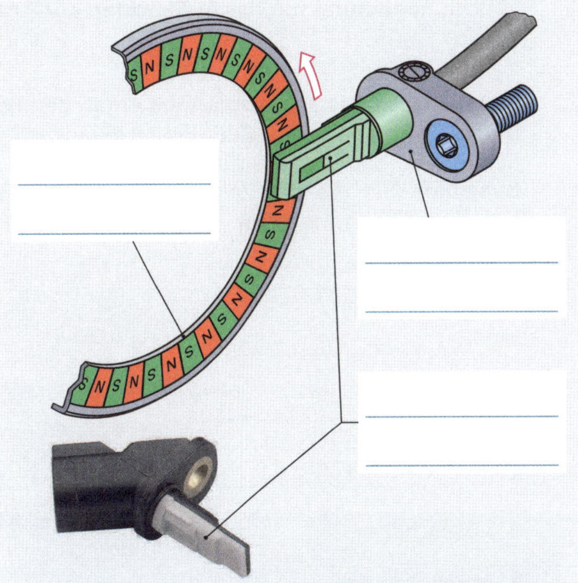

Hinweis: Es gibt aktive Drehzahlfühler mit und ohne Fahrtrichtungserkennung. Sie verfügen über eine Eigendiagnosefähigkeit (Luftspalterkennung) und einen erweiterten Messbereich, der bis zur Stillstandserkennung geht.

2. Was versteht man unter einem aktiven Sensor?

3. Die Abbildung zeigt einen Schaltplanauszug des Fahrzeugs. Kennzeichnen Sie den Drehzahlfühler HL farbig und geben Sie die Pins am Steuergerätestecker an.

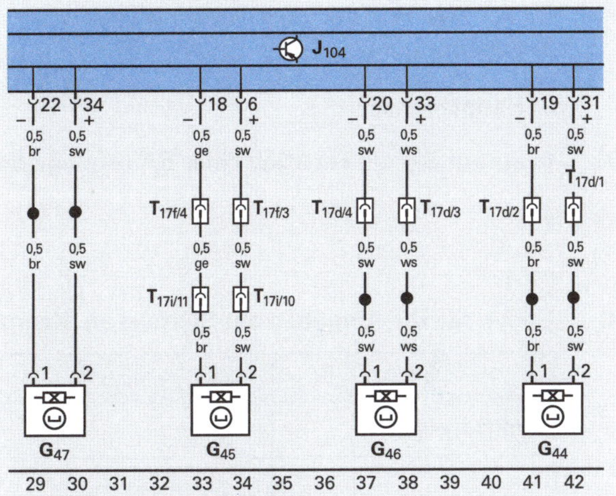

Steuergerät für ABS, Drehzahlfühler

G_{44}	Drehzahlfühler hinten rechts
G_{45}	Drehzahlfühler vorn rechts
G_{46}	Drehzahlfühler hinten links
G_{47}	Drehzahlfühler vorn links
J_{104}	Steuergerät für ABS
T_{17d}	Steckverbindung, 17fach, schwarz, Kupplungsstation A-Säule links
T_{17f}	Steckverbindung, 17fach, grün, Kupplungsstation A-Säule links
T_{17i}	Steckverbindung, 17fach, rot, Kupplungsstation A-Säule rechts
●	nicht lösbare Verbindungen (Crimps)

4. Zur Überprüfung des Sensors mit einem Oszilloskop dient die abgebildete Schaltung.
   Welche Funktion hat der Widerstand?

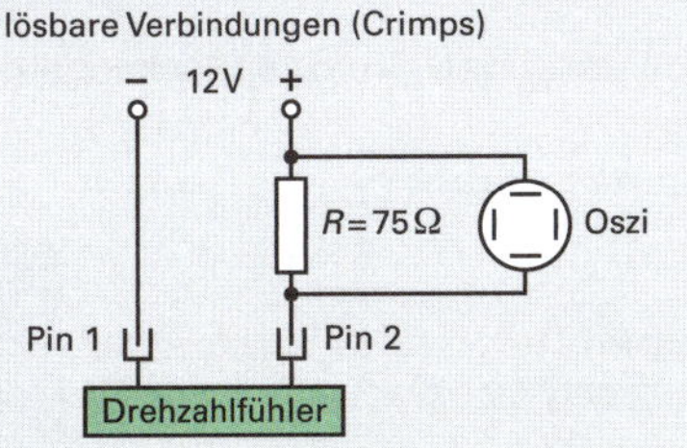

5. Wie kann die Versorgungsspannung gemessen werden?

6. Beurteilen Sie das aufgenommene Signalbild bei einer Raddrehzahl von etwa einer Umdrehung pro Sekunde mit dem dargestellten Gutsignal.

Gutsignal $n = 1$ U/Sek.

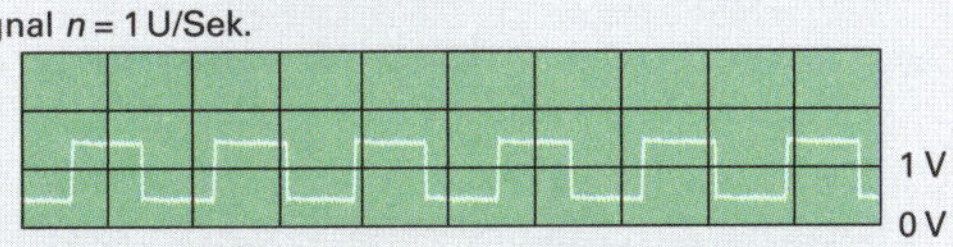

Signalbild $n = 1$ U/Sek.

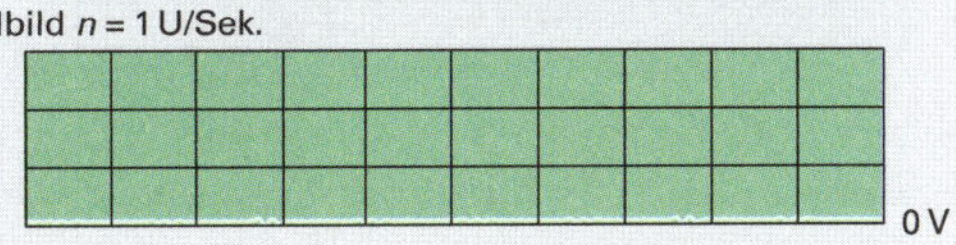

7. Warum darf der aktive Drehzahlsensor nicht durch eine Widerstandsmessung geprüft werden?

Name:		
Klasse:	Datum:	Blatt-Nr.:

Situation: Der Besitzer eines Mercedes-Benz C 280, Bj. 2007, sucht die Werkstatt auf, weil in seinem Zentraldisplay die Anzeige BAS dauerhaft leuchtet.

1. Welche Bedeutung hat das Aufleuchten der Anzeige?

____

2. Das Auslesen des Fehlerspeichers ergab den Fehler „C1205 Membranwegsensor Signal unplausibel„. Zur Fehlerdiagnose ist es notwendig sich einen Systemüberblick zu verschaffen.
Benennen Sie die mit Zahlen gekennzeichneten Bauteile und tragen Sie die Zuordnungsnummern ein.

1 ______________________

2 ______________________

3 ______________________

4 ______________________

5 Löseschalter

6 Magnetspule

7 Schaltmagnet

8 Hauptzylinder

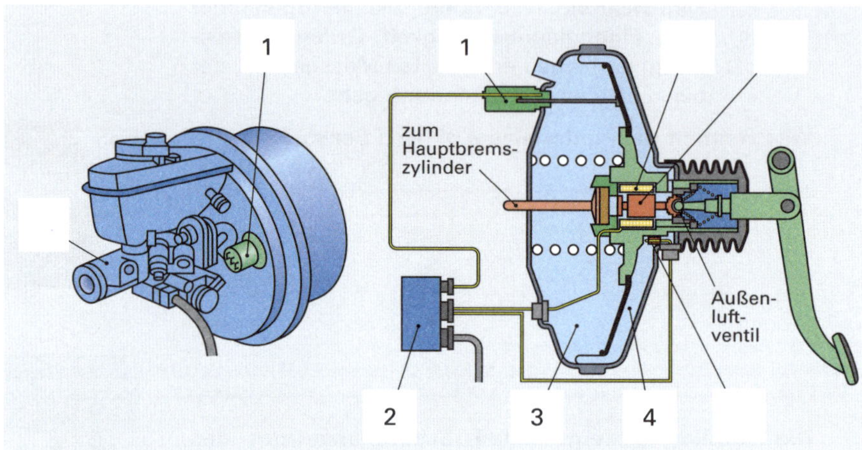

3. Erläutern Sie die Funktion einer BAS-Anlage bei einer Panik-Bremsung.

____

____

4. Geben Sie die Aufgaben der Bauteile an. Kennzeichnen Sie Sensoren durch ein S und Aktoren durch ein A.

	S/A	Aufgaben
Wegsensor		
Steuergerät		
Löseschalter		
Magnetspule		
Schaltmagnet		

5. Vervollständigen Sie das Blockschaltbild des Steuerungsvorgangs beim Betätigen des Bremsassistenten.

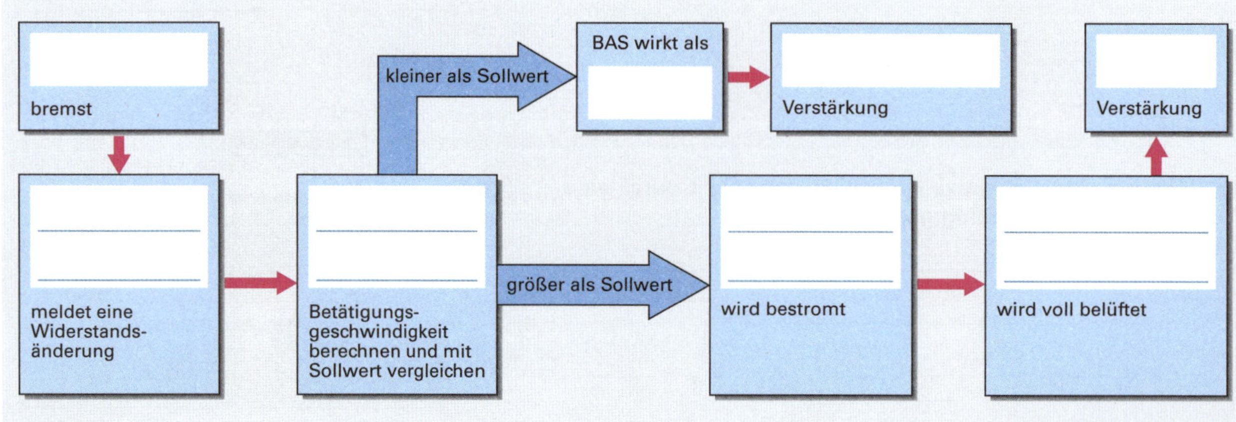

6. Die Abbildung zeigt einen Auszug aus dem Schaltplan des Fahrzeugs. Kennzeichnen Sie den Bremskraftverstärker mit BAS im Schaltplan farbig und ergänzen Sie die Tabelle.

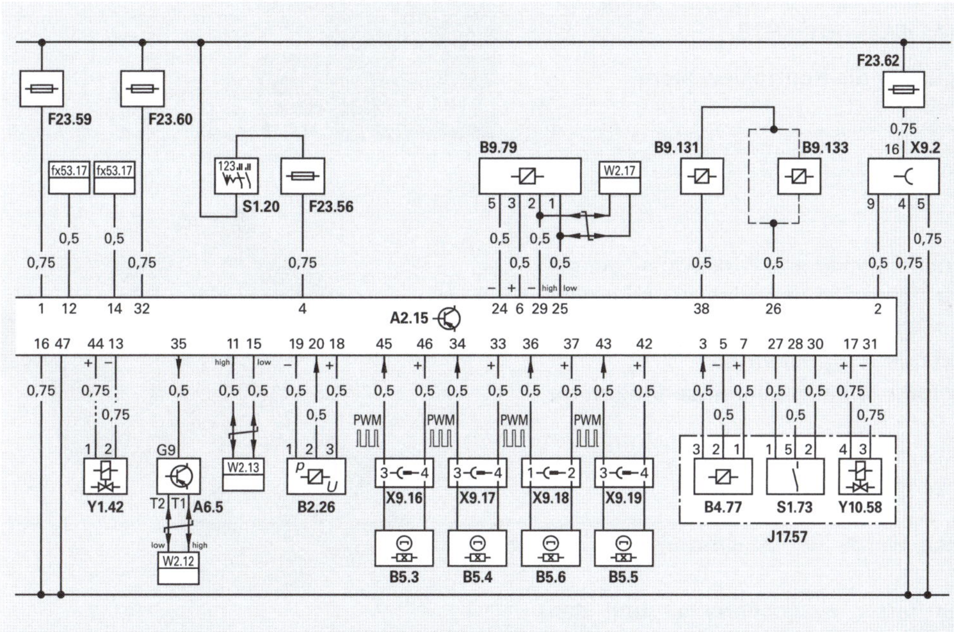

Legende:

- A2.15 ESP-Steuergerät
- A6.5 Zentralelektronik
- B4.77 BAS Membranwegsensor
- B2.26 Bremsdrucksensor
- B5.3 Raddrehzahlsensor VL
- B5.4 Raddrehzahlsensor VR
- B5.5 Raddrehzahlsensor HR
- B5.6 Raddrehzahlsensor HL
- B9.79 Sensoreinheit
- B9.131 Bremsbelagverschleiß VR
- B9.133 Bremsbelagverschleiß HR
- F23.XX Sicherungen
- J17.57 Bremskraftverstärker (BAS)
- S1.20 Zündstartschalter
- S1.73 BAS Löseschalter
- W2.12 CAN-Datenbus B
- W2.13 CAN-Datenbus C
- W2.17 System Datenbus
- X9.2 Diagnoseanschluss OBD
- X9.16 Stecker Raddrehzahl VL
- X9.17 Stecker Raddrehzahl VR
- X9.18 Stecker Raddrehzahl HL
- X9.19 Stecker Raddrehzahl HR
- Y1.42 Parameterlenkung
- Y10.58 BAS-Magnetventil

Bauteil Kurzbezeichnung	Elektrische Funktion des BAS/BKV	Pin am Steuergerät	Pin am Bremskraftverstärker	Kabelquerschnitt
S1.73				
B4.77				
Y10.58				

7. Geben Sie Möglichkeiten an, wie der Membranwegsensor auf Funktion geprüft werden kann.

**8. Bei einer Rauschprüfung am Membranwegsensor mit dem Oszilloskop erhalten Sie beim langsamen Betätigen des Bremspedals den abgebildeten Signalverlauf.
Beurteilen Sie das Signalbild. Welche Arbeit ist durchzuführen?**

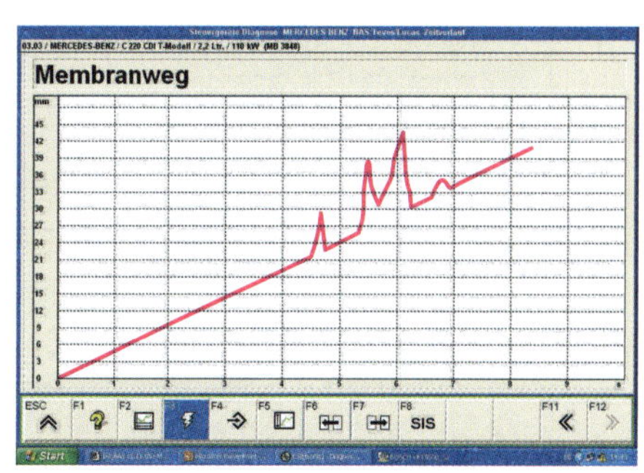

**9. Das Ersatzteil ist nicht auf Lager und ein Leihwagen ist nicht verfügbar.
Der Kunde hat am gleichen Tag noch wichtige Termine und möchte sein Fahrzeug benutzen. Geben Sie an, welche Auswirkungen sich beim Ausfall des Bremsassistenten für die Bremsanlage ergeben.**

EUROPA LEHRMITTEL

LERNFELD 10 — Reparatur

Elektrische Parkbremse

Name:		
Klasse:	Datum:	Blatt-Nr.:

Situation: An einen VW Passat, Bj. 2008 wird vom Fahrer nach dem Lösen des Tasters der Parkbremse S28.53 das Symbol H1.10 im Kombi-Instrument gelb angezeigt. Gleichzeitig blinkt die Leuchte H1.8.

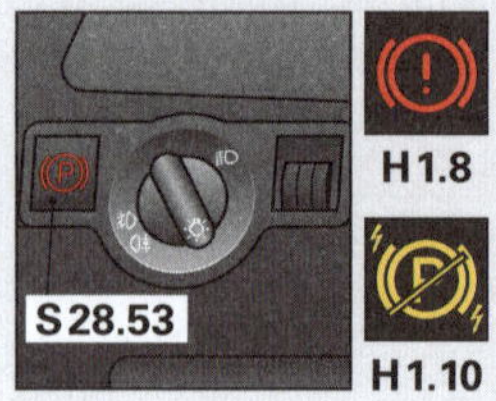

Eine **Störung der elektronischen Parkbremse** liegt vor, wenn die Warnleuchten im Kombi-Instrument blinken. Gleichzeitig kann die Kontrollleuchte im Kombi-Instrument leuchten oder die Kontrollleuchten im Taster blinken. In einigen Fällen ertönen zusätzliche Warntöne. Das Fahrzeug kann nicht sicher geparkt oder entparkt werden. Nehmen Sie fachmännische Hilfe in Anspruch.

1. a) Welche Bedeutung haben die Kontrollleuchten?

   ____

   b) Welche Information ist dem Kunden zu geben?

   ____

2. Das Fahrzeug ist mit der abgebildeten Parkbremse ausgestattet. Ordnen Sie die Ziffern den Bauteilen zu und ergänzen Sie die fehlenden Begriffe.

   1 Bremssattel (Faustsattel) 2 Spindeltrieb
   3 Anschluss für Stellmotor 4 Feststellbremse-Stellmotor
   5 ______________ 6 ______________
   7 ______________

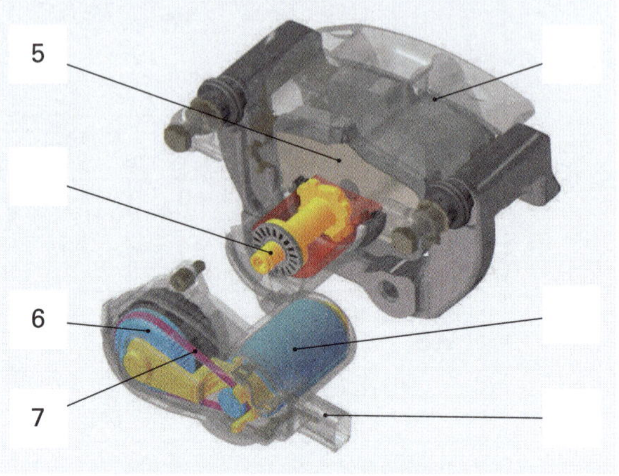

3. Über die Fehlerauslese wurde der Stellmotor links als Fehler angezeigt.

   a) Markieren Sie den Taster Feststellbremse und den Stellmotor links im Schaltplan farbig.

Elektronischer Anschlussplan

A2.1	ABS-Steuergerät
A2.27	Feststellbremse-Steuergerät
A2.53	Feststellbremse-Stellmotor links
A2.54	Feststellbremse-Stellmotor rechts
A6.8	Zentralelektronik
A7.1	Kombiinstrument
B4.15	Kupplungspedal-Positionssensor
E23	Zündschloss
F2.2	Sicherung 2 (Sicherungskasten 2)
F3.17	Sicherung 17 (Sicherungskasten 3)
F3.2	Sicherung 2 (Sicherungskasten 3)
F3.30	Sicherung 30 (Sicherungskasten 3)
F3.31	Sicherung 31 (Sicherungskasten 3)
G1.6	Batterie (Niedervolt)
S28.53	Feststellbremse-Taster
S28.62	Auto-Hold-Taster
W11.1/2/3	Masseanschluss 1, 2, 3
X9.2	Diagnoseanschluss (OBD)

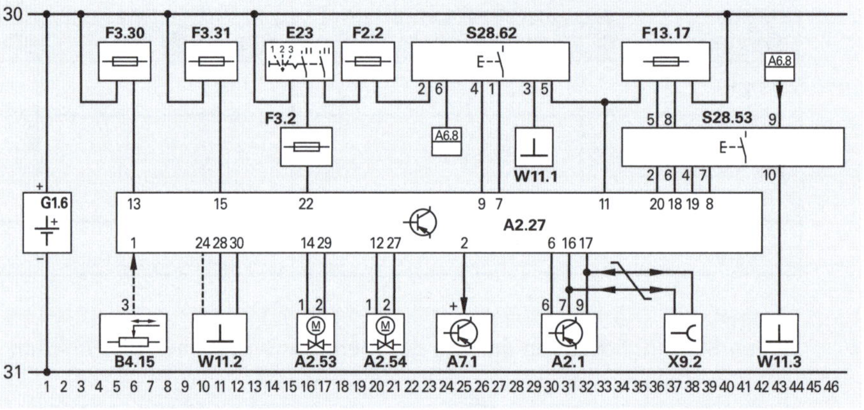

   b) Ermitteln Sie zur Überprüfung die Ansteuerung der Pins des Stellmotors und die Sollwerte. Ergänzen Sie die Tabelle. Geben Sie an, ob die Messwerte i.O. oder n.i.O sind.

Prüfung von U und R	Pin bzw. von Pin zu Pin	Hinweis	Sollw.	Istw.	i.O./n.i.O.
Versorgungsspannung des Steuergerätes	______ ______	Fahrtschalter „ein“	______	12 V	______
Widerstandmessung an A2.53, Leistung des Motors $P = 24$ Watt	______ ______	Fahrtschalter „aus“, Stecker gelöst, R ist zu berechnen	______	∞ Ω	______
Spannung an ______, Taster S28.53 betätigen	Pin 1 (A2.53) zu Pin 2 (A2.53)	Fahrtschalter „ein“ Stecker abziehen, Versorgungsspannung prüfen	______	12 V	______

   c) Welcher Fehler liegt vor? ______________________________

4. Was ist zu tun? ______________________________

5. Welche abschließenden Arbeiten sind durchzuführen?

   ____

   ____

Name:
Klasse: Datum: Blatt-Nr.:

Situation: Ein Kunde bringt sein allradgetriebenes Fahrzeug in die Werkstatt, weil es bei schneller Kurvenfahrt deutlich über die HA schiebt, insbesondere bei Rechtskurven.

1. Wie ist vorzugehen, um den Fehler einzugrenzen, wenn kein Fehlereintrag vorhanden ist?

2. Sie stellen fest, dass der Reifeninnendruck am rechten hinteren Rad zu gering war.

   a) Markieren Sie im Bild durch eine senkrechte Linie bei welchem Reifeninnendruck die Seitenführungskraft am höchsten ist.

   b) Erklären Sie an Hand des Diagramms wie der Luftdruck das Fahrverhalten beeinflusst.

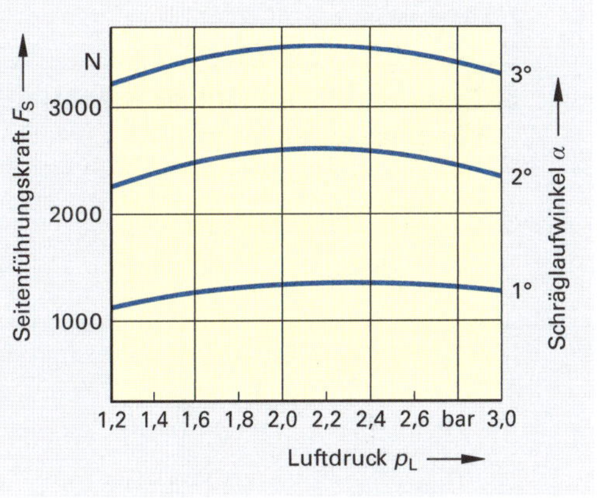

3. a) Welche Kräfte wirken am angetriebenen Rad bei Kurvenfahrt?

   b) Zeichnen Sie diese Kräfte verschiedenfarbig in das Bild ein.

   c) Benennen Sie in der nebenstehenden Skizze die Reifenaufstandsfläche. Zeichnen Sie den Schräglaufwinkel α ein und benennen Sie ihn im Bild.

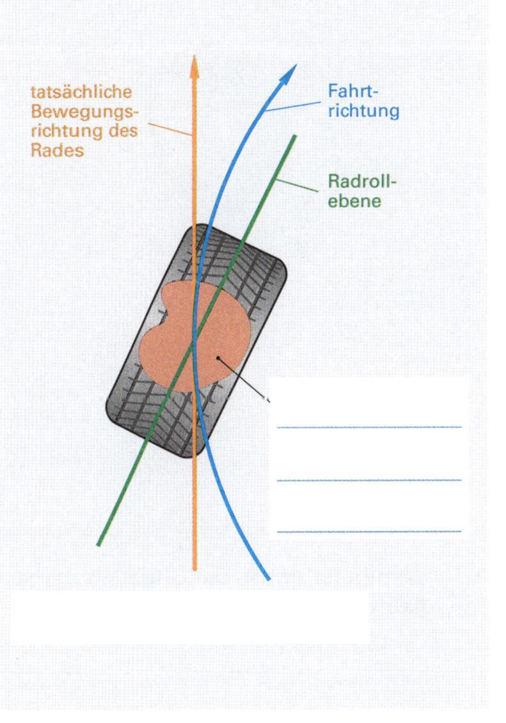

4. Was versteht man unter dem Schräglaufwinkel α?

5. Wovon ist der Schräglaufwinkel α abhängig?

6. Wodurch werden Seitenführungskräfte an den Reifen erzeugt?

7. Die Reifen und das Fahrwerk haben maßgeblich Einfluss auf das Fahrverhalten und die Fahrdynamik. Was versteht man unter dem Begriff Fahrdynamik?

Name:		
Klasse:	Datum:	Blatt-Nr.:

8. **a) Zeichnen Sie an den Rädern die möglich wirkenden Kraftpfeile (Pfeillänge jeweils 15 mm) für die Antriebskraft F_A, Seitenführungskraft F_s, Bremskraft F_B, und Aufstandskraft F_N verschiedenfarbig in das Bild ein. Bezeichnen Sie die Pfeile mit den dazugehörenden Abkürzungen,**

b) Welche Kräfte bewirken Bewegungen in Richtung der drei Fahrzeugachsen? Ergänzen Sie die Tabelle

Bewegungsrichtung	Hochachse	Querachse	Längsachse
Kräfte			

c) Ergänzen Sie im Bild die Begriffe für die fahrdynamischen Bewegungen des abgebildeten Allradfahrzeugs um die einzelnen Achsen.

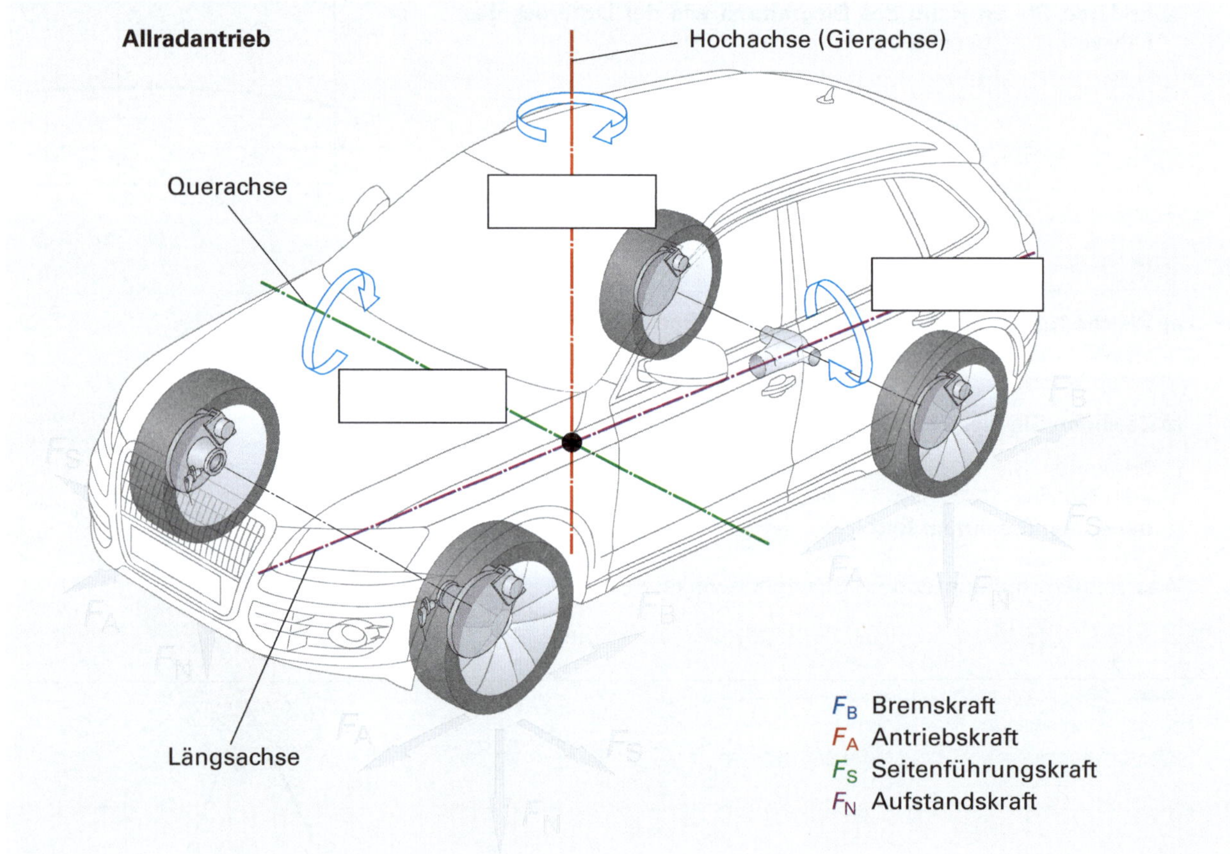

9. **Warum ist das in der Situation dargestellte Fahrzeug bei schneller Kurvenfahrt rechts über die Hinterachse ausgebrochen?**

10. **Nach der Korrektur des Reifeninnendrucks verhält sich das Fahrzeug wie im nebenstehenden Bild. Beschreiben Sie das Fahrverhalten. Begründen Sie.**

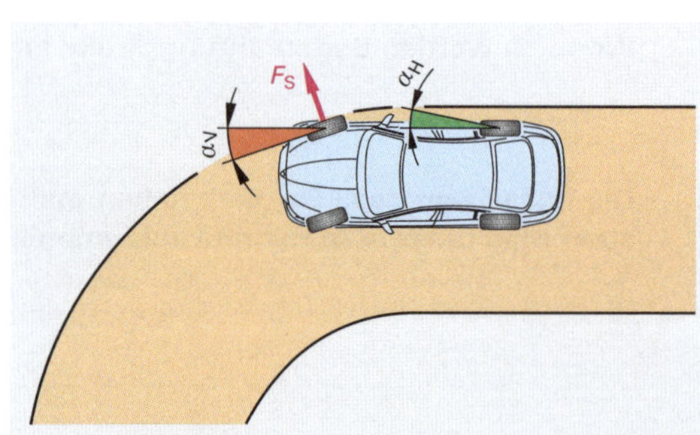

11. In den Bildern sind 3 verschiedene Fahrzeuge und deren Eigenlenkverhalten dargestellt.

a) Ordnen Sie die Begriffe Übersteuern, Untersteuern und Neutral den Bildern in der Tabelle richtig zu.

b) Wie verhalten sich die Schräglaufwinkel an den Vorderrädern α_V zu denen an den Hinterrädern α_H? Ergänzen Sie die Tabelle.

c) Beschreiben Sie das jeweilige Eigenlenkverhalten der Fahrzeuge.

Begriffe			
Eigenlenk-verhalten	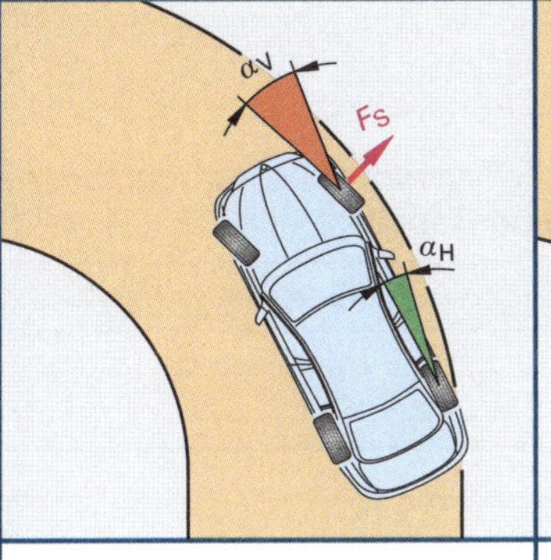	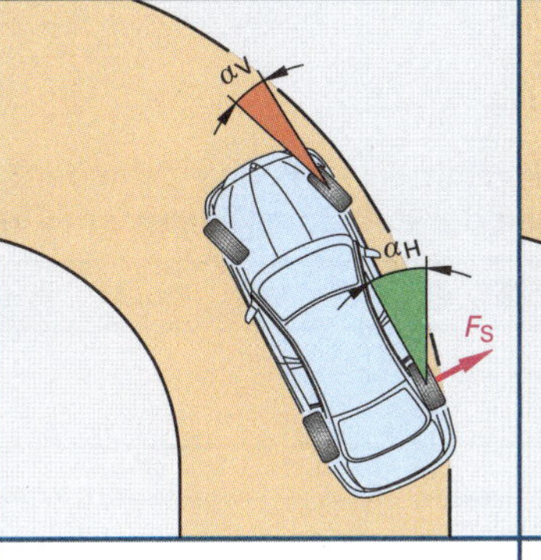	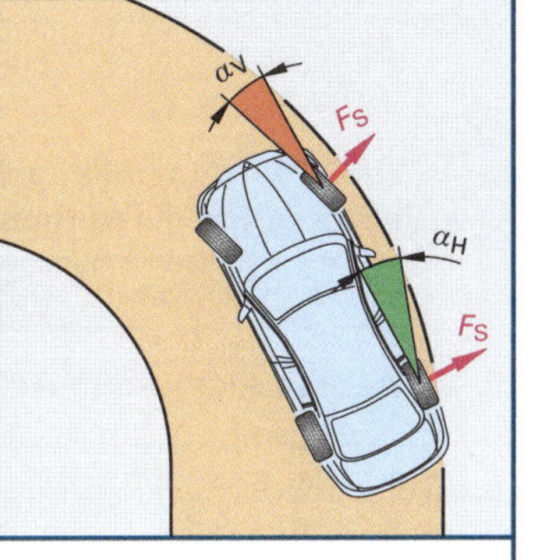
Schräglaufwinkel			
Fahrzeug schiebt über			
Gefahrener Kurvenradius			
Korrigierender Lenkeinschlag			
Verhalten des Fahrers im Grenzbereich			

12. Bei schneller Kurvenfahrt neigt sich das Fahrzeug, abhängig von Federung und Fahrwerk mehr oder weniger stark um die Wankachse.

a) Was versteht man unter der Wankachse?

b) Zeichnen Sie die Wankachse in das nebenstehende und das untere Bild ein.

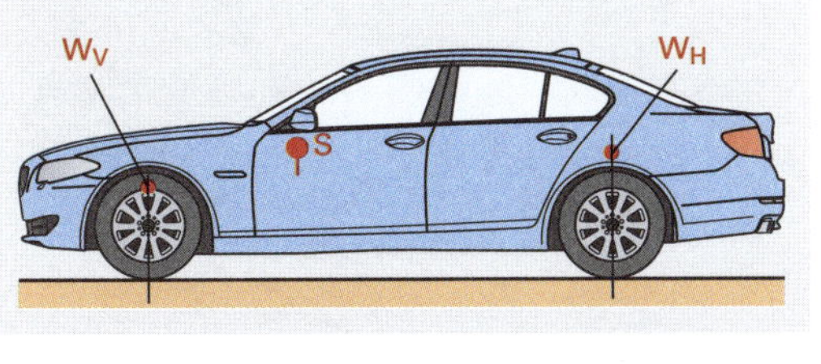

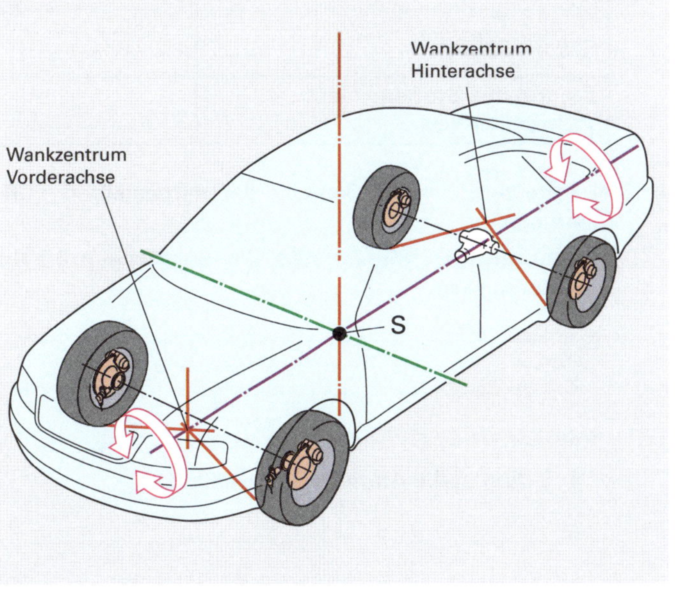

c) Wie wirkt sich das Tieferlegen eines Fahrzeugs auf das Wankverhalten aus?

Situation: Ein Kunde bringt sein 1-er BMW, 6 Jahre alt, in die Werkstatt und bemängelt, dass bei längerer sportlicher Kurvenfahrt die ABS- und DSC-Leuchte (Dynamic Stability Control) kurz aufleuchtet und das Fahrdynamikregelsystem eingreift. Das Fahrzeug nimmt dann kein Gas mehr an. Nach dem Schiebebetrieb verhält sich das Fahrzeug wieder normal. Im Fehlerspeicher ist kein Fehler abgelegt.

1. Was versteht man unter einem Fahrdynamikregelsystem?

2. In den Fahrdynamikregelsystemen wirken verschiedene Teilsysteme zusammen. Diese sind nachfolgend genannt. Ergänzen Sie die Aufgaben der einzelnen Teilsysteme in der Tabelle.

Teilsystem	Aufgaben
Antiblockiersystem ABS	
Antriebsschlupfregel-system ASR	
Elektronische Brems-kraftverteilung EBV	
Giermomentregelung GMR	

3. a) In der Tabelle sind zwei Fahrsituationen dargestellt. Benennen Sie das jeweilige Fahrverhalten und beschreiben Sie, wodurch eine Stabilisierung erreicht wird.
   b) Zeichnen Sie in den Bildern die Bremskräfte an den Rädern und die daraus entstehenden Giermomente um die Hochachse ein.

Fahrsituation		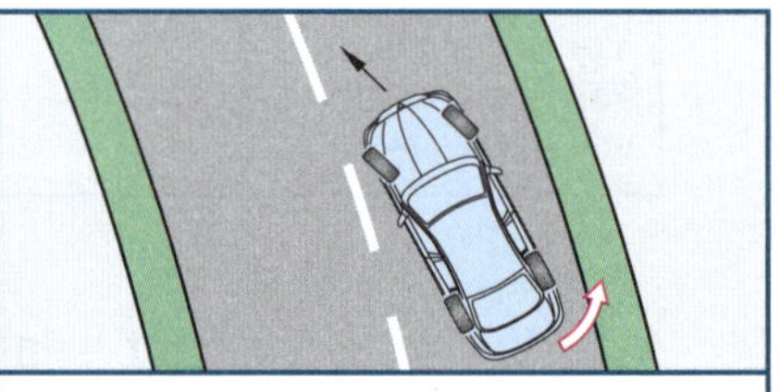
Fahrverhalten		
Eingriff des Systems durch Abbremsen des …		

4. a) Benennen die die Bauteile der dargestellten FDR-/ESP-Anlage.
   b) Kennzeichnen Sie im Bild die Sensoren grün und die Aktoren rot.

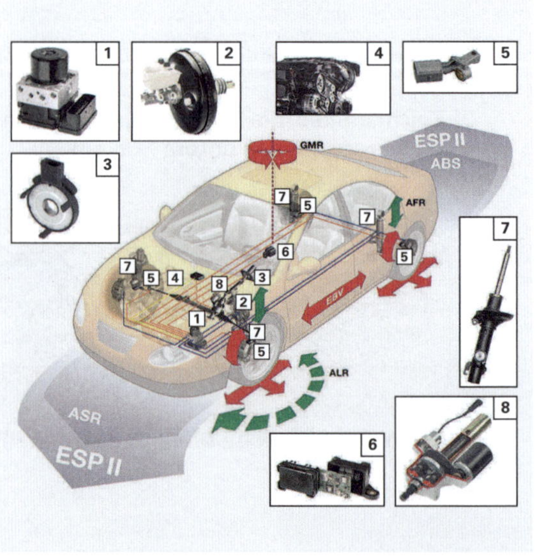

1
2
3
4 Schnittstelle Antriebsmanagement
5
6
7 Verstelldämpfer
8 Aktiv-Lenksystem

5. **Beim Regelvorgang müssen die Komponenten des Fahrdynamikregelsystems (Bild Aufgabe 4) zusammenwirken. Ergänzen Sie die Tabelle.**

Nr.	Bauteilbezeichnung	Aufgabe
1		
	Sensor erfasst	**Bauteil informiert Steuergerät über …**
3		
5		
6		

6. **Im nebenstehenden hydraulischen Schaltplan ist ein Bremskreis dargestellt.**
   a) **Kennzeichnen Sie im Schaltplan die Bauteile mit einem roten Pfeil (⚡), die beim Regelvorgang, Druckaufbau hinten links, angesteuert werden.**
   b) **Welche Bauteile werden angesteuert?**

   c) **Kennzeichnen Sie im Schaltplan die Saugleitung grün, die Druckleitung rot und geben Sie den Druckverlauf durch Pfeile an.**
   d) **Beschreiben Sie den Verlauf der Bremsflüssigkeit in der Saug- und Druckleitung.**

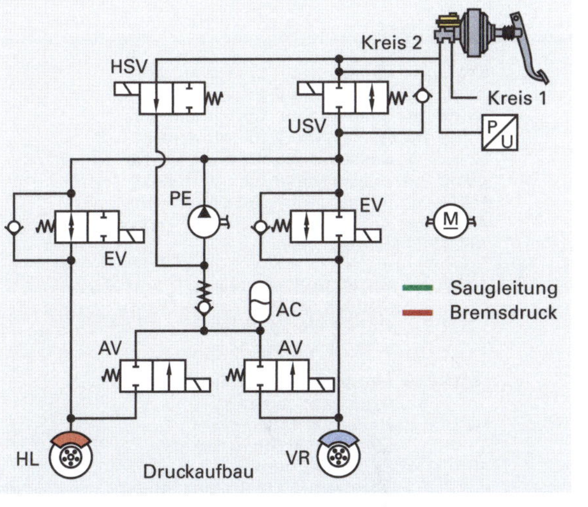

7. **Da der eingangs genannte Fehler vorwiegend bei Kurvenfahrt und warm gefahrenem Fahrzeug aufgetreten ist, werden Drehzahlfühler und Achswellen überprüft.**
   a) **Welche Ursachen haben den Fehler bewirkt?**

   b) **Was ist zu tun?**

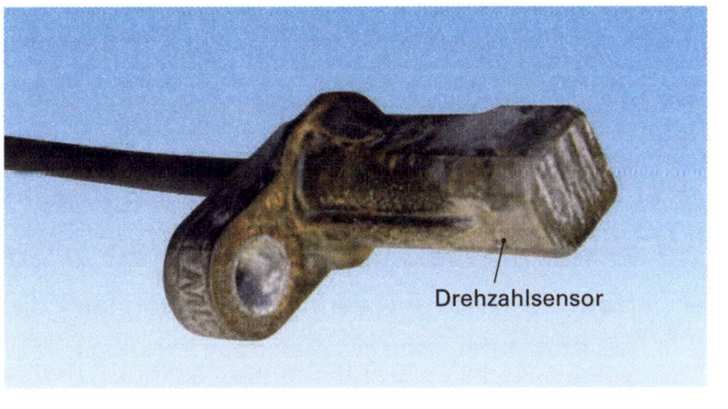

Name:

Klasse: | Datum: | Blatt-Nr.:

Situation: An einem Audi A6 Quattro leuchtet die ABS-Kontrolleuchte dauernd auf. Im Fahrzeug ist das abgebildete ABS/ASR-System eingebaut Bei der Fehlerspeicherauslese wird die Fehlermeldung „Ventilrelais ohne Funktion" angezeigt.

1. Welche Bremskreisaufteilung hat das abgebildete System? Begründen Sie ihre Antwort.

2. Welche Aufgabe hat das integrierte ASR - System?

3. a) Welche zusätzlichen Ventile sind im ASR-System gegenüber dem ABS-System eingebaut?

   b) Kennzeichnen Sie im Schaltplan diese Ventile farbig (grün).

   c) Wie reagiert das ASR-System, wenn das vordere linke Antriebsrad beim Beschleunigen durchdreht?

EVVL = Einlassventil für vorne links
AVVL = Auslassventil für vorne links
EVVR = Einlassventil für vorne rechts
AVVR = Auslassventil für vorne rechts
EVHL = Einlassventil für hinten links
AVHL = Auslassventil für hinten links
EVHR = Einlassventil für hinten rechts
AVHR = Auslassventil für hinten rechts
ALLRADANTRIEB

ASV1/2 = Ansaugmagnetventil Bremskreis 1/2
USV1/2 = Umschaltmagnetventil Bremskreis 1/2
HZ1 = Hauptbremszylinder (Druckstangenkreis)
HZ2 = Hauptbremszylinder (Zwischenkolbenkreis)
sRFP1 = Rückförderpumpe Bremskreis 1 (selbstansaugend)
sRFP2 = Rückförderpumpe Bremskreis 2 (selbstansaugend)
M = Motor für Rückförderpumpe

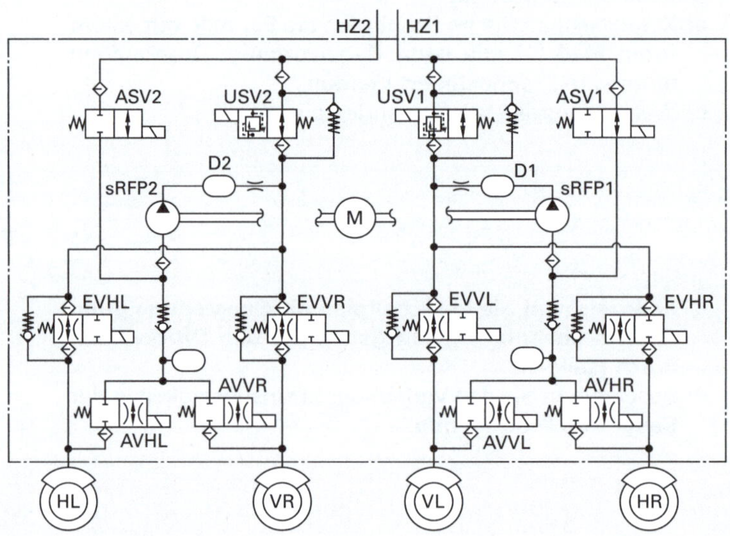

4. a) VL soll ASR-Regelung erfolgen. Kennzeichnen Sie im Bild die angesteuerten Ventile mit Pfeilen (ϟ). Tragen Sie den Druckverlauf mit roten Pfeilen → ein.

   b) Ergänzen Sie die Tabelle für die ASR- und Bremsregelzyklen am vorderen linken Rad.

Hinweis: Während der ASR-Regelung läuft die Pumpe ständig mit.

	Ansaugmagnetventil ASV		Umschaltmagnetventil USV		Einlassventil vorne links		Auslassventil vorne links	
ASR-Regelung	**Ventil-stellung**	**bestromt**	**Ventil-stellung**	**bestromt**	**Ventil-stellung**	**bestromt**	**Ventil-stellung**	**bestromt**
Druckaufbau								
Druckhalten								
Druckabbau								
ABS-Regelung	**Ventil-stellung**	**bestromt**	**Ventil-stellung**	**bestromt**	**Ventil-stellung**	**bestromt**	**Ventil-stellung**	**bestromt**
Druckaufbau								
Druckhalten								
Druckabbau								

5. **Kennzeichnen Sie im elektrischen Schaltplan der ABS/ASR-Anlage das Ventilrelais farbig (rot).**

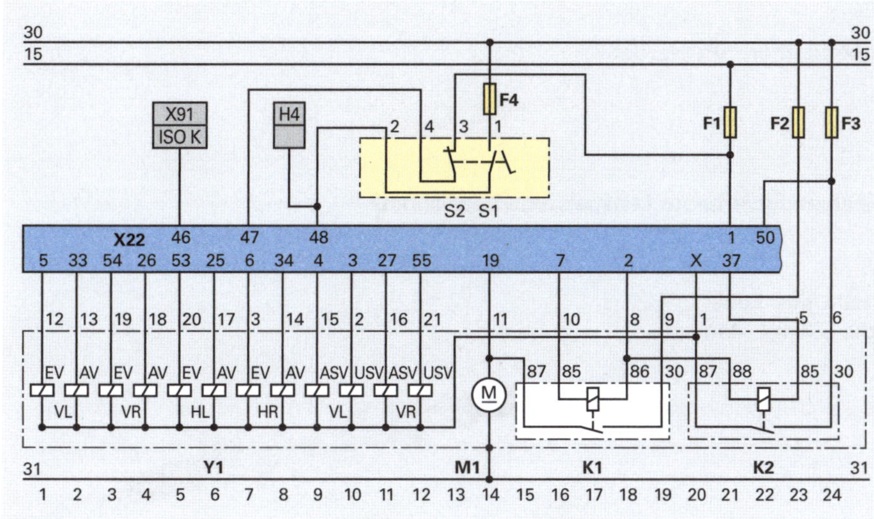

Elektrischer Anschlussplan

F1 = Sicherung Steuergerät (KL 15) 15 A
F2 = Sicherung Pumpenmotor 50 A
F3 = Sicherung Magnetventile 25 A
F4 = Sicherung Bremslichtschalter 10 A
H4 = Kontrollleuchten
M1 = Pumpenmotor
K1 = Motorrelais
K2 = Ventilrelais
X22 = Steuergerätestecker ABS/ASR (88-polig)
X91 = Diagnosestecker (2-polig)
Y1 = Hydroaggregat
S1 = Bremslichtschalter (Schließer)
S2 = Bremssicherheitsschalter (Öffner)
EV = Einlassventil
AV = Auslassventil
ASV = Ansaugventil (ASR)
USV = Umschaltventil (ASR)

6. **Welche Ursachen können für die eingangs genannte Fehlermeldung verantwortlich sein?**

7. **Bei der Überprüfung der Sicherung F3 wurde festgestellt, dass sie in Ordnung ist und dass an PIN 6 Spannung anliegt. Deshalb ist das Relais auf Funktion zu prüfen.**

8. **a) Beschreiben Sie die Überprüfung des Relais.**

b) Zeichnen Sie im nebenstehenden Bild die Prüfschaltung ein.

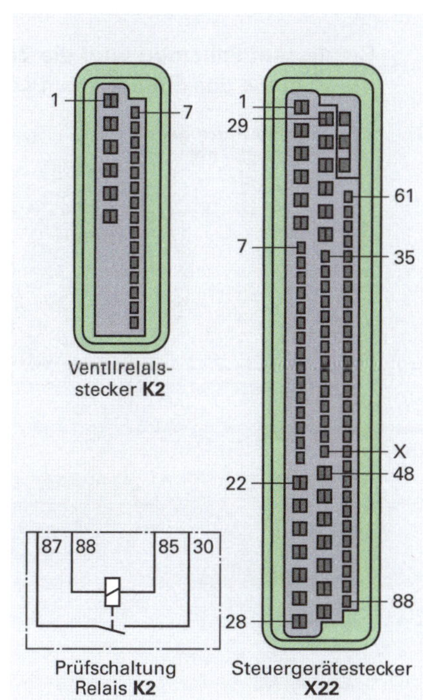

9. **Die Funktionsprüfung ergibt, dass das Relais in Ordnung ist.**

a) Beschreiben Sie die Durchgangsprüfung der Kabelverbindung zwischen K2 und X22 und kennzeichnen Sie an den abgebildeten Steckern den PIN, an welchem gemessen werden muss.

b) Zeichnen Sie jeweils die Prüfleitung hierzu ein.

10. **Die Messung ergab, dass die Steuerleitung zum Ventilrelais unterbrochen ist. Wie ist weiter vorzugehen?**

11. **Da im Steuergerät noch ein Fehler abgelegt ist wird die Warnlampe H4 angesteuert.**

a) Über welchen PIN des Steuergerätes erhält die Kontrollleuchte ihre Ansteuerung?

b) Welche Arbeit ist abschließend durchzuführen?

EUROPA LEHRMITTEL	**LERNFELD 10** Reparatur Lenksystem mit servohydraulischer Unterstützung Blatt 1	Name:		
		Klasse:	Datum:	Blatt-Nr.:

Situation: Ein Kunde bemängelt, dass sich sein Audi A6 seit kurzem etwas schwerer lenken lässt und ein schwammiges Fahrverhalten aufweist. Sie erhalten den Auftrag, die Lenkung zu überprüfen.

1. Wie kann das Spiel in der Lenkung überprüft werden?

____

____

2. Wie wird das abgebildete im Fahrzeug verbaute Lenkgetriebe bezeichnet?

____

3. Benennen Sie die Einzelbauteile des Lenkgetriebes und ordnen Sie die Ziffern den Bauteilen im Bild richtig zu.

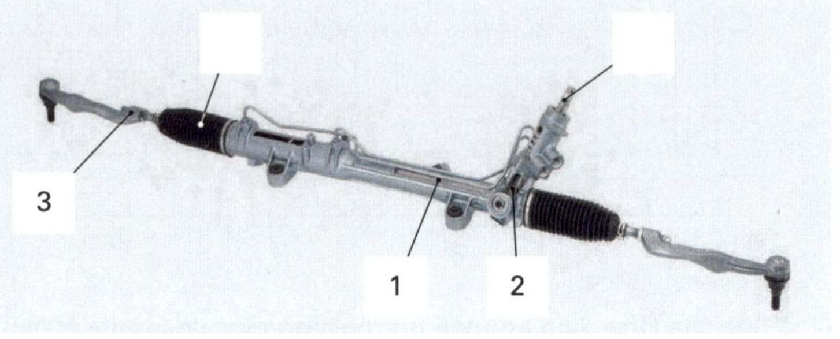

1 ____________________

2 ____________________

3 ____________________

4 Faltenbalg

5 Anschluss Lenkspindel

4. Welche Aufgaben muss das Lenkgetriebe erfüllen?

____

____

5. Welche Übersetzungverhältnisse haben mechanische Lenkgetriebe? ____________________

6. Bei diesem Fahrzeug wird die Zahnstangenlenkung durch ein servohydraulisches System ergänzt. Benennen Sie die Bauteile des abgebildeten Lenksystems.

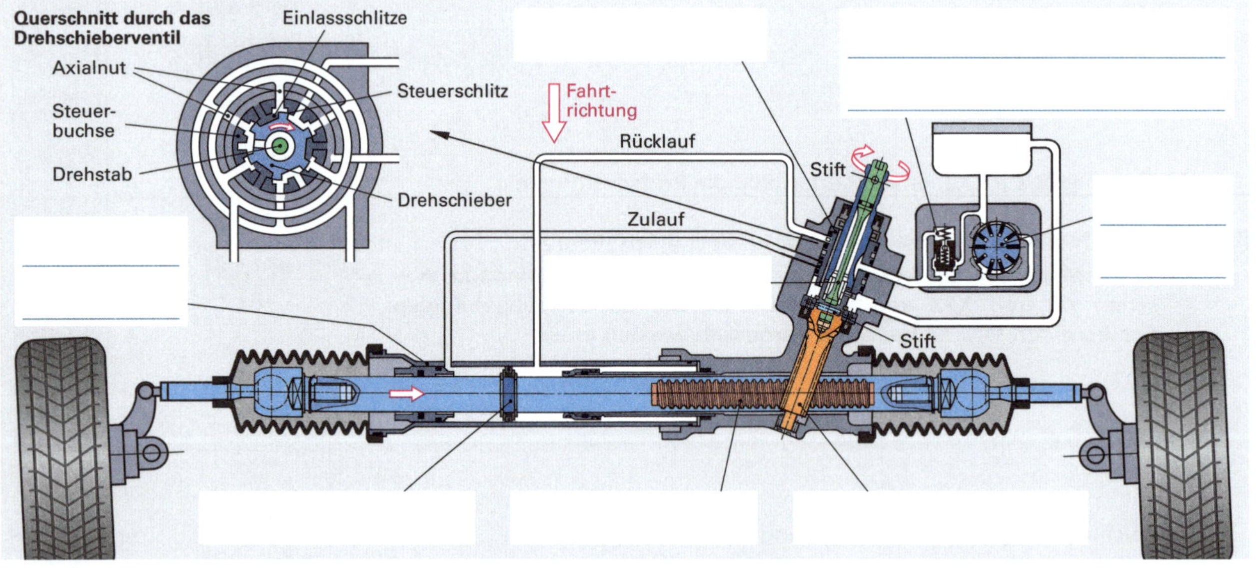

7. Vervollständigen Sie das Blockschema zur Funktionsweise der Lenkung.

____________________ wird über Torsionsstab auf Antriebsritzel übertragen. → ____________________ wird auf Verdrehung beansprucht. → ____________________ öffnet Zulauf und Rücklauf an Steuerbuchse.

→ ____________________ und ____________________ werden nach rechts verschoben. → ____________________ wirkt zusätzlich zu der vom Ritzel mechanisch aufgebrachten Kraft.

Für jede Prüfung die...
PRÜFUNGSVORBEREITUNG AKTUELL
Gesellenprüfung Teil 1
Kraftfahrzeugtechnik
PRÜFUNGSVORBEREITUNG AKTUELL
Gesellenprüfung Teil 2
Kraftfahrzeugtechnik
mit Wirtschafts- und Sozialkunde
Prüfungstrainer Kraftfahrzeugtechnik
Fachwissen Gesellenprüfung Teil 2
ONLINE-KURS
Prüfungstrainer Kraftfahrzeugtechnik
Basiswissen Gesellenprüfung Teil 1
Prüfungstrainer Kraftfahrzeugtechnik
Fachwissen Gesellenprüfung Teil 2
...richtige Vorbereitung

8. **Zeichnen Sie im Bild den Ölstrom für den Vor- und Rücklauf mit unterschiedlichen Farben ein und kennzeichnen Sie die Flussrichtung durch Pfeile. Die Lenkung wird nach rechts eingeschlagen.**

9. **Wie wird das im Fahrzeug verbaute Lenksystem benannt?**

10. **Wie erfolgt die Servounterstützung bei diesem Lenksystem?**

11. **Welche Aufgaben haben die in der Tabelle genannten Bauteile des Lenksystems?**

Bauteil	Aufgabe
Ölpumpe	
Drehschieberventil	
Torsionsstab	

12. **Im Bild ist die Lenkunterstützungskurve der dargestellten Servolenkung abgebildet.**
a) Ermitteln Sie aus dem nebenstehendem Diagramm die fehlenden Werte und tragen Sie diese in die Tabelle ein.
b) Ordnen Sie den Betätigungsmomenten in der Tabelle folgende Fahrzustände zu: Schnelle Fahrt, langsame Fahrt und Stillstand.

Betätigungs-moment	Servounter-stützungsdruck	Fahrzustand
2 Nm		
3 Nm		
4 Nm		

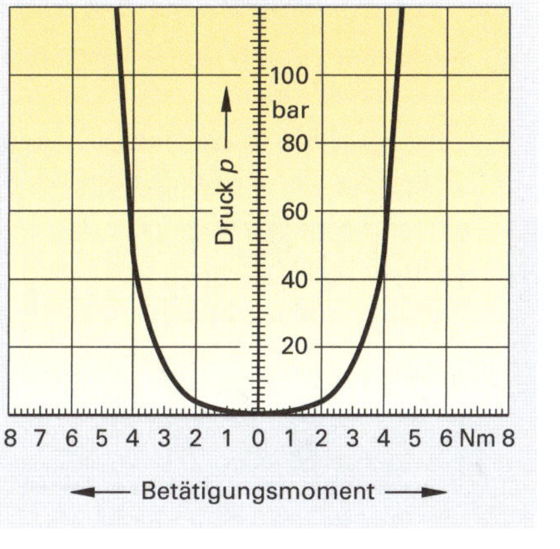

13. **Wovon ist das Betätigungsmoment abhängig?**

14. **Berechnen Sie die hydraulische Kraft, die bei einem Druck von 30 bar auf den Arbeitskolben wirkt. Der Arbeitszylinder hat einen Durchmesser von 42 mm, der Kolbenstangendurchmesser beträgt 30 mm.**

Geg.: **Ges.:**

Lös.:

15. **Welche Sichtprüfungen sind am Lenksystem durchzuführen, um den Fehler einzugrenzen?**

16. **Bei der Sichtprüfung wurden keine Fehler festgestellt. Außerdem sind die Lenkungsteile spielfrei und leichtgängig. Es sind keine Undichtigkeiten vorhanden. Geben Sie mögliche Ursachen für den beschriebenen Fehler der Eingangssituation.**

Name:		
Klasse:	Datum:	Blatt-Nr.:

17. Um die Ursache des Fehlers einzugrenzen, erhalten Sie den Auftrag mit dem abgebildeten Servotester eine Überprüfung der Servopumpe und des Lenkgetriebes durchzuführen. Ordnen Sie die Positionsnummern den Bauteilen im Bild 1 richtig zu.

   1 Niederdruckmanometer
   2 Hochdruckmanometer
   3 Durchflussmengenmesser
   4 Öltemperaturanzeige
   5 Druckbegrenzungsventil umschaltbar 120/130 bar
   6 Absperrventil

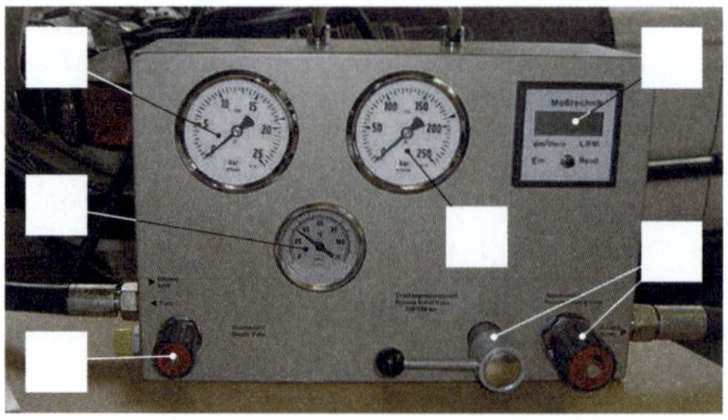

Bild 1

18. Die Prüfung des maximalen Servopumpendruckes wird mit dem Servotester durchgeführt. An welcher Stelle muss der Servotester angeschlossen werden?

___

19. Um die Anlage beurteilen zu können, ist eine Druck- und Fördermengenmessung durchzuführen. Es ist folgendermaßen vorzugehen:
   - Motor starten und im Leerlauf laufen lassen.
   - Ölbehälter ggf. auffüllen und Anlage durch mehrmaliges Lenken vom Rechts- bis zum Linksanschlag entlüften.
   - Absperrventil am Servotester max. 4 s schließen und Druck ablesen.

   Ergänzen Sie in der Tabelle die fehlenden Werte. (Istwerte siehe Bild 3, Sollwerte siehe Typenschild)

Max. Pumpendruck in bar + / – 10 % vom Sollwert		
Istwert	Sollwert min	Sollwert max.
___	___	___

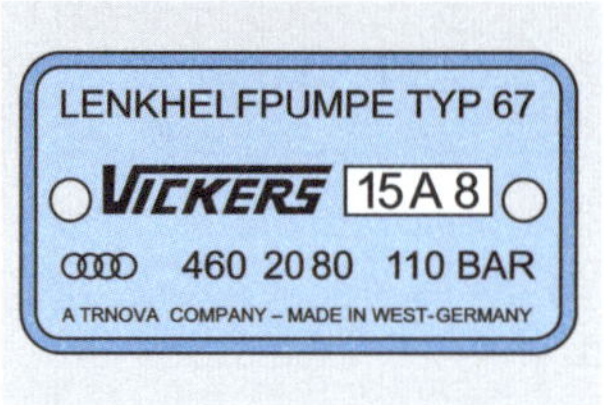

Bild 2

20. Beurteilen Sie die Servopumpe.

___

21. Begründen Sie.

___

Hinweis:
Ein ausreichend hoher Druck der Servopumpe lässt noch keinen Rückschluss über die Fördermenge unter Belastung zu. Deshalb muss zur genauen Beurteilung eine Förderstrommessung durchgeführt werden.

Bild 3

22. Zur Prüfung des Förderstromes müssen nachfolgende Arbeiten durchgeführt werden:
   Bei laufendem Motor (1000 1/min) ist der Absperrhahn am Servotester so weit zuzudrehen, bis der im Bild 4 dargestellte Prüfdruck erreicht ist. Dann ist die Förderstrommenge abzulesen.

Max. Fördermenge		Prüfdruck
Sollwert	Istwert	Ablesewert
2 … 7 l/min	___	___

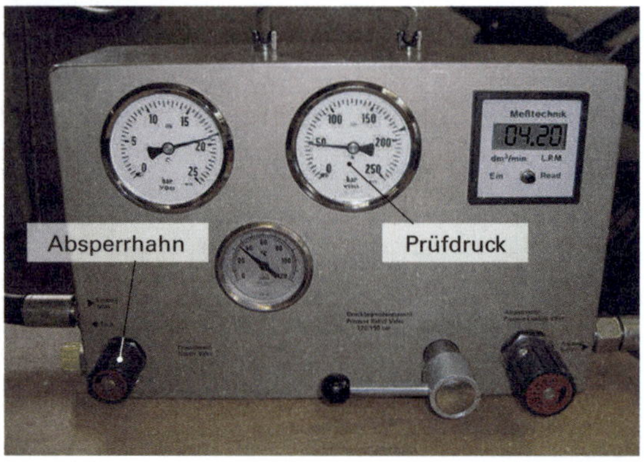

Bild 4

23. Beurteilen Sie die Servopumpe aufgrund der Messwerte.

Um eine Aussage über die gleichmäßige Förderung der Servopumpe machen zu können, wird die Fördermenge und der Umlaufdruck über den gesamten Drehzahlbereich ermittelt (Konstantstrommessung).

24. Zeichnen Sie die beiden Kurven verschiedenfarbig in das Diagramm ein. Der Druckverlauf ergibt sich durch das Druckregel- und Strombegrenzungsventil.

Drehzahl in 1/min	1000	2000	3000	4000	5000	6000
Fördermenge in l/min	9,2	9,4	9,6	9,6	9,2	8,4
Umlaufdruck in bar	10	11	11,5	10	8	5

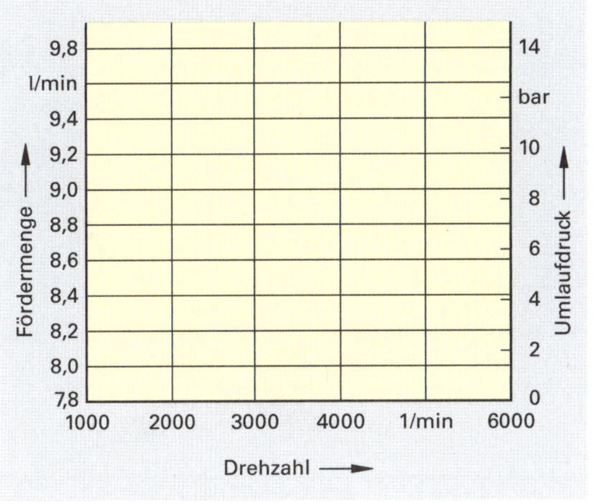

25. Wie verhalten sich die Fördermenge und der Umlaufdruck abhängig von der Drehzahl?

26. Zur Beurteilung der Dichtheit des Arbeitskolbens wird die Leckölmenge bei laufendem Motor gemessen. Hierzu wird das Lenkrad bis zum Lenkendanschlag für maximal 3 Sekunden gedreht. Die im Bild dargestellten Messwerte werden hierbei ermittelt. Ergänzen Sie die Werte in der Tabelle.

Max. Leckölmenge		Prüfdruck
Sollwert	Istwert	Ablesewert
max. 1 l/min		

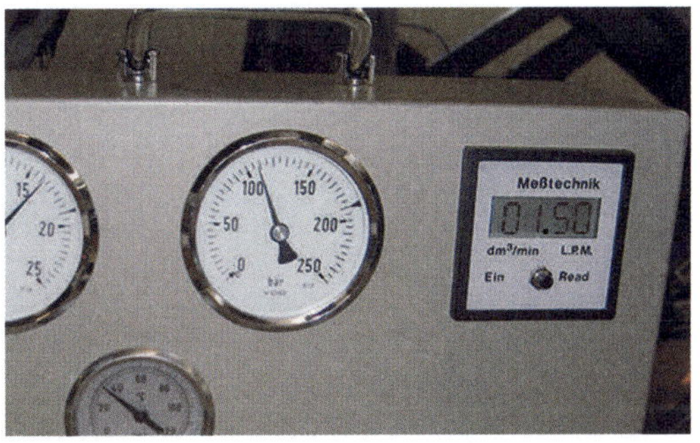

27. Beurteilen Sie die Leckölmenge des Lenksystems.

28. Welche Ursachen könnte das Lenkungsspiel haben?

29. Welche Instandsetzung schlagen Sie vor?

30. Welche Arbeiten sind nach dem Austausch des Lenkgetriebes noch durchzuführen?

Situation: Ein Kunde bemängelt, dass sein Fahrzeug (Audi A7, Sportback Bj. 2012) sich sehr schwergängig lenken lässt und die abgebildete Kontrolllampe aufleuchtet.

1. Im Fahrzeug ist die abgebildete Lenkung verbaut. Benennen Sie die Bauteile der Lenkung.

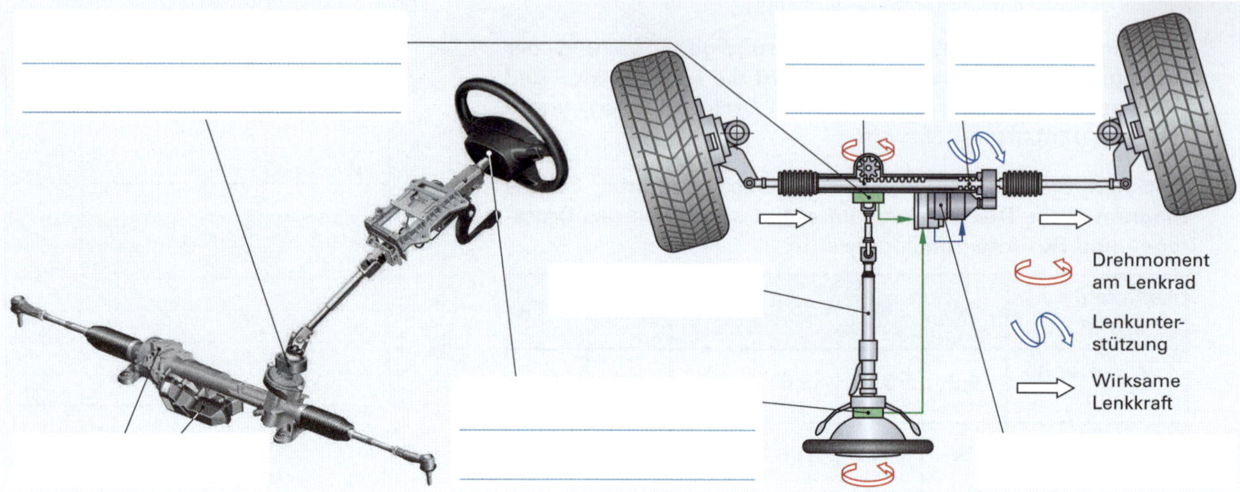

2. Welches Lenksystem ist in Bezug auf die Anordnung des Elektromotors bei diesem Fahrzeug verbaut?

3. Welche Vorteile besitzt diese Lenkung gegenüber einer Lenkung mit hydraulischer Unterstützung?

4. In der Systemübersicht sind die Teilsysteme, die auf das Lenksystem einwirken können, dargestellt.

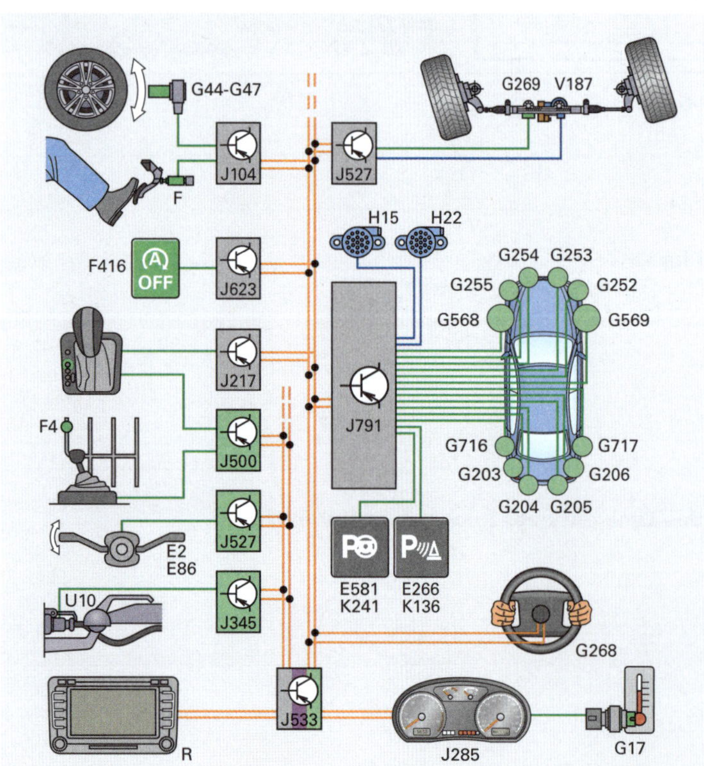

Legende:

Elektromechanische Servolenkung
G268 Lenkpositionsgeber
G269 Lenkmomentgeber
J527 Steuergerät für Lenkhilfe
V187 Motor für elektromechanische Servolenkung

Parklenkassistent:
E266 Taster für Einparkhilfe
E581 Taster für Parklenkassistent
J791 Steuergerät für Parklenkassistent

Bremssystem
J104 Steuergerät für ABS/ESPplus

Motor- und Getriebemanagement
J217 Steuergerät für automatisches Getriebe
J623 Motorsteuergerät
J519 Bordnetzsteuergerät

Schalttafel und Lenksäulenelektronik
J285 Steuergerät im Schalttafeleinsatz
J500 Steuergerät für Lenksäulenelektronik
J533 Diagnose-Interface für Datenbus

Anhängererkennung
J345 Steuergerät für Anhängererkennung

CAN BUS (orange)

Infotainment
R Radio/Radio-Navigationssystem

5. a) Welche Bezeichnung hat das Lenkungssteuergerät, der Lenkmomentgeber, der Lenkpositionsgeber und der Motor für elektromechanische Servolenkung? Kennzeichnen Sie diese zusätzlich im Schaltplan mit einem roten Rahmen.

____

____

____

____

b) Mit welchem System wirkt das Steuergerät für Lenkhilfe zusammen? Geben Sie die Kurzbezeichnung und den Bauteilnamen an.

____

____

c) Über welches Datenübertragungssystem kommuniziert das Lenkungssteuergerät mit anderen Systemen?

____

6. Wie wirkt das Lenksystem in kritischen Fahrsituationen?

____

____

7. Erklären Sie, wie die Servounterstützung beim Lenkvorgang funktioniert. Ordnen Sie die einzelnen Schritte des Funktionsablaufs mit Hilfe von Ziffern richtig zu.

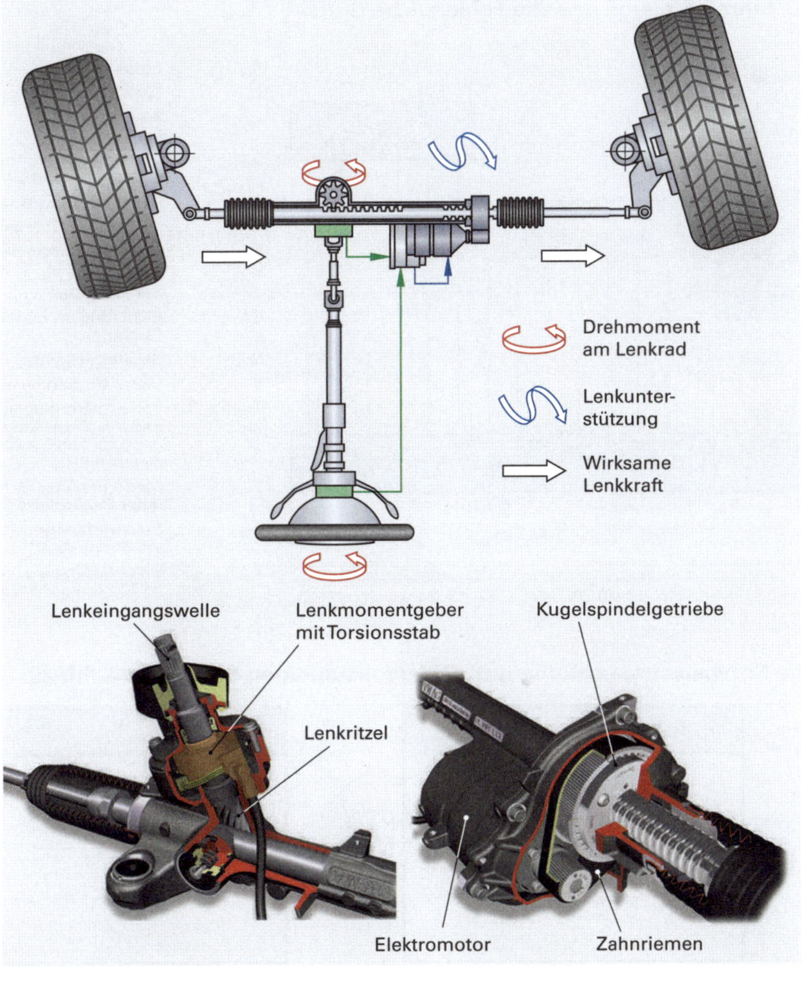

Ziffer	Funktionsablauf
___	Der Lenkmomentsensor liefert ein Signal an das Steuergerät.
___	Der Fahrer dreht am Lenkrad.
___	Der Torsionsstab wird durch das Lenkmoment verdreht.
___	Die Summe aus der Kraft des Lenkmomentes am Lenkrad und der Kraft des Unterstützungsmoments des Elektromotors ergibt die wirksame Lenkkraft.
___	In Abhängigkeit von Lenkmoment, Fahrzeuggeschwindigkeit und Motordrehzahl wird der Elektromotor angesteuert.
___	Die Lenkunterstützung erfolgt an der Kugelspindel über einen Zahnriemen mit Hilfe eines Elektromotors.

8. **Die Lenkunterstützung wirkt je nach Fahrsituation unterschiedlich. Ergänzen Sie die Tabelle mit den Begriffen hoch, groß, klein, gering, sehr groß, sehr hoch.**

Fahrsituation	**Stadtfahrt**	**Autobahnfahrt**	**Einparken**
Lenkwinkel am Lenkrad	______	______	______
Torsionswinkel zwischen Lenkeingangswelle und Lenkritzel	______	______	______
Lenkunterstützungskraft	______	______	______

Hinweis: Bei diesem System wird eine aktive Lenkradrückstellung angewandt. Hierbei wird das Lenkrad nach der Kurvenfahrt über den Elektromotor in Geradeausstellung zurückgedreht, wenn die Lenkrückstellmomente nicht ausreichen. Zudem kann das System als Einparkhilfe verwendet werden. Der Fahrer betätigt bei diesem Vorgang nur das Gaspedal und die Bremse. Die Lenkeinschläge werden nur durch den Elektromotor ausgeführt.

9. **Bei der Fehlerauslese mit dem Tester erhalten Sie die folgende Meldung: „Steuergerät ohne Spannungsversorgung". Welche Fehler können Ursache für diese Meldung sein?**

______

______

Mit Hilfe des elektrischen Schaltplans führen Sie eine gezielte Fehlersuche durch.

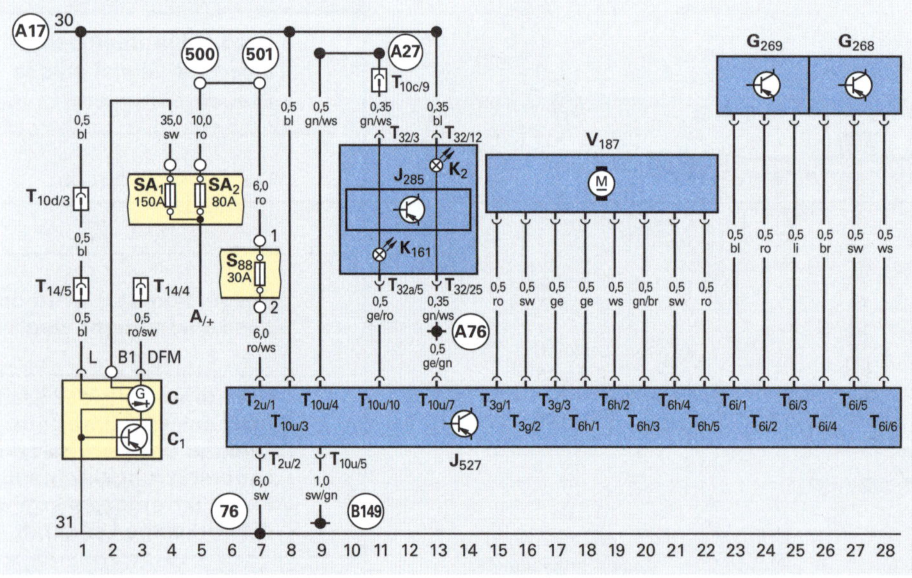

$A_{/+}$	Batterie
C	Drehstromgenerator
J_{527}	Steuergerät für Lenkung
J_{285}	Steuergerät mit Anzeigeeinheit (Schalttafel)
G_{268}	Geber Lenkposition
G_{269}	Geber Lenkmoment
K_2	Generatorkontrolllampe
K_{161}	Warnlampe für Servolenkung
$SA_{1,2}$	Sicherung im Halter (Batterie)
S_{88}	Streifensicherung
V_{187}	Motor für Servolenkung
T_{3g}, T_{6h}, T_{6i}	Steckverbindungen 3,- und 6-fach am Steuergerät für Lenksäulenelektronik
T_{10c}	Steckkupplung 10-fach unter Relaisplatte
T_{10u}	Steckverbindung 10-fach am Steuergerät
T_{14}	Steckverbindung 14-fach im Motorraum links

10. **Welche Sensoren/Aktoren sind für die Servoelectric-Lenkung nötig? Vervollständigen Sie das EVA Prinzip.**

Eingabe	→	Verarbeitung	→	Ausgabe
______		______		______
______		______		______
______		______		______
______		______		______

Name:

Klasse: Datum: Blatt-Nr.:

11. Markieren Sie das Steuergerät für Lenkung im Schaltplan Aufgabe 9 farbig.

12. Geben Sie die Strompfade des Steuergerätes an.

13. Über welche Sicherungen ist die Batterie mit dem Steuergerät verbunden?

14. Zur Überprüfung der Fehlermeldung führen Sie die folgenden Messungen durch. Vervollständigen Sie die Tabelle, vergleichen Sie die gemessenen Istwerte mit den Sollwerten und beurteilen Sie die Messergebnisse.

Funktionsprüfung von	Messpunkte	Kabelfarbe	Soll-wert	Ist-wert	Bewertung
Spannungsversorgung Steuergerät J 527 (vor Sicherung S_{88})			12 V	12,4 V	
Spannungsversorgung Steuergerät J 527 (nach Sicherung S_{88})			12 V	0 V	

15. Es wird eine neue Sicherung eingesetzt. Diese brennt aber sofort wieder durch. Welche Fehlerursachen können vorliegen?

16. Wie kann ein Kurzschluss der entsprechenden Leitung gegen Masse geprüft werden?

17. Bei der Messung ergibt sich ein Widerstand von 0 Ohm. Was schließen Sie daraus?

18. Wie beheben Sie den Fehler?

19. Welche Arbeiten müssen Sie nach der Reparaturmaßnahme durchführen?

20. Wie wird eine Grundeinstellung der Lenkung durchgeführt?

Situation: Der Fahrer eines Porsche Cayenne bemängelt, dass die Luftfederung seines Fahrzeugs nicht mehr funktioniert. Im Multifunktionsdisplay erscheint die Fehlermeldung „Luftfederung außer Funktion". Das Auslesen des Fehlerspeichers mit dem Diagnosetester zeigt den Eintrag: „Luftfederung: Systemdruck zu niedrig". Die Luftfederung des Fahrzeugs ist mit einer geregelten Dämpfung ausgestattet. (PASM = Porsche Active Suspension Management)

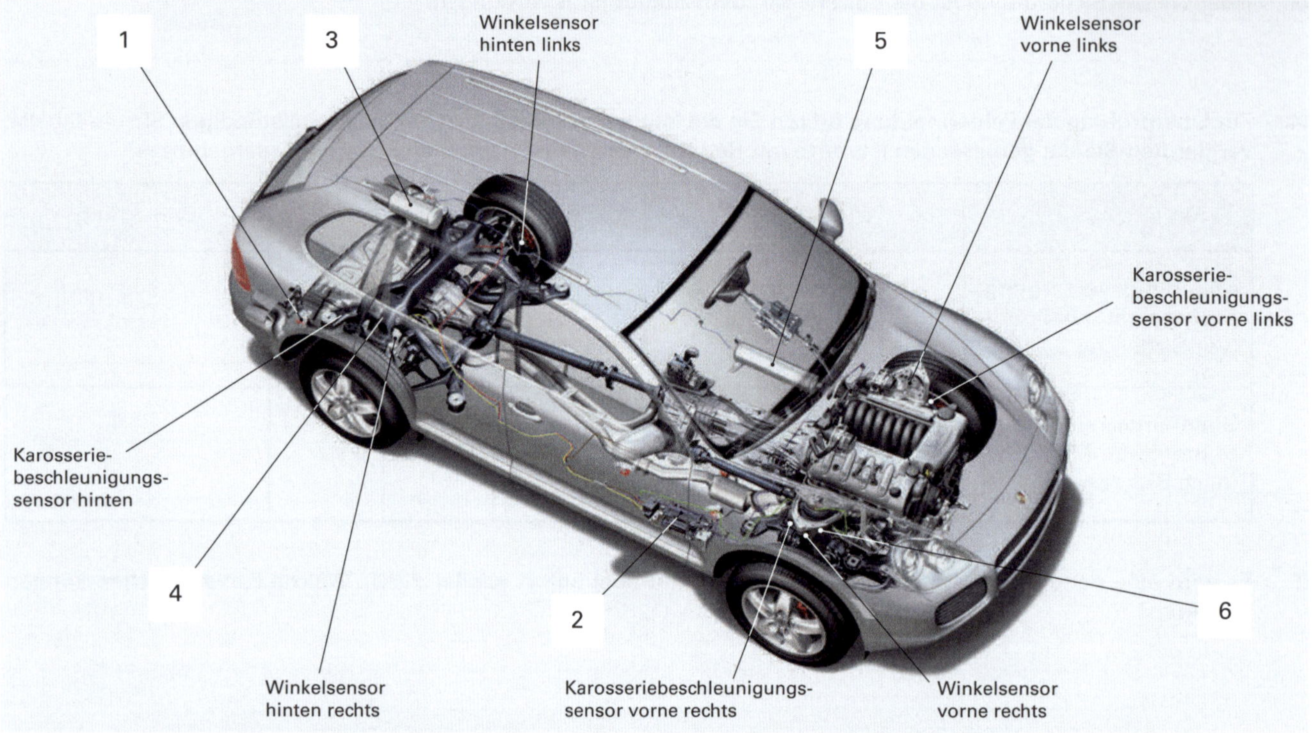

1. Ordnen Sie die Ziffern in der Abbildung den richtigen Bauteilbenennungen zu.

___	Luftfederdämpfer Vorderachse	___	Steuergerät Luftfederung
___	Luftfederdämpfer Hinterachse	___	Druckspeicher 1 (hinten: 4.8 l)
___	Druckspeicher 2 (vorne: 5,2 l)	___	Kompressoreinheit mit Ventileinheit

2. Welche Vorteile bietet das abgebildete System im Vergleich zu einem herkömmlichen Feder-Dämpfer-System?

3. Das PASM Luftfederfahrwerk bieten dem Fahrer die Möglichkeit, aus mehreren Fahrwerkeinstellungen zu wählen. Erläutern Sie:

Stufe	Erläuterung
Comfort	
Normal	
Sport	

Stufenschalter Luftfahrwerk:

Name:		
Klasse:	Datum:	Blatt-Nr.:

Um eine sportliche oder eine komfortable Fahrwerksabstimmung zu erhalten, muss sowohl die Dämpfungs- als auch die Federungscharakteristik verändert werden.

4. Die Abbildungen zeigen die Schnittdarstellungen des vorderen Luftfederdämpfers und des CDC-Ventils. Bezeichnen Sie die Bauteile und ordnen Sie die Ziffern zu.

1	________	2	Luftfeder-Außenführung
3	Luftfederbalg	4	________
5	Restdruckhalteventil	6	Zusatzfeder
7	Abrollkolben	8	CDC-Ventil

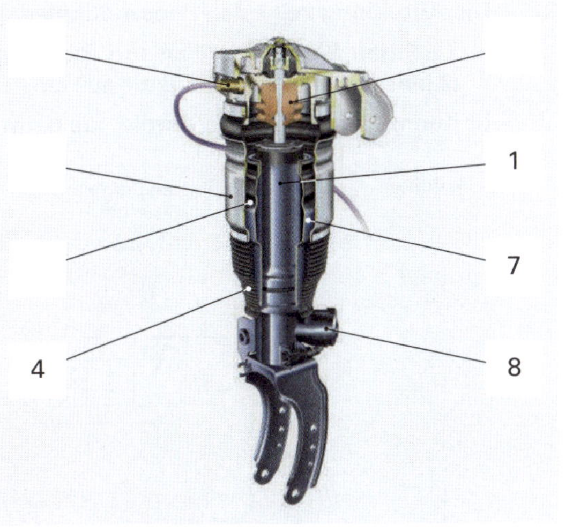

Herstellerhinweis:

Für die Dämpferregelung kommt ein CDC-Ventil (CDC = continous damping control) zum Einsatz. Es kann entweder außen am Dämpferrohr oder im Luftfederdämpferelement eingebaut sein.

Bei einem Systemfehler wird das Ventil in den stromlosen Zustand geschaltet. Dadurch werden mittlere Dämpfungskräfte eingestellt und das Fahrzeug bleibt fahrstabil.

Wird das CDC-Ventil nicht bestromt, so werden Ventilschieber und Zylinder durch die Federkräfte in der abgebildeten Position gehalten. Dämpferöl kann in dieser Stellung über einen festgelegten Öffnungsquerschnitt vom Kolbenraum in den Ausgleichsraum abfließen (= mittlere Dämpfungskräfte).

Durch Bestromung der Magnetspule wird der Anker verschoben. Dadurch ändern sich die Öffnungsquerschnitte für das Dämpferöl.

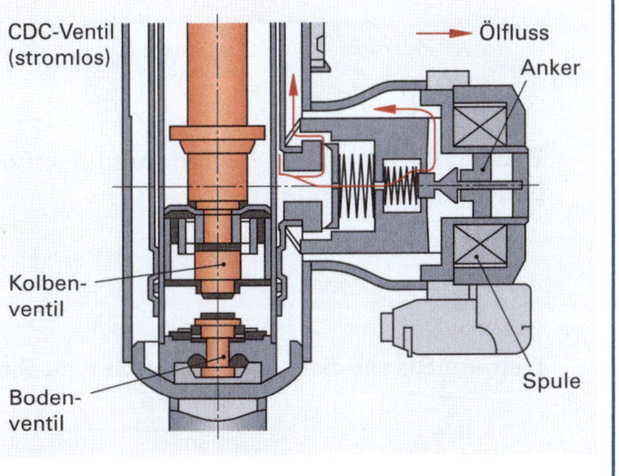

Große Querschnitte und damit geringe Dämpfungskräfte werden bei kleinen Ansteuerströmen (ab ca. 600 mA) erreicht. Mit Stromstärken ab ca. 1000 mA bis ca. 2000 mA werden hohe Dämpfungskräfte eingestellt.

5. Tragen Sie in die Tabelle die Begriffe „gering", „mittel", „groß", „Systemfehler", „Komfort", oder „Sport" ein.

CDC-Strom	$I_{CDC} = 0$ A	$I_{CDC} = 0{,}6$ A ... 1 A	$I_{CDC} = 1$ A ... 2 A
Fahrwerkabstimmung			
Ventilquerschnitt			
Ölfluss			
Dämpfungskräfte			

6. Das System benötigt zusätzliche Sensoren an Fahrwerk und Karosserie, um die gewünschte Niveauregulierung mit Hilfe der Luftfederdämpfer vornehmen zu können (vgl. Aufgabe 1). Ergänzen Sie die folgende Tabelle.

Sensoren	Aufgaben
Winkel- bzw. Höhensensoren (4 Stk.: vorne/hinten, links/rechs)	
Sensoren für Karosserie-Beschleunigung (3 Stk.: 2 vorne,1 hinten)	
Beschleunigungssensoren für die Ein-/Ausfederbewegung (1 Stk. pro Rad am Federbein)	

Name:

Klasse: | Datum: | Blatt-Nr.:

7. **Die Abbildung zeigt den Pneumatikplan einer Luftfederung.**

   a) **Zeichnen Sie in den Plan mit Richtungspfeilen den Druckluftstrom beim Anheben (Befüllen) bzw. Absenken (Ablassen) des Fahrzeugaufbaus ein.**

   b) **Kennzeichnen Sie die Ventile, die beim Anheben bestromt sind, mit einem „X".**

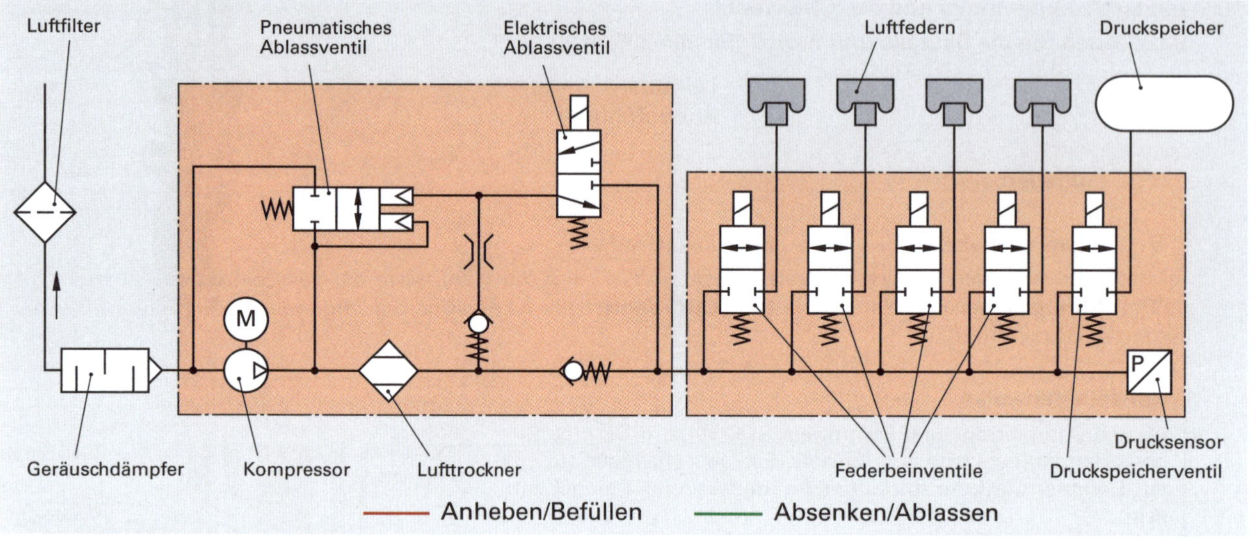

8. **Zur Sichtprüfung des Luftfederungssystems heben Sie das Fahrzeug mit der Hebebühne an. Was ist dabei zu beachten? Begründen Sie.**

9. **Nennen Sie die Bauteile, die durch eine Sichtprüfung kontrolliert werden können.**

10. **Die Sichtprüfung verläuft ohne Befund. Als nächstes führen Sie mit dem Diagnosetester einen Stellgliedtest durch. Dabei zeigt sich, dass der Systemdruck auch nach längerem Betrieb des Kompressors nicht über einen Wert von $p = 7$ bar ansteigt (Sollwert: $p = 12{,}5$ bar). Nennen Sie mögliche Ursachen für diesen Fehler.**

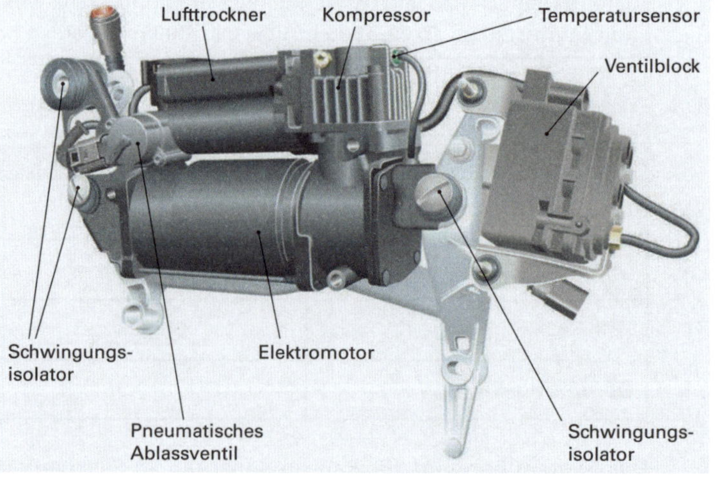

11. a) **Welche Baugruppe ist zu ersetzen?**

    b) **Was ist nach dem Austausch der Baugruppe unbedingt zu tun?**

12. **Abschließend bereiten Sie das Fahrzeug für die Übergabe an den Kunden vor. Welche Arbeiten sind dazu nötig?**

Situation: Ein Kunde kommt mit seinem Mercedes CL Coupe in die Werkstatt, weil im Display des Armaturenbretts die Meldung „ABC – Werkstatt aufsuchen" erscheint.

1. a) Was versteht man unter ABC?

____

b) Welche Aufgabe hat dieses System?

____

____

2. Aufgabe eines aktiven Fahrwerksystems ist es, die Lage der Karosserie bei verschiedenen Fahrzuständen annähernd auf gleichem Niveau zu halten. Wie reagiert die Karosserie bei folgenden Fahrzuständen ohne ABC? Ergänzen Sie die Tabelle.

Kurvenfahrt nach rechts	
Starkes Bremsen	
Beschleunigen	
Fahrt mit starker Belastung	

3. Wodurch können die oben geschilderten Karosseriebewegungen bei ABC ausgeglichen werden?

____

____

4. Benennen Sie die im vereinfachten Schaltplan mit Ziffern und Buchstaben gekennzeichneten Bauteile.

40L ______________________________

40R ______________________________

14 ______________________________

9 ______________________________

B22/4 ______________________________

1 ______________________________

2 ______________________________

y1/y3 ______________________________

y2/y4 ______________________________

y86/1 ______________________________

B40/1 ______________________________

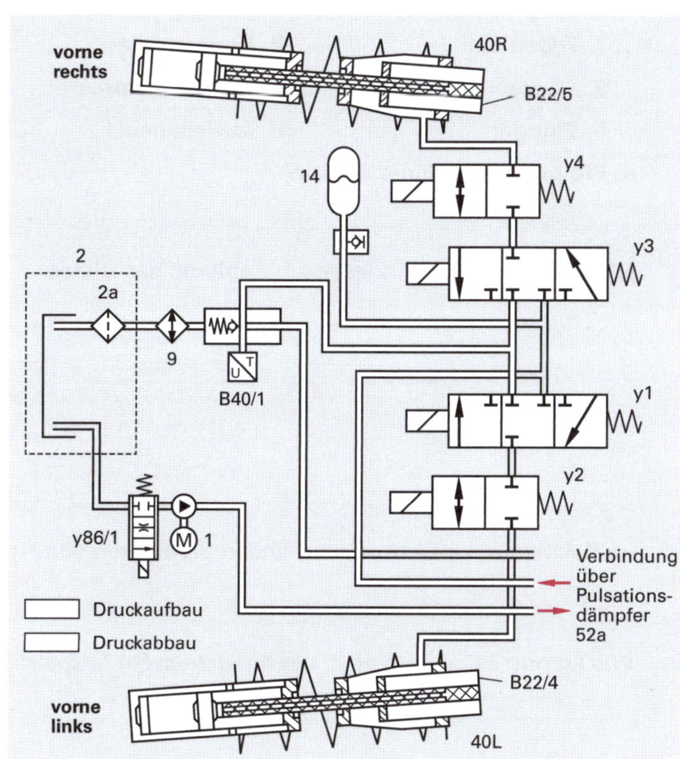

5. **Benennen Sie die abgebildeten Ventile.**

Sperrventil 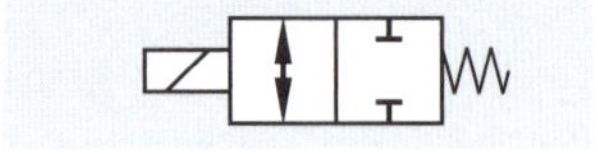 ____________

Regelventil 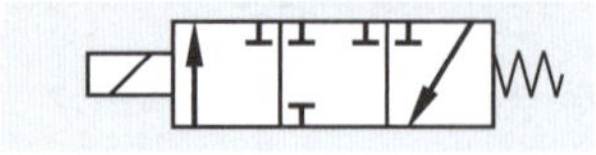 ____________

6. **Beim Befahren einer Linkskurve wird ein ABC-Regelvorgang eingeleitet.**
   a) Durch welche Sensoren erkennt das Steuergerät, dass es sich um eine Kurvenfahrt handelt?

   ____

   b) Wie müssen die Plunger beim Befahren der Linkskurve angesteuert werden, damit die Karosserie bei der Kurvenfahrt in der Waagrechten bleibt?

   ____

   ____

   c) Geben Sie an, wie die Ventile für den Niveau-Ausgleich angesteuert werden müssen.

   ____

   ____

   ____

   ____

   d) Wodurch erkennt das Steuergerät, dass sich die Karosserie wieder in der Horizontallage befindet? (siehe Bild)

   ____

7. **Kennzeichnen Sie im vereinfachten Hydraulikschaltplan auf Blatt 1 die Leitungen mit roter Farbe, über die der Druckaufbau beim Befahren einer Linkskurve erfolgt. Leitungen, über die der Druckabbau erfolgt, sind mit blauer Farbe zu kennzeichnen.**

8. **Um den in der Eingangssituation geschilderten Fehler finden zu können, lesen Sie den Fehlerspeicher des Systems aus. Sie erhalten folgende Meldung: „Niveausensor vorne links – Signal unplausibel".**
   a) Ordnen Sie die Ziffern den Bauteilen im Bild richtig zu.

1 Federbein	2 Sensorwelle
3 Oberer Querlenker	4 Niveausensor
5 Plunger	6 Auslenkhebel

   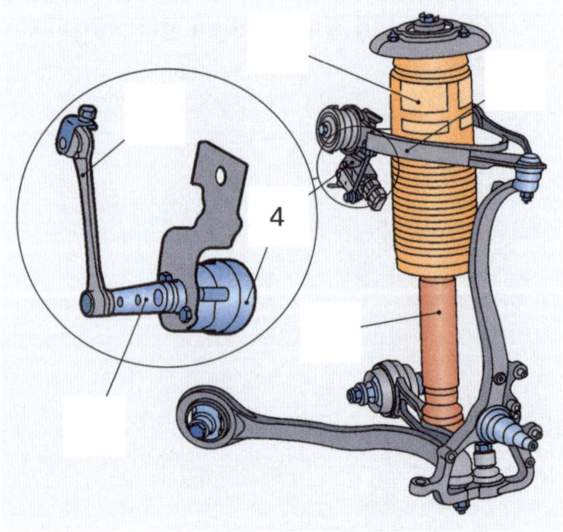

   b) Wo befindet sich der Sensor?

   ____

   c) Erklären Sie die Wirkungsweise anhand des Bildes.

   ____

   ____

   ____

   ____

9. **Im Rahmen einer Sichtprüfung finden Sie Spuren von Hydrauliköl am Federbein. Welcher Fehler liegt vor?**

   ____

10. **Wie kommt es zu dem oben beschriebenen Fehlerspeichereintrag?**

   ____

   ____

EUROPA LEHRMITTEL	**LERNFELD 11** Diagnose	Name:		
	CAN-Bussystem Blatt 1	Klasse:	Datum:	Blatt-Nr.:

Situation: Sie führen eine Inspektion an einem Audi A4 1.6 durch. Beim Auslesen des Fehlerspeichers finden Sie die Fehlermeldung „Konzern-Datenbus Komfort im Eindraht". Der Kunde hat bei der Auftragsannahme keine Mängel an seinem Fahrzeug angegeben.

1. Der „Konzern-Datenbus Komfort" ist ein CAN – Bussystem zur Datenübertragung. Erklären Sie den Begriff „CAN".

2. Welche Aufgaben hat die Datenübertragung im Kfz?

3. Im Audi A4 sind drei Hauptbussysteme zum Austausch der Informationen zwischen den Steuergeräten eingebaut. Im Bild sind die verknüpften Steuergeräte dargestellt. Ordnen Sie die Begriffe „CAN-Komfort", „CAN-Antrieb" und „CAN-Infotainment" den Steuergeräten zu.

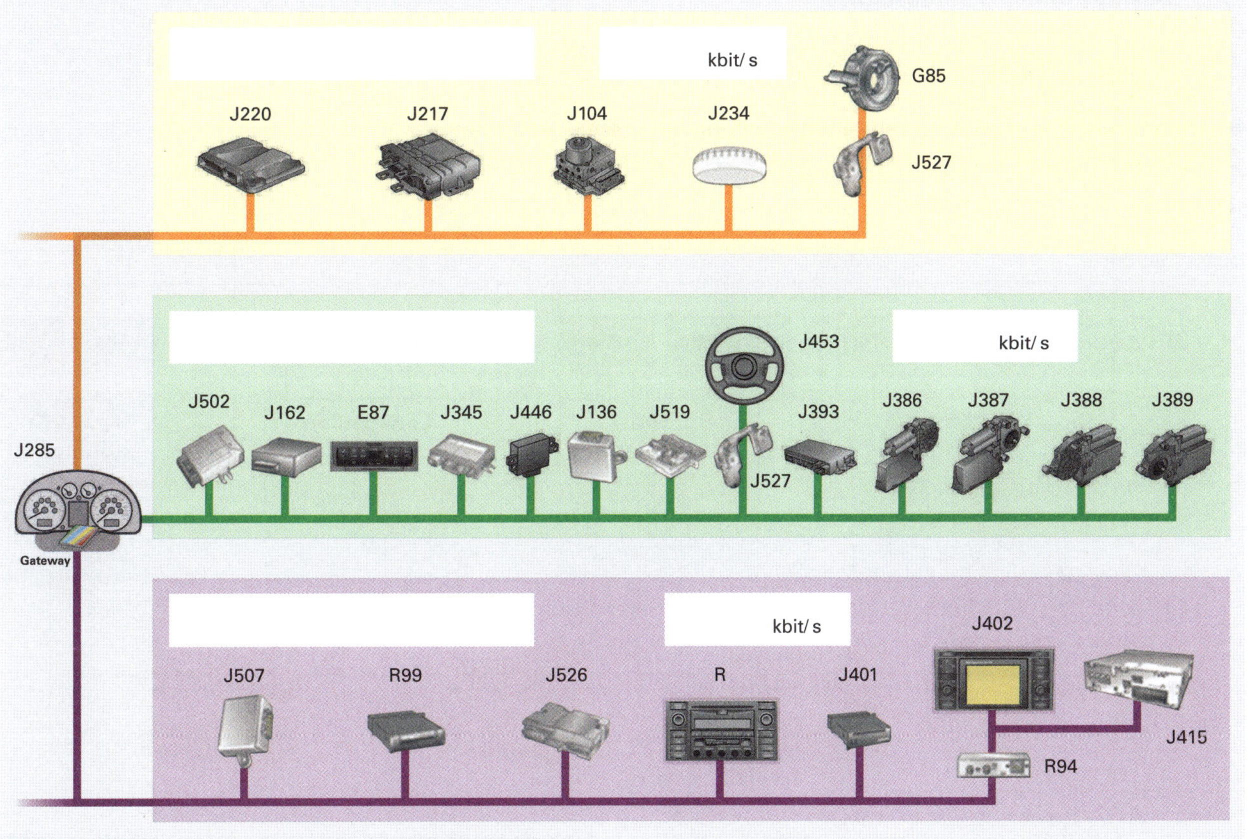

E87	Klimaanlage	J220	Motorsteuergerät	J401 } J402 }	Navigation	J519	Bordnetz
G85	Lenkwinkelsensor	J234	Airbag	J415	TV-Tuner	J526	Telefon / Handy-vorbereitung
J104	ESP	J285	Schalttafeleinsatz mit Kombielektronik	J446	Einparkhilfe	J527	Lenksäulenelektronik
J136	Sitzmemory	J345	Anhängersteuerung	J453	Multifunktionslenkrad	R	Radio
J162	Standheizung	J386 -389	Türsteuergeräte	J502	Reifendruckkontrolle	R94	Navigation Interface
J217	Getriebesteuerung	J393	Komfortsteuergerät	J507	Sprachbedienung	R99	Chipkartenleser

4. Im Audi A4 arbeiten die CAN-Bussysteme mit unterschiedlichen Geschwindigkeiten von 100 kbit/s oder 500 kbit/s. Ordnen Sie die Geschwindigkeiten 500 und 100 kbit/s den Bussystemen aus Aufgabe 3 zu.

5. Welche Aufgaben hat das Gateway in einem vernetzten Fahrzeug?

Hinweis: In den meisten Fahrzeugen hat das Gateway zusätzlich die Aufgabe den Austausch der Diagnosedaten zwischen dem Diagnosetester und den Steuergeräten zu ermöglichen. In diesen Fahrzeugen entfallen die Diagnoseleitungen zu den Steuergeräten mit Ausnahme von Motor- und Getriebesteuergerät, da diese zur On Board Diagnose (OBD) notwendig sind.

6. **Die Steuergeräte tauschen mit Hilfe der Datenbussysteme eine Vielzahl von Daten wie z. B. Sensorsignale aus. Kreuzen Sie die Sensorsignale, die das entsprechende Steuergerät benötigt, in der Tabelle an.**

Signale	Steuergeräte				
	Motor	ESP	Getriebe	Kombiinstrument	Klimaanlage
Motordrehzahl					
Radsensor (Geschwindigkeit)					
Kühlmitteltemperatur					
Bremslichtschalter					

7. **Wieviele Leitungen sind für den Datenaustausch und für die Spannungsversorgung des im Bild dargestellten CAN-Bus-Systems erforderlich?**

Anzahl der Leitungen für die Spannungsversorgung ____

Anzahl der Leitungen für den Datenaustausch ____

8. **Kennzeichnen Sie im Systembild die Leitungen verschiedenfarbig: Datenleitungen** ▬ **, Leitungen für die Spannungsversorgung** ▬ **.**

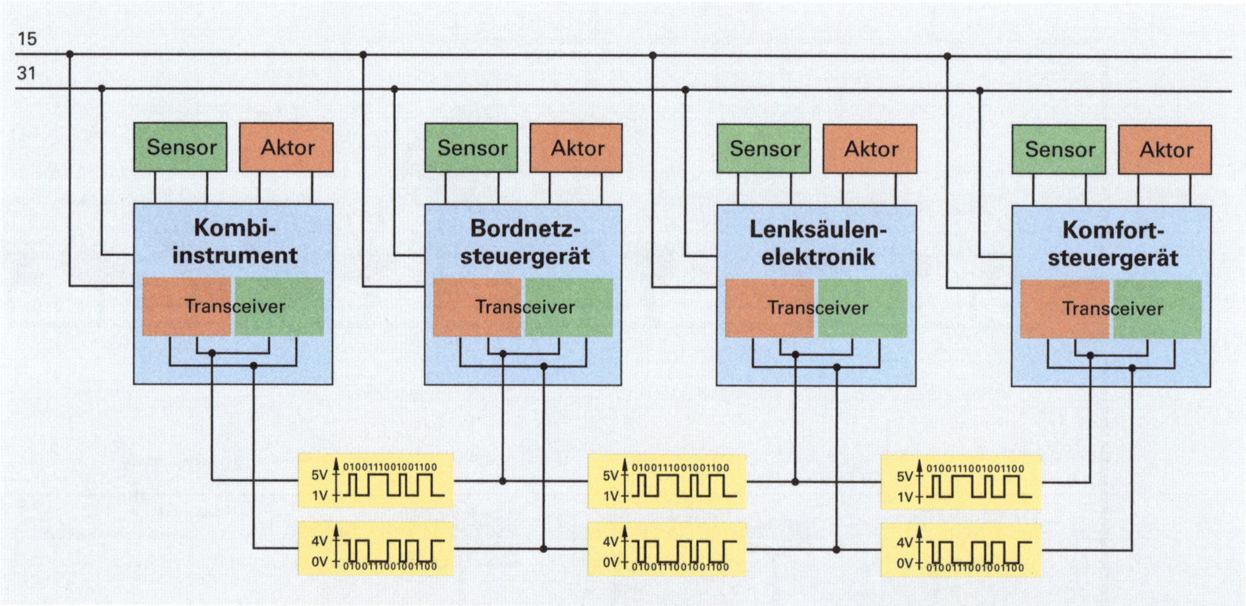

9. **Ermitteln Sie aus der Tabelle in Aufgabe 6 die Anzahl der Sensoren, der elektrischen Leitungen und der Steckkontakte bei gleichem Funktionsumfang wenn,**
a) ein CAN – Datenbussystem verwendet wird
b) kein Datenbussystem verwendet wird.

Beachten Sie, dass das CAN – Datenbussystem zwei Leitungen zur Datenübertragung benötigt. Die Leitungen zur Spannungsversorgung der Steuergeräte sollen hier nicht berücksichtigt werden. Tragen Sie die Werte in die Tabelle ein.

	a) mit CAN-Bussystem	b) ohne Datenbus-system
Anzahl der Sensoren		
Anzahl der Leitungen für Sensoren		
Anzahl der Leitungen für Daten		
Anzahl der Steckkontakte		

10. **Welche Vorteile hat der Einbau von Datenbussystemen gegenüber der herkömmlichen Datenübertragung?**

Logik der Datenübertragung

11. Um unterschiedliche Daten mit Hilfe einer Leitung übertragen zu können, werden digitale Signale verwendet. Dabei stellt man die Daten durch zwei elektrische Schaltzustände dar. Die elektrischen Schaltzustände sind „EIN“ und „AUS“. Um Zahlenwerte darzustellen, werden diesen Schaltzuständen die Werte „0“ und „1“ zugeordnet.

a) Wie bezeichnet man die kleinste Informationseinheit mit dem Wert „0“ oder „1“ bei der Datenübertragung? ____________

b) Wie viele Informationen können mit einem Bit übertragen werden?

____

c) Ergänzen Sie in der Tabelle die fehlenden Angaben.

d) Berechnen Sie, wie viele Informationen mit einem Byte übertragen werden können.

____

____

e) Berechnen Sie, wie viele unterschiedliche Drehzahlwerte mit 16 bit übertragen werden können.

____

Bit	Binärkombinationen	Anzahl der Informationen
1	0, 1	$2^1 = 2$
2	00, 01, 10, 11	____
3	____ ____ ____	____

12. Im Audi A4 wird die Information „Motordrehzahl“ mit Hilfe von 16 bits übertragen. Tragen Sie die Werte der einzelnen Bits für die Motordrehzahlen 750 1/min und 7582 1/min in die Tabelle ein. Die Umrechnung erfolgt in das binäre Zahlensystem.

Bit-Nr.	15	14	13	12	11	10	9	8	7	6	5	4	3	2	1	0
Bitwertigkeit	32768	16384	8192	4096	2048	1024	512	256	128	64	32	16	8	4	2	1
750 1/min																
7582 1/min																

13. Damit alle Teilnehmer an einem Datenbussystem die gesendeten Informationen erkennen und auswerten können, werden sie zu Datenbotschaften zusammengefasst. Deren Aufbau ist einheitlich festgelegt. Wie bezeichnet man diese Festlegung? ____________

14. Im Bild ist das von den CAN-Bussystemen verwendete Datenprotokoll dargestellt. Verschiedene Steuergeräte (Getriebesteuerung, ESP, Kombiinstrument usw.) benötigen zum Beispiel die Information „Motordrehzahl“. Ordnen Sie die Ziffern aus dem Datenprotokoll und die Begriffe richtig zu.

3 RTR-Feld (1 Bit) ____ Datenfeld 6 ____________ ____ Bestätigungsfeld

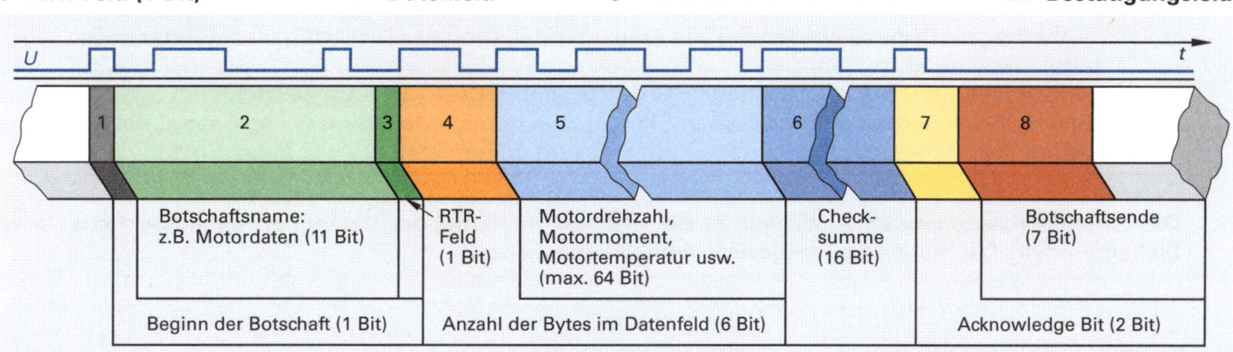

Checksumme. Der Sender errechnet aus der Summe der Information vom Anfangsfeld bis zum Ende des Datenfelds eine Kontrollzahl (Checksumme). Diese wird mitgesendet. Der Empfänger bildet ebenfalls eine Checksumme über denselben Bereich und vergleicht sie. Bei einer fehlerfreien Übertragung stimmen beide Kontrollzahlen überein.

Acknowledge Bit. Es wird bei der Übereinstimmung der Kontrollzahl (Checksumme) von den Empfängern mit dem Wert „0“ (Informationsfluss in Ordnung) gesendet.

Name:

Klasse: Datum: Blatt-Nr.:

15. Datenbotschaften können synchron oder asynchron übertragen werden. Erklären Sie die beiden Begriffe.

Synchron:

Asynchron:

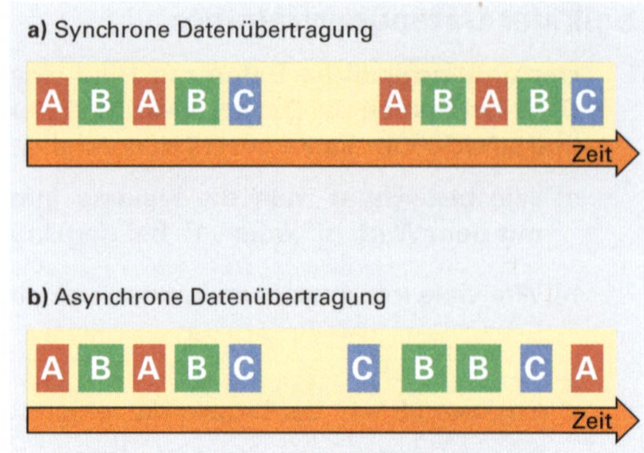

Physik der Datenübertragung

16. Die Steuergeräte (Knoten) in CAN-Bussystemen sind entsprechend der Darstellung aufgebaut. Welche Aufgabe hat der Mikroprozessor im Steuergerät?

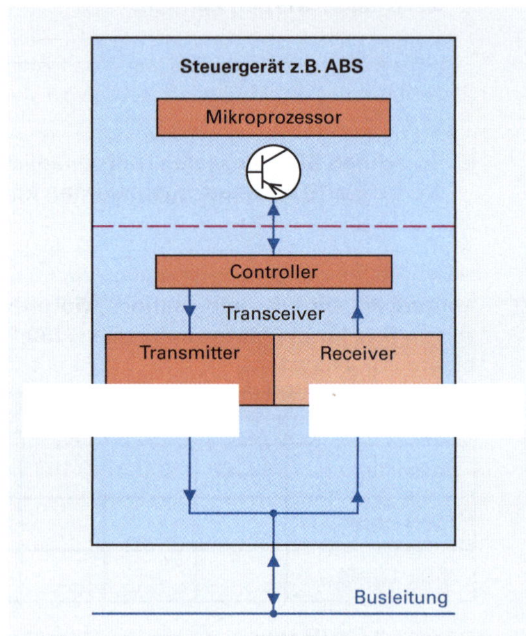

17. Zur Datenübertragung benötigt jeder Busteilnehmer (Knoten) zusätzliche Bauteile. Geben Sie im Bild die deutschen Begriffe an.

18. Der Controller bereitet die vom Mikroprozessor errechneten Daten so auf, dass sie der Transceiver auf die Datenleitung senden kann. Welche Aufgabe hat der Controller beim Empfangen?

19. Welche Aufgaben hat der Transceiver?

20. Beim CAN-Bussystem werden die Daten seriell übertragen. Was versteht man darunter?

Hinweis: Beim CAN-Bussystem werden die Informationen durch Spannungsänderungen in der Datenleitung übertragen. Dadurch empfangen alle Steuergeräte (Knoten) gleichzeitig die Informationen.

Im CAN-Bussystem werden zwei Leitungen, CAN – High und CAN – Low verwendet.
High-Leitung: Beim Wechsel vom rezessiven (Bit = 1) zum dominanten (Bit = 0) Pegel steigt die Spannung.
Low-Leitung: Beim Wechsel vom rezessiven (Bit = 1) zum dominanten (Bit = 0) Pegel sinkt die Spannung.

21. Die Datenübertragungsgeschwindigkeit ist ein wichtiges Merkmal der Datenübertragungssysteme. In welcher Einheit wird die Datenübertragungsgeschwindigkeit angegeben?

22. Der CAN – Datenbus Komfort sendet die Bits mit einer Datenübertragungsgeschwindigkeit von 100 kBd. Berechnen Sie die Zeit in s, ms und µs, die für die Übertragung eines Bits benötigt wird.

Geg.: Ges.:

Lös.:

23. Ordnen Sie die Ziffern dem Bild richtig zu.

1 Signal CAN – High

2 Signal CAN – Low

3 Einstellung Spannung/Division Kanal 1

4 Einstellung Spannung/Division Kanal 2

5 CAN – Low, rezessiver Pegel, Bitwert = 1

6 CAN – Low, dominanter Pegel, Bitwert = 0

7 CAN – High, rezessiver Pegel, Bitwert = 1

8 CAN – High, dominanterPegel, Bitwert = 0

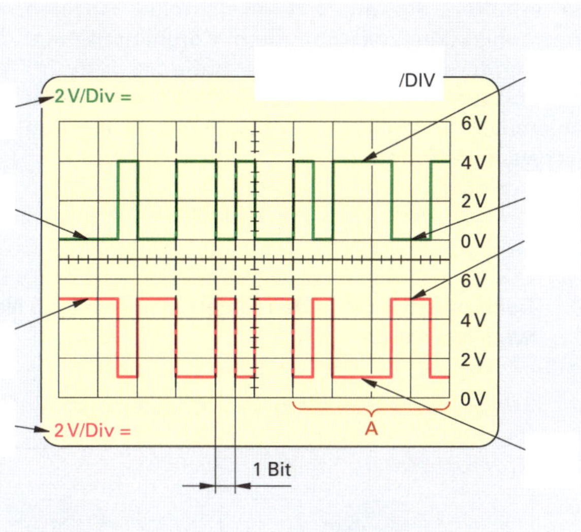

24. Ergänzen Sie im Bild die bei der Messung gewählte Zeitablenkung in Millisekunden (ms) wenn 1 Bit 10 μs ist.

Hinweis: Bei fehlerfreier Datenübertragung sind die Signalbilder spiegelbildlich gleich. Zusätzlich ist die Spannungsdifferenz zwischen der CAN – Low- und der CAN – High-Leitung für die Beurteilung der Signalbilder wichtig.

25. Wie groß ist die Spannungsdifferenz zwischen der CAN – Low- und CAN – High-Leitung in CAN – Class B Systemen bei:

a) rezessivem Pegel ____________ b) dominantem Pegel ____________

Hinweis: Aufgrund der Vielzahl der Informationen ist es mit herkömmlichen Oszilloskopen nicht möglich, die auf den Datenbusleitungen übertragenen Bits der einzelnen Informationen gezielt anzuzeigen. Es ist lediglich eine allgemeine Beurteilung der Spannungspegel möglich.

26. Die im Bild dargestellte Messung zeigt zufällig im Bereich A die Bits für die Information „Kühlmitteltemperatur". Tragen Sie die Bitwerte in die Tabelle ein und berechnen Sie die angezeigte Kühlmitteltemperatur.

Bit-Nr.	7	6	5	4	3	2	1	0
	___	___	___	___	___	___	___	___
Kühlmitteltemperatur	____________							

27. Welchen Vorteil hat die Verwendung von zwei verdrillten Leitungen bezüglich der Elektromagnetischen Verträglichkeit (EMV) der CAN – Bussysteme.

____

____

____

28. In dem Fehlerspeichereintrag des Fahrzeugs wird der Begriff „Eindraht" aufgeführt. Erklären Sie die Eindrahtfähigkeit.

____

____

Hinweis: Beim Ausfall einer Datenleitung ist die Störsicherheit des CAN-Bussystems nicht mehr gegeben. Es kann, wenn z.B. ein elektromagnetisches Störsignal (Funkwelle) auf die Datenleitung trifft, zu Funktionsstörungen kommen. Zusätzlich kann bei diesem Fehler das CAN – Bussystem andere Systeme im Fahrzeug stören.

29. Worauf lässt der Fehlerspeichereintrag des fehlerhaften Fahrzeugs schließen?

____

Hinweis: Um die Fehlerursache weiter eingrenzen zu können, sind die Messwerteblöcke 130-132 im Kombiinstrument auszulesen. Sie zeigen den Zustand der Kommunikation zwischen den Steuergeräten und dem Kombiinstrument vom CAN – Komfort an. Es können folgende Werte angezeigt werden:
0 ≙ keine Kommunikation zum Steuergerät vorhanden; **1** ≙ Kommunikation zum Steuergerät vorhanden; **Eindraht** ≙ Kommunikation zum Steuergerät im Eindrahtmodus.

Sie erhalten die im Bild dargestellte Anzeige. Die Kommunikation zwischen dem Kombiinstrument und allen anderen Steuergeräten befindet sich im Eindrahtmodus. Um die weitere Vorgehensweise zur Fehlersuche festzulegen benötigen Sie Kenntnisse über Netzwerkstrukturen.

Messwert	Ergebnis
CAN-Signale: Standheizung	Standheizung1
CAN-Signale: ZKE *	Zentral 1
CAN-Signale: ILM **	elektr. ZE 1
CAN-Signale: Lenksäule	Lenkrad 1
CAN-Signale: Klima	Klima 1
Betriebsart Komfort-CAN	Eindraht

* ZKE – Zentrale Komfort Elektronik
** ILM – Intelligentes Leistungsmodul

30. **Benennen Sie die in den Bildern dargestellten Netzwerkstrukturen.**

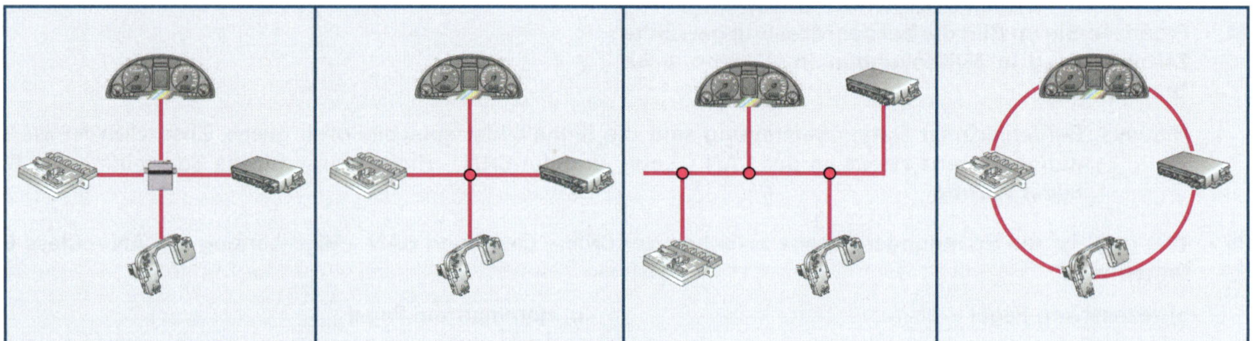

31. **In der Aufgabe 33 ist die Netzwerkstruktur des CAN – Komfort im Audi A4 dargestellt.
Welche Netzwerkstruktur wird verwendet?**

32. **Was passiert, wenn bei dieser Netzwerkstruktur ein Steuergerät bzw. eine Leitung durch eine Unterbrechung ausfällt?**

33. **Im Bild sind die möglichen Fehlerursachen, die zur Anzeige „Eindraht" in den Messwerteblöcken führen können eingezeichnet. Tragen Sie die Zuordnungsnummern in das Bild ein.**

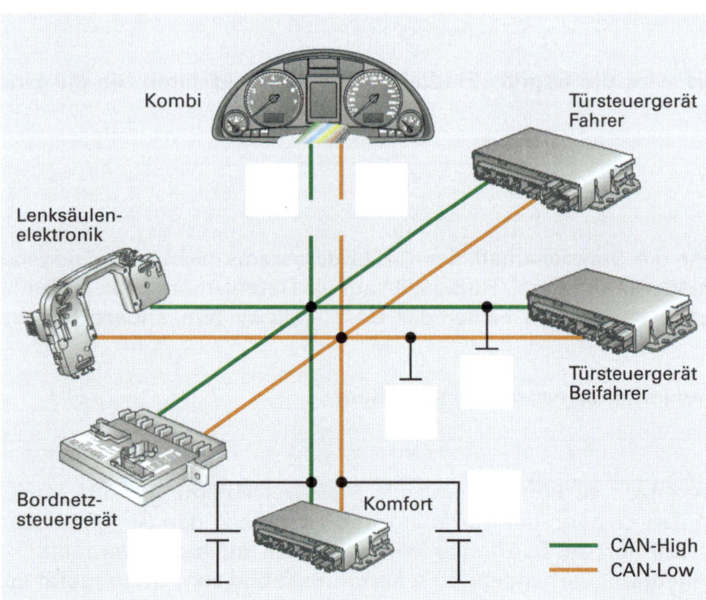

1. **Kurzschluss der CAN - Low Leitung nach Plus**
2. **Unterbrechung der CAN - Low Leitung zum Kombiinstrument**
3. **Kurzschluss der CAN - Low Leitung nach Masse**
4. **Unterbrechung der CAN - High Leitung zum Kombiinstrument**
5. **Kurzschluss der CAN - High Leitung nach Plus**
6. **Kurzschluss der CAN - High Leitung nach Masse**

Hinweis: **Zur weiteren Fehlersuche werden nun die Spannungspegel auf den Datenleitungen mit Hilfe des Oszilloskops gemessen.**

EUROPA LEHRMITTEL	**LERNFELD 11** Diagnose	Name:		
	CAN-Bussystem Blatt 7	Klasse:	Datum:	Blatt-Nr.:

34. Wie müssen die Spannungen a) der CAN - High Leitung und b) der CAN - Low Leitung verlaufen? Geben Sie die Spannungswerte an.

a) ______________________________

b) ______________________________

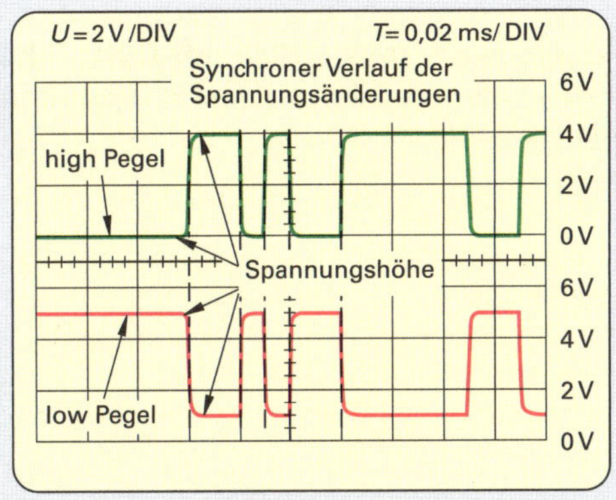

35. Was versteht man unter dem synchronen Verlauf der Spannungsveränderungen?

____

____

Hinweis: Häufig sind die Leitungsverbindungen der Datenleitungen schwer zugänglich im Leitungsstrang eingebaut. Deshalb ist bei praktischen Arbeiten folgendes zu beachten:

- Wählen Sie zum Anschluss der Messklemmen eine Steckverbindung, die gut zugänglich ist.
- Die Steckverbindung sollte möglichst wenige Anschlüsse haben, die durch Y-Leitungen verbunden werden müssen.
- Durch den Anschluss des Oszilloskops darf kein Steuergerät (Knoten) vom Bussystem getrennt werden. Es besteht die Möglichkeit, dass gerade dieser Knoten die Fehlerursache ist und dies dadurch nicht erkannt wird.

36. Tragen Sie in die Tabelle die Merkmale und Fehlerursachen der dargestellten Oszillogramme ein.

	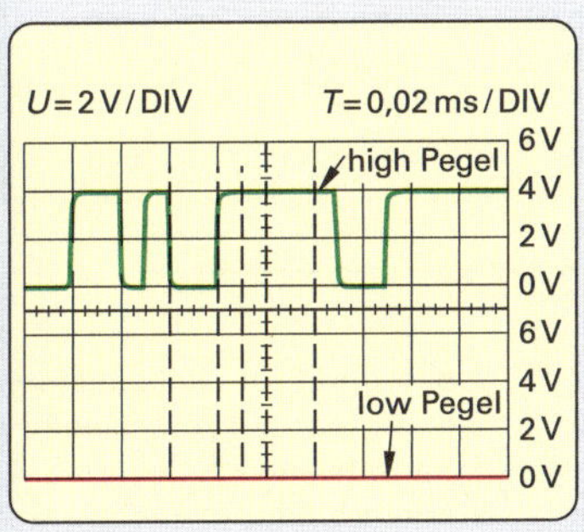	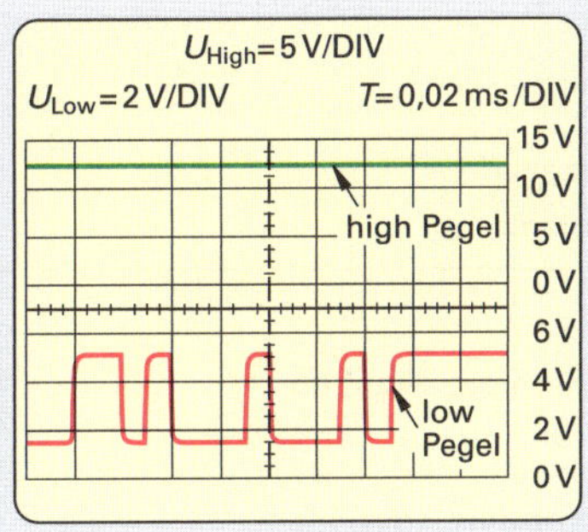	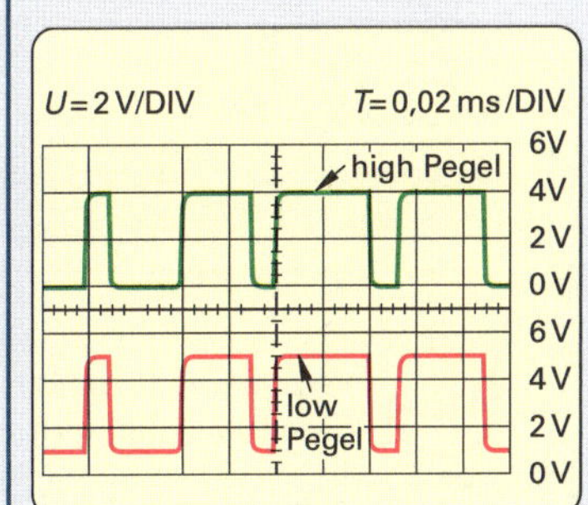
Merkmale			
Fehlerursache			
	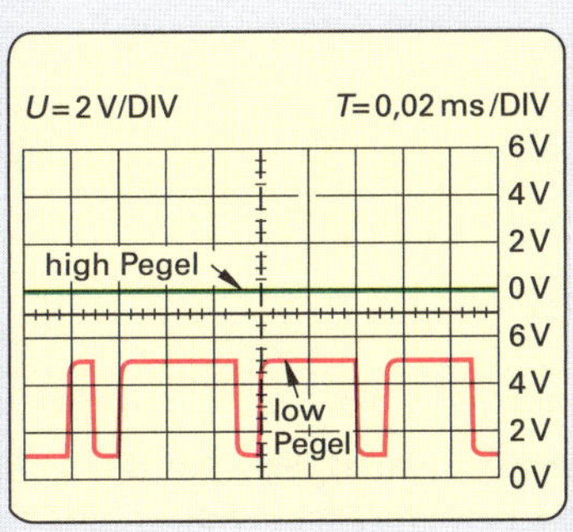	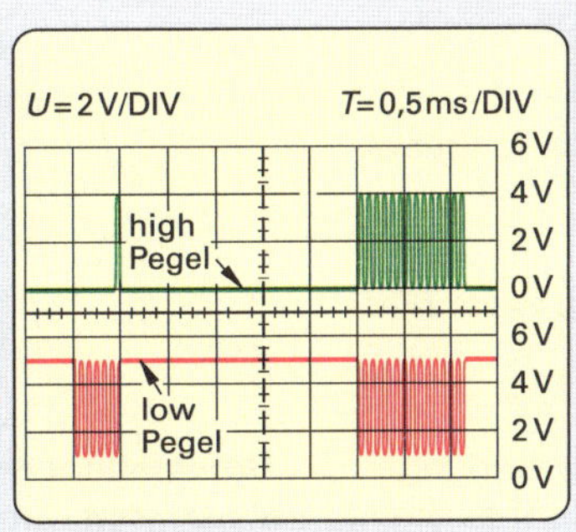	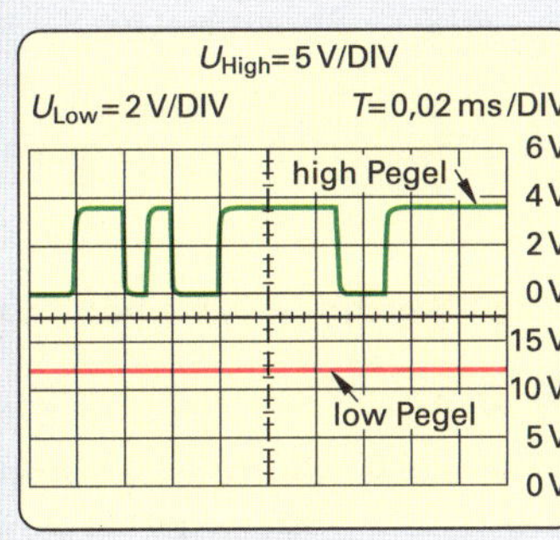
Merkmale		**Hinweis:** Fehlen während der laufenden Messung nur in wenigen Botschaften die Bits auf der High-Leitung liegt eine Unterbrechung dieser Leitung zu einem oder mehreren Steuergeräten vor.	
Fehlerursache			

37. **Das Oszilloskop ist aufgrund der Zugänglichkeit an der Steckkupplung A-Säule links anzuschließen.**

Verbinden Sie CAN – High mit DSO1 – Kanal A (rot), CAN – Low mit DSO2 – Kanal B (blau) und die beiden Minusanschlüsse (grün).

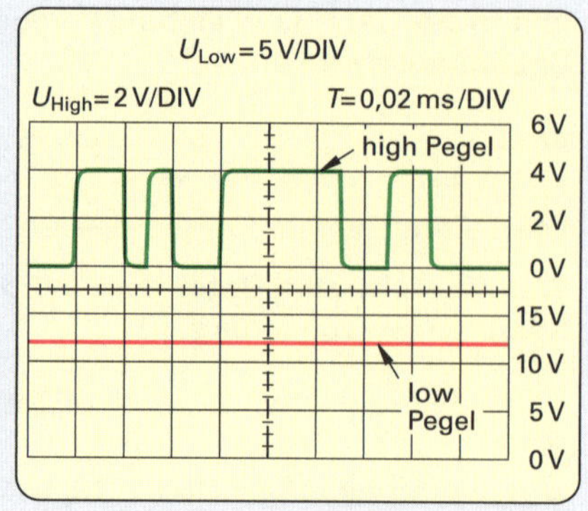

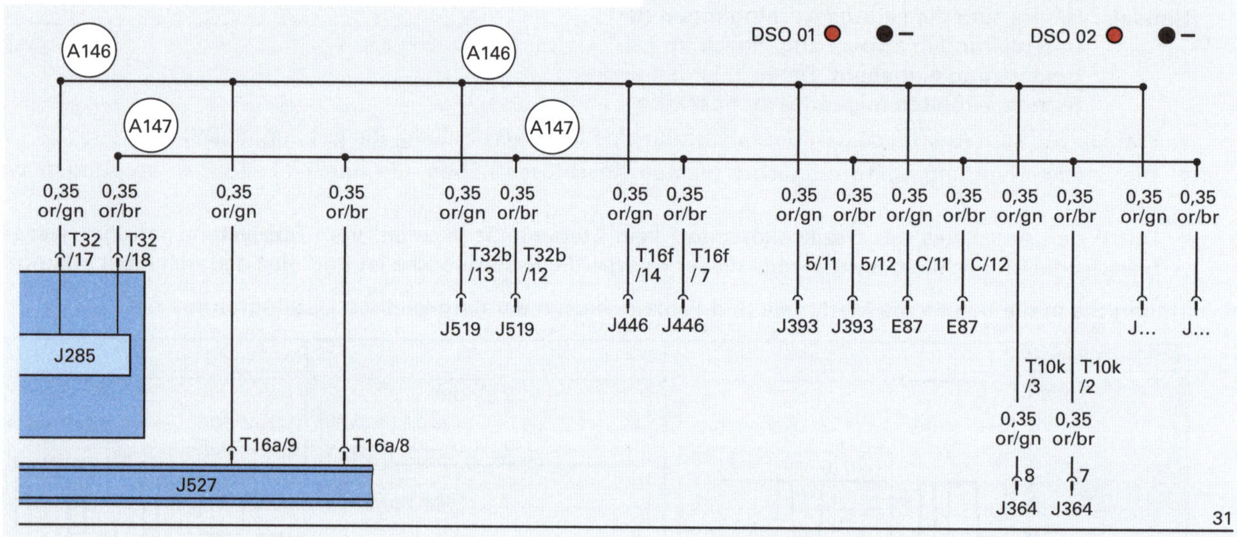

A146	Verbindung (CAN-Bus Komfort, High) im Schalttafelleitungsstrang	J527	Steuergerät für Lenksäulenelektronik
A147	Verbindung (CAN-Bus Komfort, Low) im Schalttafelleitungsstrang	J285	Steuergerät mit Anzeigeeinheit im Schalttafeleinsatz
E87	Bedienungs- und Anzeigeeinheit für Klimaanlage	T10k	Steckverbindung, 10-fach, weiß, Kupplungsstation A-Säule, links
J...	Türsteuergeräte	T16a	Steckverbindung, 16-fach, schwarz, am Steuergerät für Lenksäulenelektronik
J364	Steuergerät für Zusatzheizung	T16f	Steckverbindung, 16-fach, braun, am Steuergerät für Einparkhilfe
J393	Zentralsteuergerät für Komfortsystem	T32	Steckverbindung, 32-fach, blau, am Schalttafeleinsatz
J446	Steuergerät für Einparkhilfe	T32b	Steckverbindung, 32-fach, grau, am Steuergerät für Bordnetz
J519	Steuergerät für Bordnetz		

38. **a) Beurteilen Sie das gemessene Signal.**

b) Welche Ursache hat dieses Fehlerbild?

Hinweis: **Sind die Leitungsverbindungen der Datenleitungen schwer zugänglich, werden zunächst die Stecker der Steuergeräte (Knoten) nacheinander getrennt, um die Fehlerursache weiter einzugrenzen. Dabei beobachtet man die Messwerteblöcke, die den Zustand der Kommunikation anzeigen.**

39. **a) Bei dem fehlerhaften Fahrzeug ändert sich der Messwert bei jedem abgesteckten Steuergerät auf den Wert „0", d. h. es ist keine Kommunikation vorhanden. Während des Absteckens bleibt die Betriebsart des Gesamtbusses konstant auf „Eindraht". Was schließen Sie daraus?**

Name:

Klasse: Datum: Blatt-Nr.:

b) Welche Auswirkung ist erkennbar, wenn der Fehler in einem Steuergerät ist?

____

____

Hinweis:

Die Leitungsverbindungen des CAN-Komfort im Audi A4 sind an der A-Säule rechts im Leitungssatz angeordnet (siehe Bild). Beachten Sie, dass die Quetschverbindungen des Leitungsknotens mit herkömmlichen Werkstattmitteln nicht ersetzt werden können. Sie dürfen nicht gelöst werden.

Um die fehlerhafte Leitung zu ermitteln, werden in der Praxis die Datenleitungen zu den Steuergeräten einzeln nacheinander abgeschnitten. Dabei werden die angezeigten Messwerteblöcke und deren Änderungen beobachtet.

Da der Fehler auf einer der Low-Leitungen liegt, werden diese nacheinander abgeschnitten und nach Prüfung der Messwerteblöcke wieder verbunden.

In den Werkstattinformationen wird die Reparatur von CAN – Leitungen, wie im Bild dargestellt, beschrieben. Sie gewährleistet die geringste Auflösung der Verdrillung und somit die Erhaltung der Störsicherheit.

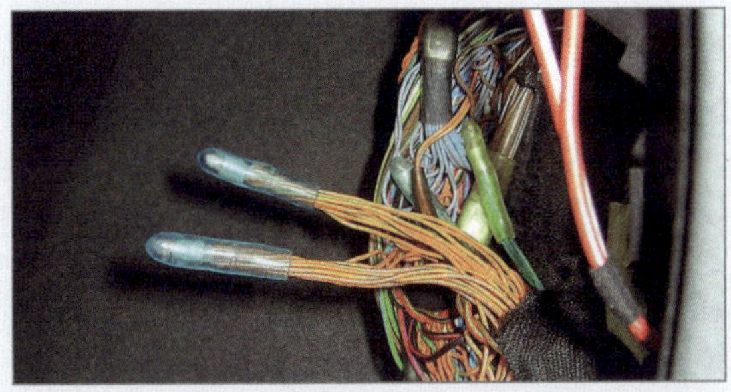

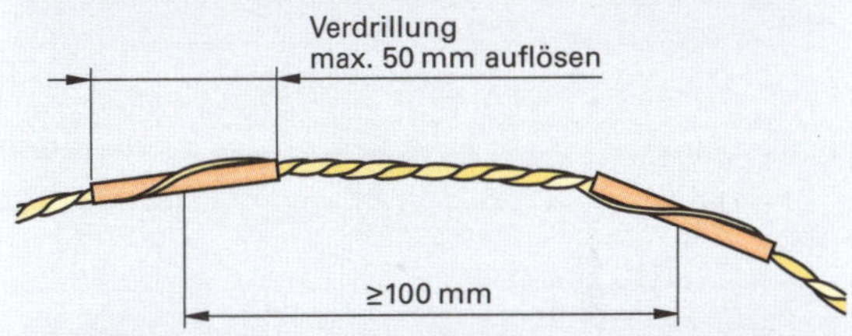

40. Beim Trennen einer Leitung kommt es zu der Änderung in der Betriebsart Komfort-CAN „Zweidraht". Welche Bedeutung hat diese Änderung?

____

____

Messwert	Ergebnis
CAN-Signale: Standheizung	Standheizung1
CAN-Signale: ZKE	Zentral 1
CAN-Signale: ILM	elektr. ZE 1
CAN-Signale: Lenksäule	Lenkrad 1
CAN-Signale: Klima	Klima 1
Betriebsart Komfort-CAN	Zweidraht

41. Um feststellen zu können, welches Steuergerät mit dieser Leitung verbunden ist, wird die betreffende CAN - High Leitung in einem Abstand von mind. 100 mm ebenfalls abgeschnitten. Damit ist ein Steuergerät vom CAN-Bussystem getrennt. Welchen Wert muss dieses Steuergerät in den Messwerteblöcken zur CAN-Kommunikation anzeigen?

____

Messwerteblock 125

F-Tür 1
Kommunikation zum Türsteuergerät Fahrerseite: 0 = n.i.O; 1 = i.O
BF-Tür 0
Kommunikation zum Türsteuergerät Beifahrerseite: 0 = n.i.O; 1 = i.O

42. Um den Fehler weiter einzugrenzen, ist in den Messwerteblock 125 (ZKE) zu schalten (siehe Bild). Zu welchem Steuergerät führt die CAN – Leitung die den Kurzschluss verursacht?

____

Hinweis: **In der Praxis führt man zunächst eine Sichtprüfung der Steckverbindungen und den besonders beanspruchten Stellen des Leitungssatzes auf Beschädigungen der Isolation durch. Bei der Sichtprüfung der Steckverbindung am Türscharnier der Beifahrertür wurde ein verbogener Steckkontakt, der den Kurzschluss verursacht, festgestellt (siehe Bild). Der Steckkontakt ist zu ersetzen.**

43. Erklären Sie die weiteren Maßnahmen nach dem Ersetzen der Leitung.

____

____

____

Name:		
Klasse:	Datum:	Blatt-Nr.:

Situation: In einem Audi Q7 ist das Multimedia Interface ausgefallen. Beim Einschalten der Zündung wird nur die Startanzeige für wenige Sekunden angezeigt. Danach erlischt die Anzeige.
Beim Auslesen der Fehlerspeicher zeigt das Diagnose Interface (Gateway) den Fehler „Optischer Datenbus – Unterbrechung".

1. Welche Besonderheit hat ein optischer Datenbus gegenüber den herkömmlichen elektrischen Bussystemen wie z. B. dem CAN – Bus?

2. Geben Sie die maximale Datenübertragungsrate der angegebenen Bussysteme an. Ergänzen Sie die Tabelle.

Bussystem	Maximale Datenübertragungsrate
LIN	
CAN	
MOST	

3. Welche Anwendungen sind für das MOST – Bussystem besonders geeignet?

4. Im Bild ist die Struktur eines MOST-Bussystems dargestellt. Wie wird diese Netzwerkstruktur bezeichnet?

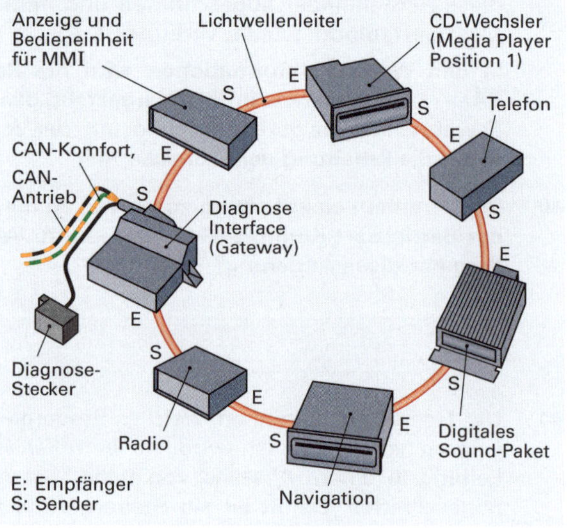

Hinweis: Ein erheblicher Vorteil gegenüber anderen Netzwerkstrukturen ist die erhöhte Störsicherheit. Dies wird durch die Aufbereitung der Lichtsignale in jedem Steuergerät erreicht. Außerdem ist der Bus unempfindlich gegen elektromagnetische Störungen.

5. Welchen Nachteil hat diese Netzwerkstruktur?

6. Benennen Sie die fehlenden Bauteile, die in den MOST-Knoten zur Datenübertragung benötigt werden. Ordnen Sie die Postitionsnummern zu.

5	
___	Transceiver
___	Leuchtdiode
1	
___	Fibre Optical Transceiver (FOT)
3	
4	
___	Signaleingang
9	

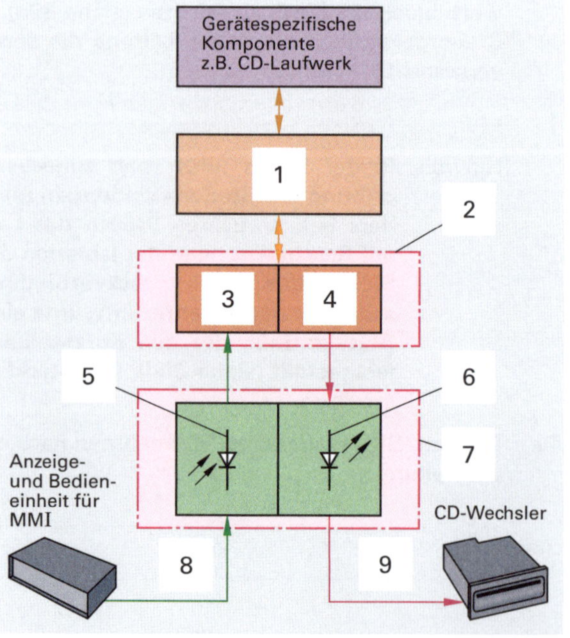

Name:		
Klasse:	Datum:	Blatt-Nr.:

7. **Welche Aufgabe hat die Central Processing Unit (CPU)?**

8. **Erklären Sie die Aufgaben des Transceivers.**

9. **Geben Sie die Funktionen des Fibre Optical Transceivers an.**

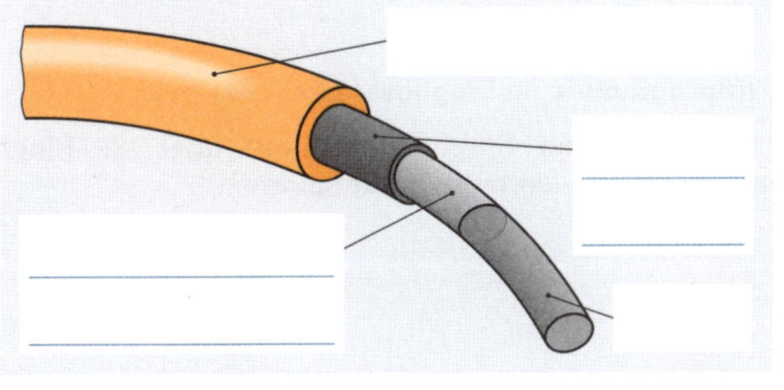

10. **Wie ist der Lichtwellenleiter (LWL, Plastic Optical Fibre, POF) aufgebaut? Bezeichen Sie die Bestandteile im Bild.**

11. **Auf welchem physikalischen Prinzip beruht die Übertragung der Lichtwellen im Lichtwellenleiter?**

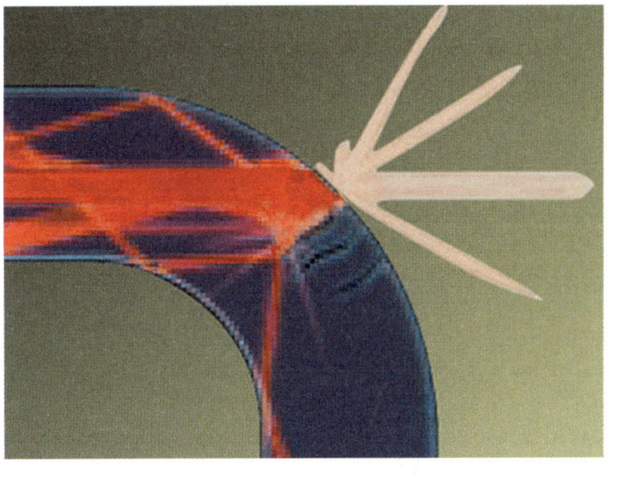

12. **Welche Folgen hat ein Lichtwellenleiter mit zu geringem Biegeradius?**

13. **Nennen Sie 6 Ursachen einer zu hohen Dämpfung der Lichtwellen im Lichtwellenleiter.**

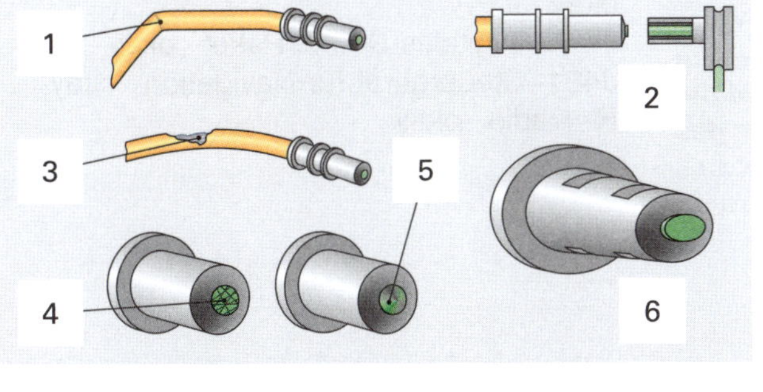

1

2

3

4

5

6

Hinweis: Ist in einem MOST – Bussystem der Ring unterbrochen, können die Diagnosedaten der einzelnen Steuergeräte (Knoten) nicht mehr mit dem Diagnosetester ausgetauscht werden. Um festzustellen wo sich die Unterbrechung oder die zu große Dämpfung eines unterbrochenen MOST – Bussystems befindet, wird die Ringbruchdiagnose angewendet.

14. Welche Aufgaben hat das Diagnose Interface (Gateway)?

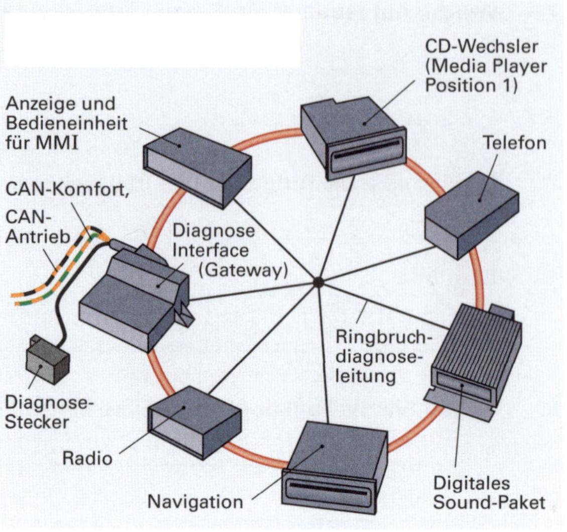

15. Alle Steuergeräte im MOST-Bus sind zusätzlich zum Lichtwellenleiter durch die Ringbruchdiagnoseleitung miteinander verbunden (siehe Bild). Warum wird diese benötigt?

16. Die Ringbruchdiagnose wird durch die Auswahl des Prüfprogramms im Diagnosetester gestartet.

a) Das Diagnose Interface (Gateway) sendet das Startsignal zur Ringbruchdiagnose über die Ringbruchdiagnoseleitung an die anderen Steuergeräte (Knoten). Wie reagieren die Steuergeräte?

b) Welche Prüfungen führen die Steuergeräte nach der Aktivierung der Ringbruchdiagnose durch?

17. Nach Abschluss der Prüfungen senden die Steuergeräte zwei Informationen auf die Ringbruchdiagnoseleitung. Benennen Sie diese.

1.

2.

18. Das Diagnose Interface (Gateway) empfängt diese Informationen und übermittelt sie dem Diagnosetester. Dieser zeigt die Werte in einer Liste der Steuergeräte an. Zuerst wird angezeigt ob eines der Steuergeräte elektrisch defekt ist. Dies ist notwendig, da bei einem elektrischen Fehler die Lichtwellenübertragung nicht möglich ist. Melden alle Steuergeräte ihre elektrische Funktionsfähigkeit, wird die Liste der optischen Prüfung angezeigt. Im Bild ist das Ergebnis der optischen Auswertung dargestellt. Welches Steuergerät (Knoten) gibt bei der optischen Auswertung eine Fehlermeldung?

Optische Auswertung

5530010100000000000000000000

Liste der verbauten Steuergeräte (7),
entsprechend der Verbaureihenfolge:
J533- Diagnose-Interface für Datenbus okay
J523- Anzeige- und Bedieneinheit (High) okay
Media Player Position 1 Fehler
R36- Sende- und Empfangsgerät für Telefon okay
J525- Digitales Sound Paket okay
J401- Steuergerät für Navigation okay
R- Radio okay

19. Geben Sie an, zwischen welchen Steuergeräten der Ring ggf. unterbrochen ist und zeichnen Sie die Unterbrechung in das Bild der Aufgabe 15 ein.

20. Welche drei Möglichkeiten gibt es für diese Fehleranzeige?

1. ______________________________

2. ______________________________

3. ______________________________

Prüfung Sender

Hinweis: Die geführte Fehlersuche fordert nun dazu auf, das Ersatzsteuergerät VAS 6186 an Stelle des „Media Player Position 1“ anzuschließen und danach das Multi Media Interface (MMI) einzuschalten. Das Ersatzsteuergerät hat zur Spannungsversorgung einen Universalstecker zum Anschluss an eine 12V Steckdose oder Zigarettenanzünder. Empfängt dieses Ersatzsteuergerät an seiner Fotodiode ein Lichtwellensignal schaltet es sich automatisch ein und sendet mit seiner Leuchtdiode die Lichtwellensignale unverändert zum nächsten Knoten weiter. Das Einschalten des Ersatzsteuergerätes ist durch Leuchtdioden am Gehäuse zu erkennen. Ein defekter Knoten wird ersetzt und der Ring damit wieder geschlossen. Das System arbeitet wieder, jedoch ohne die Funktionen des ersetzten Knotens.

21. Sie haben den Media Player Position 1 durch das Ersatzsteuergerät ersetzt und das MMI – System eingeschaltet. Das System startet jedoch nicht. Beurteilen Sie.

____

____

Prüfung Empfänger

Hinweis: Die geführte Fehlersuche fordert nun auf den „Media Player Postion 1“ wieder anzustecken und die „Anzeige- und Bedieneinheit“ durch das Ersatzsteuergerät zu ersetzen. Da es sich bei diesem Knoten um das Steuergerät für das Multi Media Interface (MMI) handelt, ist es nicht möglich durch einen Einschaltversuch festzustellen ob der Ring durch das Ersatzsteuergerät geschlossen wurde. Es muss erneut eine Ringbruchdiagnose durchgeführt werden.

22. Bewerten Sie das im Bild dargestellte Prüfergebnis.

____

____

____

Optische Auswertung

5530010100000000000000000000

Liste der verbauten Steuergeräte (7),
entsprechend der Verbaureihenfolge:
J533- Diagnose-Interface für Datenbus okay
J523- Anzeige- und Bedieneinheit (High) Fehler
Media Player Position 1 Fehler
R36- Sende- und Empfangsgerät für Telefon okay
J525- Digitales Sound Paket okay
J401- Steuergerät für Navigation okay
R- Radio okay

23. Warum wird bei der zweiten Ringbruchdiagnose zusätzlich an der Anzeige- und Bedieneinheit ein optischer Fehler angezeigt?

____

____

____

____

Hinweis: Das Ersetzen der Klemmhülsen an den Enden des Lichtwellenleiters ist als einzige Reparaturmaßnahme erlaubt. Ist der Lichtwellenleiter beschädigt, muss er komplett erneuert und parallel zum Originalleitungssatz verlegt werden. Er ist als Meterware erhältlich. Mit Spezialzangen werden die Endhülsen angebracht (siehe Blatt 5). Dabei muss besonders sorgfältig gearbeitet werden, da sonst die Dämpfung der Lichtwellen erhöht wird.

Anfertigung eines Lichtwellenleiters

Hinweis: Zur Anfertigung des Lichtwellenleiters werden zwei Spezialzangen benötigt (siehe Bild).

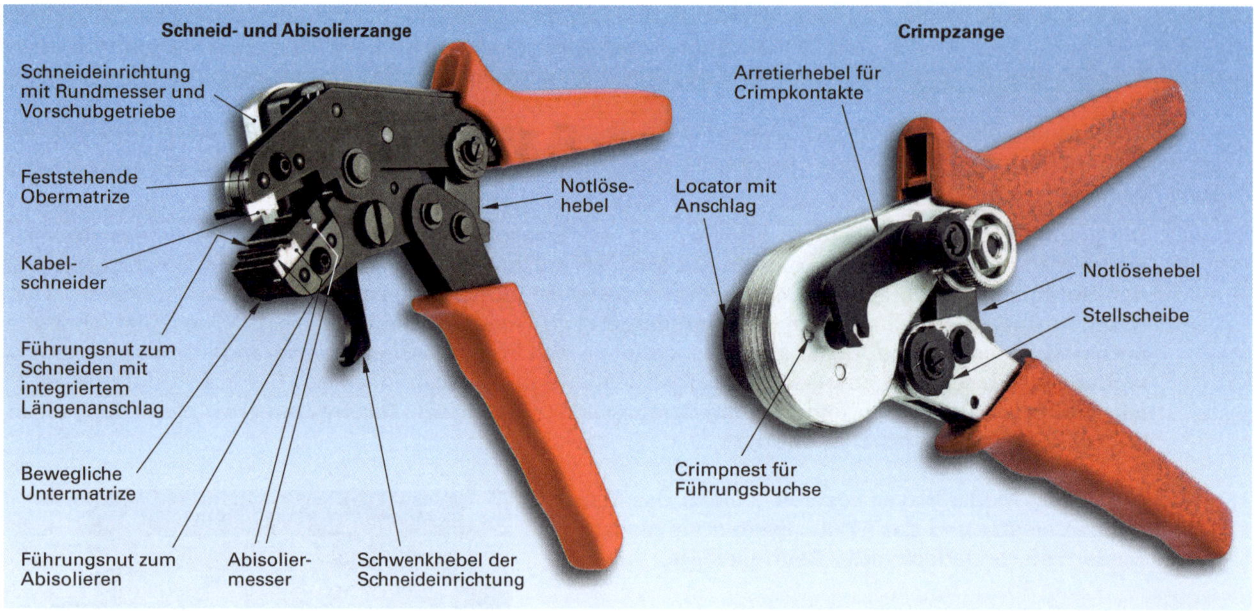

Arbeitsplan:

1. **Den Lichtwellenleiter auf die richtige Länge grob vorschneiden. Dabei die Reserve für die Nacharbeit der Schnittfläche berücksichtigen.**

2. **Den Lichtwellenleiter in die Abisolierkerbe (zweite von außen nach innen) legen und abisolieren (farbigen Mantel). Dabei den Lichtwellenleiter nicht knicken oder klemmen!**

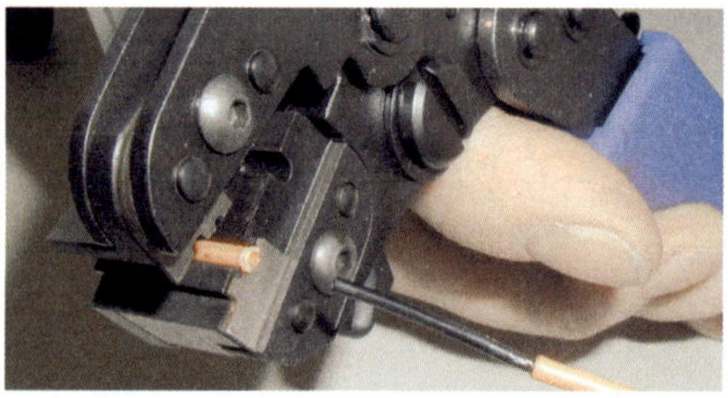

3. **Den Lichtwellenleiter in die Schneidkerbe (dritte von außen nach innen) legen. Dabei die Kerbe für den äußeren Mantel beachten (siehe Pfeil). Zange schließen.**

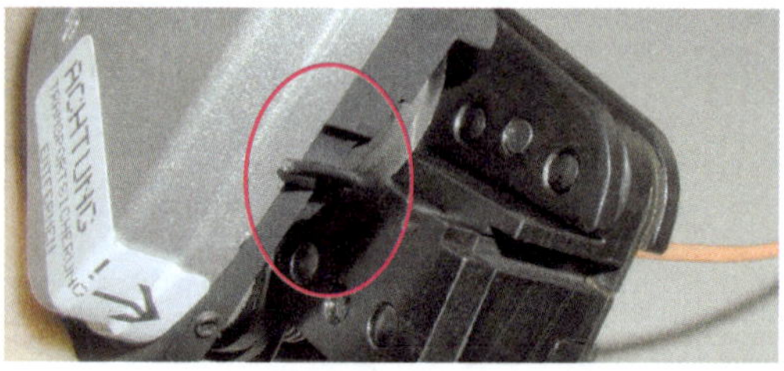

4. **Den Lichtwellenleiter mit dem Schneidemesser abschneiden (Feinschnitt). Den Schnitt nicht zu schnell ausführen, um ein Ausbrechen des Kerns zu verhindern.**

5. **Den Messingcrimp in die Crimpzange einsetzen. Nicht verkanten, da sonst die Zange beschädigt wird. Crimp- Verriegelung aufsetzen.**

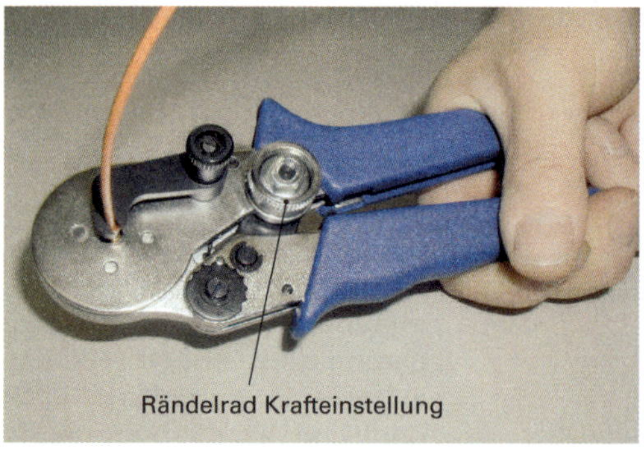

6. **Abisolierten Lichtwellenleiter in den Crimp einführen und gegen die leicht spürbare Federkraft bis zum Anschlag drücken, dann die Zange schließen. Beachten Sie die Krafteinstellung der Crimpzange am Rändelrad nach Herstellerangabe, um die Verformung des Kerns bei zu großer Quetschkraft zu verhindern. Die Schnittfläche des Kerns muss bündig mit der Messinghülse abschließen bzw. darf max. 0,1 mm überstehen.**

Situation: Das Fahrerinformationssystem im Kombiinstrument eines Audi A6 zeigt beim Einschalten der Zündung folgende Warnsymbole an.

In der Bedienunganleitung finden Sie die Bedeutung der Warnsymbole.

Symbol 1 zeigt den Ausfall des Regen-/Lichtsensors und Symbol 2 den Ausfall der vorderen Scheibenwischer an.

1. Beim Auslesen des Fehlerspeichers wird im Steuergerät für Bordnetz der Fehler „lokaler Datenbus – elektrischer Fehler im Stromkreis“ angezeigt. Aus der Werkstattliteratur entnehmen Sie, dass ein LIN-Bussystem eingebaut ist. Was bedeutet die Abkürzung LIN?

____

2. Wozu wird der LIN-Bus vorwiegend verwendet?

____

____

3. Was versteht man unter aktiven Sensoren?

____

____

____

4. Wie ist das LIN-Bus System aufgebaut?

____

____

____

5. Im Bild ist der Stromlaufplan des Wischwinkelsteuergerätes und des Regen-/Lichtsensors dargestellt. Kennzeichnen Sie die zur Datenübertragung verwendete Leitung rot.

6. Das LIN-Bussystem arbeitet nach dem Master-Slave-Prinzip. Ordnen Sie die in der Tabelle angegebenen Aufgaben dem Master- oder den Slave-Steuergeräten zu.

Aufgabe	Master	Slave
Diagnoseschnittstelle		
Ausführen von Funktionsbefehlen		
Senden des Botschaftskopfes (Header) zur Durchführung der Funktionen		
Schnittstelle zu den Hauptbussystemen (z.B. CAN – Komfort)		
Festlegung der Übertragungsgeschwindigkeit und Synchronisation durch Übermittlung der Bitzeit		
Senden der Antwort (Response)		

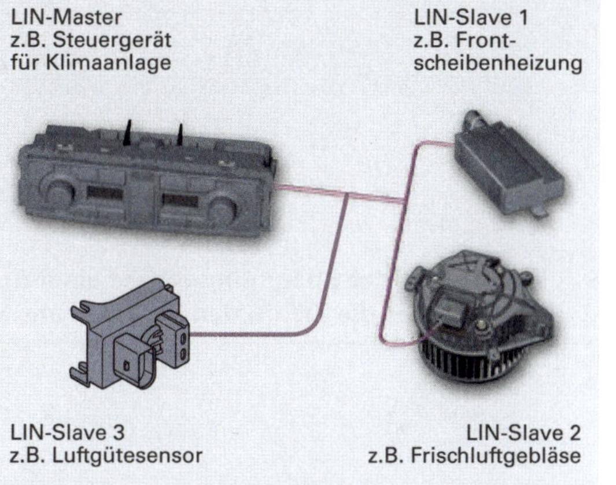

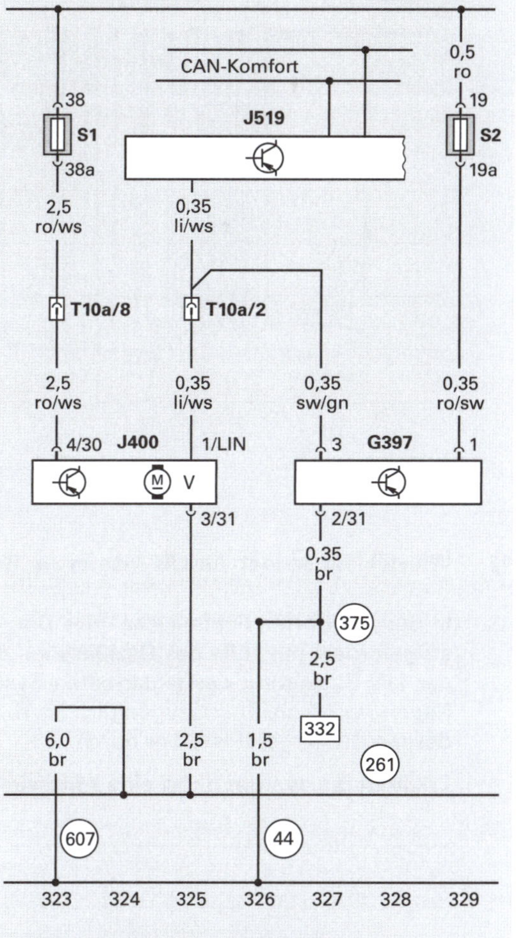

S1 Sicherung Wischersteuerung
S2 Sicherung Regen-/Lichtsensor
G397 Regen-/Lichtsensor
J400 Steuergerät für Wischwinkelsteuerung
J519 Steuergerät für Bordnetz
T10a Steckverbindung 10fach in E-Box Wasserkasten links

Kennzeichnen Sie im Stromlaufplan das Master-Steuergerät rot und die Slave-Steuergeräte blau.

Steckverbindung T10a

7. **In jedem LIN-Steuergerät (Knoten) ist ein LIN-Transceiver eingebaut. Das Bild zeigt die Funktionsweise des LIN-Transceivers. Kennzeichnen Sie die beiden Zustände a) und b) des Transceiver mit den Begriffen „rezessiver Pegel" und „dominanter Pegel". Ergänzen Sie die jeweils an der LIN-Busleitung gemessene Spannung und die logischen Bitwerte.**

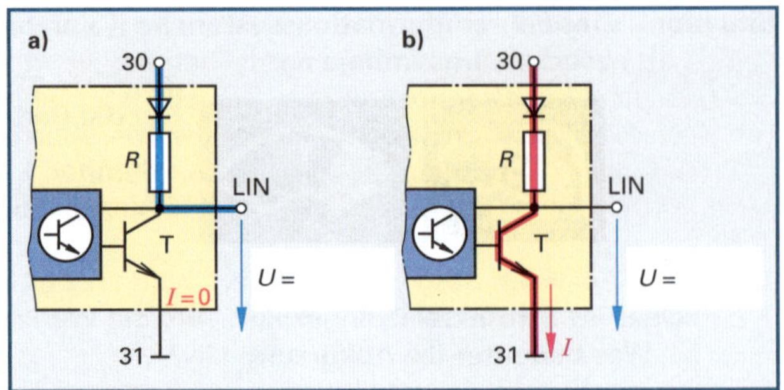

______________________ ______________________

Bitwert = ____________ **Bitwert =** ____________

8. **Wozu dient der Widerstand *R*?**

____

____

____

____

9. **Im Bild ist der Spannungsverlauf einer Botschaft eines funktionsfähigen LIN-Bussystems dargestellt. Ordnen Sie die Ziffern den Begriffen und Bereichen richtig zu.**

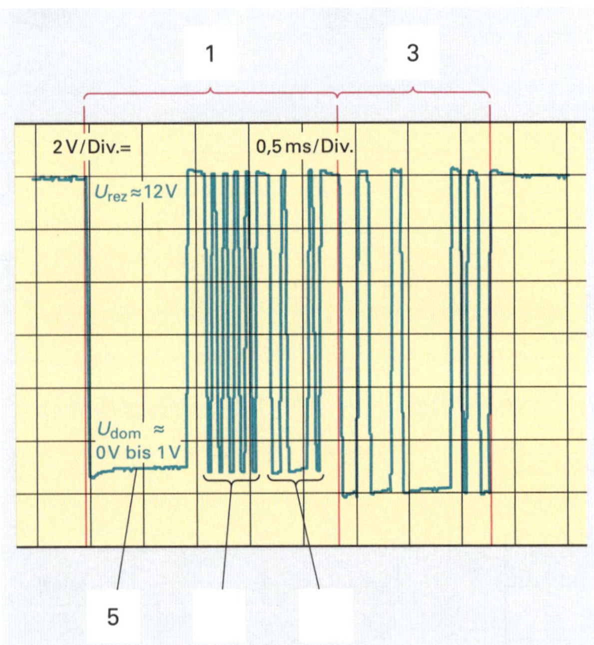

___ **Header**

___ **Response**

___ **Startbits**

4 **Synchronisation**

2 **Identifier**

10. **Welche Aufgabe haben die Startbits?**

____

____

____

11. **Welche Inhalte hat der Identifier?**

____

____

____

12. **Wieviele bit sendet der LIN-Master zur Synchronisation (1 Bit = 0,05 ms)?** ____________

13. **In der „geführten Fehlersuche" des Diagnosetesters werden Sie aufgefordert mit Hilfe des Oszilloskops die Spannungspegel auf der LIN-Busleitung des fehlerhaften Systems zu prüfen. Da der Regen-/Lichtsensor gut zugänglich ist, führen Sie die Messung an dessen Steuergerätestecker durch.**

Erklären Sie, warum dabei eine Y-Messleitung zu verwenden ist.

____

____

____

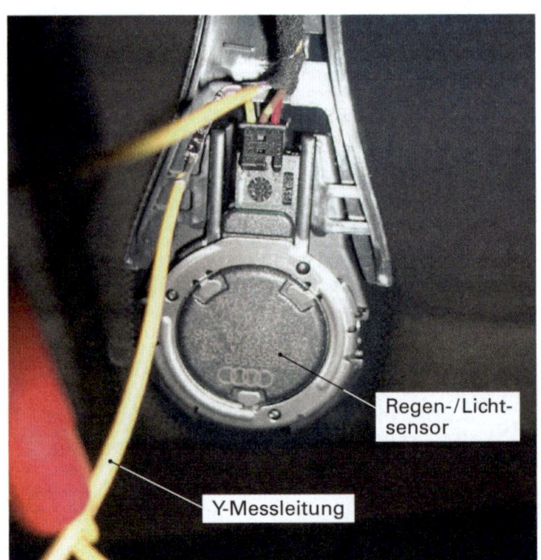

14. **Geben Sie die Einstellung des Oszilloskops bei dieser Messung an (siehe Bild).**

Spannung: ________/DIV **Zeitablenkung:** __________/Div.

15. Vor der Messung brauchen Sie zusätzlich noch die Information wann das LIN-Bussystem aktiviert ist. Diese Information finden Sie in den entsprechenden Funktionsbeschreibungen und Prüfanweisungen in der geführten Fehlersuche des Diagnosetesters. Das LIN-Bussystem der Wischersteuerung ist im Audi A6 nur bei eingeschalteter Zündung aktiviert. Nachdem Sie die Messbedingungen beachtet haben, wird das dargestellte Oszillogramm angezeigt. Beurteilen Sie das Messergebnis.

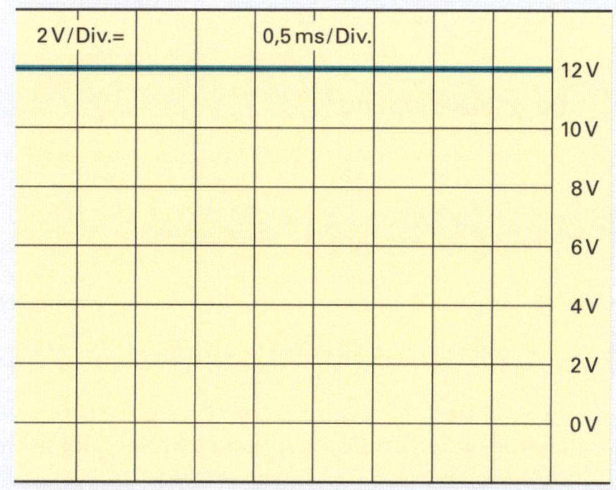

16. Sie werden von der geführten Fehlersuche aufgefordert, die Stecker an allen LIN-Bus-Knoten zu trennen und nochmals die Spannung an der LIN-Busleitung zu messen. Die Spannung bleibt auf 12V. Beurteilen Sie das Ergebnis dieser Prüfung.

17. Da sich die LIN-Busleitung auf mehrere Steuergeräte verzweigt, ist es notwendig die fehlerhafte Leitung zu ermitteln. Welche Steckverbindung lösen Sie, um die Fehlerursache weiter einzugrenzen (siehe Stromlaufplan Aufgabe 4)?

18. Die Spannung auf der LIN-Bus-Leitung ist auch bei dieser Messung 12V. Sie erkennen, dass die Leitungen zu den Steuergeräten J519 und G397 durch einen Steckkontakt mit Doppelanschlag* verbunden sind. Wie ermitteln Sie die schadhafte Leitung?

19. Auch nach dieser Maßnahme bleibt die am Stecker des Regen-/Lichtsensors gemessene Spannung auf 12 V. Welchen Schluss ziehen Sie daraus?

Hinweis: Führen Sie anschließend eine Sichtprüfung des Leitungssatzes zwischen der Steckverbindung T10a im Wasserkasten und dem Regen-/Licht-Sensor an der Windschutzscheibe durch. Achten Sie besonders auf Scheuerstellen, spitze Schrauben etc.

Am Leitungssatz sind keine äußeren Beschädigungen zu erkennen. Um den Reparaturaufwand so gering wie möglich zu halten, wird eine neue LIN-Bus-Leitung zwischen dem Regen-/Lichtsensor und der Steckverbindung T10a/2 parallel zum Originalleitungssatz eingebaut. Da die alte Leitung mit Batterie + kurzgeschlossen ist, muss sie sorgfältig isoliert werden.

20. Sie haben die Fehlerursache beseitigt. Welche Arbeiten sind durchzuführen, bevor das Fahrzeug an den Kunden übergeben werden kann?

* Doppelanschlag. In der Praxis werden häufig zwei Leitungen durch das Crimpen in einem Steckkontakt miteinander verbunden. Dies bezeichnet man als Doppelanschlag.

EUROPA LEHRMITTEL	**Lernfeld 11** Diagnose	Name:		
	Hochfrequenz (HF)-Technik Blatt 1	Klasse:	Datum:	Blatt-Nr.:

Situation: Der Besitzer eines Audi A3 beanstandet, dass das Radio-/Navigationssystem im Sendersuchlauf nur wenige Sender findet. Die Empfangsqualität ist nicht zufrieden stellend.
Das Auslesen der Fehlerspeicher zeigt keine gespeicherten Fehler.

1. **Mit Hilfe der Hochfrequenz (HF)-Technik erfolgt die Ton-, Bild- und Datenübertragung drahtlos durch elektromagnetische Wellen. Geben Sie Beispiele zu den drei Bereichen an.**

Tonübertragung: ______________________

____

Bildübertragung: ______________________

____

Datenübertragung: ______________________

____

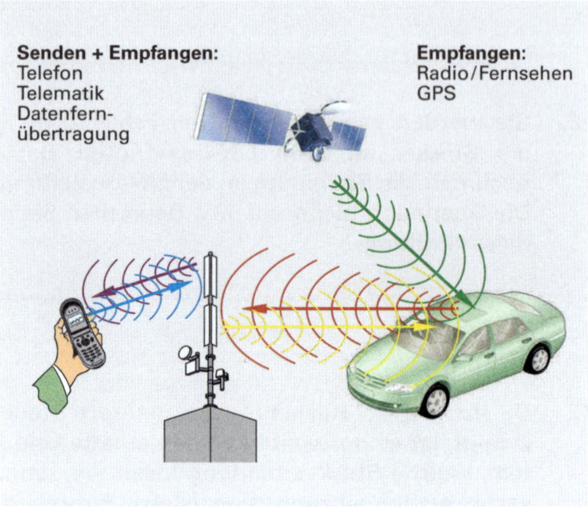

2. **Bezeichnen Sie im mittleren Bild die Komponenten einer Sende- und Empfangsanlage am Beispiel Telefon.**

3. **Welche Aufgabe hat**

   a) **der Sender?**

   ____

   b) **der Empfänger?**

   ____

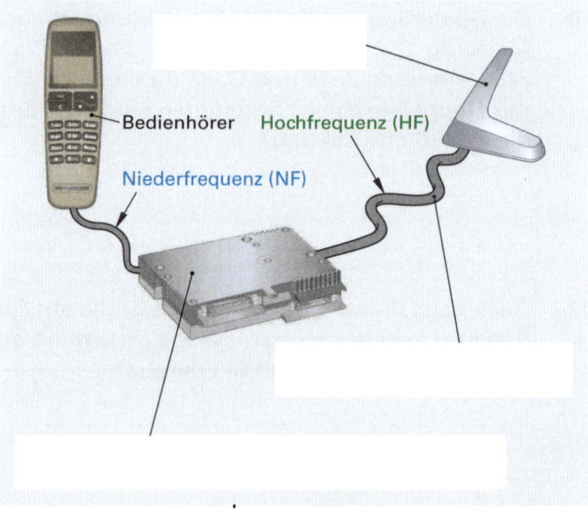

4. **Im Kraftfahrzeug werden zum Empfang von Rundfunksignalen Stab- und Scheibenantennen eingebaut. Welcher Bestandteil der elektromagnetischen Wellen erzeugt eine hochfrequente Wechselspannung in**

   a) **einer Stabantenne?**

   ____

   b) **einer Spulenantenne?**

   ____

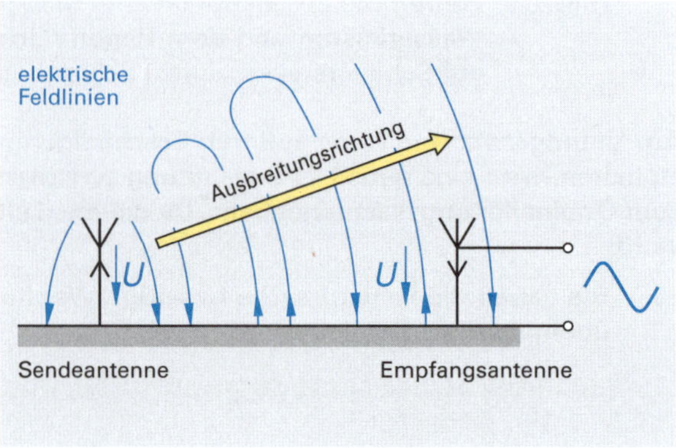

Hinweis: Die hochfrequente Wechselspannung wird mit Hilfe der Antennenleitung (überwiegend Koaxialleitung) von der Antenne zum Empfänger geleitet.

5. **Bezeichnen Sie im Bild die Bestandteile einer Antennenleitung.**

6. **Welche Kenngröße der Antennenleitung beeinflusst entscheidend die Empfangsqualität?**

7. **Woraus setzt sich der Wellenwiderstand zusammen?**

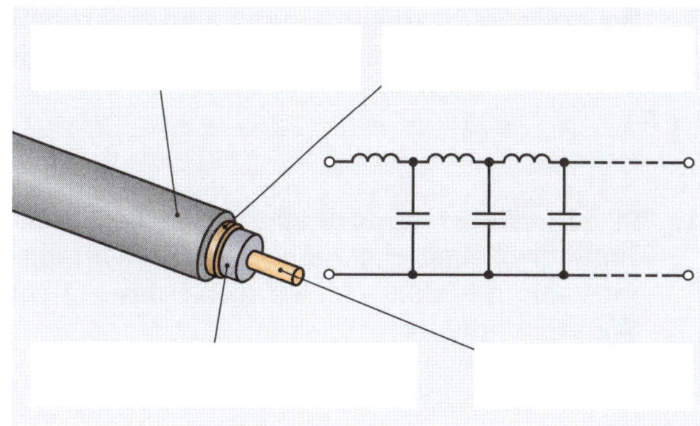

8. **Warum dürfen bei der Instandsetzung von Antennenanlagen nur vom Hersteller freigegebene Ersatzteile verwendet werden?**

9. **Äußere Ursachen können zu Empfangsstörungen führen. Ordnen Sie die Begriffe Funkschatten und Mehrwegempfang den Bildern zu. Erklären Sie, wann diese Effekte auftreten.**

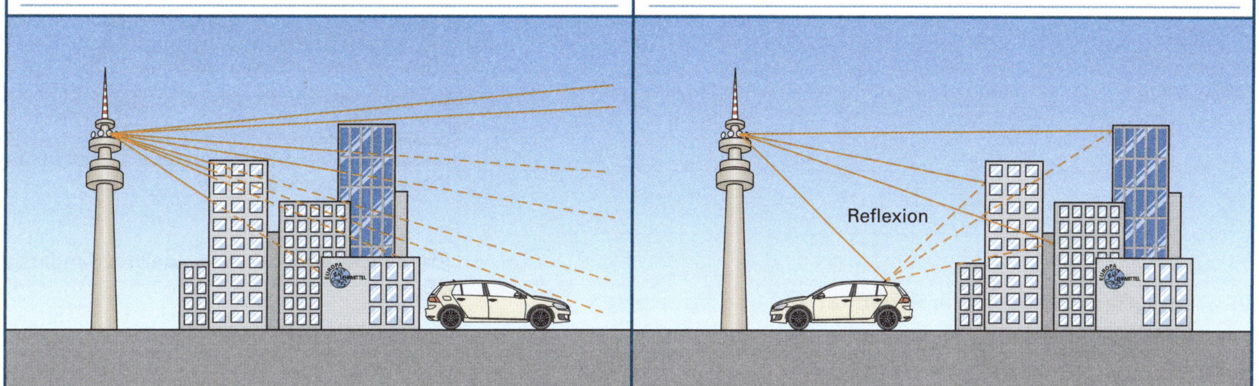

Hinweis:
In der Eigendiagnose des Radio-/Navigationsgeräts im Audi A3 finden Sie Messwerteblöcke, die den Empfangspegel, den Zustand der Hochfrequenz (HF)- und der Zwischenfrequenz (ZF)* -Leitung anzeigen.

Die ZF-Leitung wird bei Fahrzeugen mit Mehrantennensystemen benötigt. Es können 3 und mehr Antennen eingebaut sein. Am Empfänger darf nur eine Antenne aktiviert sein. Aus diesem Grund wird eine Antennenumschaltbox (Antennendiversity) eingebaut, welche die Empfangsantenne mit dem besten Empfangssignal mit dem Empfänger verbindet. Die Umschaltbox benötigt dazu ein zusätzliches Signal vom Empfänger, die Zwischenfrequenz (ZF). Diese wird über die ZF-Leitung vom Radio-/Navigationsgerät zur Antennenumschaltbox übertragen.

Mit Hilfe der Stromaufnahme des Antennenverstärkers und der Antennenverteilerbox kann das Radio-/Navigationsgerät einen Kurzschluss oder eine Unterbrechung der Antennenleitungen feststellen. Dies wird im Fehlerspeicher gespeichert.

10. **In welcher Maßeinheit wird der Empfangspegel (oder auch Feldstärke) gemessen?**

EUROPA LEHRMITTEL	**LERNFELD 11** Diagnose	Name:		
	Hochfrequenz (HF)-Technik Blatt 3	Klasse:	Datum:	Blatt-Nr.:

11. **Bei einer Feldstärkenmessung sind mehrere Bedingungen zu beachten. Wo sollte sie durchgeführt werden?**

12. **In den Werkstattinformationen ist kein Sollwert für die Höhe der Feldstärke angegeben. Es wird eine Vergleichsmessung mit einem fehlerfreien Fahrzeug vorgeschlagen. Warum ist das so?**

a) Anzeige fehlerfreies Fahrzeug

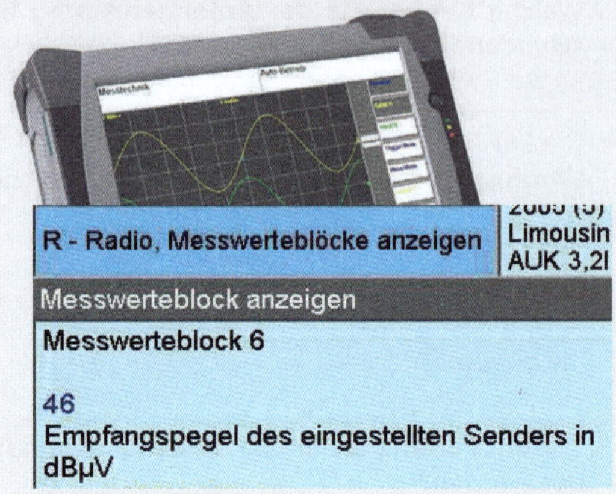

13. **Was muss bei der Vergleichsmessung mit dem fehlerfreien Fahrzeug beachtet werden?**

b) Anzeige defektes Fahrzeug

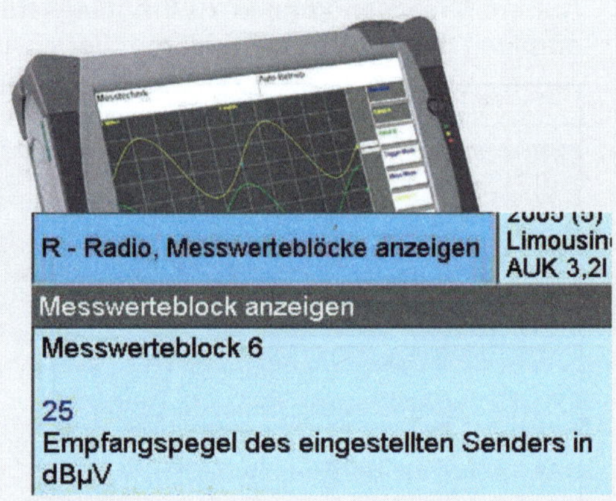

14. **Bewerten Sie die in den Bildern a) und b) dargestellten Messergebnisse.**

15. **Da kein Fehlerspeichereintrag im Bereich der ZF- und HF-Leitung ausgelesen wurden, ist davon auszugehen, dass die ohmschen Widerstände der Leitungen in Ordnung sind. Bei Fahrzeugen ohne diese Eigendiagnose ist zunächst der ohmsche Widerstand der Antennenleitung zu prüfen. Welchen Prüfschritt führen Sie als nächstes durch?**

16. **Als letzte Möglichkeit bleibt nur noch der Probetausch von Komponenten der Empfangsanlage. Die Reihenfolge richtet sich nach dem Montageaufwand und der Teileverfügbarkeit. Geben Sie die Komponenten beim Probetausch an.**

17. **Nach jedem Probetausch wird die Feldstärkenmessung am defekten Fahrzeug wiederholt. Nach dem Austausch der Antennenleitung wird eine Feldstärke von 48 db µV gemessen. Welchen Schluss ziehen Sie daraus?**

Hinweis: **Um den Arbeitsaufwand zu verringern, kann die Antennenleitung zum Probetausch frei im Innenraum verlegt werden. Ist die Antennenleitung defekt, kann sie parallel zum Leitungssatz verlegt werden.**

Situation: In einem Audi A6 leuchtet die Kontrollleuchte „ABS“ auf. Im Multifunktionsdisplay erscheint die Fehlermeldung „Bremsassistent außer Funktion“. Das Auslesen des Fehlerspeichers mit dem Diagnosetester zeigt den Eintrag: „Steuergerät Bremsassistent: Keine Kommunikation.“ Der „Bremsassistent“ kommuniziert über ein FlexRay-Datennetz. Zur Fehlerbehebung sind Kenntnisse über dieses Datennetz nötig.

Merkmale

1. In der Tabelle werden die wichtigsten Merkmale der Datenbussysteme CAN (Class C) und FlexRay gegenübergestellt. Ergänzen Sie die fehlenden Einträge.

	CAN (Class C, High Speed)	FlexRay
Max. Datenrate		
Kanal-Anzahl		
Leitungen pro Kanal		
Leitungsart	Kupfer, Zweidraht	
Zugriffsprinzip	ereignisgesteuert	zeitgesteuert
Verwendete Topologien	linearer Bus, aktiver/passiver Stern	
Signalzustände	„0“- dominant, „1“ - rezessiv	„Idle“ - rezessiv, „Data 0“ - dominant, „Data 1“ - dominat
Arbitrierung	nach Höhe der Priorität	
Bestätigungssignal	ja	
Ankunftszeit der Botschaft		bekannt
Fehlerbotschaft	ja	
Nutzdaten pro Botschaft		
Redundanz		
Echtzeitfähig		
Nutzung	bedarfsabhängig auslastungsabhängig Bus-Überlastung möglich	Zeitpunkt der Nutzung ist festgelegt. Dauer der Nutzung ist festgelegt. Sendeplatz ist immer reserviert (auch wenn nicht benötigt).

2. a) Welche wesentlichen Vorteile bietet ein FlexRay-System im Vergleich zu einem CAN-Datenbus (Class C)?

b) Nennen Sie drei Fahrzeugsysteme, in denen häufig ein FlexRay-Datennetz eingesetzt wird!

Netzstruktur

3. Erläutern Sie die Begriffe „Punkt-zu-Punkt", „Daisy Chain" und „Aktiver Stern".

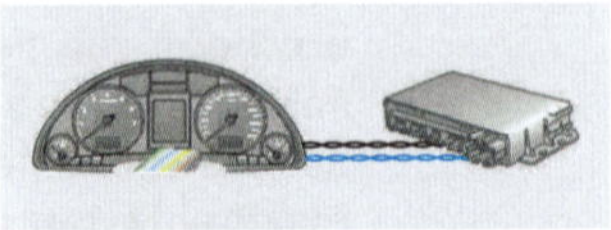

a) Punkt zu Punkt:

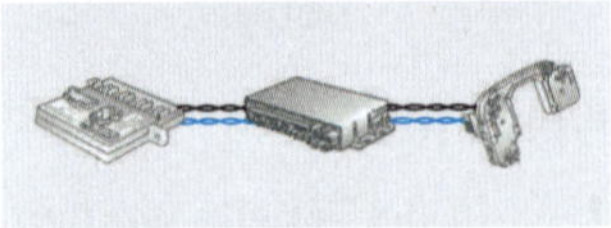

b) Daisy Chain:

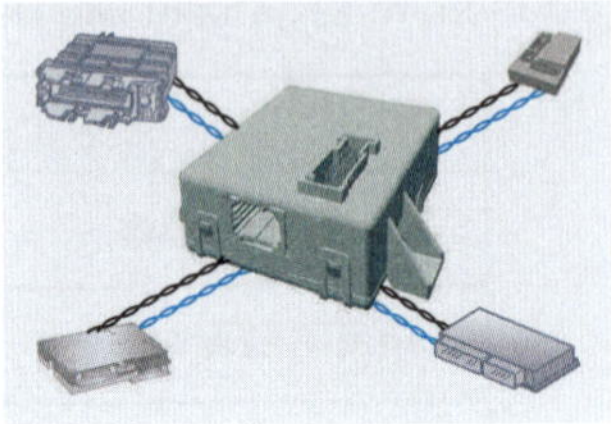

c) Aktiver Stern:

4. Welchen Vorteil bietet die Punkt zu Punkt–Struktur ?

5. Die Verbindungsleitungen zwischen den Steuergeräten in einem CAN-Bus-Netz und einem Flex-Ray-System sind als „twisted pair"-Leitungen ausgeführt. Sie unterscheiden sich meist im Bezug auf die Kanalanzahl und den Aufbau der Leitungen.

a) Was versteht man unter „twisted pair"-Leitungen, und welchen Vorteil bieten sie?

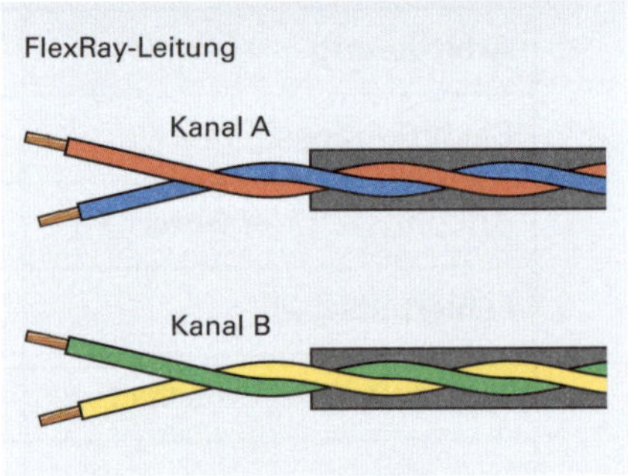

b) Wie unterscheiden sich CAN- und FlexRay-Leitungen?

c) Wieviele Kanäle stehen in einem CAN-Bus zur Verfügung, und wie viele in einem FlexRay-System?

CAN-Bus: ______ **FlexRay:** ______

Hinweis: **Die Richtlinien des FlexRay-Konsortiums empfehlen die Nutzung von zwei unabhängigen Kanälen „A" und "B". Beide Kanäle verfügen über zwei miteinander verdrillte, isolierte und farblich gekennzeichnete Kupferleitungen. In Abhängigkeit von Hersteller, Fahrzeugtyp und Teilsystem sind Abweichungen von diesem Standard möglich: Systeme mit nur einem Kanal, Verwendung von „twisted pair"-Leitungen mit oder ohne Kunstoffummantelung, Leitungen mit oder ohne zusätzliche Abschirmung. Die genauen Spezifikationen sind den Herstellerunterlagen zu entnehmen.**

6. Die Abbildung zeigt ein Beispiel für ein FlexRay-System.

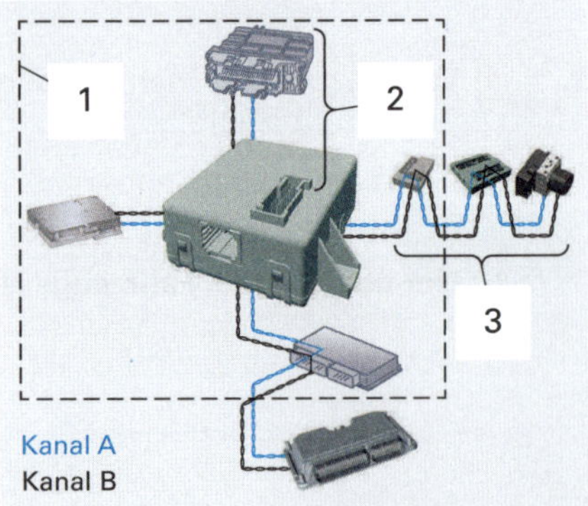

a) Ordnen Sie die Ziffern in der Abbildung den folgenden Begriffen zu.

Daisy Chain ____ **Punkt-zu-Punkt** ____ **Aktiver Stern** ____

b) Warum wird ein solcher Netzaufbau als „gemischte Netzstruktur" bezeichnet?

7. **Das FlexRay-Datennetz des Kundenfahrzeugs wird als echtzeitfähiges System betrieben. Was versteht man darunter?**

______

______

______

Aufbau eines FlexRay-Knotens (Steuergerät)

8. **Die Abbildung zeigt den Aufbau eines FlexRay-Knotens. Dabei entspricht ein „BusDriver" dem Transceiver (vgl.: CAN-Bus). Der „Busguardian" (Buswächter) dient zur Überwachung der Synchronisierung.**

   a) **Welchen weiteren Unterschied zum CAN-Bus-Steuergerät gibt es?**

   ______

   ______

   b) **Welcher Vorteil wird durch diesen Aufbau erreicht?**

   ______

   ______

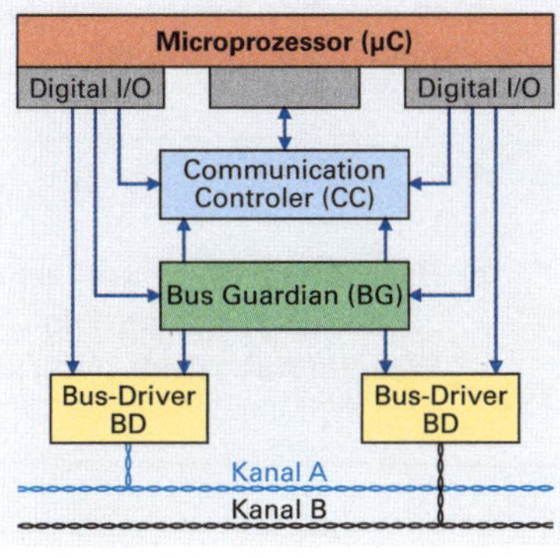

Spannungspegel des FlexRay-Signals

9. **Die Nachricht wird beim FlexRay-Signal durch Spannungsdifferenzen erzeugt.**

   Hinweis:
   $\Delta U = U_{BP} - U_{BM}$

   a) **Bestimmen Sie die gesuchten Spannungsdifferenzen U_{diff} bzw. ΔU.**

   Data 1: ΔU = ______

   Data 0: ΔU = ______

   b) **Tragen Sie den Signalverlauf für BP in das Diagramm ein.**

   c) **Ergänzen Sie die fehlenden Werte in der Tabelle.**

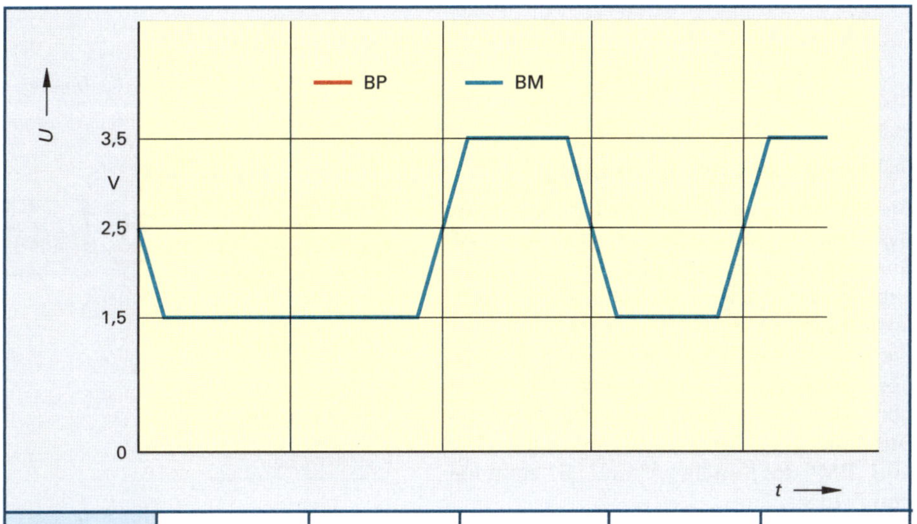

Data	**1**	______	______	______	______
ΔU	______	______	______	**+2 V**	______

10. **Die Abbildung zeigt das „Gutbild" eines FlexRay-Signals auf einem Kanal. Die Datenübertragung erfolgt auf beiden Kanälen jeweils über die Leitungen „Bus Plus" (BP) und „Bus Minus" (BM).**

    Ordnen Sie die Buchstaben A – F für beide Leitungen den Bezeichnungen „Idle", „Data 0" und „Data 1" zu und bestimmen Sie die Spannungsniveaus:

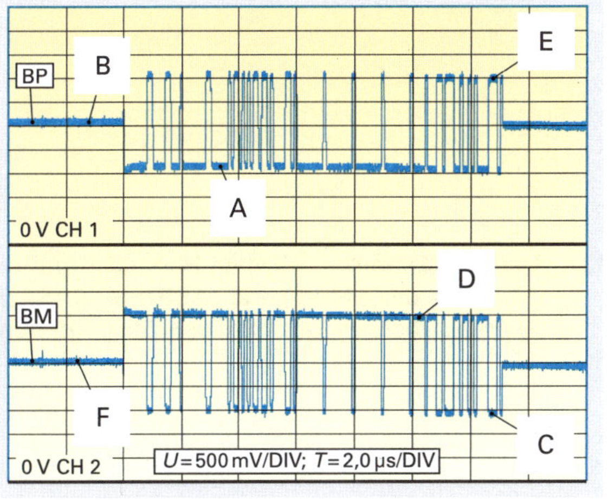

Leitung BP:		**Leitung BM:**	
___ **Idle:**	U = ______	___ **Idle:**	U = ______
___ **Data 1:**	U = ______	___ **Data 1:**	U = ______
___ **Data 0:**	U = ______	___ **Data 0:**	U = ______

Name:

Klasse: Datum: Blatt-Nr.:

FlexRay-Communication Cycle

11. Ein FlexRay Communication Cycle besteht aus vier Segmenten. Die Übertragung wiederholt sich fortlaufend.
Hinweis: „Symbol Window" und/oder „Dynamic Segment" sind nicht immer vorhanden.

a) Ordnen Sie die Ziffern in der Abbildung den Segment-Bezeichnungen zu.

Static Segment: ___ Symbol Window: ___

Dynamic Segment: ___ Network Idle Time: ___

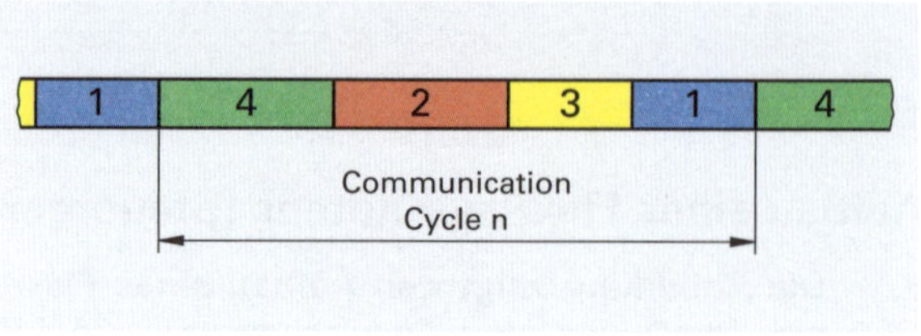

b) In welchen Segmenten werden die „Nutzdaten" („Payload") transportiert?

c) Das „Static Segment" ist in mehrere „Slots" unterteilt, das „Dynamic Segment" in „Mini-Slots".
Was versteht man unter einem Slot?

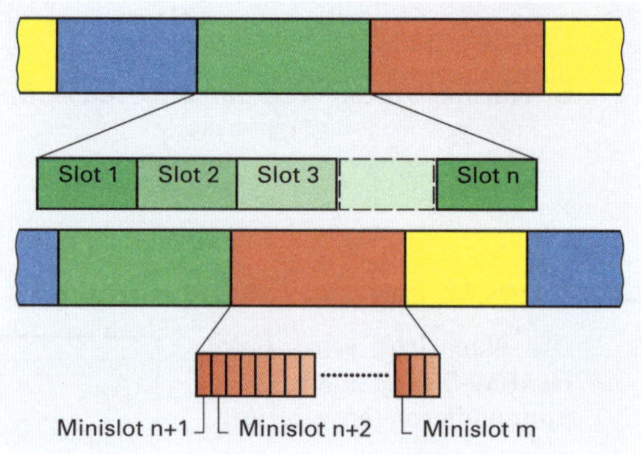

Fehlersuche und -behebung

Die Abbildung zeigt das Blockschaltbild des Systems „Bremsassistent" des Audi A6. Sie vermuten einen Defekt in den Datenleitungen zwischen „Abstandsensor Front" und Steuergerät ABS/ESP/BAS.
Sie führen eine Sichtprüfung der Kabel und der Steckverbindungen durch. Dabei zeigen sich keine Auffälligkeiten. Auch die Durchgangsprüfung der Leitungen „BP" und „BM" der Kanäle „A" und „B" zeigt keinen Fehler.

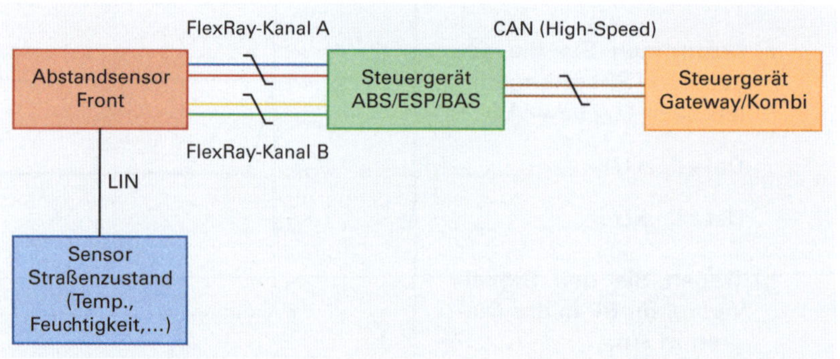

12. Als nächstes schließen Sie das Oszilloskop an FlexRay-Kanal „A" an und erhalten das nebenstehende Bild. Welcher Fehler ist auf dem Oszilloskop zu sehen?

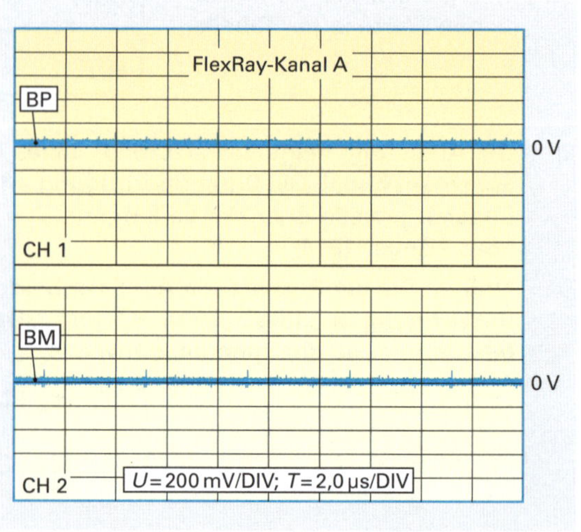

13. Nach Rücksprache mit dem Hersteller und dem Kunden tauschen Sie das Steuergerät „ABS/ESP/BAS" aus.
Welche Arbeitsschritte sind abschließend durchzuführen?

LERNFELD 11	Diagnose	Name:		
Topologie	Blatt 1	Klasse:	Datum:	Blatt-Nr.:

Situation: Im Zuge einer Inspektion an einem Audi A8 erhalten Sie beim Auslesen des Fehlerspeichers die Fehlermeldung „Alarmhorn Diebstahlwarnanlage – keine Kommunikation“. Sie vermuten einen Fehler im Datennetz des Fahrzeuges.

1. Auf der nachfolgenden Seite finden Sie das Topologie-Schema des Fahrzeuges.
Erklären Sie den Begriff „Topologie“ im Zusammenhang mit Datennetzen.

2. In dem nebenstehenden „Röntgenbild“ sind Steuergeräte, Sensoren, Aktoren und die Verkabelung sichtbar. Welche zusätzliche Information enthält die Topologie auf Seite 100 ?

Hinweis:
Der Kabelbaum des Bordnetzes besteht aus ca. 1500 Einzelleitungen mit einer durchschnittlichen Länge von 2 m. Hinzu kommen zahlreiche Steckverbindungen, Dichtungen, Sicherungshalter und Kabelkanäle. Das Gewicht beträgt ca. 50 kg.

3. Die folgende Tabelle dient als Legende zu der Topologie auf Seite 100. Ergänzen Sie die fehlenden Angaben, indem Sie die Bezeichnungen und Übertragungsraten in die Tabelle eintragen.
„CAN-Antrieb“, „CAN-Komfort“, „CAN-Anzeige und Bedienung“, „CAN-Diagnose“, „FlexRay“, „MOST-Bus“ „LIN-Bus“, „20 kBd“, „500 kBd“, „10 Mbd“, „22,5 MBd“

Leitungsfarbe	Bussystem	Übertragungsrate
	Sub-Bus-System	500 kBd
	CAN-Extended	500 kBd

Name:		
Klasse:	Datum:	Blatt-Nr.:

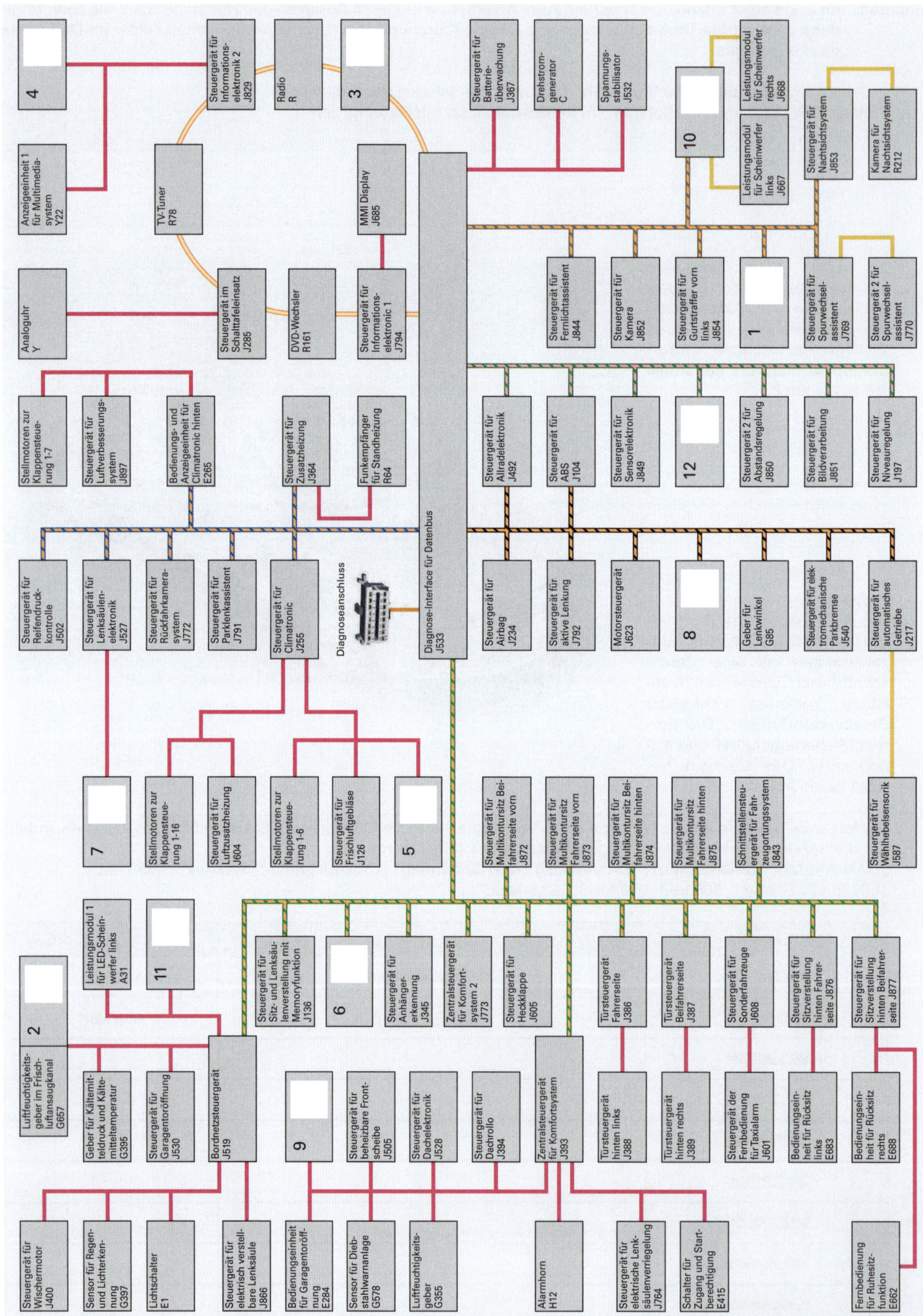

4. a) Ordnen Sie die nachfolgenden Bauteile den Ziffern 1 – 12 in der Topologie zu.

Steuergerät für Frischluftgebläse hinten J391	Steuergerät für Abstandsregelung J428	Anzeigeeinheit 2 für Multimedia-system Y23
Sensor für Luftgüte G238	Steuergerät für Schiebedach J245	Steuergerät für Multifunktions-lenkrad J453
Motorsteuergerät 2 J624	Leistungsmodul 1 für LED-Schein-werfer rechts A27	Steuergerät für Beifahrersitzver-stellung mit Memoryfunktion J521
Steuergerät für Gurtstraffer vorn rechts J855	Steuergerät für digitales Sound-paket J525	Steuergerät für Kur-venlicht und Leucht-weitenregelung J745

b) Tragen Sie die Kürzel „S“ für Sensor, „A“ für Aktor und „St“ für Steuergerät in die dafür vorgesehen Bereiche in der Topologie ein.

5. Bestimmen Sie die Anzahl ... **Anmerkung:** Bedien- u. Anzeigeeinheit = Sensor + Aktor

a) der Steuergeräte: ______ **b) der Sensoren:** ______ **c) der Aktoren:** ______

Hinweis: Der Vernetzungsplan stellt eine schematische Übersicht über die Kommunikationswege der Steuergeräte im Fahrzeug dar. Welche Steuergeräte im Fahrzeug tatsächlich verbaut sind, hängt von der Ausstattung ab.

6. Stellen Sie den Informationsfluss vom Alarmhorn (H12) bis zum Diagnoseanschluss mit Hilfe der Topologie dar, indem sie die folgenden Begriffe in das vorbereitete Blockbild eintragen: CAN-Komfort, Lin-Bus, Zentralsteuergerät für Komfortsystem, Diagnoseinterface für Datenbus

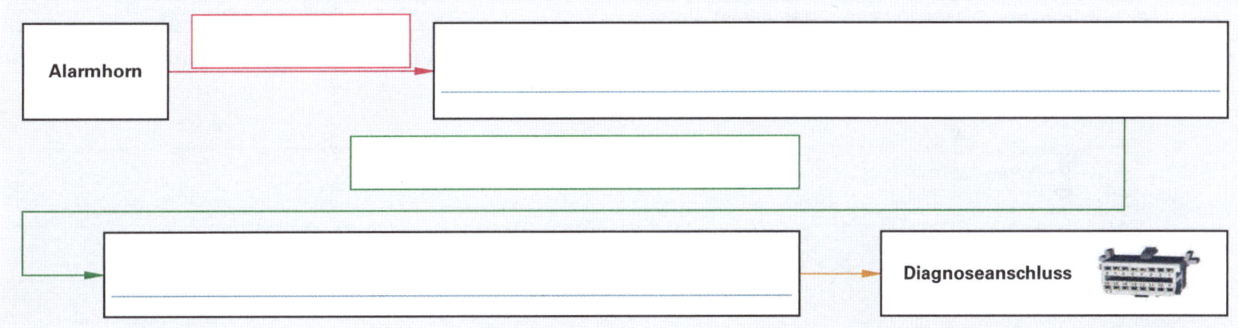

7. Die nebenstehende Abbildung zeigt die Lage der eingebauten Komponenten. Wo befinden sich die folgenden Steuergeräte?

a) Alarmhorn der DWA

____

____

b) Zentralsteuergerät für Komfortsystem

____

____

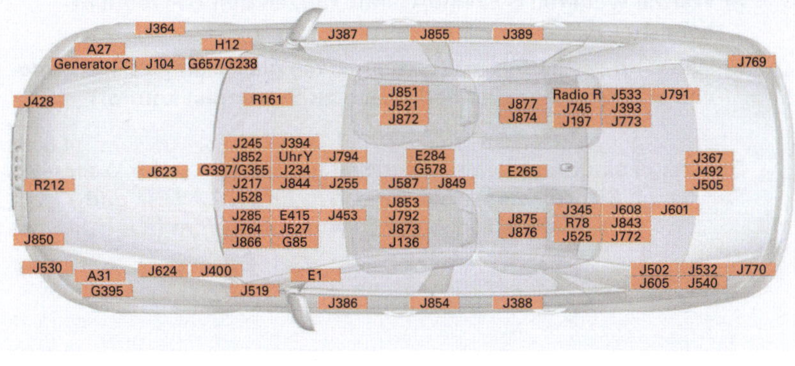

c) Diagnoseinterface für Datenbus

____

8. Bei der Überprüfung der LIN-Busleitung zwischen dem Alarmhorn und dem „Zentralsteuergerät für das Komfortsystem“ stellen Sie fest, dass das Kabel eine Beschädigung aufweist, die zur Leitungsunterbrechung geführt hat. Wie gehen Sie weiter vor?

____

____

Situation: Ein Kunde beklagt eine stellenweise schlechte Verbindung, wenn er mit seinem Mobiltelefon die im Fahrzeug original verbaute Bluetooth-Freisprecheinrichtung benutzt. Bei seinem Zweitfahrzeug ist der Empfang mit dem Mobiltelefon immer einwandfrei.

1. Was ist Bluetooth®?

Bluetooth®

2. a) Was sind Funkwellen, und mit welcher Geschwindigkeit breiten sie sich aus?

   b) Mit welcher Frequenz werden Bluetooth-Verbindungen betrieben?

   c) Im auf Seite 104 dargestellten Wellensprektrum werden u. a. die folgenden Einheitenvorsätze verwendet. Was bedeuten diese? Ergänzen Sie die Tabelle.

Kurzzeichen	n	µ		G	T	P
Name			Mega	Giga	Terra	Peta
Faktor						

   d) Wie viel MHz (Mega Hertz) sind 10^8 Hz? Tragen Sie den Wert im Bild ein.

   e) Tragen Sie die Frequenzbereiche für Bluetooth (BT) und das Mobilfunknetz GSM900 (890 – 960 MHz) ein.

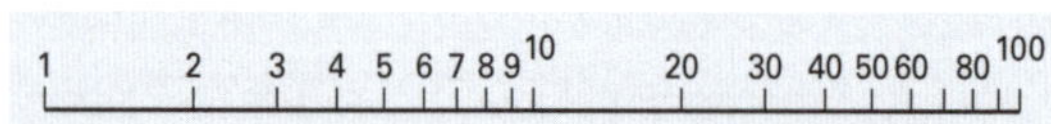

Hinweis: Die Skaleneinteilung ist logarithmisch.

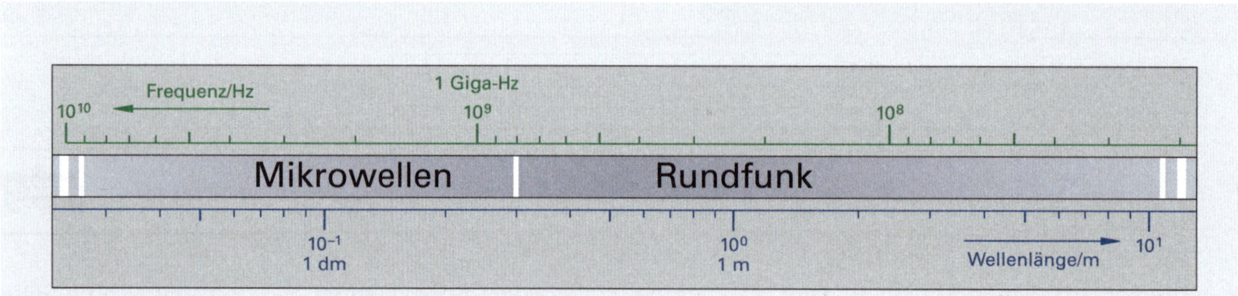

3. a) Welche weiteren Systeme/Geräte nutzen den BT-Frequenzbereich?

   b) Wie wird verhindert, dass es durch die gleichzeitige Benutzung von z. B. einer Funkfernbedienung zu Störungen kommt?

4. Die Länge einer Empfangsantenne ist abhängig von der Wellenlänge der zu empfangenden Schwingung.
   Berechnen Sie a) die Wellenlänge in m für $f = 2{,}4$ GHz und
   b) die Länge der BT-Antenne in mm (abgestimmte Antenne).

Geg.:

Ges.:

Lös.:

5. Sie überprüfen in der Werkstatt den Empfang mit Kundenmobiltelefon und Freisprecheinrichtung. Die Bedienung über die Freisprechanlage ist einwandfrei, der Empfang jedoch mäßig. Sie wollen den Test mit dem bluetoothfähigen Werkstattmobiltelefon wiederholen.

a) Wie viele Bluetooth-Geräte können maximal in einem sog. Bluetooth-Piconetzwerk aktiv miteinander kommunizieren? ____________

b) Können Sie das Mobiltelefon noch anmelden, wenn bereits 7 nicht aktive Geräte angemeldet wurden?

____

6. a) Zuerst muss das Werkstattmobiltelefon angemeldet (angekoppelt) werden. Welche Bedingungen müssen erfüllt sein, damit die PIN eingeben werden kann? Nennen Sie vier Punkte.

1 ____________ 3 ____________

2 ____________ 4 ____________

b) Wer vergibt die PIN? ____________

7. Mit dem Werkstatthandy lässt sich die Anlage einwandfrei bedienen. Der Empfang ist jedoch ebenfalls unbefriedigend. Nachfolgend sind die Freisprechanlagen der beiden Kundenfahrzeuge dargestellt. Worin liegen die Unterschiede? Ergänzen Sie die Tabelle.

Typ A (Im Erstfahrzeug des Kunden verbaut)	Typ B (Im Zweitfahrzeug des Kunden verbaut)
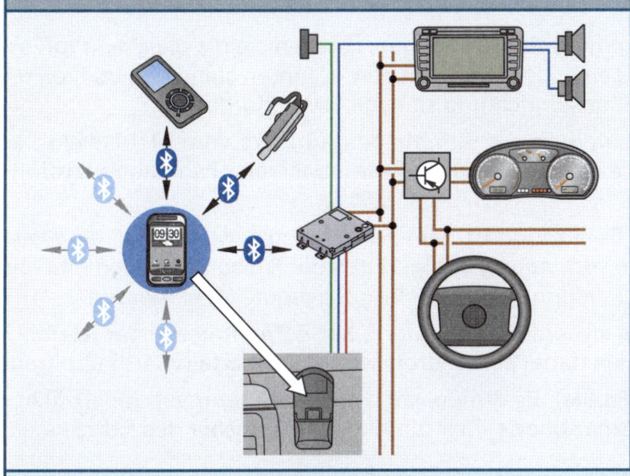	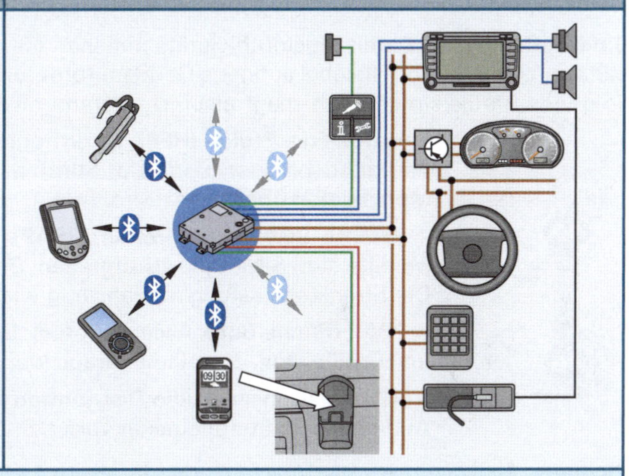
a) Master in dem Pico-Netzwerk ist das ...	
____________	____________
b) Die Koppelung erfolgt über das ...	
____________	____________
c) Die Bedienung und die Spracheingabe bzw. Sprachausgabe erfolgen über ...	
____________	____________
Das Mobiltelefon muss mindestens das folgende Profil unterstützen.	
HFP: Hands free Profile	RSAP: Remote SIM Access Profile
d) Über welche Antenne erfolgt der Verbindungsaufbau?	
____________	____________

8. Erklären Sie dem Kunden, warum es bei dem Fahrzeug mit der Freisprecheinrichtung Typ A sporadisch zu verminderter Empfangsqualität kommt.

____

____

____

Bluetooth®. Ein in den 1990er Jahren entwickelter Industriestandard als flexibles, drahtloses, räumlich begrenztes Funknetzwerk (Wireless Personal Area Network: WPAN).

Funktion. Die Datenübertragung im Bluetooth®-Netz erfolgt über Funkwellen. Das sind elektromagnetische Wellen, die sich mit Lichtgeschwindigkeit (~ 300 000 km/s) ausbreiten. Bluetooth-Geräte senden im Hochfrequenzbereich von 2,40 GHz bis 2,48 GHz. Die kurze Wellenlänge dieser Frequenz bedingt eine kurze Antenne und ermöglicht es, die komplette Sende- und Empfangstechnik im Bluetooth-Modul zu integrieren. Das in Deutschland lizenz- und zulassungsfreie Frequenzband wird u.a. noch genutzt von: WLAN, Funkfernbedienungen, Mikrowellenöfen. Hierdurch kann es zu Überlagerungen und Störungen kommen.

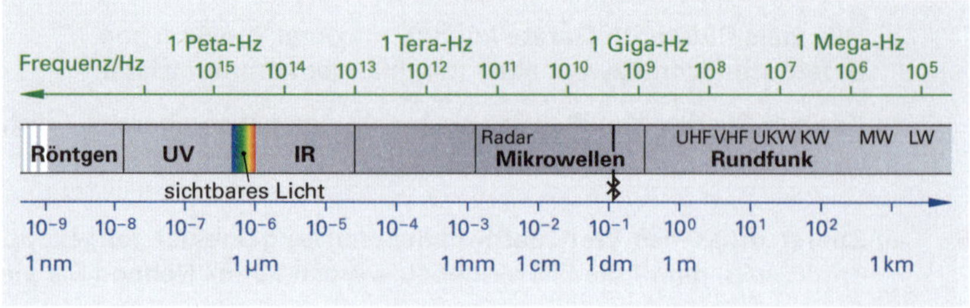

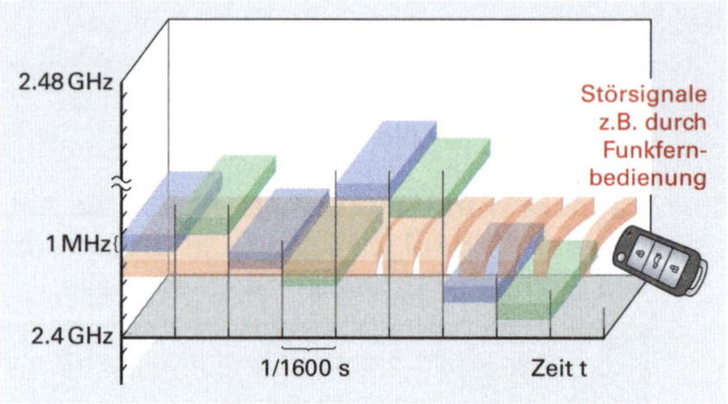

Frequency Hopping. Der Frequenzbereich wird in 79 Kanäle eingeteilt, die abwechselnd in zufälliger Reihenfolge 1 600-mal pro Sekunde für die Übertragung gewechselt werden. Die Auswirkung einer Störung für die Datenübertragung ist somit gering, da die Beeinträchtigung aufgrund der ständigen Frequenzwechsel nur für einen Sekundenbruchteil (1/1600 s) wirken kann.

Bluetooth®-Profile. Damit Bluetooth-Geräte miteinander kommunizieren können, müssen sie die gleichen Profile unterstützen. Um Bluetooth flexibel auf neue Geräteanforderungen anpassen zu können, kommen ständig neue Profile hinzu. Folgende Profile sind für Fahrzeugfreisprech-/Kommunikationseinrichtung sinnvoll bzw. erforderlich.

- **Hands Free Profile (HFP).** Es ermöglicht, dass die Stimme des Anrufers vom Mobiltelefon auf die Radiolautsprecher und die Stimme des Fahrzeuginsassen über das Fahrzeugmikrofon zum Mobiltelefon übertragen wird.
- **Remote SIM Access Profile (RSAP).** Es ermöglicht dem Fahrzeugsteuergerät, auf die Daten der Mobiltelefon-SIM-Karte zu zugreifen. Die Verbindung erfolgt durch die Freisprechanlage im Fahrzeug. Die Strahlenbelastung im Fahrzeug wird verringert und die Empfangsqualität verbessert.
- **PBAP (Phone Book Access Profile).** Es ermöglicht den Zugriff auf Rufnummern oder Telefonbücher im Mobiltelefon. Einzelne Einträge werden dabei als elektronische Visitenkarte (vCard) übertragen.
- **A2DP (Advanced Audio Distribution Profile).** Es ermöglicht die Übertragung von Musik über einen Audiokanal in Stereoqualität vom z. B. Smartphone über die Audiolautsprecher des Fahrzeuges.

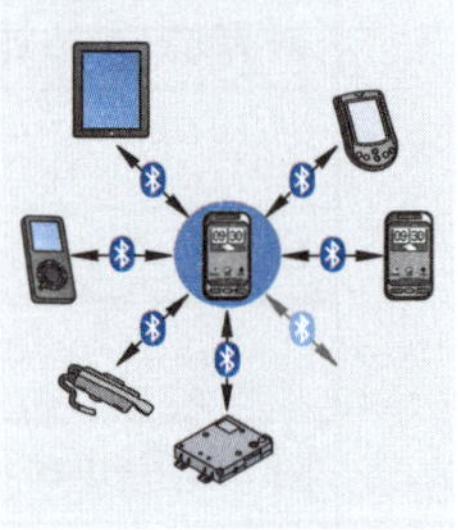

Piconetz. Es lassen sich bis zu acht Geräte in einem Netzwerk zusammenschließen. Innerhalb dieses Piconetzes stellt ein Gerät den Master und die bis zu sieben weiteren Bluetooth®-Geräte dienen als Slaves. Es können bis zu 256 nicht aktive Geräte einem Piconetz zugeordnet werden.

Datensicherheit. An jedem Gerät wird festgelegt, mit welchen Geräten es kommunizieren darf. Jedes Gerät hat eine weltweit einmalige 48-Bit-lange Adresse. Dies ermöglicht die eindeutige Identifizierung von 2^{48} = 281 Billionen Geräten. Beim Verbindungsaufbau ist eine Kennworteingabe erforderlich. Dabei nutzen die Geräte eine PIN (Persönliche Identifikationsnummer), durch die sich die einzelnen Teilnehmer gegenseitig erkennen. Die PIN wird für jede Verbindung neu erzeugt.

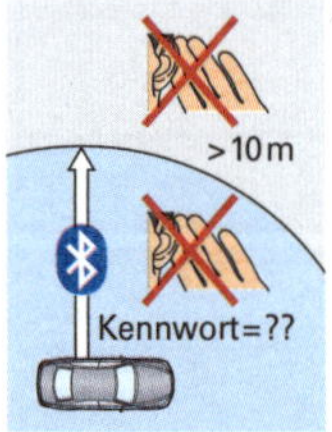

Die Reichweite ist aufgrund der geringen Sendeleistung vom 1 mW (Sendeklasse III) auf 10 Meter begrenzt. Eine Manipulation muss somit innerhalb dieses Bereiches erfolgen.

Koppeln von Bluetooth®-Geräten. Um ein Mobiltelefon im Piconetz zu betreiben, muss es einmalig authentifiziert werden. Hierzu muss im Mobiltelefon eine von der Freisprechanlage generierte PIN eingegeben oder bestätigt werden. Die BT-Schnittstellen der beiden Geräte müssen dazu aktiviert und die Geräte „sichtbar" geschaltet sein. Die Geräte müssen nur für die Erstkoppelung sichtbar sein. Die Folgeverbindungen erfolgen automatisch. Für das Koppeln von Mobiltelefon und Kfz-Freisprechanlage muss das Fahrzeug stehen und die Zündung eingeschaltet sein.

Bei den Kfz-Freisprechanlagen können grundsätzlich unterschieden werden:

1. Die Koppelung erfolgt über das Mobiltelefon (Master). Das Telefon sucht die Freisprecheinrichtung und stellt die Verbindung her. Bedienung sowie Sprachein- und -ausgabe erfolgen über die Audioanlage des Fahrzeugs, der Sendeaufbau über das Mobiltelefon. Gesendet wird über die Antenne des Mobiltelefons.
2. Die Koppelung erfolgt über das Steuergerät (Master). Das Steuergerät sucht nach verfügbaren Bluetooth®-Geräten und stellt die Verbindung her. Bedienung sowie Sprachein- und -ausgabe erfolgen über die Audioanlage des Fahrzeugs, der Sendeaufbau über das Steuergerät. Gesendet wird über die Fahrzeugantenne.

Lernfeld 12 — Service

Hauptuntersuchung — Blatt 1

Name:		
Klasse:	Datum:	Blatt-Nr.:

Situation: **Ein Golf und ein einachsiger Anhänger (Erstzulassung 03/1999, m_{zul} = 750 kg) soll für die Hauptuntersuchung vorbereitet werden. Der HU-Termin ist für April 2016 vereinbart.**

1. In §29 StVZO ist die HU vorgeschrieben.

a) Warum ist bei Fahrzeugen mit eigenem amtlichen Kennzeichen in regelmäßigen Abständen eine HU durchzuführen?

____

____

b) Wer ist dafür verantwortlich, dass die HU durchgeführt wird?

____

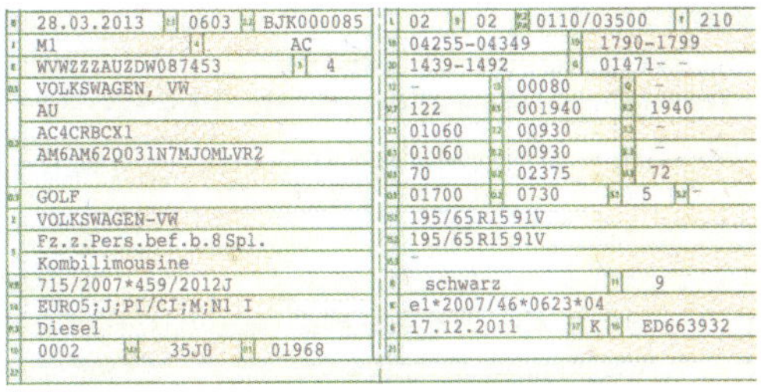
28.03.2013 | 0603 | BJK000085
M1 | AC
WVWZZZAUZDW087453 | 4
VOLKSWAGEN, VW
AU
AC4CRBCX1
AM6AM62Q031N7MJOMLVR2
GOLF
VOLKSWAGEN-VW
Fz.z.Pers.bef.b.8 Spl.
Kombilimousine
715/2007*459/2012J
EURO5;J;PI/CI;M;N1 I
Diesel
0002 | 35J0 | 01968
02 | 02 | 0110/03500 | 210
04255-04349 | 1790-1799
1439-1492 | 01471- -
- | 00080 | -
122 | 001940 | 1940
01060 | 00930 | -
01060 | 00930 | -
70 | 02375 | 72
01700 | 0730 | 5 | -
195/65R15 91V
195/65R15 91V
-
schwarz | 9
e1*2007/46*0623*04
17.12.2011 | K | ED663932

StVZO § 29 Untersuchung der Kraftfahrzeuge und Anhänger

(1) Die Halter von Fahrzeugen, die ein eigenes amtliches Kennzeichen haben müssen, haben ihre Fahrzeuge auf ihre Kosten nach Maßgabe der Anlage VIII in Verbindung mit Anlage VIIIa in regelmäßigen Zeitabständen untersuchen zu lassen.

2. Welche Fristen zur Durchführung der HU gibt der Gesetzgeber für den Pkw vor? Ergänzen Sie die Tabelle.

Pkw (Fahrgastplätze ≤ 8)	Fristen	
Erstzulassung / nachfolgende Untersuchungen	________	________

3. In welchen Zeitabschnitten muss der Anhänger vorgeführt werden?

Anhänger, angehängte Arbeitsmaschinen, Wohnanhänger	Fristen
Mit einer zulässigen Gesamtmasse m_{zul} ≤ 0,75 t, ungebremst, nach Erstzulassung	________
Bei nachfolgenden Untersuchungen	________

4. Auf den hinteren Kennzeichen des Kundenfahrzeugs und des Anhängers sind abgebildeten Prüfplaketten aufgeklebt. Wann sind Kundenfahrzeug und Anhänger zur HU fällig? Ergänzen Sie die Tabelle.

Kundenfahrzeug	Anhänger		Kundenfahrzeug	Anhänger
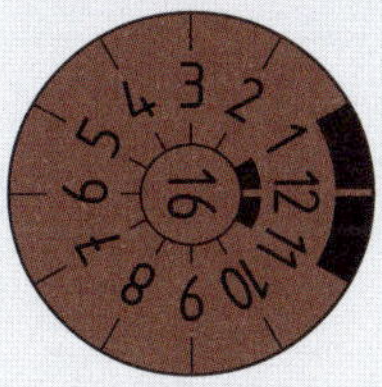	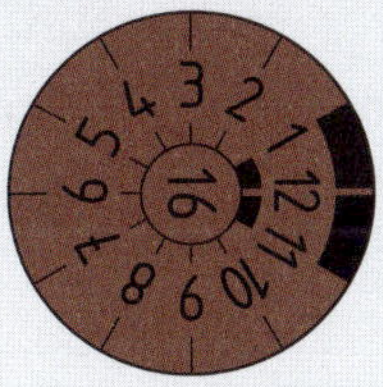	Fälligkeit der aktuellen HU	________	________
		Termin der letzten HU	________	________
		Fälligkeit der nächsten HU	________	________
		Farbe der neuen Prüfplakette	________	________

5. Werden bei der Vorführung der Fahrzeuge im Rahmen der HU Mängel festgestellt, so sind diese zu bewerten.

Ordnen Sie den Beschreibungen der Mängeleinstufungen die Abkürzungen OM (Ohne Mängel), GM (Geringe Mängel), EM (Erhebliche Mängel) und VU (Verkehrsunsicher) in der Tabelle richtig zu.

Beschreibung der Mängeleinstufung	Abkürzung
Mängel, die zu einer Verkehrsgefährdung und/oder unzulässigen Umweltbelastung führen oder auf Abweichungen von den Vorschriften und den hierzu ergangenen Richtlinien beruhen; dazu zählen auch Mängel, die eine Verkehrsgefährdung erwarten lassen. Eine Nachprüfung ist erforderlich. Keine Zuteilung einer Prüfplakette.	________
Mängel, bei denen auf Grund von Verschleiß oder Gebrauch eine kurzzeitige Abweichung von Vorschriften oder Richtlinien hingenommen werden kann. Bei diesen Mängeln ist zum Zeitpunkt der Mängelfeststellung eine Verkehrsgefährdung und/oder Umweltbelastung nicht zu erwarten. Die Zuteilung einer Prüfplakette ist nur dann zulässig, wenn der technische Zustand des Fahrzeugs die unverzügliche Beseitigung dieser Mängel erwarten lässt.	________
Das Fahrzeug ist mängelfrei. Eine Prüfplakette wird zugeteilt.	________
Mängel, die eine unmittelbare Verkehrsgefährdung darstellen. Die vorhandene Prüfplakette ist zu entfernen und es hat die unverzügliche Benachrichtigung der Zulassungsbehörde zu erfolgen. Der Fahrzeugführer/-halter ist darauf hinzuweisen, dass das Fahrzeug so nicht mehr am öffentlichen Straßenverkehr teilnehmen darf. Er ist schriftlich auf dem Untersuchungsbericht auf diesen Gefährdungstatbestand hinzuweisen.	________

6. Unter welcher Voraussetzung wird eine neue Prüfplakette zugeteilt?

____

____

Im Rahmen der Vorbereitung auf die HU wird ein Bremsentest mit dem Kundenfahrzeug durchgeführt.

7. Welche Größe, bezogen auf das Fahrzeuggewicht, wird auf dem Bremsenprüfstand ermittelt?

____

8. Ermitteln Sie aus der Tabelle die angezeigten Bremskräfte und tragen Sie diese in die Tabelle ein.

Betriebsbremse vorne			Betriebsbremse hinten			Feststellbremse		
	Links	Rechts		Links	Rechts		Links	Rechts
in N			in N			in N		

9. Welche gesetzlichen Anforderungen muss die Bremsanlage nach StVZO erfüllen? Ergänzen Sie die Tabelle.

Fahrzeugklasse	Betriebsbremsanlage (BBA) Abbremsung $z \geq$	Max. Abweichung Δp an einer Achse BBA	Feststellbremsanlage (FBA) Abbremsung $z \geq$	Max. Abweichung Δp an der Achse mit FBA
M1				

10. Was versteht man unter der Abbremsung z? Geben Sie die Formel an.

____

____

$z =$

11. Ergänzen Sie die Tabelle. Berechnen Sie die Abbremsung und die Bremskraftabweichung an der Hinterachse.

	Betriebsbremse BBA	Feststellbremse FBA
Gesamtbremskraft des Fahrzeugs		
Abbremsung		
Abweichung der Bremskräfte rechts und links an der Hinterachse	$\Delta p =$	$\Delta p =$

12. a) Begründen Sie, ob die Wirkung der Bremsanlage den Vorschriften nach §29 StVZO bzw. EG 71/320 entspricht.
b) Kreuzen Sie an, wie die Bremsanlage zu beurteilen ist.

a) BBA: ____

____

FBA: ____

____

b) Mängeleinstufung: OM ☐ GM ☐ EM ☐ VU ☐

13. Beurteilen Sie anhand der Bilder und Mängelbeschreibungen in der Checkliste die Fahrzeuge mit KM, GM, EM oder VU. Kreuzen Sie in der Tabelle an.

Checkliste zur Vorbereitung auf die Hauptuntersuchung

A. Fahrzeugidentifizierung	Abbildungen	Beurteilung	Einstufung	
• Ist die Fahrzeug-Identifikationsnummer lesbar?	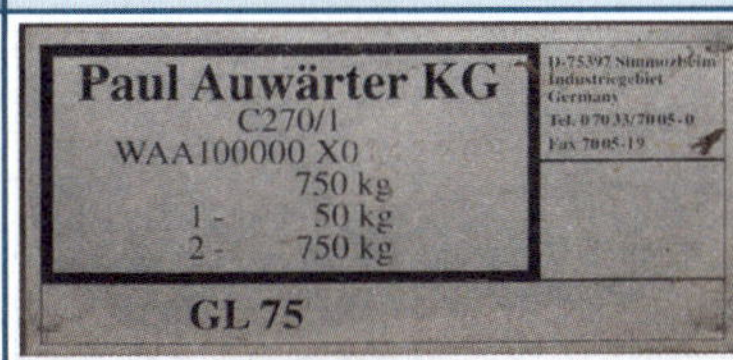	Ja ☐	OM ☐	GM ☐
		Nein ☐	EM ☐	VU ☐
• Sind die amtlichen Kennzeichen beschädigt?		Ja ☐	OM ☐	GM ☐
		Nein ☐	EM ☐	VU ☐

Weiter ist zu prüfen:
- Sind alle Veränderungen am Fahrzeug in den Papieren eingetragen bzw. liegt ein Prüfzeugnis z.B. ABE oder eine Anbaubestätigung vor?
- Stimmt das Typschild mit den Fahrzeugpapieren überein?
- Sind die amtlichen Kennzeichen gut lesbar?

B. Beleuchtung	Abbildungen	Beurteilung	Einstufung	
• Beurteilen Sie die Abbildung. ________ ________	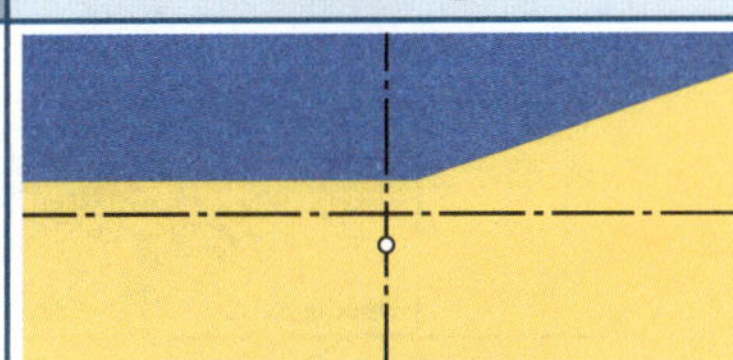	i.O. ☐	OM ☐	GM ☐
		n.i.O. ☐	EM ☐	VU ☐
• Beurteilen Sie den Scheinwerfer. ________ ________		i.O. ☐	OM ☐	GM ☐
		n.i.O. ☐	EM ☐	VU ☐

Weiter sind zu prüfen:
- Lichtstärke aller Leuchten.
- Funktion aller Leuchten und Kontrollleuchten im Armaturenbereich.

C. Korrosion	Abbildungen	Beurteilung	Einstufung	
• Beurteilen Sie die Abbildung. ________ ________		i.O. ☐	OM ☐	GM ☐
		n.i.O. ☐	EM ☐	VU ☐
• Beurteilen Sie die Abbildung. ________ ________	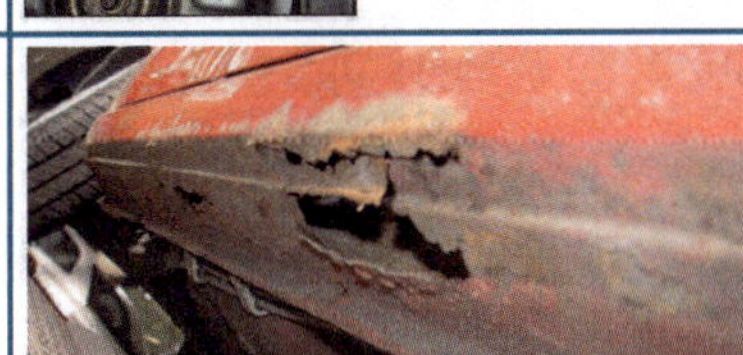	i.O. ☐	OM ☐	GM ☐
		n.i.O. ☐	EM ☐	VU ☐

Weiter sind zu prüfen:
- Auspuffanlage,
- Bremsleitungen,
- Tragende Teile der Karosserie auf Korrosion.

D. Räder und Bereifung	Abbildungen	Beurteilung	Einstufung	
• Beurteilen Sie die Abbildung.	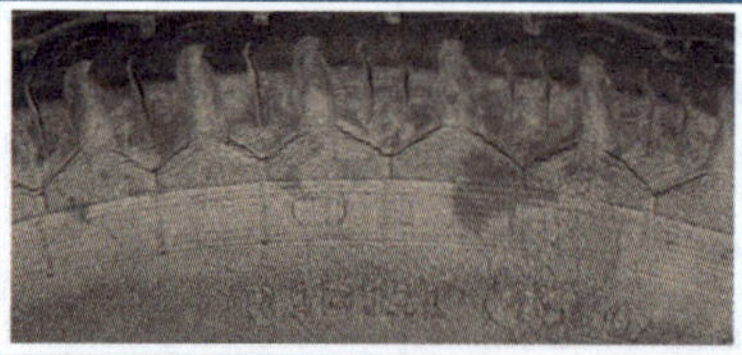	i.O. ☐	OM ☐	GM ☐
		n.i.O. ☐	EM ☐	VU ☐
• Beurteilen Sie die Abbildung.		i.O. ☐	OM ☐	GM ☐
		n.i.O. ☐	EM ☐	VU ☐

Weiter ist ist zu prüfen:
- Sind Reifen ohne Schäden wie Einschnitte, Beulen oder Risse?
- Sind die Felgen ohne Schäden oder Verformungen?
- Ist das vorgeschriebene Mindestprofil (1,6 mm in den Hauptprofilrillen) bei jedem Reifen vorhanden?

E. Flüssigkeitsstände / Dichtheit	Abbildungen	Beurteilung	Einstufung	
• Ist die Bremsflüssigkeit in Ordnung, wenn ihr Wassergehalt zu hoch ist?		i.O. ☐	OM ☐	GM ☐
		n.i.O. ☐	EM ☐	VU ☐
• Beurteilen Sie die Abbildung.		i.O. ☐	OM ☐	GM ☐
		n.i.O. ☐	EM ☐	VU ☐

Weiter ist zu prüfen:
- Ist der Bremsflüssigkeitsstand zwischen Maximum und Minimum?
- Ist Scheibenwaschflüssigkeit vorhanden?

F. Bremsen	Abbildungen	Beurteilung	Einstufung	
• Beurteilen Sie die Abbildung.	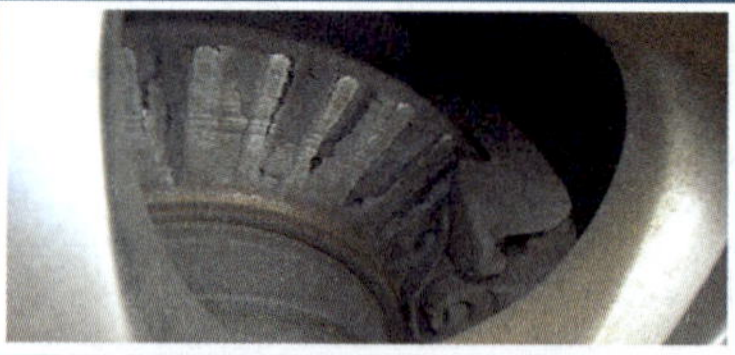	i.O. ☐	OM ☐	GM ☐
		n.i.O. ☐	EM ☐	VU ☐
• Beurteilen Sie die Abbildung.		i.O. ☐	OM ☐	GM ☐
		n.i.O. ☐	EM ☐	VU ☐
• Beurteilen Sie die Abbildung.		i.O. ☐	OM ☐	GM ☐
		n.i.O. ☐	EM ☐	VU ☐

Weiter ist zu prüfen:
- Ist die Bremsanlage mechanisch, hydraulisch, pneumatisch in Ordnung?
- Ist der Pedalweg korrekt?
- Ist die Verzögerung der Bremsanlage BBA und FBA ausreichend?
- Rastet die Handbremse sicher ein, ist sie wieder leicht zu lösen?
- Ist die Bremswirkung der Handbremse in Ordnung?
- Ziehen die Bremsen einseitig?

Name:

Klasse: Datum: Blatt-Nr.:

G. Lenkung	Abbildungen	Beurteilung	Einstufung	
● Beurteilen Sie die Abbildung.	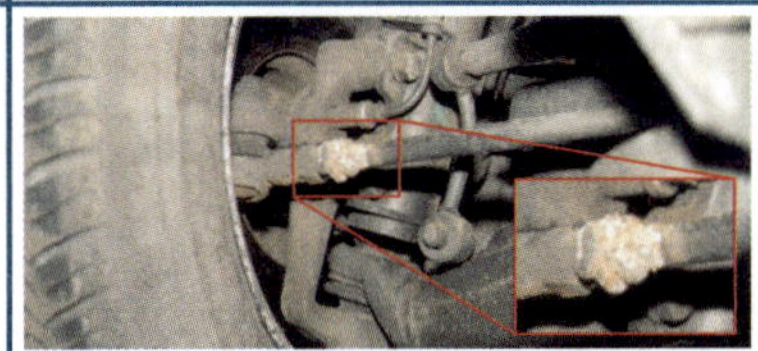	i.O. ☐	OM ☐	GM ☐
		n.i.O. ☐	EM ☐	VU ☐
● Beurteilen Sie die Abbildung.	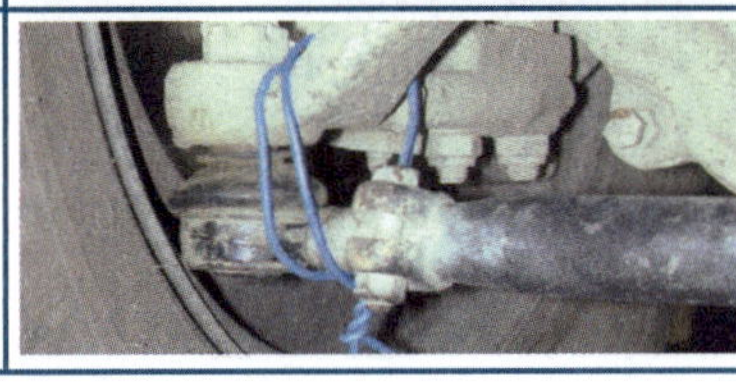	i.O. ☐	OM ☐	GM ☐
		n.i.O. ☐	EM ☐	VU ☐

Weiter ist zu prüfen:
- Sind Bauteile der Lenkung verändert?
- Ist die Lenkung bei jedem Einschlag leichtgängig und geräuschlos?
- Ist das Lenkspiel in Ordnung?

H. Sonstiges	Abbildungen	Beurteilung	Einstufung	
● Beurteilen Sie die Abbildung.		i.O. ☐	OM ☐	GM ☐
		n.i.O. ☐	EM ☐	VU ☐
● Beurteilen Sie die Abbildung.	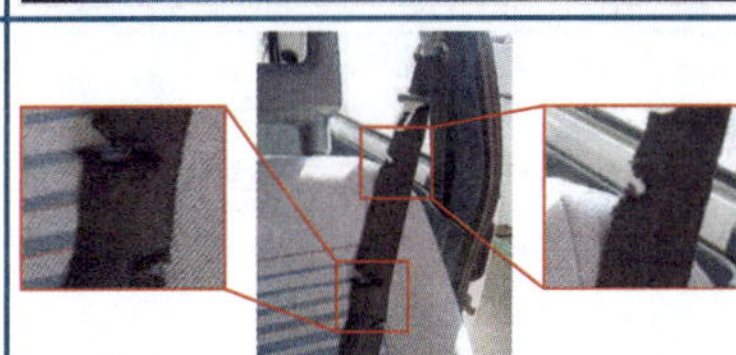	i.O. ☐	OM ☐	GM ☐
		n.i.O. ☐	EM ☐	VU ☐
● Beurteilen Sie die Abbildung.		i.O. ☐	OM ☐	GM ☐
		n.i.O. ☐	EM ☐	VU ☐

Weiter ist zu prüfen:
- Sind keine scharfkantigen Teile (wie z. B. eine abgebrochene Antenne) am Fahrzeug?
- Ist der Pluspol an der Batterie abgedeckt?
- Ist die Hupe in Ordnung?
- Ist die Batterie ausreichend befestigt?
- Ist das Warndreieck in Ordnung und im Kfz?
- Ist eine Warnweste vorhanden? (Seit 01.07.2014 Vorschrift)
- Sind die Spiegel vorhanden und optisch einwandfrei?
- Ist ein Verbandkasten vorhanden? (Haltbarkeitsdatum prüfen)
- Ist die Frontscheibe ohne größere Steinschläge, Kratzer oder Sprünge?
- Sind die Scheibenwischergummis in Ordnung?

14. Bei der Hauptuntersuchung werden erhebliche Mängel erkannt. Innerhalb welcher Fristen müssen a) die Mängel beseitigt werden und b) das Fahrzeug zur Nachuntersuchung gebracht werden?

a) ______

b) ______

15. Welche Auswirkung hätte die Beurteilung eines Mangels mit „VU“?

______

______

Bei der Überprüfung des Anhängers wurden keine Mängel festgestellt.

EUROPA LEHRMITTEL	**LERNFELD 12** Abgasuntersuchung Ottomotor ohne OBD	Service Blatt 1	Name:		
			Klasse:	Datum:	Blatt-Nr.:

Situation: Bei einem BMW E 36 mit G-KAT, Erstzulassung am 24.07.1999, ist eine Abgasuntersuchung durchzuführen. Der aktuelle Kilometerstand des Fahrzeugs beträgt 180 416 km. Das amtliche Kennzeichen ist M - SK 1984.

B 24.07.1999 | 2.1 0005 | 2.2 55502 K
J M1 | 4 AA
E WBACE51060EN72748 | 3 1
D.1 BMW
3/C
D.2 -
-
D.3 3ER REIHE
2 BAYER.MOT.WERKE-BMW
5 Fz.z.Pers.bef.b.8Spl.
Limousine
V.9 -
14 EURO 2
P.3 BENZIN
10 0001 | 14.1 0102 | P.1 01991

1. a) In welchen zeitlichen Abständen ist bei diesem Fahrzeug die AU durchzuführen?

   b) An welchen Fahrzeugprüffristen orientiert sich die Abgasuntersuchung (AU)?

2. Um wie viele Monate darf die AU nach derzeitiger Rechtslage maximal überzogen werden ohne eine Bußgeld zu riskieren?

3. Um die Abgasuntersuchung bei oben genannten Fahrzeug durchzuführen, sind im Wesentlichen folgende Arbeitsschritte erforderlich:

1	Abgas-Tester einschalten	8	Gasentnahmesonde in Auspuffendrohr stecken
2	Name des Prüfers eingeben	9	Absauganlage richtig anbringen
3	Fahrzeug-Ident.-Daten eingeben	10	Absauganlage einschalten
4	Prüfverfahren auswählen	11	Abgas-Tester mit Fahrzeug verbinden
5	Sollwerte ermitteln, z.B. aus Fahrzeugdatenbank	12	Öltemperaturfühler des Abgas-Testgerätes gegen Ölmessstab austauschen (auf richtige Länge achten!)
6	Sichtprüfung der schadstoffrelevanten Bauteile durchführen (seit 2010 im Rahmen der HU)	13	Abgastest durchführen
7	Abgas-Testgerät auf Dichtheit prüfen	14	Nachweis AU bestanden/nicht bestanden

a) Ergänzen Sie die zur Abgasuntersuchung erforderlichen Fahrzeug-Ident.-Daten (Arbeitsschritt 3) in der Tabelle.

Fahrzeug-Ident.-Daten		Fahrzeug-Ident.-Daten	
Kennzeichen		**Erstzulassung**	
Kilometerstand		**Schlüsselnummer zu 1/Feld 14.1**	
Fzg-Hersteller		**Schlüsselnummer zu 2/Feld 2.1**	
Fzg-Typ		**Schlüsselnummer zu 2/Feld 2.2**	
Fzg-Ident-Nummer		**Schlüsselnummer Feld 10**	

b) Welche Bedeutung haben die in der Tabelle angegeben Felder?

Code zu ...		Code zu ...	
14.1		**2.2**	
2.1		**10**	

c) Welches Messprogramm ist bei dem Fahrzeug zu wählen?

d) Nennen Sie vier schadstoffrelevante Bauteile, die ab 2010 im Rahmen der HU einer Sichtprüfung zu unterziehen sind?

e) Warum ist bei den Abgas-Testgeräten eine Dichtheitsprüfung vorgeschrieben?

f) Warum muss die Öltemperatur gemessen werden?

4. Bewerten Sie die angegebenen Prüfergebnisse der AU mit „i.O." bzw. „n.i.O."

Prüfergebnisse		Istwerte	Bewertung
Öltemperatur	[°C]	85	
Leerlauf	[1/min]	680	
CO-max. (Leerlauf)	[Vol.-%]	0.244	
Erh. Leerlaufdrehzahl	[1/min]	2660	
CO-max. (erh. Leerlauf)	[Vol.-%]	0,01	
λ-Wert (erh. Leerlauf)	[–]	1,012	

FAHRZEUG-SOLL-DATEN
Konditionierung:
Oeltemp.[°C] min.: 60
Leerlauf [min^{-1}]
min: 600 max: 800
Zündzeitpunkt [°Kw]
vOTmin: 0.0 vOTmax: 0.0
CO[%vol] max: 0.50
Erhöhter Leerlauf[min^{-1}]
min: 2500 max: 2800
λ-Wert []
min: 0.970 max: 1.030
CO[%vol] max: 0.30
REGELKREISPRÜFUNG
Grundverfahren: $\Delta\lambda \geq 0.02$
Prüfdrehzahl[min^{-1}]
min: 350 max: 1.050

Bildschirmausdruck

5. Auf dem Bildschirmausdruck wird der Zündzeitpunkt mit 0.0 °KW ausgewiesen. Was bedeutet dies bezüglich der Abgasuntersuchung?

6. Zum Bestehen der AU ist bei diesen Fahrzeugen eine Regelkreisprüfung durchzuführen.
Durch Aufschalten von Störgrößen muss sich dabei der λ-Wert, um ≥ 0,02 ändern und innerhalb von 60 Sekunden wieder auf einen Wert von λ ± 1% vom Ausgangswert ausgeregelt werden.

a) Zwischen welchen Werten liegt bei dem gegebenen Fahrzeug die Prüfdrehzahl?

b) Der Ausgangswert für λ ist bei diesem Fahrzeug am Beginn der Regelkreisprüfung 0,996, die tatsächliche Prüfdrehzahl beträgt dabei 700 1/min. Tragen Sie Grenzwerte, welche für die Regelkreisprüfung entsprechend obiger Aussage wesentlich sind, in die Felder der vorgegebenen Abbildung ein.

c) Je nach Fahrzeug wird abhängig von der Herstellervorschrift die Regelkreisprüfung im Grundverfahren mit einer oder zwei Halbwellen durchgeführt. Durch die Störgrößenaufschaltung und die Rücknahme der Störgröße wird das Gemisch angefettet bzw. abgemagert. Ergänzen Sie im Bild die Wirkungen auf das Gemisch bei den angegebenen Störgrößenaufschaltungen.

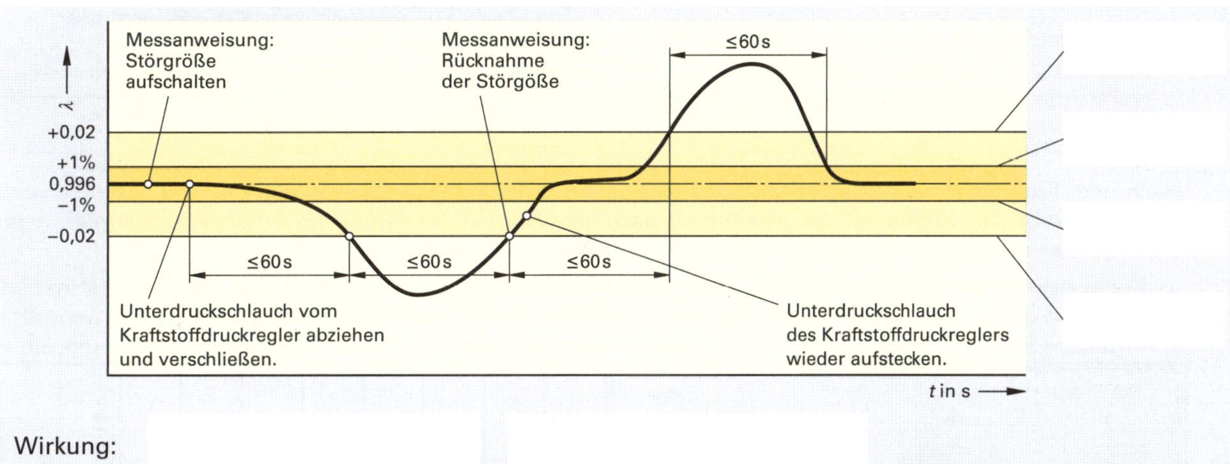

Hinweis: Die Art der Störgrößenaufschaltung ist vom Hersteller vorgeschrieben, z. B. durch Abziehen des Unterdruckschlauches vom Kraftstoffdruckregler, durch Falschluft über Falschluftventil, …

7. Bei dem vorgegebenen Fahrzeug wird die Regelkreisprüfung lt. Hersteller im Grundverfahren mit einer Auslenkung mit folgendem Ergebnis durchgeführt. Beurteilen Sie das Ergebnis.

Regelkreisprüfung, Grundverfahren 1 Auslenkung, Gesamtergebnis n.i.O.

Drehzahl	1/min	350	1050	700	i.O.
Ausgangswert	λ = 0,996				$\Delta\lambda$ = 0,02
Störgröße ein	$\Delta\lambda$ erkannt	$\Delta\lambda$ ausgeregelt			λ = 0,972
Störgröße aus	$\Delta\lambda$ ---	$\Delta\lambda$ ausgeregelt			λ = 0,988

Situation: Bei einem Opel, AGILA, 1,0 i, Erstzulassung am 06.06.2005 ist im Rahmen der HU eine Abgasuntersuchung durchzuführen. Der aktuelle Kilometerstand des Fahrzeugs beträgt 101 957 km.

1. **Kennzeichnen Sie im Fahrzeugschein alle notwendigen Angaben, um den AU-Prüfablauf ordnungsgemäß durchführen zu können. Geben Sie die Feldbezeichnungen an.**

   ____

2. **Da das vorgegebene Fahrzeug eine OBD Schnittstelle hat, gilt der abgebildete Prüfablauf. In welche fünf Hauptarbeitsschritte lässt sich der Prüfablauf gliedern? Markieren Sie diese im Prüfablaufplan.**

3. **Entsprechend Prüfablauf ist der Fahrzeugtester (Auslesegerät) mit der Diagnoseschnittstelle des Fahrzeugs zu verbinden.**

   a) **Kennzeichnen Sie am OBD-Stecker die herstellerunabhängigen PIN-Belegungen.**

   b) **Nach Einschalten der Zündung muss die MI-Lampe (Kontrollleuchte Motordiagnose) leuchten, nach dem Starten des Motors muss sie ausgehen. Warum ist diese Prüfung Voraussetzung für das Bestehen der AU?**

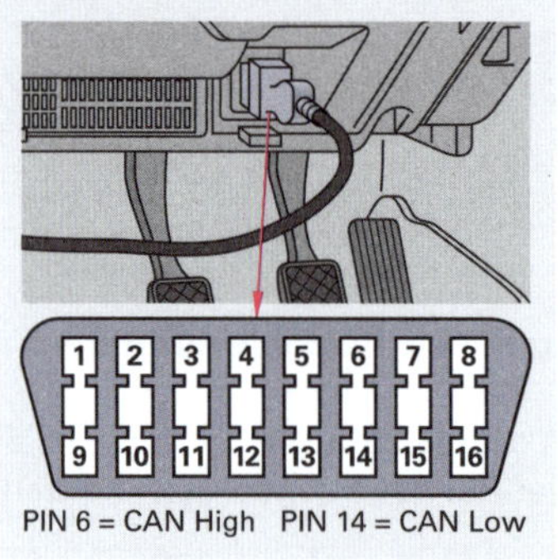

   ____

   ____

   ____

   ____

   ____

   c) **Unter welchen Bedingungen schaltet die MI-Lampe wieder selbsttätig ab, wenn entsprechende Fehler vorhanden waren, die zu deren Aufleuchten geführt haben?**

   ____

Prüfablauf für Fahrzeuge mit Fremdzündungsmotor und OBD – Erstzulassung vor dem 01.01.2006

Eingabe der Fahrzeugdaten
- Fahrzeugidentifikation

Vorbereitung der Prüfung/Verbinden des Auslesegerätes mit der Diagnoseschnittstelle des Fahrzeuges

Sichtprüfung der Kontrollleuchte Motordiagnose

Kommunikationsaufbau Auslesegerät mit Steuergerät

Funktionsprüfung OBD (Auslesen der OBD-Daten)
- OBD-Status
- Prüfbereitschaftstest. ggf. Regelsondensignal
- Status Kontrollleuchte Motordiagnose
- Ansteuerung Kontrollleuchte Motordiagnose
- Anzahl der abgelegten Fehler
- ggf. Auslesen des Fehlerspeichers (Modus 3)

Bewertung/Anzeige der Ergebnisse aus Funktionsprüfung OBD

Eingabe der Fahrzeug-Soll-Daten

Funktionsprüfung Abgase (Abgasmessung)
- Motortemperatur und Motordrehzahl auslesen, zum AU-Gerät übertragen und anzeigen
- CO-Gehalt bei erh. Leerlauf
- Lambda-Wert
- Regelsonde

Bewertung/Anzeigen der Ergebnisse aus Funktionsprüfung Abgas

Untersuchung abschließen oder wiederholen

Nachweis erstellen und unterschreiben

Nachweis mit Nachweis-Siegel und Zangenprägung

4. **Nach dem Kommunikationsaufbau des Fahrzeugtesters über die OBD-Schnittstelle mit den entsprechenden im Fahrzeug verbauten Steuergeräten erhalten Sie nach dem Starten des Motors im Arbeitsschritt Funktionsprüfung OBD u.a. das abgebildete Protokoll zur Prüfbereitschaft (Readinesscode).**

   a) **Kennzeichnen Sie die Spalten farbig, die anzeigen, welche Teilsysteme verbaut sind, bzw. unterstützt werden.**

   b) **Ergänzen Sie die Protokollzeile „Prüfbereitschaft durchgeführt" mit 0 oder 1 bei „alle Systeme geprüft".**

   c) **Ergänzen Sie die Protokollzeile „Prüfbereitschaft durchgeführt" mit 0 oder 1 bei „kein System geprüft".**

OBD-Status: EOBD Prüfbereitschaft unterstützt: 11101100101 durchgeführt bzw. gesetzt: 00000000000 Abgasrelevante Fehler: 0 MI-Status: aus Fehlfunktionsanzeige: aus	übrige Komponenten	Kraftstoffsystem	Verbrennungsaussetzer	Abgasrückführung	Lamdasondenheizung	Lamdasonden	Klimaanlage	Sekundärluftsystem	Tankentlüftungssystem	Katalysatorheizung	Katalysator
Prüfbereitschaft unterstützt 1 = Teilsystem verbaut; 0 = Teilsystem nicht verbaut oder nicht unterstützt	1	1	1	0	1	1	0	0	1	0	1
Prüfbereitschaft durchgeführt – alle Systeme geprüft*)	___	___	___	___	___	___	___	___	___	___	___
Prüfbereitschaft durchgeführt – kein System geprüft*)	___	___	___	___	___	___	___	___	___	___	___

*) 1 = Prüfung nicht erfolgt; 0 = Prüfung erfolgt oder nicht möglich, da Teilsystem nicht verbaut ist oder nicht unterstützt wird

Name:		
Klasse:	Datum:	Blatt-Nr.:

5. **Lt. abgebildeten Ausschnitt des Messprotokolls sind bei diesem Fahrzeug „nicht alle Systemtests durchgeführt". Welche Systeme wurden geprüft?**

Nachweis
über die Durchführung der Abgasuntersuchung
nach Nummer ...
Messprogramm G-Kat mit OBD

	Sollwert	Istwert	Ergebnis
Sichtprüfung MIL	:	#	i.O.
Kommunikationsaufbau	: ISO 14230-4 Fast		i.O.
OBD-Status	: EOBD		
Prüfbereitschaft	: unterstützt 11101100101 gesetzt 10000000101 nicht alle Systemtests durchgeführt		
Status Kontrollleuchte MIL	:		i.O.
Übereinstimmung Status/MIL	:	#	i.O.
Fehlerspeicher			1 n.i.O.

6. **Zum Auslesen der Fehler, erhalten Sie nach Auswahl der Menüzeile „OBD-Diagnose" folgendes Auswahlfenster:**

Auswahl der gewünschten Funktion
Weiter mit Taste >>

- Gefundene Systeme
- Onboard Diagnose Übersicht
- Mode 1, Istwerte
- Mode 2, Betriebsbedingungen
- Mode 3, Fehlerspeicher lesen
- Mode 4, Fehlerspeicher aller Systeme löschen
- Mode 5, Lambdawerte
- Mode 7, sporadischer Fehlerspeicher lesen
- Mode 9, Fahrzeug Information

a) Welchen Mode wählen Sie zum Auslesen der Fehler an?

b) Welche Betriebsbedingungen können in Mode 2 ausgelesen werden? Geben Sie zwei Beispiele an.

c) Was versteht man in Mode 7 unter sporadischen Fehlern (nicht entprellte Fehler)?

7. **Sie erhalten folgende Fehlermeldung P0117 „Kühlmitteltemperatursensor Signal zu niedrig". Warum kann dieser Fehler zu erhöhten Abgasemissionen führen und wird deshalb in Mode 3 abgelegt?**

8. **Bevor Sie den Fehler beheben, führen Sie entsprechend des vorgeschriebenen Prüfablaufs eine Abgasmessung (Endrohrprüfung) durch.**

a) Ergänzen Sie die Messwerte in der Tabelle. Beurteilen Sie die tatsächlich gemessenen Werte mit i.O. bzw. n.i.O.

Messwerte (Klartext)	Einheiten	Sollwerte	Istwerte	Beurteilung
	–	0,97 – 1,030	0,974	
(bei erhöhtem Leerlauf)	% Vol.	0,00 – 0,200	0,20	

b) Welchen Zusammenhang erkennen Sie bzgl. des hinterlegten Fehlers und den angegebenen Werten in der Tabelle?

Hinweis: Nachdem Sie überprüft haben, dass in Mode 7 keine sporadischen Fehler hinterlegt sind und der Fehler behoben wurde, löschen Sie den Fehlerspeicher (Mode 4) und führen eine erneute Endrohrprüfung durch. Sie stellen fest, dass der Fehler nicht mehr auftritt. Die AU-Bescheinigung kann ausgestellt werden.

Anerkannte AU Werkstatt 2015 J 09720216

9. **Wie lange ist die AU Bescheinigung gültig?**

Name:		
Klasse:	Datum:	Blatt-Nr.:

Situation: Bei einem VW, Golf VII, 1,6 l, mit G-KAT und OBD, Erstzulassung am 12.12. 2014 ist als Vorbereitung auf die HU eine Abgasuntersuchung durchzuführen. Die MI-Lampe leuchtet. Der aktuelle Kilometerstand des Fahrzeugs beträgt 146208 km.

1. Lt. gesetzlicher Vorgabe ist ab dem 01.01.2018 bei allen Fahrzeugen (Otto/Diesel) eine Endrohrmessung durchzuführen. Bei Kraftfahrzeugen mit der Abgasnorm EURO 6 gilt ab dem 01.01.2019, dass der CO-Gehalt max. 0,1 % beträgt.
Mit Hilfe des Readinesscodes (Abgastester Mode 8) ist erkennbar, bei welchen im Fahrzeug verbauten Systemen zur Schadstoffminderung die Prüfbereitschaft unterstützt wird sowie eine Prüfung auf Funktion stattgefunden hat.

a) Bei welchen Systemen wird in diesem Fahrzeug die Prüfbereitschaft unterstützt?

Nachweis
über die Durchführung der AU nach Nummer 3.1.1.1 der Anlage VIII StVZO

Sichtprüfung Kontrollleuchte Motordiagnose:	i.O.
Ansteuerung Kontrollleuchte Motordiagnose:	i.O.
Status Kontrollleuchte Motordiagnose:	n.i.O.

Funktionsprüfung OBD:

Prüfbereitschaftstests:	unterstützt:	11111101101
	gesetzt:	00000000000
Fehlerspeicher:	Anzahl abgasrelevanter Fehler: 2	

b) Woran ist erkennbar, ob ein zu prüfendes abgasrelevantes System während der Fahrt auf Funktion geprüft wurde?

c) Begründen Sie, ob der AU-Nachweis ausgestellt werden darf?

2. Sie erhalten beim Auslesen des Fehlerspeichers folgende Information: P0138 „Lambdasonde (Bank 1, Sensor 2) Signal zu hoch" und P3172 „Gemischadaption Bank 1 Fettgrenze überschritten". Um den Fehlerspeichereintrag zu überprüfen und den Fehler einzugrenzen führen Sie eine Abgasmessung durch.

a) Ordnen Sie die Fehlernummern der Vor- und Nachkatsonde zu.

b) Welche Aussage lässt sich hinsichtlich der Abgaszusammensetzung machen?

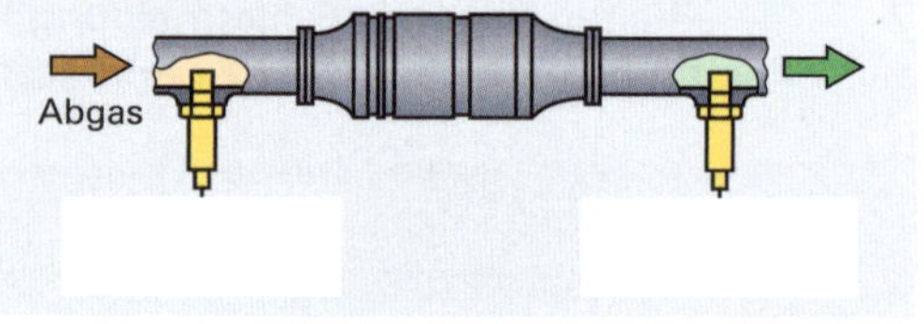

CO [%vol]	CO_2 [%vol]	HC [ppmvol]
0.437	13.22	107
	Lambda	O_2 [%vol]
	0.960	0.52

c) Bei der Sichtprüfung der Gemischbildungsanlage und der Abgasanlage stellen Sie fest, dass im Bereich der Abgasanlage vor der Vorkatsonde Falschluft gezogen wird. Erklären Sie, warum das Gemisch dadurch angefettet wurde.

Hinweis: Nach dem Beheben der Schadensursache löschen Sie den Fehlerspeichereintrag.

d) Über welchen Mode wird der Fehlerspeichereintrag gelöscht?

3. Um die Prüfbescheinigung zu erstellen ist u.a. die Funktionsprüfung OBD nochmals auszulesen. Sie erhalten folgende Anzeige im Tester.

Funktionsprüfung OBD:

Prüfbereitschaftstests:	unterstützt:	11111101101
	gesetzt:	11111101101
Fehlerspeicher:	Anzahl abgasrelevanter Fehler: 0	

a) Welche Aussage kann hinsichtlich der Prüfbereitschaftstets getroffen werden?

b) Wie ist die weitere Vorgehensweise?

Situation: Im Rahmen der HU ist bei einem BMW 320d mit 44 300 km eine Abgasuntersuchung durchzuführen. Die MI-Lampe leuchtet im Betrieb nicht.

1. Zur Fahrzeugidentifikation benötigen Sie neben der VIN unter anderem folgende Angaben aus der Zulassungsbescheinigung Teil 1. Ergänzen Sie die Tabelle und markieren Sie die Angaben in der Zulassungsbescheinigung.

Felddefinitionen ZB Teil 1	Feld	Angabe
Tag der ersten Zulassung		
Schlüsselnummer Hersteller Kurzbezeichnung		
Schlüsselnummer Variante/Version		
Bezeichnung der nationalen Emissionsklasse		
Für die EG-Typengenehmigung maßgebliche Schadstoffklasse:		
Kraftstoffart/Energiequelle		

B 21.03.2013 2.1 0005 2.2 BLC001123
J M1 4 AC
E WBA3K31010F744904 3 7
D.1 BMW
D.2 3K
3K31
5H200
D.3 320d
2 BAYER.MOT.WERKE-BMW
5 Fz.z.Pers.bef.b. 8 Spl.
Kombilimousine
V.9 715/2007*630/2012J
14 EURO5;J,PI/CI; M, N1 I
P.3 Diesel
10 0002 14.1 35J0 P.1 01995
22 F.1/F2: 2115 B.ANHÄNGERBETRIEB
BETRIEB*WW.AHK LT.EGTG*O.1:180
5 AB TAG ERSTZUL. *DATUM ZUR E
0.13

2. Um das richtige AU-Prüfverfahren durchführen zu können, ist eine eindeutige Zuordnung der Euronorm des Fahrzeuges mit den entsprechenden Grenzwerten erforderlich.

a) Kennzeichnen Sie in der Tabelle die Euro 5-Norm.

b) Welche Grenzwerte haben sich bei der Typenzulassung von Euro 5 auf Euro 6 geändert?

c) Um wie viel Prozent hat sich der Grenzwert der Stickoxide von der Euro 5 Norm auf die Euro 6 Norm reduziert?

Abgasgrenzwerte für Diesel-PKW (Fahrzeugklasse M)
Gemäß Richtlinie 70//220/EWG (Euro 1 bis Euro 4) u. Verordnung (EG) Nr. 715/2007 (Euro 5 u. Euro 6)

Norm	Gültig ab	Verordnung EG-Nummer/ Fassung	CO in g/km	HC in g/km	NO_X in g/km	HC + NO_X in g/km	Partikelmasse PM in g/km	Partikelanzahl in 1/km
Euro 3	1.01.2000	70/220/EWG 98/69/EG	0,64	–	0,50	0,56	0,05	–
Euro 4	1.01.2005	70/220/EWG 98/69/EG	0,50	–	0,25	0,30	0,025	–
Euro 5	1.09.2009	715/2007	0,50	–	0,18	0,23	0,005/ 0,0045*	$6x10^{11}$
Euro 6	1.08.2014	715/2007	0,50	–	0,08	0,17	0,005/ 0,0045*	$6x10^{11}$

* Vor Anwendung der Grenzwerte 0,0045 wird ein überarbeitetes Messverfahren eingeführt.

d) Benennen Sie die zulässige Anzahl der Partikel als Zahl und schreiben Sie sie in Dezimalschreibweise aus.

e) Welche Gefahren gehen von diesen Kleinstpartikeln, die trotz Partikelfilter ausgeschieden werden, aus?

3. Im Flussdiagramm auf der nächsten Seite ist der Prüfablauf für Fahrzeuge mit OBD ab einer Erstzulassung ab dem 01.01.2006 dargestellt.

a) Welche Prüfung ist bei dem Fahrzeug durchzuführen, bevor Sie die Fahrzeugdaten in den Tester eingeben?

b) Welche Bedeutung hat die Aussage „RC nicht gesetzt"? Erläutern Sie.

3. **c) Was folgt daraus für die weitere Abgasuntersuchung?**

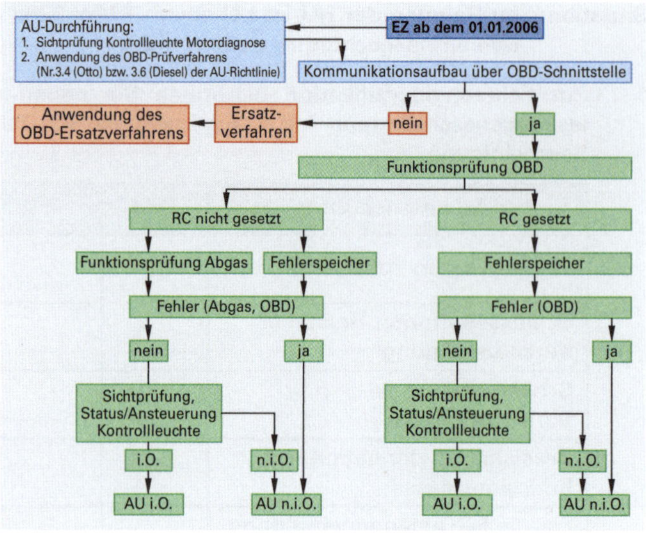

Hinweis: Als Ergebnis der Funktionsprüfung OBD erhalten Sie die dargestellten Readinesscodes. Die MIL leuchtet nicht, es liegt kein abgasrelevanter Fehler vor.

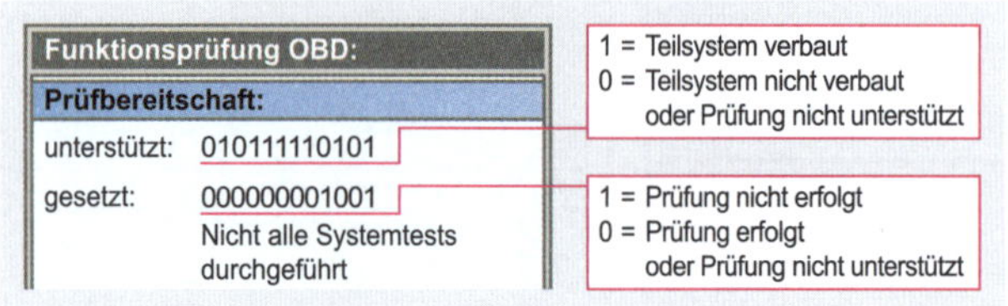

d) Woran erkennen Sie, dass der Oxidations-Katalysator und das AGR-System nicht geprüft wurden?

e) Nennen Sie eine mögliche Ursache, warum die Prüfbereitschaft nicht erreicht wurde?

f) Wie gehen Sie weiter vor?

4. **Seit dem 01. Juli 2012 gelten für alle Dieselfahrzeuge neue AU-Grenzwerte. Der sogenannte „Plakettenwert" ist der Trübungswert, der im Rahmen der Typengenehmigung nach dem Verfahren der freien Beschleunigung ermittelt wird.**

a) Markieren Sie den Plakettenwert auf dem Typenschild des Fahrzeugs.

b) Was sagt der Trübungswert (k-Wert) aus?

c) Beschreiben Sie den Untersuchungsablauf zur Ermittlung des k-Werts.

Hinweis: Ab dem 1.06.2015 muss nach Leitfaden 5 geprüft werden. Bei Fahrzeugen, die in der Abregeldrehzahl nicht auf 4000 1/min limitiert sind, genügt ein Gastoß wenn der k-Wert um 30% unterschritten wird.

5. **Nach erfolgter Prüfung erhalten Sie das Prüfprotokoll.**

a) Kann eine Plakette zugeteilt werden?

b) Begründen Sie Ihre Aussage:

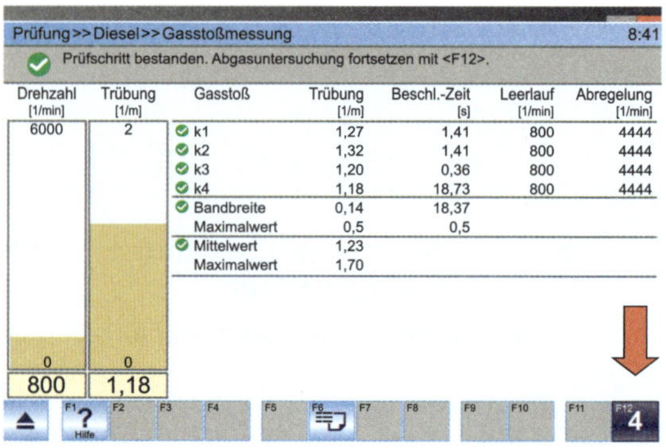

c) Nennen Sie zwei mögliche Ursachen, wenn bei einem Fahrzeug der gesetzliche zulässige k-Wert überschritten wird.

6. **Nach dem Austausch der defekten AGR-Einheit können Sie die Abgasprüfung erfolgreich durchführen. Welche Ergänzungen müssen Sie auf dem Prüfprotokollausdruck vornehmen?**

Name:		
Klasse:	Datum:	Blatt-Nr.:

Situation: **Das Kundenfahrzeug, ein Golf V GTI wurde getunt. Um entscheiden zu können, ob die Änderungen rechtlich und technisch zulässig sind, sind entsprechende Kenntnisse erforderlich.**

Golf V GTI Serie	Golf V GTI getunt
FAHRZEUG: Karosserie: VW Golf GTI **TECHNISCHE DATEN Motor:** Zweiliter-Vierzylinder 16V TFSi, Serienleistung 147 kW/ 200 PS bei 5100 1/min, Drehmoment 280 Nm zwischen 1800 und 5000 1/min **FAHRWERK:** Sportfahrwerk, 17-Zoll-Leichtmetallfelgen mit 225/45er Reifen **KRAFTÜBERTRAGUNG:** Frontantrieb, Sechsgang-Schaltgetriebe	**FAHRZEUG:** Karosserie: VW Golf GTI **TECHNISCHE DATEN Motor:** Zweiliter-Vierzylinder 16V TFSi, Leistungssteigerung durch Modifikation des Motorsteuergeräts, Leistung 169 kW/230 PS bei 6000 1/min, Drehmoment 310 Nm bei 2100 1/min **FAHRWERK:** Abt Gewinde-Sportfahrwerk, in Zug- und Druckstufe einstellbar, VA: -27 mm, HA: -13 mm, Serienbremse, Abt SPO-Räder in 8,5x19 mit 225/35 ZR19er Reifen **KRAFTÜBERTRAGUNG:** Frontantrieb, Sechsgang-Schaltgetriebe

1. a) Welche Tuningmaßnahmen wurden an dem Golf V GTI durchgeführt?

Auszug aus StVZO § 19 Erteilung und Wirksamkeit der Betriebserlaubnis

(2) Die Betriebserlaubnis des Fahrzeugs bleibt, wenn sie nicht ausdrücklich entzogen wird, bis zu seiner endgültigen Außerbetriebsetzung wirksam. Sie erlischt, wenn Änderungen vorgenommen werden, durch die
1. die in der Betriebserlaubnis genehmigte Fahrzeugart geändert wird,
2. eine Gefährdung von Verkehrsteilnehmern zu erwarten ist oder
3. das Abgas- oder Geräuschverhalten verschlechtert wird.

(3) Abweichend von Absatz 2 Satz 2 erlischt die Betriebserlaubnis des Fahrzeugs jedoch nicht, wenn bei Änderungen durch Ein- oder Anbau von Teilen
1. für diese Teile
a) eine Betriebserlaubnis nach § 22 oder eine Bauartgenehmigung nach § 22a erteilt worden ist oder
b) der nachträgliche Ein- oder Anbau im Rahmen einer Betriebserlaubnis oder eines Nachtrags dazu für das Fahrzeug nach § 20 oder § 21 genehmigt worden ist und die Wirksamkeit der Betriebserlaubnis, der Bauartgenehmigung oder der Genehmigung nicht von der Abnahme des Ein- oder Anbaus abhängig gemacht worden ist oder
2. für diese Teile
a) eine EWG-Betriebserlaubnis, eine EWG-Bauartgenehmigung oder eine EG-Typgenehmigung nach Europäischem Gemeinschaftsrecht erteilt worden ist …
3. die Wirksamkeit der Betriebserlaubnis, der Bauartgenehmigung oder der Genehmigung dieser Teile … bestätigt worden ist oder
4. für diese Teile
a) die Identität mit einem Teil gegeben ist, für das ein Gutachten eines Technischen Dienstes nach Anlage XIX über die Vorschriftsmäßigkeit eines Fahrzeugs bei bestimmungsgemäßem Ein- oder Anbau dieser Teile (Teilegutachten) vorliegt,
b) der im Gutachten angegebene Verwendungsbereich eingehalten wird und
c) die Abnahme des Ein- oder Anbaus unverzüglich durch einen amtlich anerkannten Sachverständigen oder Prüfer für den Kraftfahrzeugverkehr oder durch einen Kraftfahrzeugsachverständigen oder Angestellten nach Nummer 4 der Anlage VIIIb durchgeführt worden ist.
Werden bei Teilen nach Nummer 1 oder 2 in der Betriebserlaubnis, der Bauartgenehmigung oder der Genehmigung aufgeführte Einschränkungen oder Einbauanweisungen nicht eingehalten, erlischt die Betriebserlaubnis des Fahrzeugs.

(4) Der Führer des Fahrzeugs hat in den Fällen
1. des Absatzes 3 Nr. 1 den Abdruck oder die Ablichtung der betreffenden Betriebserlaubnis, Bauartgenehmigung, Genehmigung im Rahmen der Betriebserlaubnis oder eines Nachtrags dazu oder eines Auszugs dieser Erlaubnis oder Genehmigung, der die für die Verwendung wesentlichen Angaben enthält, und
2. des Absatzes 3 Nr. 3 und 4 einen Nachweis nach einem vom Bundesministerium für Verkehr, Bau- und Wohnungswesen im Verkehrsblatt bekanntgemachten Muster über die Erlaubnis, die Genehmigung oder das Teilegutachten mit der Bestätigung des ordnungsgemäßen Ein- oder Anbaus sowie den zu beachtenden Beschränkungen oder Auflagen mitzuführen und zuständigen Personen auf Verlangen auszuhändigen.

b) Warum können die Änderungen am Golf V zum Erlöschen der Betriebserlaubnis führen? Vergleichen Sie §19 Abs. 2 StVZO.

c) Unter welchen weiteren Voraussetzungen erlischt die Betriebserlaubnis nach § 19 Abs. 2 StVZO?

2. Werden an einem Teilsystem eines Fahrzeugs Tuningmaßnahmen durchgeführt, können diese andere Teilsysteme beeinflussen. Nebenstehende Tabelle zeigt mögliche Auswirkungen.

Auf welche Teilsysteme des Golf V kann sich die Änderung des Fahrwerks (Feder, Dämpfer, Tieferlegung) auswirken?

Das wird geändert … / … und kann Auswirkungen haben auf:	Räder/Reifen	Fahrwerkseinstellungen (Spur/Sturz oder Distanzscheiben)	Federn/Dämpfer Tieferlegung	Beleuchtungs-einrichtung	Spoiler/Karosserieteile/ Aerodynam. Anbauteile	Lenkrad und Lenkverhalten	Leistungssteigerung/ Motoren-Tuning	Auspuffanlage	Anhängekupplung, Anhängevorrichtung	Geräusch- oder Abgasverhalten
Räder/ Reifen		!	!	ok	!	!	!	ok	ok	!
Fahrwerkseinstellungen (Spur/ Sturz oder Distanzscheiben)	!		!	ok	!	!	ok	ok	ok	ok
Federn, Dämpfer, Tieferlegung	!	!		!	!	!	ok	!	!	ok
Beleuchtungseinrichtung	ok	ok	!		!	ok	ok	ok	!	ok
Spoiler/ Karosserieteile/ Aerodynamische Anbauteile	!	!	!	!		!	!	!	!	ok
Lenkrad	!	!	!	ok	!		ok	ok	ok	ok
Leistungssteigerung/ Motoren-Tuning	!	ok	!	ok	!	ok		!	!	!
Auspuffanlage	ok	ok	!	ok	!	ok	!		!	!
Anhängekupplung, Anhängevorrichtung	ok	ok	!	!	!	ok	!	!		ok

ok keine gegenseitige Beeinflussung zu erwarten   ! gegenseitige Beeinflussung möglich

3. Einbau-/Anbauteile für Fahrzeuge können auf verschiedene Arten eine Betriebserlaubnis erhalten. Welche Arten der Betriebserlaubnis werden dafür in StVZO §19 Abs. 3 genannt?

4. Wie weist der Hersteller von Fahrzeugteilen nach, dass eine Teile-ABE vorliegt? Lesen Sie auch §22 StVZO.

Hinweis: Die ABE-Nummer entspricht der KBA-Nummer.

Kraftfahrt-Bundesamt
D-24932 Flensburg

ALLGEMEINE BETRIEBSERLAUBNIS (ABE)

nach §22 in Verbindung mit §20 Straßenverkehrs-Zulassungs-Ordnung (StVZO) in der Fassung vom 28.09.1988 (BGBl I S.1793)

Nummer der ABE:	45550, Nachtrag 01
Gerät:	Sonderräder für Personenkraftwagen $7^1/_2$J x 18 H2
Typ:	RT 242 / VO 072
Inhaber der ABE und Hersteller:	BBS Kraftfahrzeugtechnik AG D-77761 Schiltach

Auszug aus § 22 StVZO Betriebserlaubnis für Fahrzeugteile

(2) … der Inhaber (Hersteller) einer Allgemeinen Betriebserlaubnis für Fahrzeugteile hat durch Anbringung des ihm vorgeschriebenen Typzeichens auf jedem dem Typ entsprechenden Teil dessen Übereinstimmung mit dem genehmigten Typ zu bestätigen. Außerdem hat er jedem gefertigten Teil einen Abdruck oder eine Ablichtung der Betriebserlaubnis oder den Auszug davon und gegebenenfalls den Nachweis darüber (§ 19 Abs. 4 Satz 1) beizufügen.

5. a) Was versteht man unter einer allgemeinen Bauartgenehmigung für Fahrzeugteile? Lesen Sie §22a Abs. 1 StVZO.

____

Auszug aus § 22a StVZO Bauartgenehmigung für Fahrzeugteile

(1) Die nachstehend aufgeführten Einrichtungen, gleichgültig ob sie an zulassungspflichtigen oder an zulassungsfreien Fahrzeugen verwendet werden, müssen in einer amtlich genehmigten Bauart ausgeführt sein:

1. Heizungen in Kraftfahrzeugen, ausgenommen elektrische Heizungen sowie Warmwasserheizungen, bei denen als Wärmequelle das Kühlwasser des Motors verwendet wird (§ 35c);

1a) Luftreifen (§ 36 Abs. 1a);

2. Gleitschutzeinrichtungen (§ 37 Abs. 1 Satz 2);
3. Scheiben aus Sicherheitsglas (§ 40) und Folien für Scheiben aus Sicherheitsglas;
4. (aufgehoben)
5. Auflaufbremsen (§ 41 Abs. 10), ausgenommen ihre Übertragungseinrichtungen und Auflaufbremsen, die nach den im Anhang zu § 41 Abs. 18 genannten Bestimmungen über Bremsanlagen geprüft sind und deren Übereinstimmung in der vorgesehenen Form bescheinigt ist;
6. Einrichtungen zur Verbindung von Fahrzeugen (§ 43 Abs. 1), ...

b) Für welche Fahrzeugteile ist eine allgemeine Bauartgenehmigung (ABG) vorgeschrieben? Nennen Sie Beispiele.

____

____

6. Bauartgenehmigte Fahrzeugteile werden durch nebenstehende Prüfzeichen gekennzeichnet. Welche Bedeutung hat die Kennzahl?

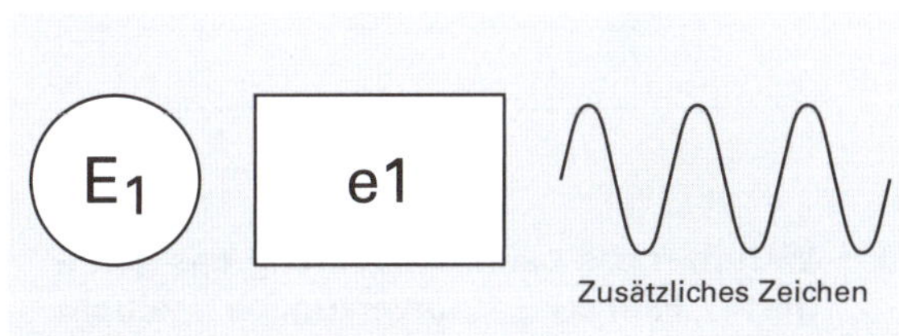

____

____

Auszug aus § 21a StVZO Anerkennung von Genehmigungen und Prüfzeichen auf Grund internationaler Vereinbarungen und von Rechtsakten der Europäischen Gemeinschaften

(2) Das Prüfzeichen nach Absatz 1 besteht aus einem Kreis, in dessen Innerem sich der Buchstabe „E" und die Kennzahl des Staates befinden, der die Genehmigung erteilt hat, sowie aus der Genehmigungsnummer in der Nähe dieses Kreises, gegebenenfalls aus der Nummer der internationalen Vereinbarung mit dem Buchstaben „R" und gegebenenfalls aus zusätzlichen Zeichen. Das Prüfzeichen nach Absatz 1a besteht aus einem Rechteck, in dessen Innerem sich der Buchstabe „e" und die Kennzahl oder die Kennbuchstaben des Staates befinden, der die Genehmigung erteilt hat, aus der Bauartgenehmigungsnummer in der Nähe dieses Rechtecks sowie gegebenenfalls aus zusätzlichen Zeichen. Die Kennzahl für die Bundesrepublik Deutschland ist in allen Fällen „1".

7. Auf den abgebildeten bauartgenehmigten Fahrzeugteilen befinden sich Prüfzeichen. In welchen Staaten der europäischen Gemeinschaft wurden die Fahrzeugteile zugelassen? Ergänzen Sie die Tabelle.

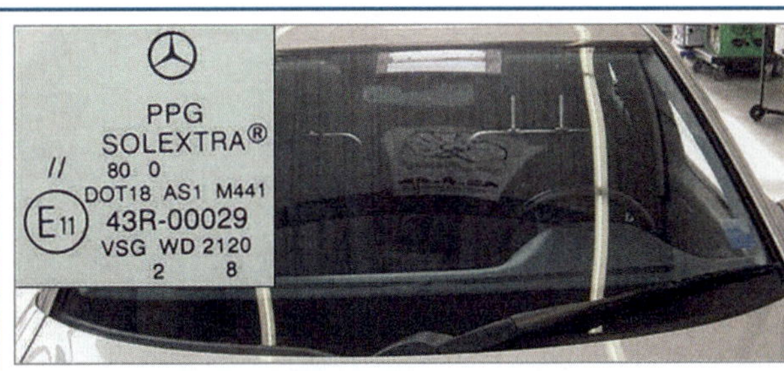

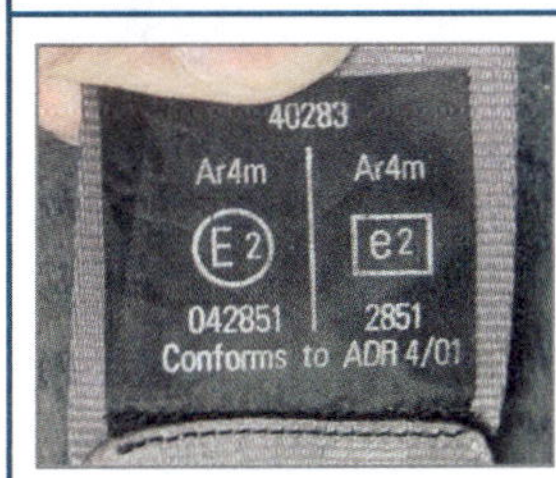

Fahrzeugteil	In den Staaten zugelassen

Hinweis: Prüfzeichen der Länder: Deutschland E1, Frankreich E2, Italien E3, Niederlande E4, Schweden E5, Belgien E6, Ungarn E7, Tschechien E8, Spanien E9, Serbien E10, Großbritannien E11, Österreich E12

8. Worauf muss der Fahrzeughalter des Golf V GTI achten, wenn Fahrzeugteile mit nebenstehendem Teilegutachten in sein Fahrzeug eingebaut werden?

9. Am Golf V GTI wurden im Rahmen der Tuningmaßnahme andere Räder mit ABE bzw. Teilegutachten montiert. Was prüft der Sachverständige bei der Änderungsabnahme?

10. Warum muss beim Chip-Tuning das geänderte Fahrzeug „unverzüglich“ einem Sachverständigen zur Abnahme vorgeführt werden?

11. Warum muss das Chip-Tuning am Golf V GTI unverzüglich in die Fahrzeugpapiere eingetragen werden?

12. Warum müssen die Änderungen am Fahrzeug der Versicherung unverzüglich mitgeteilt werden?

Hinweis: „Unverzüglich“ bedeutet, dass der Besitzer sein Fahrzeug von der Werkstatt direkt und ohne Umweg zum Sachverständigen bringt.

TÜV AUTOMOTIVE GMBH
Unternehmensgruppe TÜV Süddeutschland
Engineering Center Böblingen
Otto-Lilienthal-Str. 16
D-71034 Böblingen

TÜV AUTOMOTIVE

Hersteller: **BBS Kraftfahrzeugtechnik AG**
77757 Schiltach

Gutachten Nr.
18 10 08 1236

Blatt: 1/AT1 von 4

TEILEGUTACHTEN

über die Vorschriftsmäßigkeit eines Fahrzeuges bei bestimmungsgemäßem Ein- oder Anbau von Teilen gemäß § 19 Abs. 3 Nr. 4 StVZO

für das Teil/
den Änderungsumfang : **Sonderräder**
vom Typ : **RS 960**
des Herstellers/ der Fertigungsstätte : **s.o.**

0. Hinweise für den Fahrzeughalter

Unverzügliche Durchführung und Bestätigung der Änderungsabnahme:
Durch die vorgenommene Änderung erlischt die Betriebserlaubnis des Fahrzeuges, wenn nicht unverzüglich die gemäß StVZO § 19 Abs. 3 vorgeschriebene Änderungsabnahme durchgeführt und bestätigt wird oder festgelegte Auflagen nicht eingehalten werden!
Nach der Durchführung der technischen Änderung ist das Fahrzeug unter Vorlage des vorliegenden Teilegutachtens unverzüglich einem amtlich anerkannten Sachverständigen oder Prüfer einer Technischen Prüfstelle oder einem Prüfingenieur einer amtlich anerkannten Überwachungsorganisation zur Durchführung und Bestätigung der vorgeschriebenen Änderungsabnahme vorzuführen.

Einhaltung von Hinweisen und Auflagen:
Die unter 3. und 4. aufgeführten Hinweise und Auflagen sind dabei zu beachten.

Mitführen von Dokumenten:
Nach der durchgeführten Abnahme ist der Nachweis mit der Bestätigung über die Änderungsabnahme mit den Fahrzeugpapieren mitzuführen und zuständigen Personen auf Verlangen vorzuzeigen; dies entfällt nach erfolgter Berichtigung der Fahrzeugpapiere.

Berichtigung der Fahrzeugpapiere:
Die Berichtigung der Fahrzeugpapiere (Zulassungsbescheinigung Teil I und Teil II, Betriebserlaubnis nach § 18 Abs. 5 StVZO oder Anhängerverzeichnis) durch die zuständige Zulassungsbehörde ist durch den Fahrzeughalter entsprechend der Festlegung in der Bestätigung der ordnungsgemäßen Änderung zu beantragen.
Weitere Festlegungen sind der Bestätigung der ordnungsgemäßen Änderung zu entnehmen.

1. Verwendungsbereich

2. Beschreibung des Sonderrades

Typ		: **RS960**
Ausführung :		–
Radgröße		: $8^1/_2$ J x 19 H2
Einpreßtiefe		: 46 mm
Lochkreis		: ø112 mm – 5 Loch
Zentrierart		: Mittenzentrierung durch Zentrierring (BBS PFS-System)
Zulässige Radlast		: 712 kg (Abrollumfang max. 1991 mm)
Kennzeichnung:		
Art		: eingeprägt, eingegossen bzw. eingeschmiedet
Ort		: siehe unten
	außen	: ***BBS***, JWL, $8^1/_2$ J x 19H2 ET 46, RS 960, GERMANY (sowie, *ohne Belang für die Festigkeit*) ***VIA*** 695KG
	innen	: *Herstelldatum (Woche/Jahr):* XX / XX *Markierungen für Kontrollzeichen, Herstellerkennzeichen, Chargen-Nr., Röntgenprüfzeichen, Warmbehandlung-Tag, Sichtkontrolle mech. Bearbeitung*
Technische Daten/ Beschreibung		: Zweiteilige Leichtmetall-Sonderräder (geschmiedeter Radstern mit 8 y-förmigen radialangeordneten Speichen und 8 dazwischen liegenden Lüftungsöffnungen, gedrückte Felge mit unsymmetrischem Tiefbett und beidseitigem Hump; Radstern und Felge mit 16 Spezialschrauben verbunden. Mittenbohrung mit Deckel verschlossen.

Nachweis über die Erlaubnis / die Genehmigung / das Teilegutachten gemäß §19 Abs.4 Satz 1StVZO

Für: **Leichtmetallrad** Typ: **RD 082**
des Herstellers/Importeurs: **BBS Kraftfahrzeugtechnik AG 77757 Schiltach**
liegt ein Teilegutachten über die Vorschriftsmäßigkeit eines Fahrzeugs bei bestimmungsgemäßem Ein- oder Anbau der Techn. Prüfstelle
TÜV Automotive GmbH, Unternehmensgruppe TÜV Süddeutschland vor.
Bericht-Nr.: **366-1579-96-MURD/N8** Datum: **22.05.2002**

TÜV AUTOMOTIVE GMBH · Sachverständiger Prüflabor DIN EN 45001 · TÜV AUTOMOTIVE · UNTERNEHMENSGRUPPE TÜV SÜDDEUTSCHLAND

Bestätigung des ordnungsgemäßen Anbaus gem.§ 19 Abs. 3 StVZO

Hiermit wird bestätigt, dass der Anbau des im Nachweis genannten Bauteils am
Fahrzeughersteller: Fahrzeugtyp:
Fahrzeug-Ident-Nr.:
ordnungsgemäß erfolgte und das Fahrzeug insoweit den geltenden Vorschriften entspricht.
Vorangegangene zulässige Änderungen gemäß Fahrzeugschein/Anbaubestätigung/Teile-ABE*)
werden berücksichtigt.

Bemerkungen/Hinweise/Auflagen:

Eine Berichtigung der Fahrzeugpapiere ist erforderlich/nicht vorgeschrieben aber möglich*)
Untersuchungsbericht/Gutachten-Nr.: Unterschrift u. Name
Ort u. Datum der Abnahme: a.a.S.o.P./Prüf-Ing.

Name:		
Klasse:	Datum:	Blatt-Nr.:

Situation: Ein Kunde möchte beim Kauf eines VW Golf TDI wissen, welche Vorteile er mit der Ausstattung eines 6-Gang-Wechselgetriebes gegenüber dem Getriebe mit 5 Gängen hat.

1. **Nennen Sie die Aufgaben des Wechselgetriebes in einem Kraftfahrzeug.**

2. **Warum müssen die Drehzahlen und das Drehmoment für den Fahrzeugbetrieb übersetzt werden.**

3. **Wie werden die Übersetzungen bei Wechselgetrieben in den einzelnen Gängen erreicht?**

4. **Ergänzen Sie in der Tabelle für die abgebildeten Zahnradpaarungen die Werte für Drehzahl, Drehmoment, Teilkreisdurchmesser und Übersetzungsverhältnis. Zeichnen Sie die Drehrichtungspfeile in die Abbildungen ein.**

n_1 = 1000 1/min M_1 = 100 Nm d_1 = 50 mm		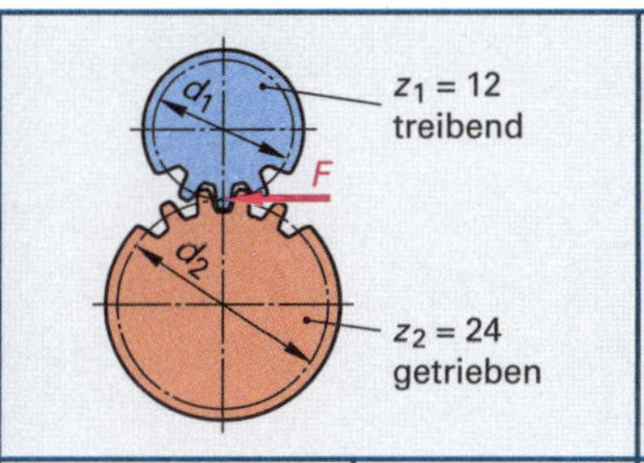		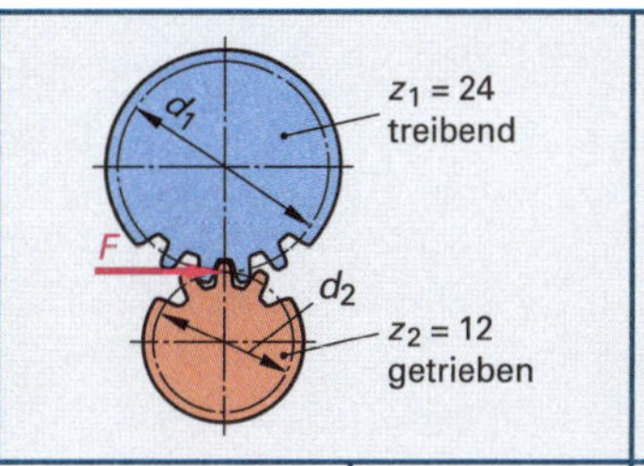		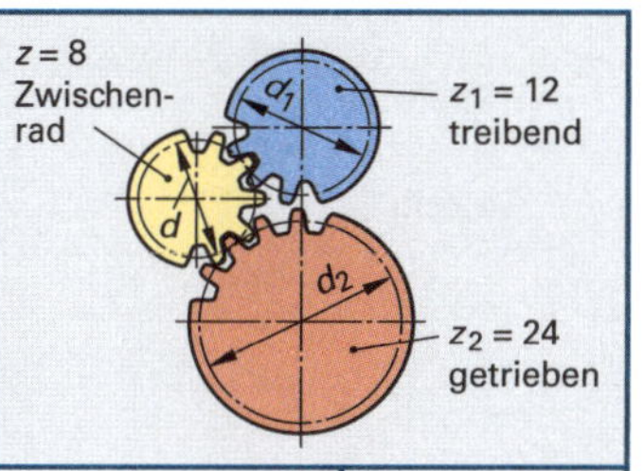	
n_2	M_2						
d_2	i						

5. **Im Bild sind die Getriebeausgangskennlinien eines 5-Gang-Getriebes dargestellt. Berechnen Sie das max. Drehmoment in den einzelnen Gängen und tragen Sie die Werte in die Tabelle ein. Überprüfen Sie die Werte anhand des Diagramms.**

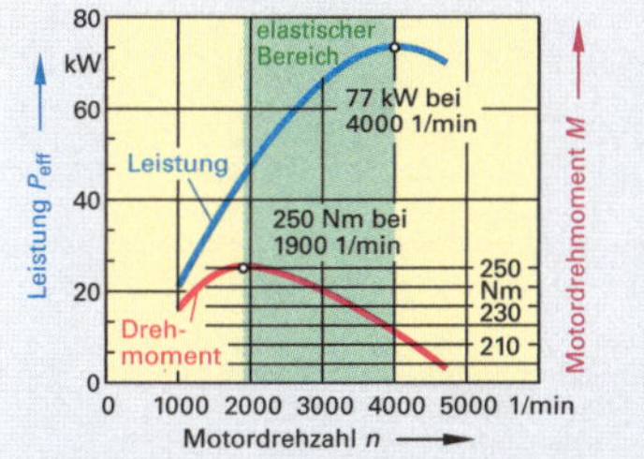

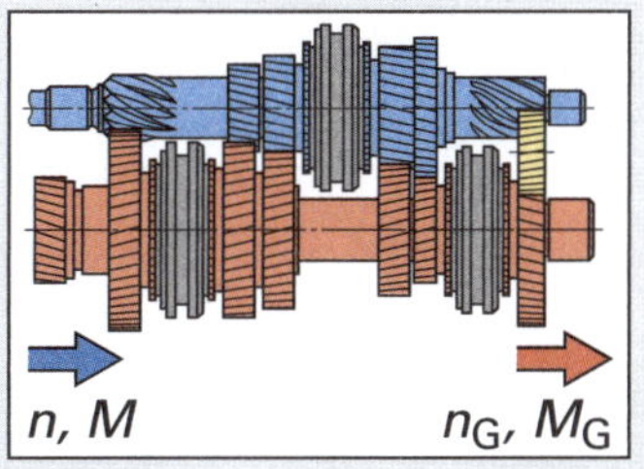

Gang	1	2	3	4	5
M_G in Nm					
n_G in 1/min					

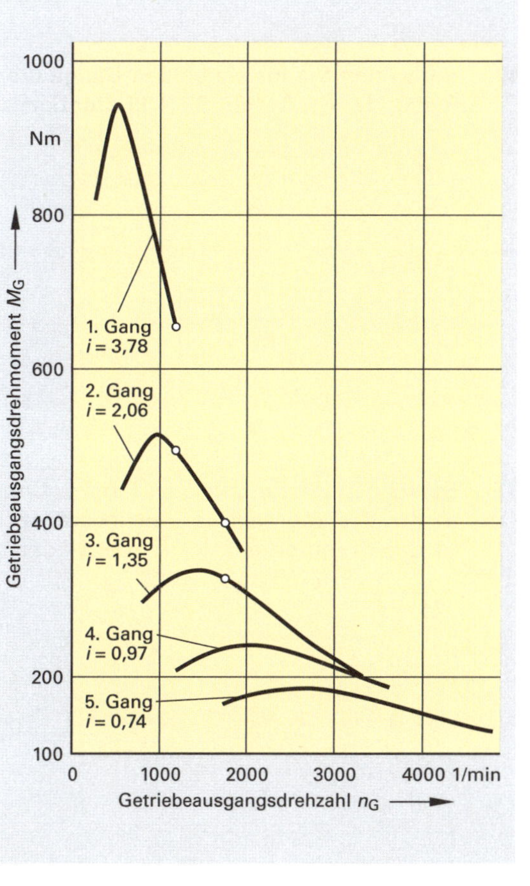

6. **Zeichnen Sie die Drehmomenthyperbel in das rechte Bild ein.**

7. **Welcher Drehmomentverlust ergibt sich beim Schalten aus der Motorenddrehzahl vom 1. in den 2. und vom 2. in den 3. Gang. Tragen Sie die Werte in die Tabelle ein und markieren Sie die Schaltpunkte im Getriebeschaubild.**

Gangwechsel	1. nach 2.	2. nach 3.
Drehmomentverlust in Nm		

Name:

Klasse: | Datum: | Blatt-Nr.:

8. **Warum treten bei diesem Getriebe die größten Drehmomentverluste beim Gangwechsel in den niedrigen Gängen auf?**

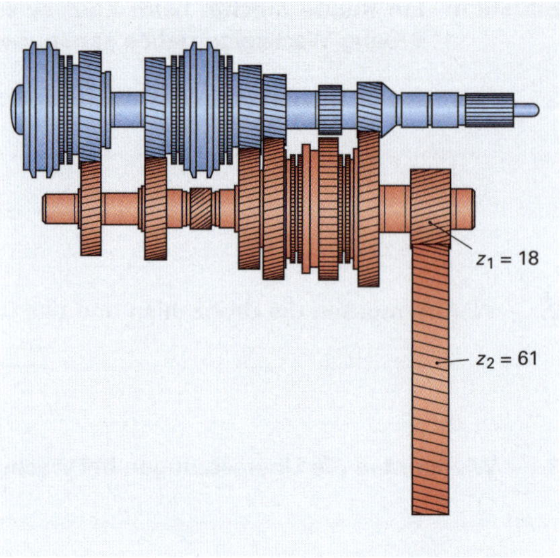

9. **Die Drehzahl und das Drehmoment an den Antriebsrädern wird noch zusätzlich durch das zwischengeschaltete Achsgetriebe, wie im Bild dargestellt, bestimmt.**

Berechnen Sie für den 1. und den 5. Gang bei einer Motordrehzahl von 4000 1/min

a) die Übersetzung des Achsgetriebes

b) die Übersetzung des gesamten Antriebsstranges

c) die Drehzahl der Antriebsräder.

Geg.:

Ges.:

Lös.:

10. **Berechnen Sie für die beiden Gänge die Fahrgeschwindigkeit bei einer Motordrehzahl von 4000 1/min, wenn Reifen der Größe 195/65 R 15 montiert sind.**

Geg.: **Ges.:**

Lös.:

11. **Berechnen Sie für den 1. und den 5. Gang bei maximalem Motordrehmoment**
a) das Drehmoment der Antriebsräder (Verluste bleiben unberücksichtigt) und
b) das Drehmoment der Antriebsräder bei einem Wirkungsgrad des Gesamttriebwerkes von 94 %.

Geg.: **Ges.:**

Lös.:

Name:		
Klasse:	Datum:	Blatt-Nr.:

12. a) In der Tabelle sind die Übersetzungsverhältnisse des zur Wahl stehenden 6-Gang-Getriebes eingetragen. Es sind Reifen der Größe 195/65 R 15 montiert. Ergänzen Sie die Tabelle.

Gänge	1	2	3	4	5	6
i_G	3,78	2,27	1,52	1,11	0,88	0,72
i_{Tr}						
n_M 1/min	4000	4000	4000	4000	4000	3910
n_A 1/min						
v km/h						

b) Tragen Sie die Schaltkennlinien für das 6-Gang-Getriebe in das rechte Diagramm ein.

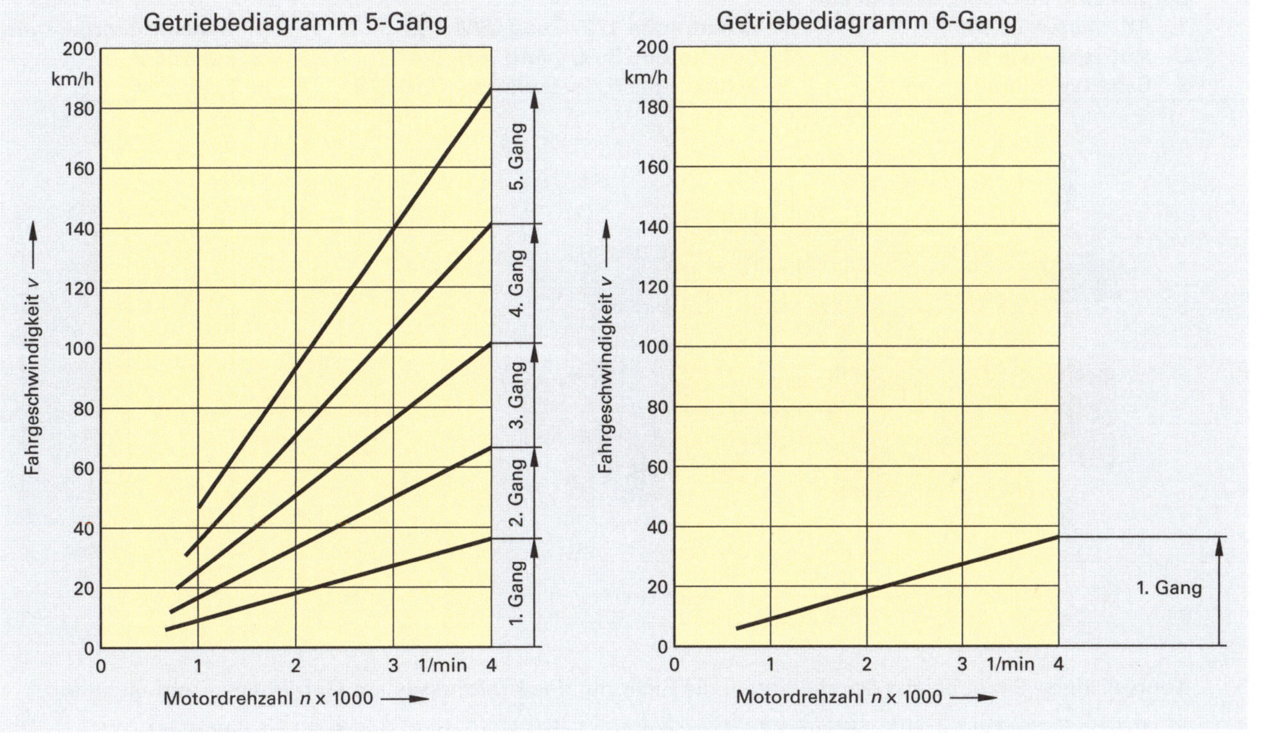

13. Bestimmen Sie aus dem Diagramm für beide Getriebe die Motordrehzahlen bei den Fahrgeschwindigkeiten 150 km/h und 186 km/h im höchsten und ebenso bei 50 km/h und 100 km/h im zweithöchsten Gang. Tragen Sie die Ergebnisse in die Tabelle ein.

v	50 km/h	100 km/h	150 km/h	186 km/h
n_M 5-Gang-Getriebe				
n_M 6-Gang-Getriebe				

14. Welcher Unterschied ergibt sich bei gleicher Fahrgeschwindigkeit?

15. Welche Vorteile ergeben sich für den Kunden, wenn er das Fahrzeug mit einem 6-Gang-Getriebe bestellt?

16. Welche Nachteile ergeben sich für den Kunden, wenn er das Fahrzeug mit einem 6-Gang-Getriebe bestellt?

Situation: Bei einem Renault Megane LS 2,0 mit einem 5-Gang-Wechselgetriebe springt der 1. Gang unter Last beim Beschleunigen heraus.

1. Welche Fehler können dafür verantwortlich sein?

2. Bei der Überprüfung außerhalb des Getriebes wird kein Fehler gefunden. Das Getriebe wird ausgebaut und zerlegt. In dem Fahrzeug ist die im Bild dargestellte Getriebeart verbaut. Benennen Sie das Getriebe.

3. In welchen Fahrzeugen werden diese Getriebe hauptsächlich verbaut?

4. Tragen Sie die unten angegebenen Zuordnungsnummern der Getriebeteile in das Getriebebild und in das rechts dargestellte Funktionsschema ein.

1 Antriebswelle (AN)	4 Schaltmuffe 1./2. Gang (SM 1/2)	7 Synchronkörper von z_2/z_4
2 Abtriebswelle (AB)	5 Schaltmuffe 3./4. Gang (SM 3/4)	x Festräder
3 Schaltverzahnung von z_2	6 Schaltmuffe 5./Rückwärtsg. (SM 5/R)	= Losräder

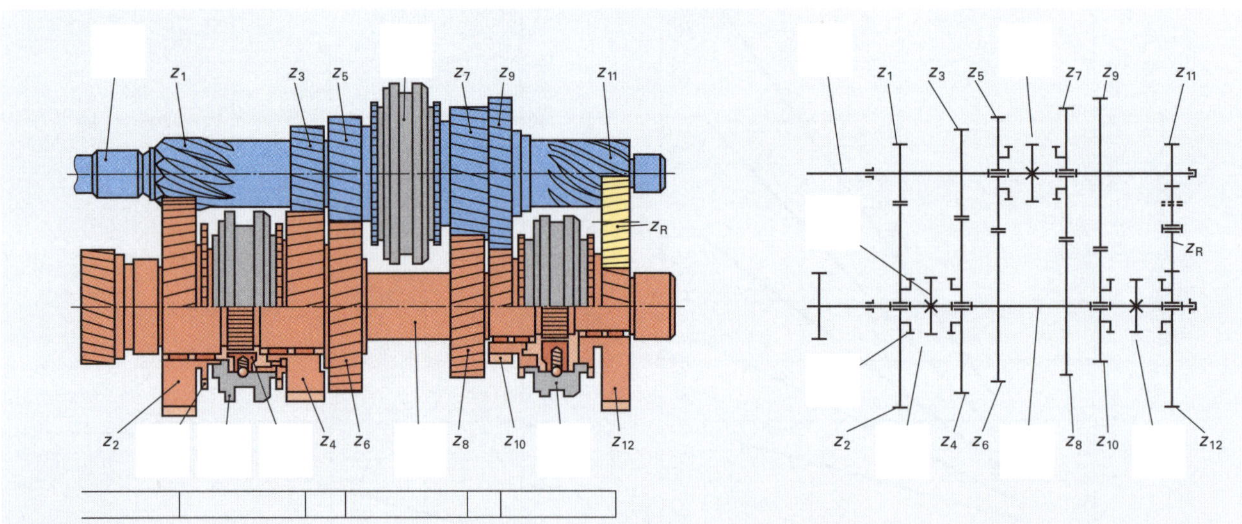

5. Kennzeichnen Sie in beiden Darstellungen die Richtung des Kraftflusses am Getriebeein- und -ausgang.

6. a) Welche Zahnräder des im obigen Bild dargestellten Schaltgetriebes sind drehfest gelagert?

   b) Kennzeichnen Sie diese drehfest gelagerten Zahnräder im Funktionsschema (rechts) mit einem „x“ auf der Welle.

   c) Welche Zahnräder des im obigen Bild dargestellten Schaltgetriebes sind lose gelagert?

7. a) Welche Voraussetzung muss gegeben sein, damit über ein Zahnradpaar Kraft übertragen wird?

   b) Wodurch wird dies erreicht?

8. Zeichnen Sie ins Funktionsschema die Schaltmuffen in den Positionen ein, wenn der 1. Gang geschaltet ist.

9. a) Beschreiben Sie, ausgehend von der Antriebswelle, über welche Zahnräder und Schaltelemente der Kraftfluss im 1. Gang erfolgt.

   Antriebswelle →

   b) Zeichnen Sie den Kraftfluss für den 1. Gang unter das Getriebebild und in das Funktionsschema ein.

10. **Der Motor gibt bei einer Drehzahl von 4100 1/min ein Drehmoment von 120 Nm ab. Das Wechselgetriebe des Fahrzeugs hat Zahnräder mit den im rechten Bild angegebenen Zähnezahlen. Berechnen Sie:**

a) Das Getriebeausgangsdrehmoment im 1. und 5. Gang,

b) die Getriebeausgangsdrehzahl für den 1. und 5. Gang.

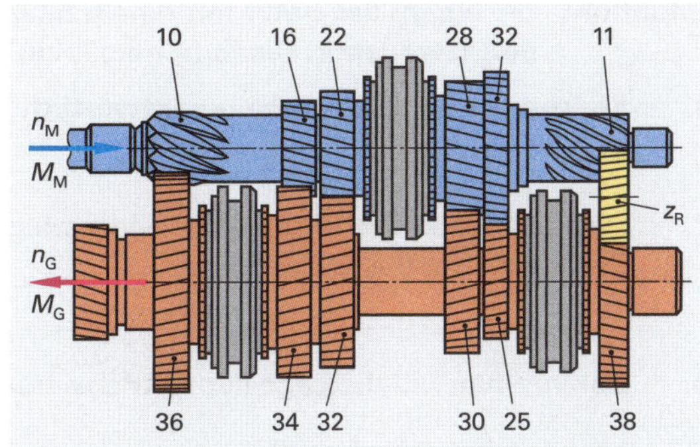

Geg.:

Ges.:

Lös.:

11. **Benennen Sie die nummerierten Bauteile des 1. Ganges der ausgebauten Wellen in der Tabelle.**

1		2		3	
4		5		6	

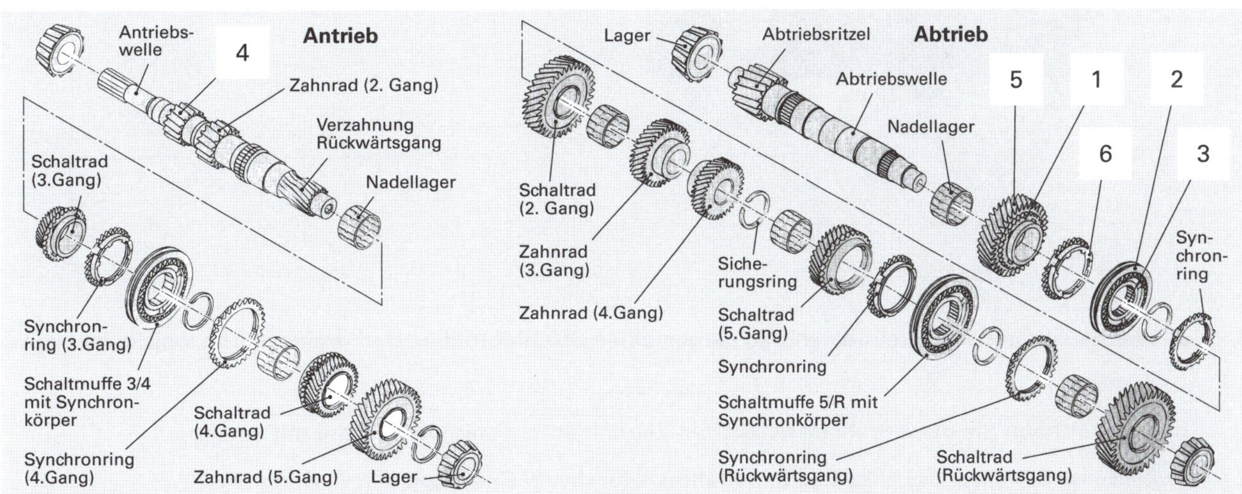

12. **Kennzeichnen Sie die Antriebswelle (AN) und ihre Zahnräder entsprechend dem Bild in Aufgabe 4 hellblau, die Abtriebswelle (AB) und ihre Zahnräder hellrot.**

13. **Auf dem nebenstehenden Bild ist die Schaltverzahnung des ausgebauten Schaltrades zu sehen. Beurteilen Sie deren Zustand. Welche Maßnahme schlagen Sie vor?**

14. **Erklären Sie den Zusammenhang zwischen dem defekten Teil und dem Herausspringen des Ganges.**

Situation: Bei einem 5er BMW mit einem 5-Gang Wechselgetriebe lässt sich der 2. Gang nur schwer schalten und es gibt Geräusche. Die Kupplung ist in Ordnung.

1. Welcher Fehler kann dafür verantwortlich sein?

2. Das Getriebe wird ausgebaut und zerlegt. In dem Fahrzeug ist die im Bild dargestellte Getriebeart verbaut. Benennen Sie das Getriebe.

3. Beschreiben Sie die Lage der Abtriebs- zur Antriebswelle bei diesem Getriebe.

4. In welchen Fahrzeugen werden diese Getriebe hauptsächlich verbaut?

5. a) Tragen Sie die unten angegebenen Zuordnungsnummern der Getriebeteile in das Getriebebild ein.
   b) Bezeichnen Sie im rechten Funktionsschema die Getriebeteile mit den in Klammern angegebenen Abkürzungen.

1	Antriebswelle (AW)	4	Schaltverzahnung von z_1 (SVZ)	7	Schaltmuffe 3./4. Gang (SM 3/4)
2	Hauptwelle (HW)	5	Schaltmuffe 1./2. Gang (SM 1/2)	x	Festräder
3	Vorgelegewelle (VW)	6	Schaltmuffe 5./Rückwg. (SM 5/R)	=	Losräder

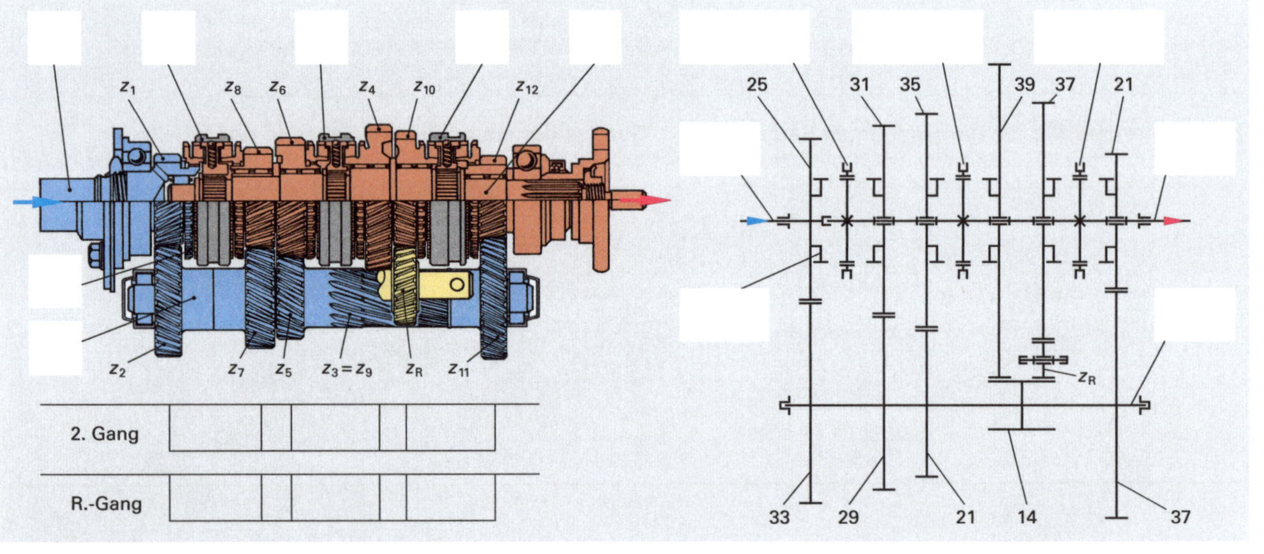

6. a) Welche Zahnräder des im obigen Bild dargestellten Schaltgetriebes sind drehfest, und welche lose gelagert?
   drehfest: ________________ lose: ________________
   b) Kennzeichnen Sie diese drehfest gelagerten Zahnräder im Funktionsschema mit einem „x".

7. a) Zeichnen Sie unter das linke Bild den Kraftfluss für den 2. Gang und den R.-Gang ein.
   b) Beschreiben Sie über welche Wellen, Zahnräder und Schaltmuffen der Kraftfluss im 2. und R.-Gang erfolgt.
   2. Gang: AW → ________________
   R.-Gang: AW → ________________

8. Berechnen Sie mit den im Funktionsschema angegebenen Zähnezahlen
   a) das Übersetzungsverhältnis des 2. Gangs b) das Übersetzungsverhältnis des Rückwärtsganges.

Geg.:

Ges.:

Lös.:

9. Benennen Sie die mit Ziffern gekennzeichneten Teile der dargestellten Synchronisiereinrichtung und tragen Sie die fehlenden Zuordnungsnummern im Bild ein.

1 ______________ 2 ______________

3 ______________ 4 ______________

5 ______________ 6 ______________

7 Synchronring 8 Reibfläche (Gangrad)

9 Reibfläche (Synchronring) 10 Schaltverzahnung

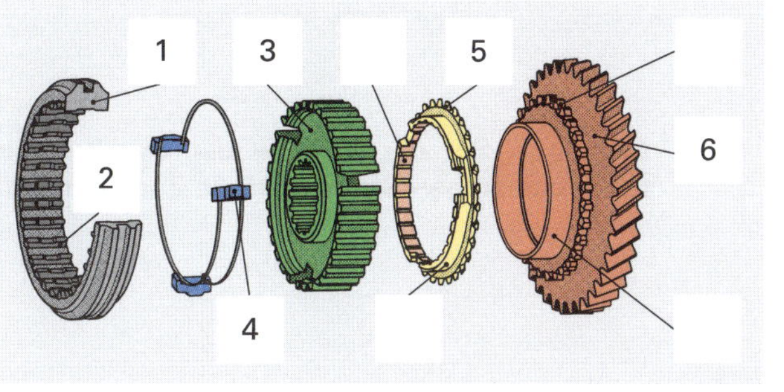

10. Welche Voraussetzung muss gegeben sein, damit die Schalträder geräuschlos geschaltet werden können?

____

11. Was versteht man unter „Sperrsynchronisierung“?

____

____

____

12. a) Benennen Sie über den Bildern die jeweils dargestellte Stellung der Synchronisiereinrichtungen.

b) Beschreiben Sie unter den Bildern den Schaltzustand der Synchronisiereinrichtung.

c) Markieren Sie die Schaltklauen, die Sperrzähne des Synchronringes und die Schaltverzahnung farbig.

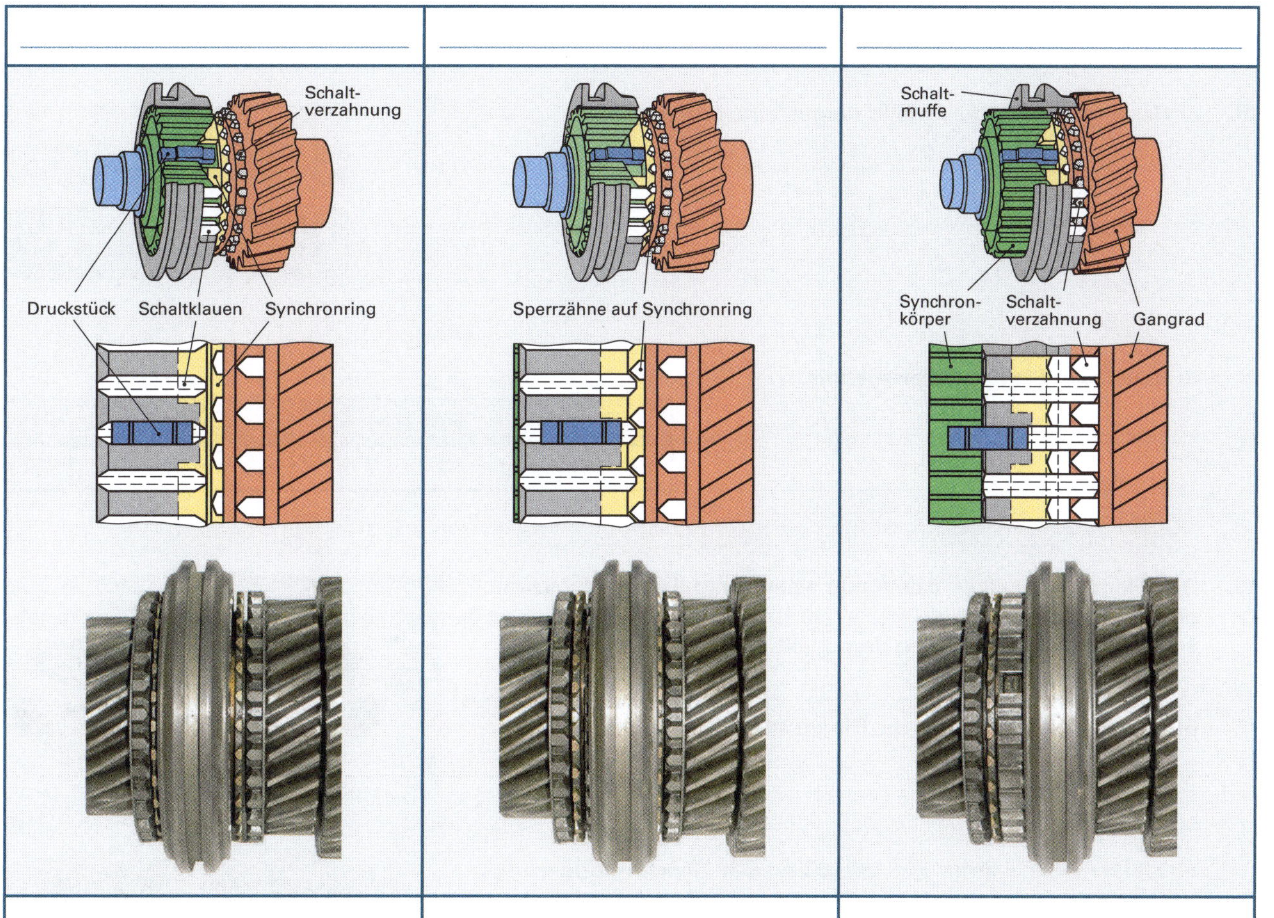

Name:		
Klasse:	Datum:	Blatt-Nr.:

13. a) In dem Getriebe ist für den 2. Gang die im Bild dargestellte Synchronisiereinrichtung verbaut. Benennen Sie die Bauart.

____

____

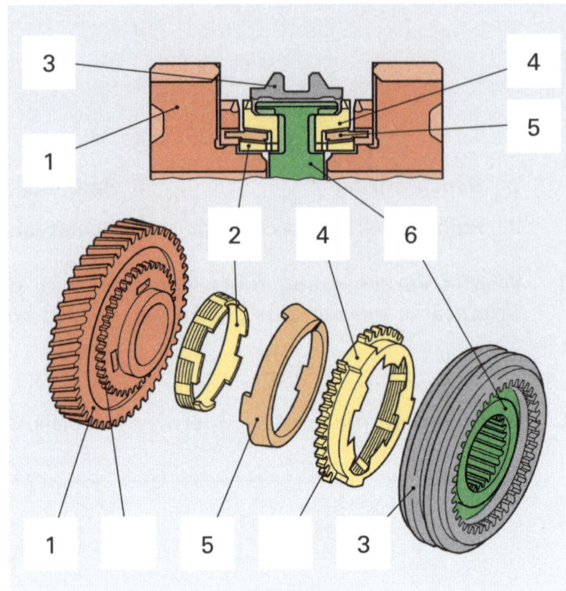

b) Benennen Sie die Bauteile der Synchronisiereinrichtung, und tragen Sie im Bild die Zuordnungsnummern ein.

1 ____________ 2 ____________

3 ____________ 4 ____________

5 ____________ 6 ____________

7 Sperrzähne 8 Schaltverzahnung

c) Weshalb werden Synchronisiereinrichtungen mit doppelter Synchronisation in den niedrigen Gängen eines Wechselgetriebes (z.B. im 1., 2. und 3. Gang) eingesetzt?

____

____

14. Nennen Sie das Bauteil, das für die eingangs geschilderten Geräusche verantwortlich sein kann?

____

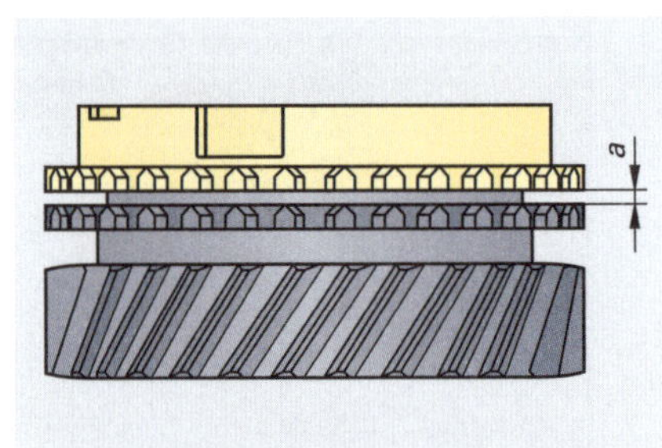

15. a) Beschreiben Sie die im Bild dargestellte Prüfung.

____

____

____

____

b) Beurteilen Sie das Messergebnis.

Spaltmaß –*a*–	Einbaumaß	Verschleißgrenze	Istmaß
1. und 2. Gang	1,1 … 1,7 mm	0,8 mm	0,3 mm

____

____

____

16. Die Bilder zeigen einen neuen und einen verschlissenen Synchronring.

a) Woran erkennen Sie den Verschleiß am Synchronring?

____

b) Welche Aufgabe haben die Ringnuten?

____

____

c) Erklären Sie warum mit verschlissenen Synchronringen das Schalten erschwert ist, bzw. Geräusche verursacht werden.

____

____

____

Situation: Ein Kunde kann seinen Smart (Model 451) nicht mehr starten. Im Display erscheinen drei Balken. Auf Nachfrage bestätigt der Kunde, dass er das Fahrzeug mit eingelegtem Rückwärtsgang abgestellt hat. Das Fahrzeug ist mit einem ASG ausgestattet.

1. a) Wofür steht ASG?

   b) Woran ist am Pedalwerk erkennbar, dass es sich um ein ASG handelt?

   c) Welche Wahlmöglichkeiten hat der Fahrer am Wahlhebelmodul?

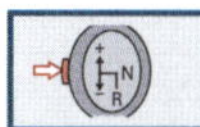	
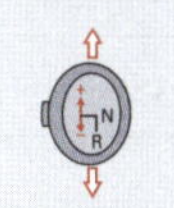	
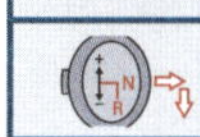	

2. Warum kann das Fahrzeug nicht mehr gestartet werden?

3. a) Worauf weisen die drei Balken im Display hin?

   b) Welche Betätigungssysteme sind hiervon betroffen?

Auszüge aus der Bedienungsanleitung.

Beschreibung Display-Fehlermeldung

■■■■ ■■■■ ■■■■	Probleme im Antriebssystem	Suchen Sie eine Fachwerkstatt auf

Abstellen des Fahrzeugs.
Der Fahrtschlüssel kann nur in Neutralstellung oder bei geschaltetem Rückwärtsgang aus dem Zündschloss gezogen werden.

Vorsicht. In Neutralstellung kann das Fahrzeug wegrollen.

Sie verschaffen sich einen Überblick über die Getriebebetätigung mit Hilfe der folgenden Darstellungen.

4. a) Beschriften Sie das Ausgleichsgetriebe, die Eingangswelle, die Getriebemotoren und die Zahnradpaarungen der Gänge 2 bis 5 und R.

   b) Ordnen Sie im Bild die folgenden Bauteile zu.
   A1 Schaltmuffe 1./3. Gang
   A2 Schaltmuffe 5. Gang
   A Schaltwalze 1./3./5. Gang
   B Schaltwalze 2./4./R Gang
   B1 Schaltmuffe 2./4. Gang
   B2 Rücklaufrad

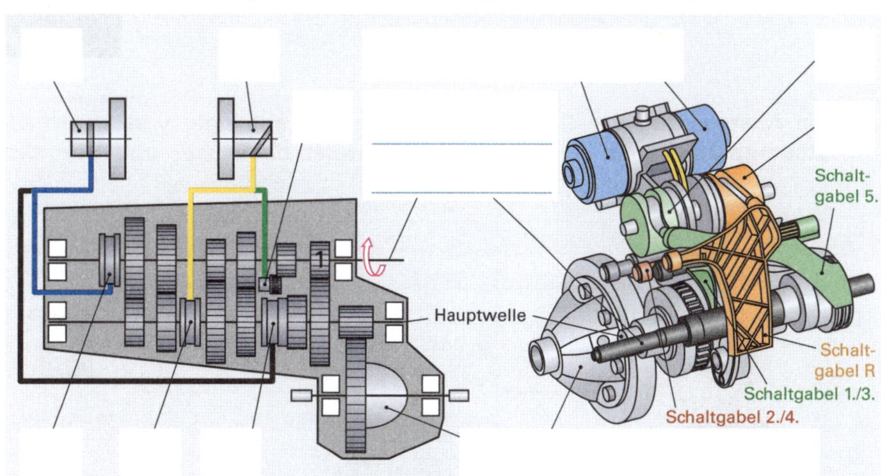

   c) Wie sind die Schaltwalzen mit den Schaltmuffen verbunden?

   d) Welche Gänge werden mit welcher Schaltwalze betätigt? Kreuzen Sie in der Tabelle an.

Gang	1	2	3	4	5	R
Schaltwalze A						
Schaltwalze B						

5. **Beim Vorgängermodell (Typ 450) wurden alle Gänge mit einer Schaltwalze geschaltet (nebenstehendes Bild).**

a) **Warum sind die Schaltzeiten bei dem Typ 451 mit zwei Schaltwalzen deutlich kürzer, als bei dem mit einer Walze?**

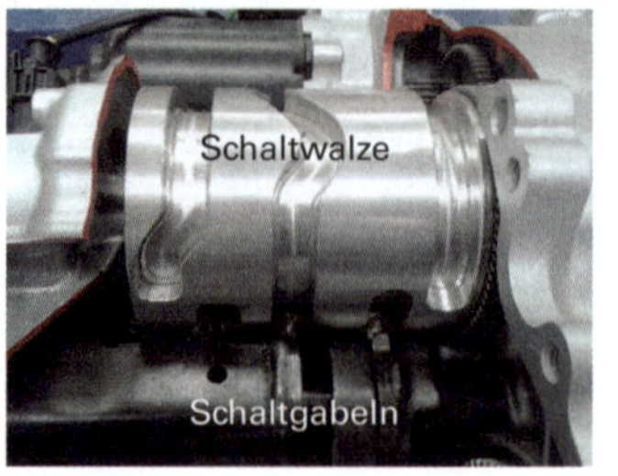

b) **Beim Beschleunigen und anschließendem Abbremsen ergibt sich z. B. folgendes Schaltverhalten der beiden Getriebeausführungen. Erklären Sie das Schaltverhalten beim Abbremsen.**

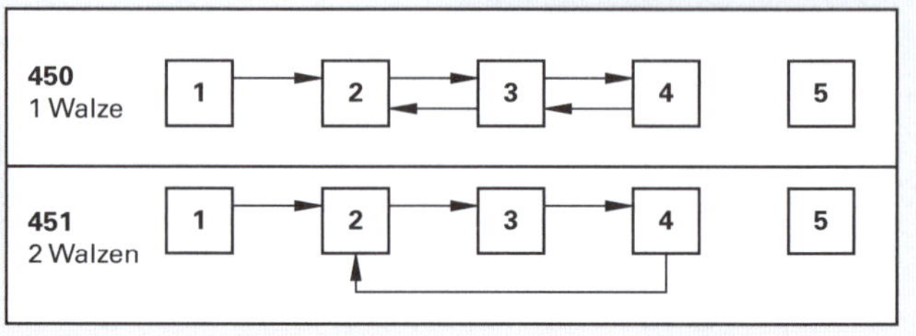

6. **Für den Gangwechsel muss die Walze um eine Viertel-Umdrehung bewegt werden. Wie oft muss die Getriebemotorwelle gedreht werden? Berechnen Sie hierzu die Gesamtübersetzung.**

Geg.:

Ges.:

Lös.:

7. **Die Ansteuerung der Getriebemotoren erfolgt abhängig von verschiedenen Sensorsignalen über das ASG-Steuergerät. Ordnen Sie im ASG-Übersichtsplan die Sensor- und Aktorsignale zu.**

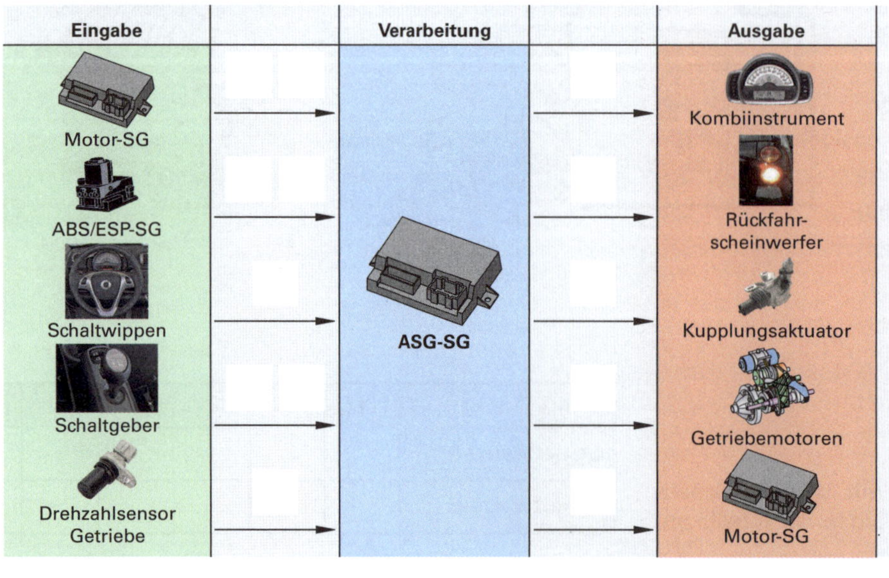

1 Schaltanforderung
2 Schaltprogramm
3 Motordrehzahl
4 Fahrpedalstellung
5 Geschwindigkeit
6 Bremspedalstellung
7 Getriebedrehzahl
8 Ansteuerung Kupplung
9 Eingelegte Gangstufe
10 Ansteuerung Gangwechsel
11 Rückfahrlicht EIN

Der Kupplungs- und Getriebestatus wird jeweils von den Aktoren an das Steuergerät zurück gemeldet.

8. Im Bild ist der Kupplungsvorgang beim Anfahren dargestellt. Ordnen Sie die Ziffern den Beschreibungen zu.

____	**Getriebeeingangswelle beginnt zu drehen.**
____	**Kupplungsaktuator wird angesteuert, Lüftspiel der Kupplung wird überbrückt.**
____	**Kupplungspunkt ist erreicht, Motor- und Getriebeeingangsdrehzahl sind synchron. Die Drehzahlen werden entsprechend der Fahrpedalstellung erhöht.**
____	**Kupplung schließt.**
____	**Fahrpedal treten. Motordrehzahl steigt.**

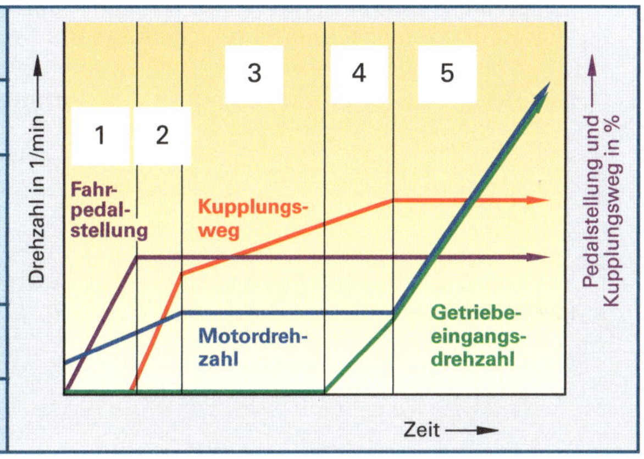

Sie lesen den Fehlerspeicher aus. Der Fehlerspeichereintrag gibt den Kupplungsaktuator als Fehlerursache an. Sie erhalten den Auftrag den Kupplungsaktuator zu wechseln.

Warnung
⚠ Der Kupplungsaktuator baut große Kräfte auf. Gefahr von Quetschungen und Knochenbrüchen! Nicht in den Stellbereich des Aktuators fassen. Aktuator ausschließlich im eingebauten Zustand mit Gegendruck der Kupplung betätigen.
Statische Entladungen sind für den Menschen ab 3 kV spürbar, elektronische Bauteile nehmen bei Entladungen von 100 Volt Schaden. Der Körper kann sich z. B. durch Gehen mit Kunststoffsohlen auf synthetischem Teppich auf mehrere kV aufladen.

9. Bezeichnen Sie im Bild den Kupplungsaktuator, die elektrische Steckverbindung und den Stellmotor. Geben Sie die Betätigungsrichtung mit einem Pfeil an.

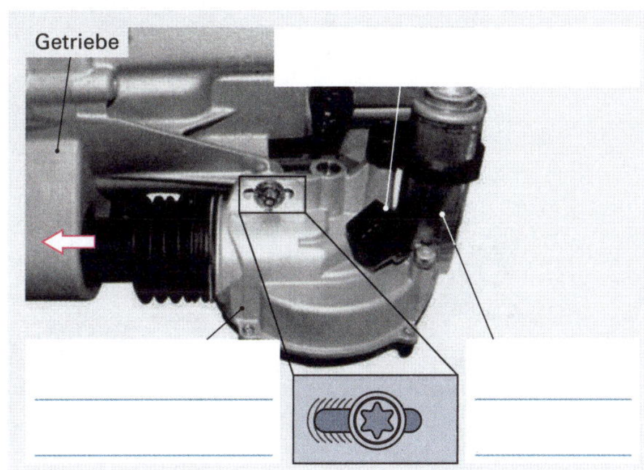

10. a) Warum müssen Sie sich statisch entladen, bevor Sie die Steckverbindung abziehen?
Hinweis: **Die Kupplungspostion wird über Hallsensoren ermittelt.**

____

____

____

b) Wie können Sie sich statisch entladen.

____

____

11. Beim Einbau müssen Sie entsprechend des Werkstatthinweises vorgehen.

a) Warum muss der Kupplungsaktuator drei Skalenmarkierungen in Betätigungsrichtung gedrückt werden.

____

b) Warum sind die Befestigungslöcher als Langlöcher ausgeführt?

____

____

____

c) Wozu muss der Kupplungsaktuator mit dem Diagnosetester angelernt werden?

____

____

____

Werkstatthinweis: Einbau Kupplungsaktuator

1) Kupplungsaktuator so in der Kupplungsglocke positionieren, dass der Stößel sicher an der Aufnahme am Ausrückhebel anliegt.
2) Kupplungsaktuator mit den Schrauben verschiebbar am Getriebe befestigen. An den Langlöchern befinden sich Skalen zum Einstellen der Vorspannkraft.
3) Den Kupplungsaktuator 3 Skalenmarkierungen (ca. 6 mm) in Betätigungsrichtung drücken.
4) Schrauben mit 10 ± 1 Nm anziehen.
5) Elektrische Steckverbindung mit Stellmotor verbinden.
6) Anlernen des Kupplungsaktuators mit dem Diagnosetester.

Name:		
Klasse:	Datum:	Blatt-Nr.:

Situation: Ein Kunde reklamiert, dass sein Fahrzeug mit einem elektro-hydraulisch betätigtem 6-Gang-Doppelkupplungsgetriebe (DSG) nur noch in den Gängen 1, 3 und 5 gefahren werden kann. Beim Auslesen des Fehlerspeichers erhalten Sie folgende Fehlermeldung: „Geber 502 unplausibles Signal".

1. **Das Direktschaltgetriebe gehört zu den automatisierten Schaltgetrieben. Was versteht man darunter?**

2. **Wie kann der Schaltvorgang bei diesem Getriebe ausgelöst werden (siehe Bilder)?**

3. **Benennen Sie die Bauteile und ordnen Sie die Positionsnummern den Bauteilen zu.**

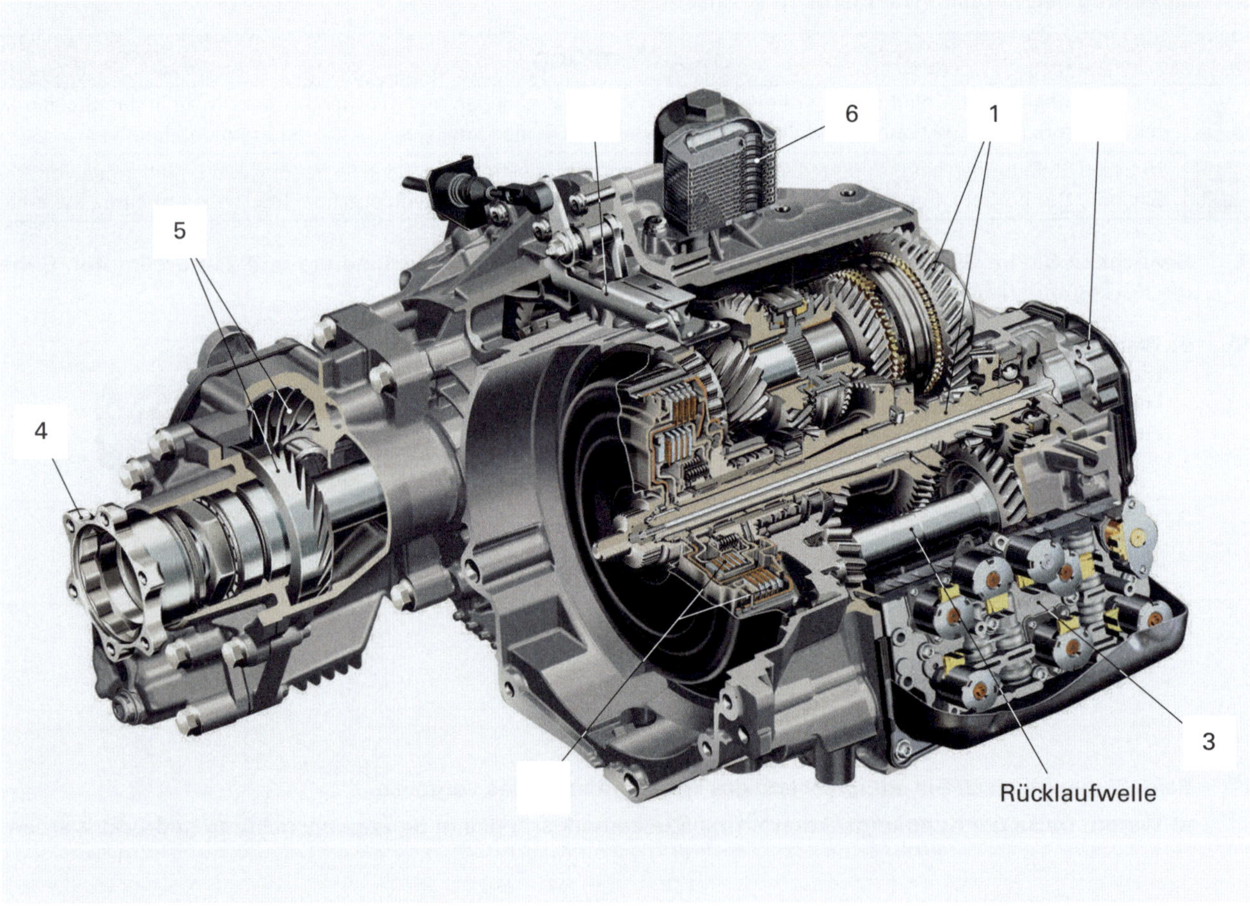

1 ______ 4 ______ 7 Ölpumpe

2 Doppelkupplung 5 ______ 8 Parksperre

3 ______ 6 ______

4. **Welche Kupplungsbauart ist bei diesem Doppelkupplungsgetriebe verbaut?**

5. **Zum Teil werden bei Direktschaltgetrieben trockene Kupplungen verwendet. Welchen Vorteil hat die im Bild (Aufgabe 3) verwendete Kupplungsbauart gegenüber der trockenen Doppelkupplung?**

6. **Benennen Sie in der Schemadarstellung die Gänge 1 bis 6.**

7. **Kennzeichnen Sie die einzelnen Teilgetriebe verschiedenfarbig.**

8. **Warum werden zwei Teilgetriebe verwendet?**

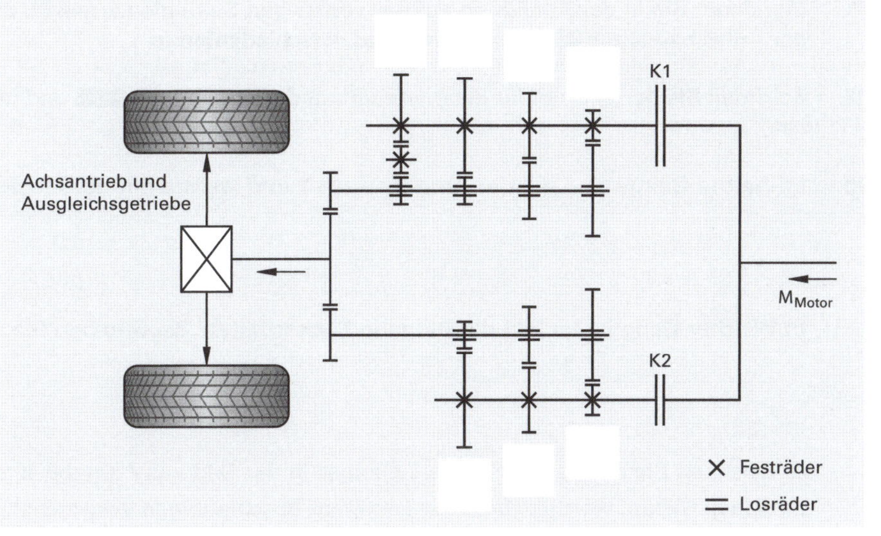

9. **Welche Vorteile ergeben sich daraus gegenüber handgeschalteten Wechselgetrieben? Nennen Sie zwei.**

10. **Das Schaltgetriebe ist im unteren Bild abgebildet. Benennen Sie die Bauteile 1 bis 6 des Sechsgang-DSG und benennen Sie die einzelnen Schaltmuffen.**

1 ______ 2 ______ 3 ______

4 ______ 5 ______ 6 ______

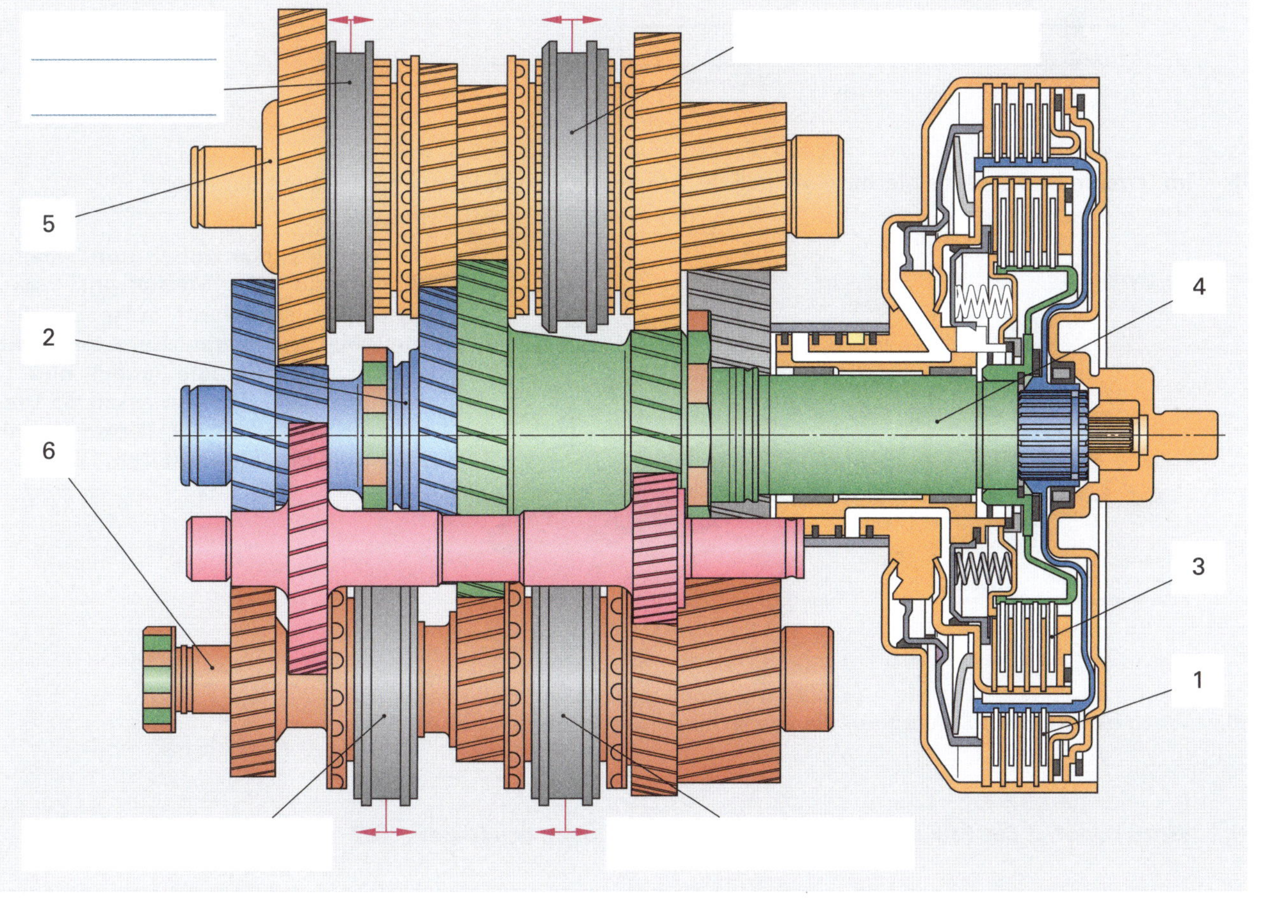

11. **Markieren Sie in der Abbildung auf der vorherigen Seite die Lamellen, die mit der Antriebswelle 1 ▬ und mit der Antriebswelle 2 ▬ verbunden sind verschiedenfarbig.**

12. **Zeichnen Sie den Öldruck für die Ansteuerung der Kupplung 1 ▬ und für die Kupplung 2 ▬ verschiedenfarbig ein.**

13. **a) Welche Gänge sind mit der Antriebswelle 1 und welche mit der Antriebswelle 2 zu schalten?**

b) Welcher Gang ist im Bild der Aufgabe 10 geschaltet? Beschreiben Sie den Kraftfluss.

c) Zeichnen Sie den Kraftfluss des 1. Ganges in das Bild aus Aufgabe 10 ein.

d) Geben Sie an, welcher Gang bei weiterem Beschleunigen vorgeschaltet ist. Begründen Sie Ihre Aussage.

14. **Erklären Sie den Schaltvorgang vom 1. in den 2. Gang anhand der Abbildung.**

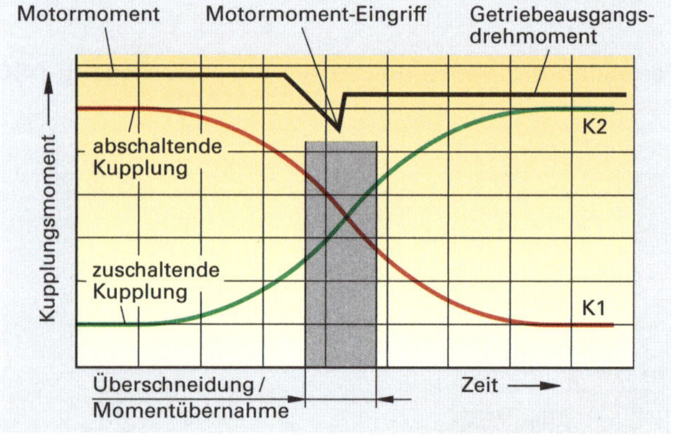

15. **Im unteren Bild sind die Mechatronik und die Antriebswellen mit den Impulsrädern dargestellt.**

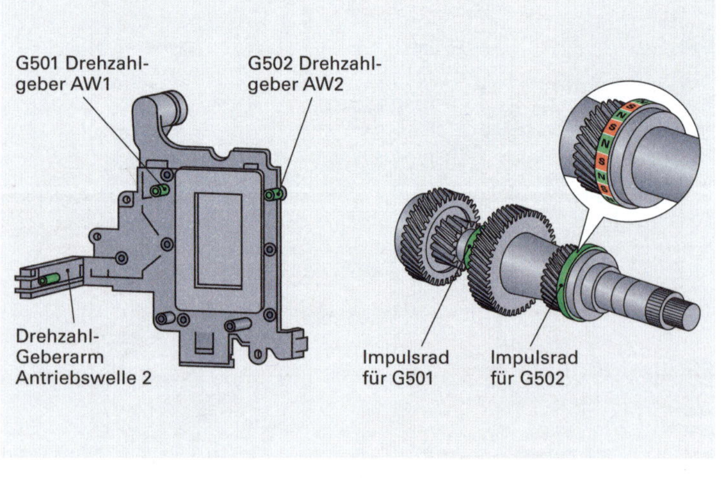

Hinweis:

Die zentrale Steuereinheit zum Schalten der Gänge und die Mechatronik sind im Getriebe untergebracht. In ihr sind alle elektronischen und hydraulischen Komponenten verbaut. Alle Signale laufen hier intern zusammen. Die Geber erfassen die Drehzahl der Antriebswellen. Mit diesem Signal wird der Schaltvorgang ausgelöst.

16. **Wozu benötigt das Steuergerät die Drehzahlinformationen des Gebers 501?**

17. **Wozu benötigt das Steuergerat die Drehzahlinformationen des Gebers 502?**

18. Im Bild ist der Schaltplan des DSG abgebildet. Kennzeichnen Sie den defekten Geber farbig.

19. Geben Sie die Strompfade des Gebers an. ______________________

20. Welche Art von Geber ist hier verbaut?

____

Legende:

G93	Geber für Getriebeöltemperatur
G195	Geber für Getriebeausgangsdrehzahl
G196	Geber 2 für Getriebeausgangsdrehzahl
G501	Geber für Drehzahl-Antriebswelle 1
G502	Geber für Drehzahl-Antriebswelle 2
G510	Geber für Temperatur im Steuergerät
J743	Mechatronikmodul Direktschaltgetriebe
J519	Motorsteuergerät

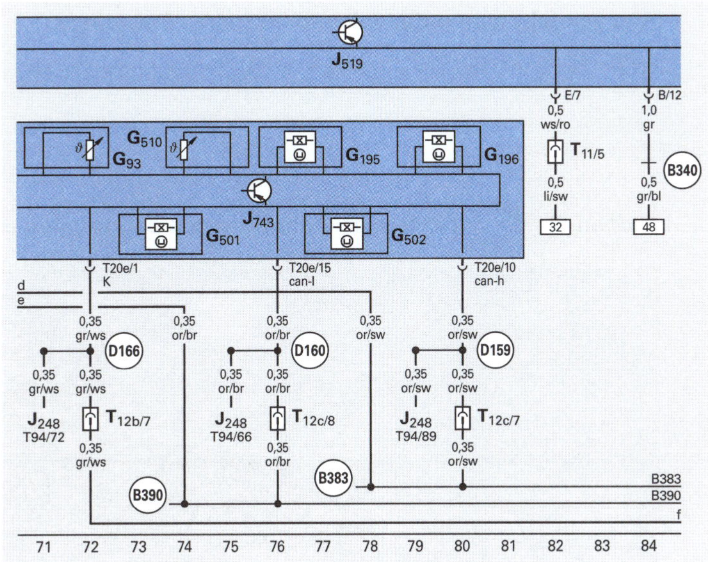

21. In welchem Bauteil ist der Geber verbaut? ______________________

22. Welche Folge hat der Defekt des Gebers 502 auf die Drehzahlerkennung und die Getriebefunktion?

____

____

23. Welche Reparaturmaßnahme schlagen Sie vor?

____

24. Worauf ist beim Einbau des Mechatronikmoduls laut Abbildung zu achten?

____

____

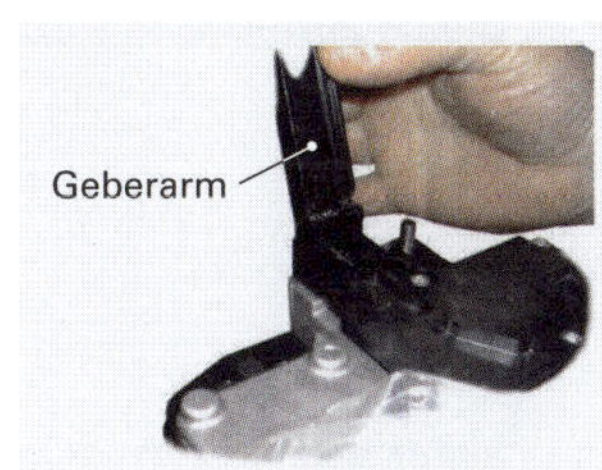

25. Nach erfolgter Reparatur ist ein Ölwechsel durchzuführen. Welches Teil ist am Getriebe mit zu ersetzen? ______________________

WERKSTATTHINWEIS:
Für eine einwandfreie Funktion des Getriebes müssen die Stellungen der Schaltgabeln dem Getriebesteuergerät genau bekannt sein.

- Wegsensoren ermitteln die jeweilige Stellung der Schaltgabeln. Aufgrund von Fertigungstoleranzen müssen die jeweiligen Endpositionen und die Synchronpunkte jeder Schaltgabel (jedem Gang) im Getriebesteuergerät angelernt werden (Grundeinstellung).
- Nach Tausch der Mechatronik (Vorsicht: Geberarm kann abknicken) oder bei Fehlerspeichereinträgen, welche die Schaltung betreffen, muss eine Grundeinstellung mit Hilfe des Diagnosetesters durchgeführt werden.
- Unter „Geführte Funktionen" die „Grundeinstellung" aufrufen.
- Adaptionsfahrt durchführen.

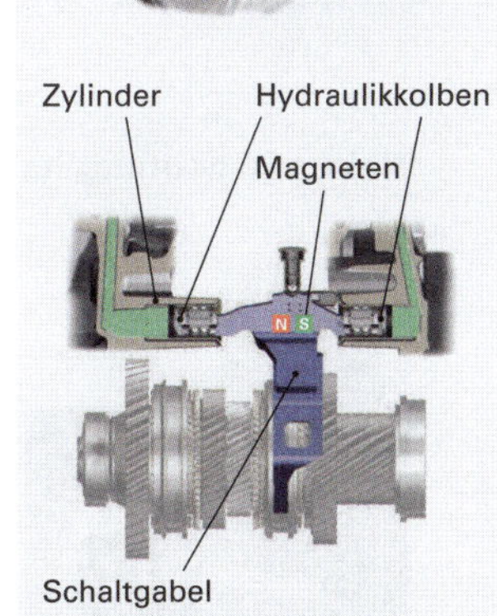

Neutralstellung

26. Warum muss eine Grundeinstellung vorgenommen werden?

____

27. Welche Schritte führen Sie nach der Reparaturmaßnahme durch?

____

EUROPA LEHRMITTEL	**LERNFELD 13** Reparatur Automatikgetriebe Blatt 1	Name:		
		Klasse:	Datum:	Blatt-Nr.:

Situation: Ein Kunde, entscheidet sich beim Kauf seines Neufahrzeugs (BMW 320d) für ein Fahrzeug mit 8-Gang-Automatik-Getriebe. Das gleiche Fahrzeug wird mit einem 6-Gang Schaltgetriebe angeboten.
Da der Kunde bisher nur Fahrzeuge mit Schaltgetriebe gefahren hat, sollen Sie ihm die Besonderheiten, die beim Fahren von Fahrzeugen mit Automatikgetriebe zu beachten sind, erklären.

1. **Was versteht man unter vollautomatischen Getrieben?**

____

____

____

2. **Ordnen Sie die mit Ziffern gekennzeichneten Baugruppen dem im Bild dargestellten Automatikgetriebe zu.**

1 Drehmomentwandler
2 Wandlerüberbrückungskupplung
3 Torsionsdämpfer
4 Planetenradsätze
5 Lamellenkupplungen
6 Elektrohydraulische Steuerungseinheit (Mechatronikmodul)
7 Antrieb Ölpumpe
8 Antrieb (Pumpenrad)
9 Abtrieb
10 Elektrischer Anschluss

3. **Welche Vorteile hat das 8-Gang-Automatikgetriebe im Vergleich zum 6-Gang-Schaltgetriebe bei diesem Fahrzeug?**

____

____

____

____

____

TECHNISCHE DATEN

BMW 320d	Sechsgang-Handschaltung	Achtgang Wandlerautomatik
Leistung Drehmoment	135 kW bei 4000/min 380 Nm ab 1750/min	135 kW bei 4000/min 380 Nm ab 1750/min
Beschleunigung 0–100 km/h	7,5 s	7,4 s
Leergewicht/zul. Gesamtgew.	1493/1970 kg	1513/1995 kg
Anhängerlast (bis 12 % Steigung)	1600 kg	1600 kg
Normalverbrauch Diesel (komb.)	4,5 l/100 km	4,4 l/100 km
Fahrdrehzahlen (1/min) in der Ebene/Fahrstufe/Innengeräusch		
80 km/h	1450/6. Gang/60 dB(A)	1600/7. Gang/60 dB(A)
100 km/h	1800/6. Gang/62 dB(A)	1800/8. Gang/62 dB(A)
130 km/h	2350/6. Gang/67 dB(A)	2050/8. Gang/65 dB(A)

4. **Welche Bedeutung haben die verschiedenen Wählhebelstellungen bei dem 8-Gang-Automatikgetriebe?**

P ____________________ **R** ____________________

N ____

D ____

M/S +/– ____

SPORT ____

____

ECO PRO ____

____

5. **In welcher Wählhebelposition kann das Fahrzeug gestartet werden?**

____

6. **Wird der Wählhebel nach dem Starten des Motors aus der Position P oder N in die neue Position R oder D bewegt, so ist die Entriegelungstaste am Wählhebel und das Bremspedal zu betätigen. Begründen Sie dies.**

7. **Welche Hauptsteuergrößen bewirken das Schalten der Gänge?**

8. **Moderne Automatikgetriebe haben eine adaptive Getriebesteuerung bzw. eine dynamische Schaltprogrammwahl.**

a) Was versteht man unter einer adaptiven Getriebesteuerung (AGS)?

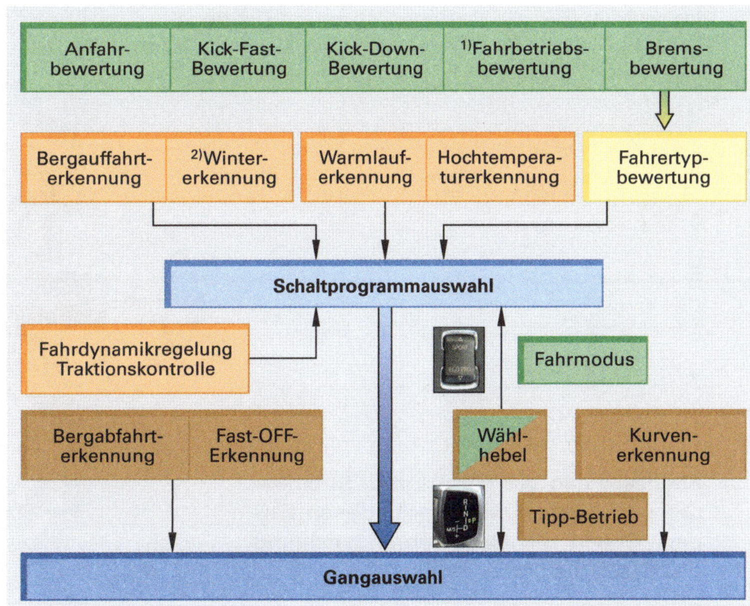

1) Bewertung: Quer und Längsbeschleunigung, Bremsverzögerung
2) Niederreibwerterkennung

b) Das Blockschaltbild zeigt Einflussgrößen auf die Schaltprogramm- und die Gangauswahl. Geben Sie vier wesentliche Einflussgrößen auf die Schaltprogrammauswahl an.

9. **Welche Aufgabe hat der „Kick-Down-Schalter" bei einem Automatikgetriebe?**

10. **Können fehlerhafte manuelle Schaltvorgänge zu Schäden am Getriebe oder Motor führen? Begründen Sie Ihre Aussage.**

11. **a) Weshalb ist beim Abstellen des Fahrzeugs zum Abziehen des Zündschlüssels die Wählhebelposition P einzulegen (Key-lock)?**

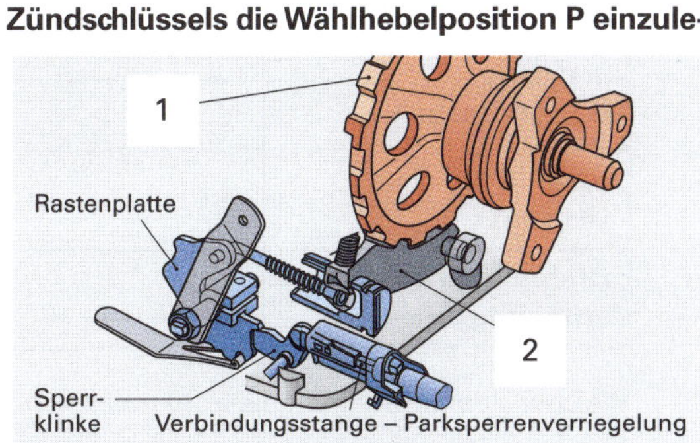

b) Benennen Sie die mit Ziffern gekennzeichneten Bauteile des Parksperrenmechanismus.

1

2

12. **Was ist beim Abschleppen von Fahrzeugen mit Automatikgetrieben zu beachten? Begründen Sie Ihre Aussagen.**

EUROPA LEHRMITTEL	**LERNFELD 13** Reparatur **Automatikgetriebe / Drehmomentwandler** Blatt 1	Name:		
		Klasse:	Datum:	Blatt-Nr.:

Situation: Das Automatikgetriebe eines Fahrzeugs wurde bei einem Ölwechsel statt mit dem vom Hersteller vorgeschriebenen ATF-Öl mit einem ATF-Öl anderer Spezifikation befüllt. Nach kurzer Zeit reklamiert der Kunde, dass sein Fahrzeug nicht mehr die Endgeschwindigkeit erreicht. Beim Auslesen des Fehlerspeichers erhalten Sie den Hinweis „Wandlerüberbrückungskupplung – Verschleißgrenze erreicht".

1. **Welche Aufgabe hat der Drehmomentwandler im Automatikgetriebe?**

____

____

2. **Benennen Sie die mit Ziffern versehenen Bauteile des hydrodynamischen Drehmomentwandlers und ordnen Sie im rechten Bild die Positionsnummern richtig zu.**

1 ______________________

2 ______________________

3 ______________________

4 ______________________

5 ______________________

6 ______________________

7 ______________________

____

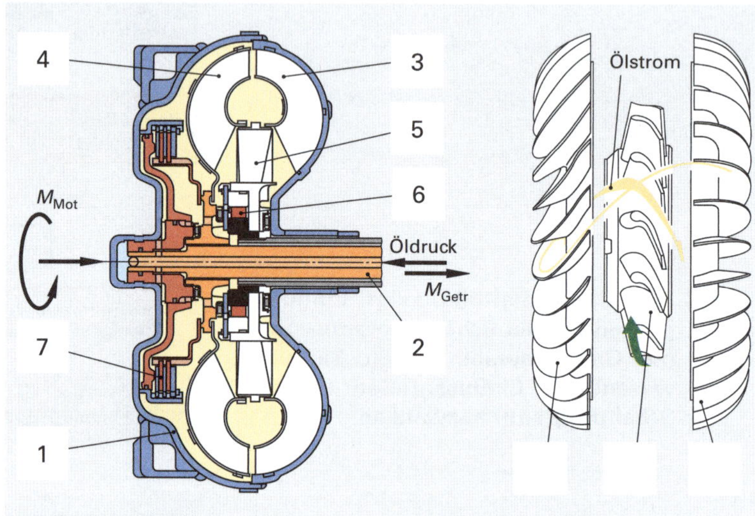

3. **Kennzeichnen Sie Pumpenrad, Turbinenrad und Leitrad mit verschiedenen Farben. Geben Sie die Strömungsrichtung des Ölstroms durch Pfeile an.**

4. **Ergänzen Sie nachfolgende Tabelle für den Wandlungs- und den Kupplungsbereich eines Drehmomentwandlers.**

	Wandlungsbereich		Kupplungsbereich
	Anfahren	**Bis Kupplungspunkt**	
	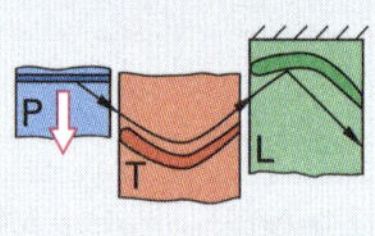	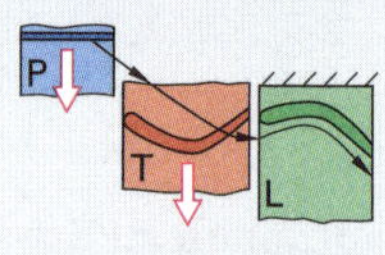	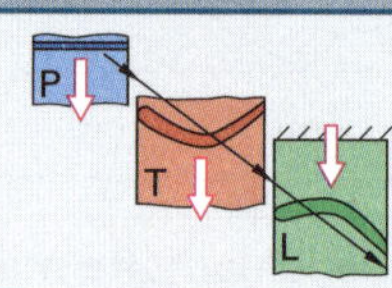
Pumpenraddrehzahl	**Motordrehzahl**	____________	____________
Turbinenraddrehzahl	____________	____________	____________ ____________
Leitraddrehzahl	____________	____________	____________
Ablenkwinkel des Ölstroms	____________	____________	____________
Drehmoment-erhöhung	____________	____________	____________

5. **Welcher Zusammenhang besteht zwischen Pumpenraddrehzahl, Turbinenraddrehzahl und Drehmomenterhöhung?**

____

____

6. **Welche Aufgabe und welche Vorteile hat die Wandlerüberbrückungskupplung beim hydrodynamischen Drehmomentwandler?**

____

____

EUROPA LEHRMITTEL	**LERNFELD 13** Reparatur Automatikgetriebe / Drehmomentwandler Blatt 2	Name:		
		Klasse:	Datum:	Blatt-Nr.:

7. **Wovon ist das Zuschalten der Wandlerüberbrückungskupplung abhängig?**

8. **Welche drei Betriebszustände sind bei regelbaren Wandlerkupplungen möglich?**

9. **Welchen Vorteil hat eine schlupfgeregelte Wandlerkupplung?**

10. **Wie lässt es sich erklären, dass das Fahrzeug bei abgenutzter, nur noch schlupfend arbeitender Wandlerkupplung nicht mehr die Höchstgeschwindigkeit erreicht?**

11. **Warum kann falsches Automatikgetriebeöl u. a. zu einem erhöhten Verschleiß an der Wandlerkupplung führen?**

12. **Aufgrund des Wandlerkupplungsverschleißes ist der Wandler zu ersetzen.**

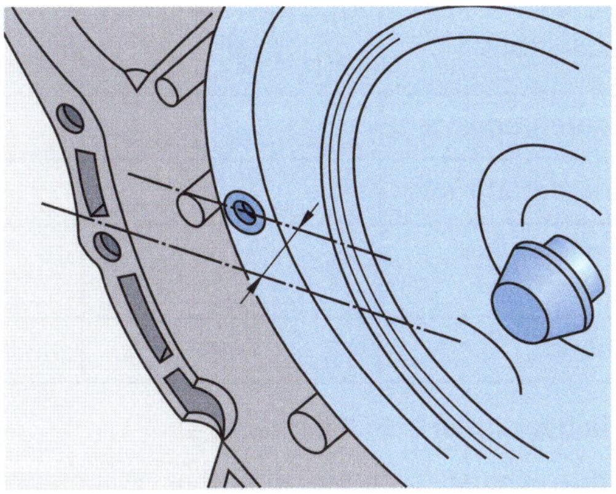

a) Wie stellen Sie fest, dass der Wandler richtig in die Ölpumpe eingerastet ist?

b) Welche Folge ergibt sich beim Anflanschen des Getriebes an den Motor, wenn der Wandler nicht richtig in die Ölpumpe eingerastet ist?

13. **Nach dem Austausch des Wandlers ist der Ölstand richtig zu stellen. Das Fahrzeug hat ein Automatikgetriebe mit Öleinfüllrohr. Hinweis: Auf richtige Ölsorte und peinlichste Sauberkeit ist zu achten. Das ATF-Öl wird zunächst bis zur Markierung Ölstand MIN bei 20 °C aufgefüllt.**

a) Welche Prüfvoraussetzungen sind einzuhalten?

b) Beschreiben Sie wie der richtige Ölstand für das Getriebe festgestellt und ggf. korrigiert werden kann.

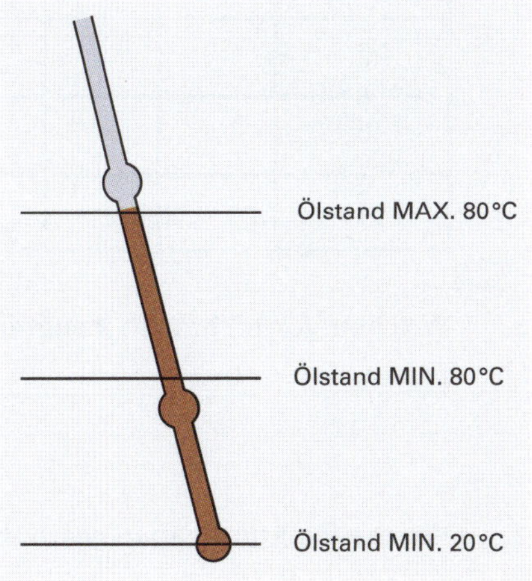

EUROPA LEHRMITTEL	**LERNFELD 13** Automatikgetriebe / Planetengetriebe	Reparatur Blatt 1	Name:		
			Klasse:	Datum:	Blatt-Nr.:

Situation: Bei einem BMW 323 i, Bj.1998 mit einem 5-Gang-Automatikgetriebe erfolgt der Schaltvorgang vom 2. Gang in den 3. Gang schleifend. In diesem Getriebe sind drei einfache Planetenradsätze hintereinander geschaltet. Vor der Reparatur ist die mögliche Fehlerursache zu diagnostizieren.

1. Tragen Sie die fehlenden Benennungen und Positionsnummern für das abgebildete Planetengetriebe ein.

1 ____________________

2 ____________________

3 ____________________

____

4 ____________________

5 Bremskupplung

6 Welle für Sonnenrad

7 Hohlwelle für Hohlrad

8 Hohlwelle für Planetenradträger

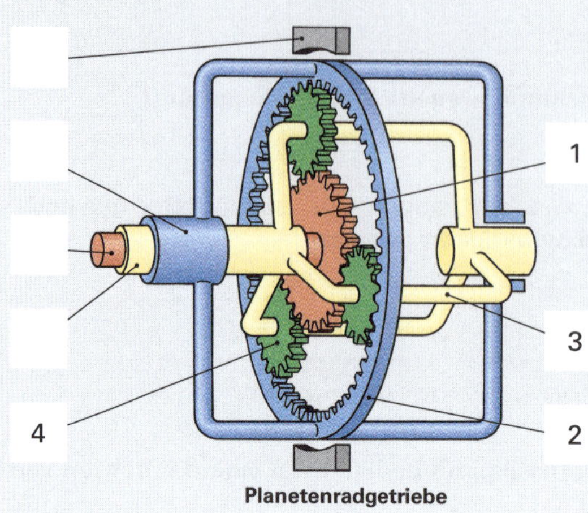

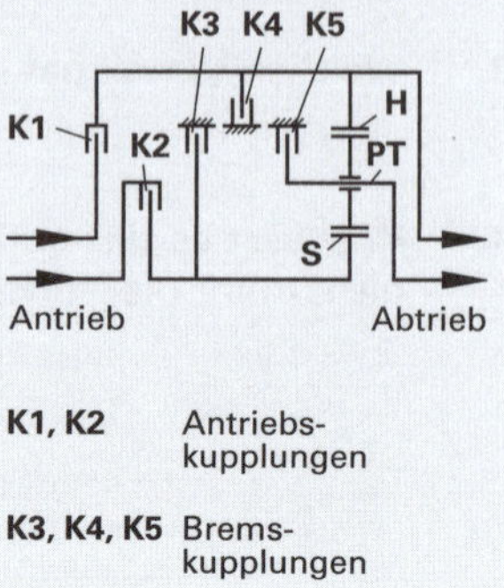

2. a) Ergänzen Sie die Tabelle mit den Schaltmöglichkeiten des einfachen Planetensatzes und berechnen Sie die jeweiligen Übersetzung, wenn das Sonnenrad z_1 = 92 Zähne und das Hohlrad z_3 = 230 Zähne hat.

Schaltsituation	Antrieb	Festgebremst	Abtrieb	Formel	Übersetzung
1	Sonnenrad		Planetenradträger		
2	Hohlrad		Planetenradträger		
3	Sonnenrad mit Hohlrad verblockt. Planetenräder wirken als Mitnehmer				
4	Sonnenrad		Hohlrad		

b) Kreuzen Sie in der Tabelle für die jeweilige Schaltsituation die betätigten Schaltelemente an.

Schaltsituation	Antriebskupplungen		Bremskupplungen		
	K1	K2	K3	K4	K5
1					
2					
3					
4					

c) Warum eignet sich ein einfacher Planetenradsatz nicht für ein Kfz-Getriebe?

____

____

____

____

d) Ergänzen Sie den Kraftfluss für die größte Übersetzung ins Langsame im Kraftflussschema.
Antrieb: rot festgebremst: blau

3. Welchen Vorteil hat ein Planetengetriebe gegenüber einem Schaltmuffengetriebe?

____

____

4. Welche Funktion haben geschaltete a) Antriebskupplungen und b) Bremskupplungen?

a) ____________________

____

b) ____________________

5. Benennen Sie die dargestellten Planetenradsätze und tragen Sie die fehlenden Positionsnummern ein.

1 Hohlrad
2 Sonnenrad groß
3 Sonnenrad klein
4 Planetenräder lang
5 Planetenräder kurz
6 Planetenradträger

____

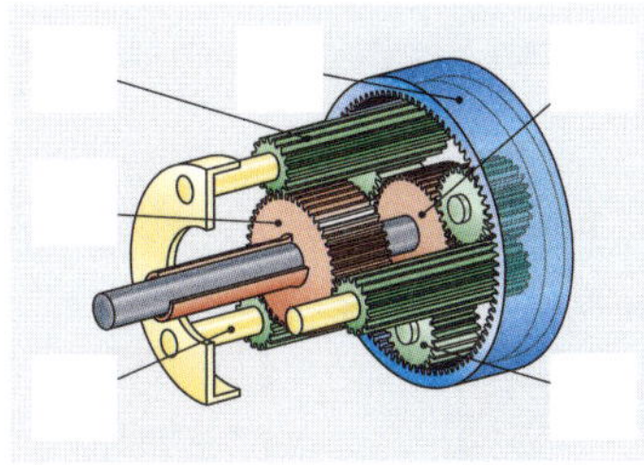

1 Sonnenrad
2 Hohlrad-Antrieb
3 Hohlrad-Abtrieb
4 Planetenradträger 2
5 Planetenradträger 1

____

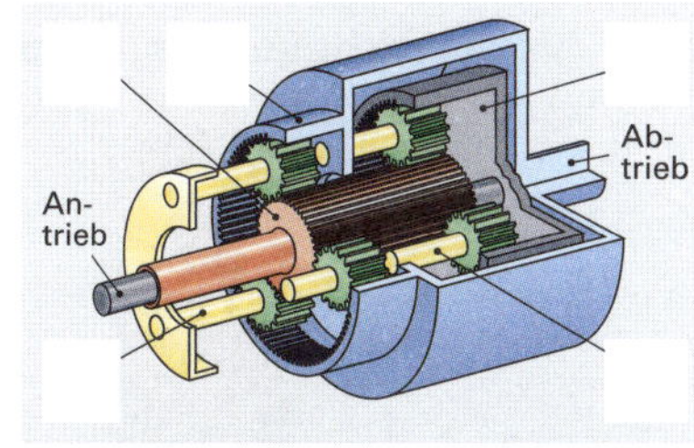

6. Kraftfluss in einem 3-Gang-Automatikgetriebe mit Ravigneaux-Satz.

K1, K2	Antriebskupplungen	H	Hohlrad
K3, K4, K5	Bremskupplungen	PK	Planetenräder kurz
F	Freilauf	PL	Planetenräder lang
S1, S2	Sonnenrad klein/groß	PT	Planetenradträger

a) Zeichnen Sie den Kraftfluss für den 2. Gang in das Kraftflussschema ein. (Antrieb: rot ▬ festgebremst: blau ▬)

b) Beschreiben Sie den Kraftfluss für den 2. Gang.

____

Kraftfluss: Antrieb → P → ______________________

____

Gänge Ravigneaux-Satz	Schaltorgane in Tätigkeit *)					
	K1	K2	K3	K4	K5	F
Leerlauf	alle Kupplungen gelöst					
1. Gang	x			x		x
2. Gang	x		x			
3. Gang	x	x				
R.-Gang		x			x	
x Kraftschlüssig	*) Wählhebelstellung „D“					

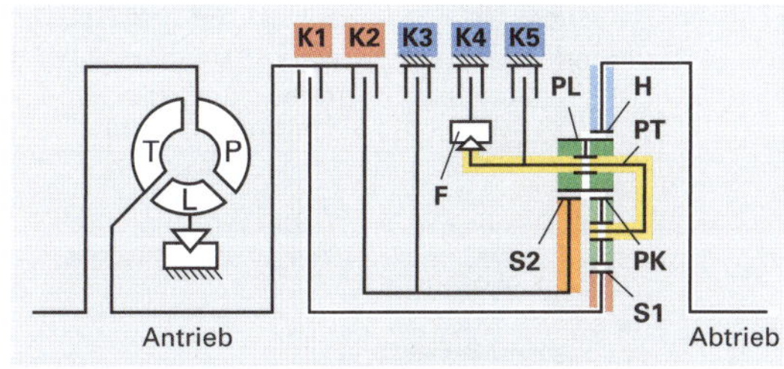

7. Stellen Sie mit Hilfe des vom Hersteller vorgegebenen Schalt- und Kraftflussschemas die Diagnose im abgebildeten 5-Gang-Getriebe für den eingangs genannten Fehler.

a) Kennzeichnen Sie im Kraftflussschema die Planetenradsätze verschiedenfarbig.

b) Kennzeichnen Sie die betätigten Antriebs- und Bremskupplungen im Kraftflussschema für den 3. Gang verschiedenfarbig.

c) Zeichnen Sie den Kraftfluss für den 3. Gang in das Kraftflussschema ein.

d) Welche Lamellenkupplung bewirkt den schleifenden Schaltvorgang vom 2.Gang in den 3. Gang?

Hinweis: Der Fehler bei einem Schaltvorgang liegt immer an dem Schaltglied, welches dazu geschaltet wird.

____

Gänge	Schaltorgane in Tätigkeit[1)]								
	K1	K2	K3	B1	B2	B3	F	WK	i_G
Neutral						●			–
1. Gang	●					●[2)]	●		3,57
2. Gang	●				●				2,20
3. Gang	●			●				●[3)]	1,51
4. Gang	●	●						●[3)]	1,00
5. Gang		●		●				●[3)]	0,80
R.-Gang			●			●			– 4,10

● kraftschlüssig
[1)] Wählhebelstellung D
[2)] muss für Schubbetrieb geschaltet sein
[3)] Schaltung erfolgt schlupfgeregelt

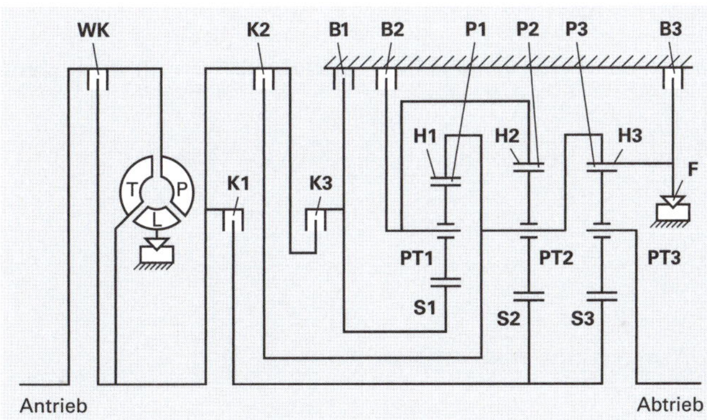

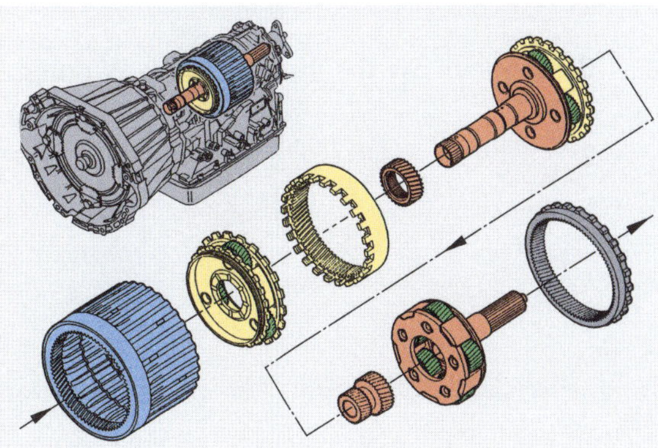

8. Geben Sie eine mögliche Ursache für den in 7 d) gefundenen Fehler an.

____

Situation: **Ein Kunde reklamiert, dass das Automatikgetriebe seines Fahrzeugs nicht mehr in den 4. und 5. Gang schaltet. Beim Auslesen des Fehlerspeichers ist kein Fehler hinterlegt. Im Fahrzeug ist ein elektrohydraulisch gesteuertes 5-Gang Automatikgetriebe verbaut.**

1. Zur Übersicht über das eingebaute Automatikgetriebe ordnen Sie den Ziffern die richtigen Begriffe zu.

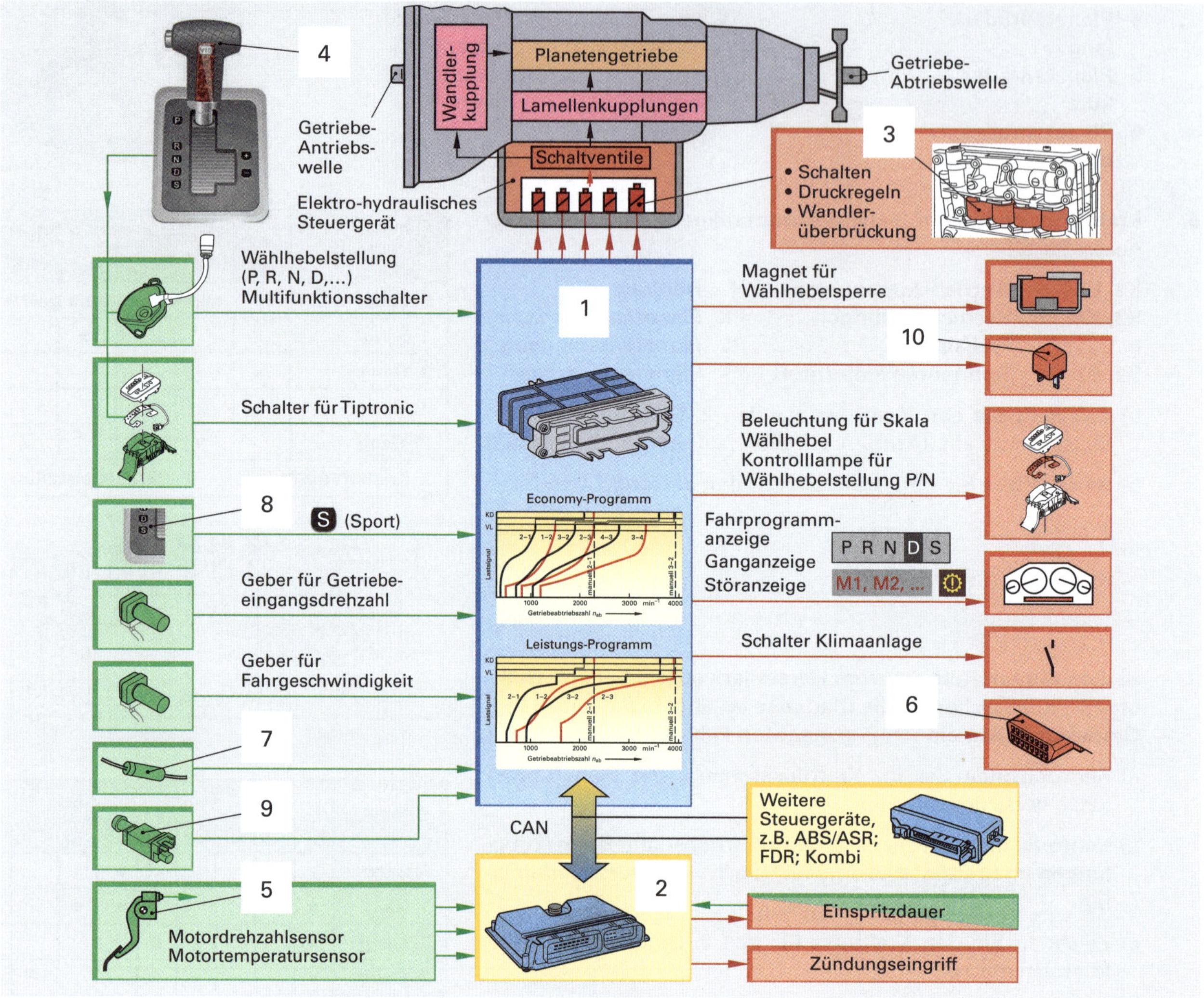

1 ______________________ 6 ______________________

2 ______________________ 7 ______________________

3 ______________________ 8 ______________________

4 ______________________ 9 ______________________

5 ______________________ 10 ______________________

2. Beschreiben Sie die grundsätzliche Wirkungsweise der elektrohydraulischen Getriebesteuerung nach dem EVA-Prinzip.

E: ______________________

V: ______________________

A: ______________________

3. Welche Aufgabe hat die elektrohydraulische Steuerung?

4. Beschreiben Sie die Aufgabe von folgenden Bauteilen:

Ölpumpe:

Hinweis: **Von diesem Öldruck werden alle weiteren Öldrücke abgeleitet.**

Handwählschieber:

Schaltmagnetventile:

Hydraulische Schaltventile:

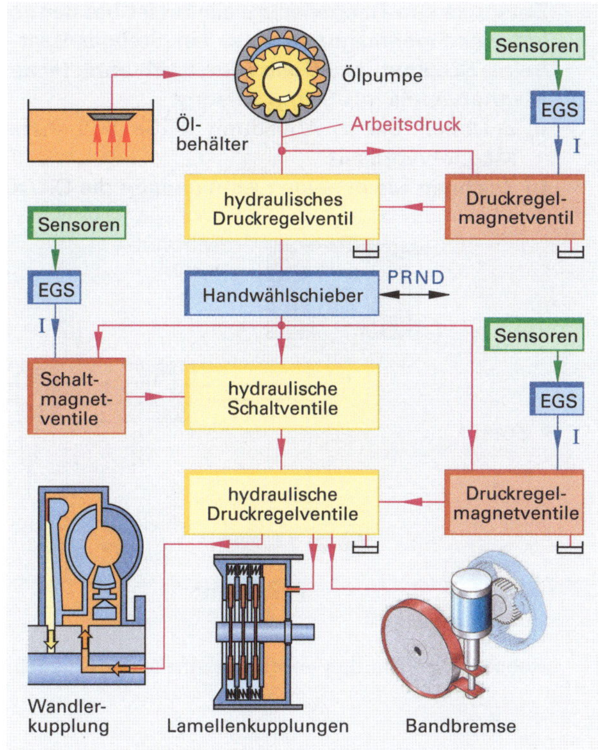

Elektrohydraulische Steuerung

Druckregelventile:

5. a) Kennzeichnen Sie im abgebildeten Automatikgetriebeschema den Arbeitsdruck rot und den Druck der zur Steuerung der hydraulischen Schaltventile dient grün ein.

b) Welche Kupplungen werden angesteuert?

c) Welche Übersetzung hat der geschaltete Gang? Begründen Sie Ihre Antwort.

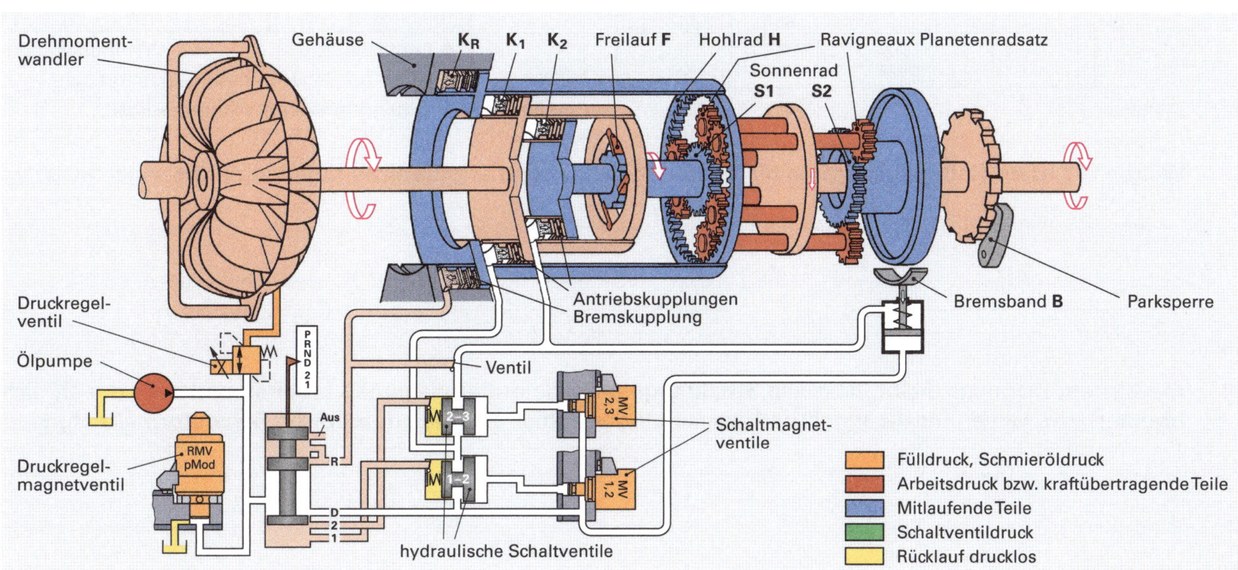

6. **Entsprechend Herstelleranweisung ist bei dem eingangs genannten Fehler, bei fehlerfreier Eigendiagnose, u. a. ein Stellgliedtest der Magnetventile durchzuführen. Beim Schalten eines Ganges wird entsprechend der Abbildung die Spule des Magnetventils mit Strom versorgt.**

a) Zeichnen Sie in Abbildung 2 die Kolbenstellungen bei stromdurchflossenem Magnetventil ein.

b) Zeichnen Sie in beiden Abbildungen die Ölströme farbig mit Pfeilen ein.

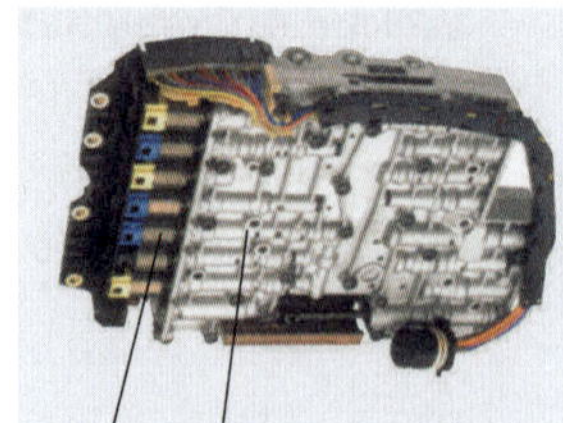

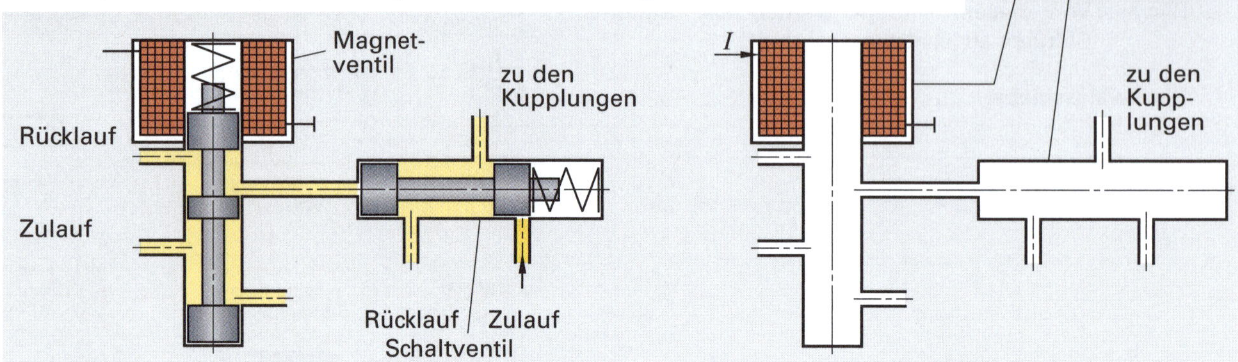

Abbildung 1 **Abbildung 2**

7. **Beschreiben Sie das Verhalten von Magnetventil und Schaltventil, wenn das Magnetventil bestromt wird.**

8. **a) Kennzeichnen Sie die Kupplungen im Kraftflussschema, welche angesteuert werden müssen, damit das Getriebe vom 3. in den 4. Gang schaltet.**

b) Zeichnen Sie den Kraftfluss für den 4. Gang ein.

c) Welche Kupplung verursacht, dass nicht mehr in den 4. Gang geschaltet wird? ____________

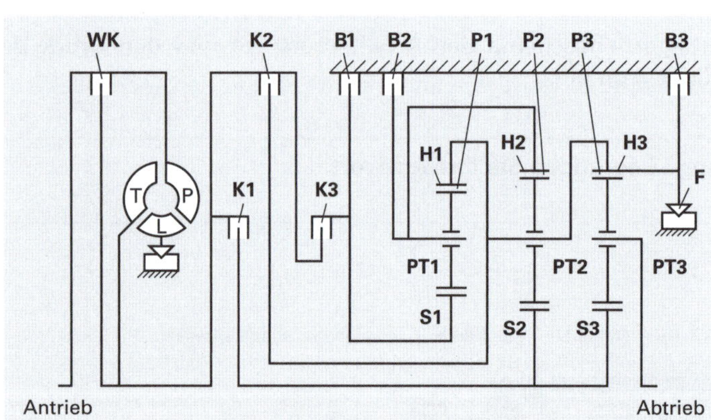

Gänge	Schaltorgane in Tätigkeit[1]								
	K1	K2	K3	B1	B2	B3	F	WK	i_G
Neutral						●			–
1. Gang	●					●[2]	●		3,57
2. Gang	●				●			●[3]	2,20
3. Gang	●			●				●[3]	1,51
4. Gang	●	●						●[3]	1,00
5. Gang	●		●			●	●	●[3]	0,80
R.-Gang			●			●			– 4,10

● kraftschlüssig [1] Wählhebelstellung D
[2] muss für Schubbetrieb geschaltet sein
[3] Schaltung erfolgt schlupfgeregelt

9. **Welche Ursachen sind möglich, dass die für die Hochschaltung erforderliche Kupplung nicht angesteuert wird?**

10. **Die weitere Diagnose ergibt, dass alle Schaltmagnetventile ordnungsgemäß arbeiten und dass das Öl nicht verbrannt riecht. Geben Sie die mögliche Ursache für den Fehler und die erforderliche Reparaturmaßnahme an.**

EUROPA LEHRMITTEL	**Lernfeld 13** Reparatur	Name:		
	Automatikgetriebe, Fehlersuche	Klasse:	Datum:	Blatt-Nr.:

Situation: Ein Opel Astra, 2,0 Liter, 110 kW, Bj. 01/1998 mit 4-Gang-Automatikgetriebe schaltet beim Fahren in das Notlaufprogramm.

1. Zur Fehlersuche wird der elektrische Anlagenteil der Automatikgetriebesteuerung unter Verwendung einer PIN-Box und eines Schaltplans auf Funktion geprüft. Erstellen Sie eine Arbeitsanweisung zum Anschließen der PIN-Box an das Steuergerät.

____

____

____

2. Kennzeichnen Sie im vereinfachten Stromlaufplan die Sensoren und die Aktoren verschiedenfarbig.

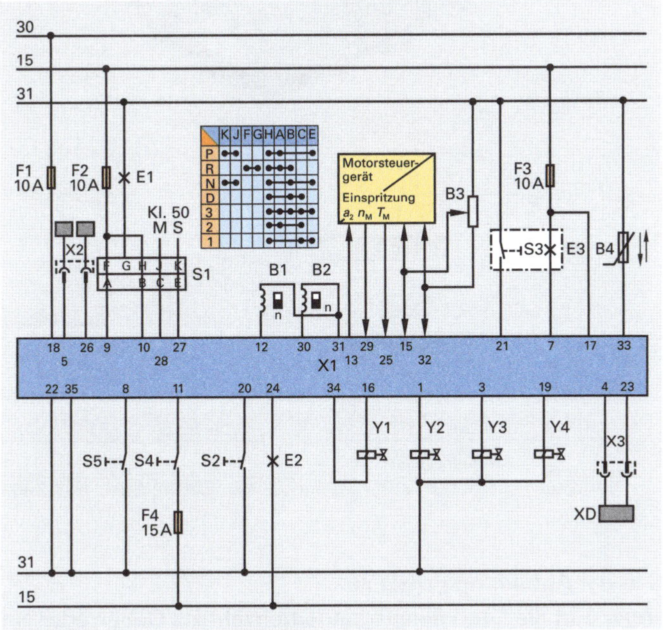

	Legende	Sollwerte (Auswahl)
B1	Induktivgeber Getriebeeingangs-drehzahl	< 2 Ω
B2	Induktivgeber Getriebeausgangs-drehzahl	< 2 Ω
B3	Drosselklappenpotentiometer	Zu > 0,5 V; offen < 4,6 V
B4	Getriebtemperaturfühler	– 40 °C 4,9 V; 180 °C 0 V
E1	Rückfahrscheinwerfer	< 1 V > 11 V
E2	Wählhebelleuchte für S-Programm	< 0,5 V > 11 V
E3	Anfahrhilfenleuchte	< 0,5 V > 11 V
F	Sicherungen (F1 … F4)	
S1	Wählhebelpositionsschalter	Aktiv 12 V; Inaktiv 0 V
S2	Taster Sport-,Economy-Programm	Betätigt < 0,1 V; nicht betätigt > 11 V
S3	Taster Anfahrhilfe/Winterprogramm	Betätigt < 0,1 V; nicht betätigt > 11 V
S4	Bremslichtschalter	< 1 V > 12 V
S5	Kick-Down-Schalter	Aktiv 0 V; Inaktiv 12 V
Y1	Magnetventil Arbeitsdruckregelung	< 0,1 V; > 100 kΩ
Y2	Schaltmagnetventil 1-2/3-4	< 0,1 V; 10 Ω … 16 Ω
Y3	Schaltmagnetventil 2-3	< 0,1 V; 10 Ω … 16 Ω
Y4	Magnetventil Wandlerkupplung (WK)	< 0,1 V; 10 Ω … 16 Ω
X1	Stecker Getriebesteuergerät	
X2	Steckverbindung Instrumententafel	
X3	Steckverbindung Diagnose	
XD	Diagnosestecker	

3. Ergänzen Sie in der nachfolgenden Tabelle die fehlenden Angaben und geben Sie im Feld Hinweise zur Prüfdurchführung folgendes an: Zündung ein (ZE); Zündung aus (ZA); Adapterkabel vom Steuergerät trennen (AST). Markieren Sie den Fehler in der Tabelle farbig.

Zu messende Größe	Von Pin → zu Pin	Sollwert	Istwert	Hinweis
Spannungsversorgung Steuergerät über Klemme 15			12,2 V	
Widerstand Magnetventil – Arbeitsdruckregelung			130 kΩ	
Widerstand Getriebe-eingangsdrehzahlfühler			∞ Ω	
	Pin 15 → Pin 22/35		> 0,5 V/ < 4,6V	
Wählhebel-positionsschalter Stellung P Klemme: A Klemme: E			12 V 12 V	

4. Erklären Sie, weshalb bei dem aufgetretenen Fehler das Automatikgetriebe in den Notlauf geschaltet wird.

____

____

____

Name:

Klasse: | Datum: | Blatt-Nr.:

Situation: Bei einem Audi A4, Baujahr 2008, mit einem 6-Gang-Automatikgetriebe, reklamiert eine Kundin harte Schaltübergänge. Außerdem leuchtet die Störanzeige auf. Eine Probefahrt bestätigt die Reklamation. Im Fehlerspeicher ist folgender Fehler hinterlegt: „Drehzahlfühler Getriebeeingangsdrehzahl-Werte nicht plausibel". Sie erhalten den Auftrag, den Fehler zu beheben und das Getriebe neu zu adaptieren

1. Das Bild zeigt das Mechatronikmodul des Getriebes mit den Gebern für Getriebeeingangsdrehzahl G182 und Getriebeausgangsdrehzahl G195. Ordnen Sie im Bild die Ziffern den Hauptbaugruppen richtig zu.
   1 Steuergerät
   2 Elektronikmodul
   3 Hydraulikmodul
   4 Anschlussstecker zur Peripherie

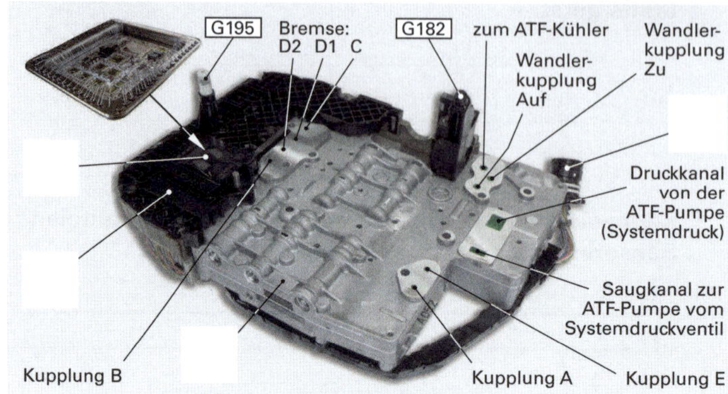

2. In der Abbildung ist der Kraftfluss des 6-Gang-Automatikgetriebes schematisch dargestellt. Der 3. Gang ist geschaltet.
   a) Welche zwei Planetenradsätze sind in dem Getriebe verbaut?

   ___

   ___

   b) Wie viele Schaltelemente dienen als Antriebskupplungen, wie viele als Bremskupplungen?
   Antriebs-/Bremskupplungen: ___
   c) Kennzeichen Sie beim Drehmomentwandler das Turbinenrad farbig.
   d) Welches Bauteil des vorderen Planetengetriebes wird vom Turbinenrad des Drehmomentwandlers angetrieben?

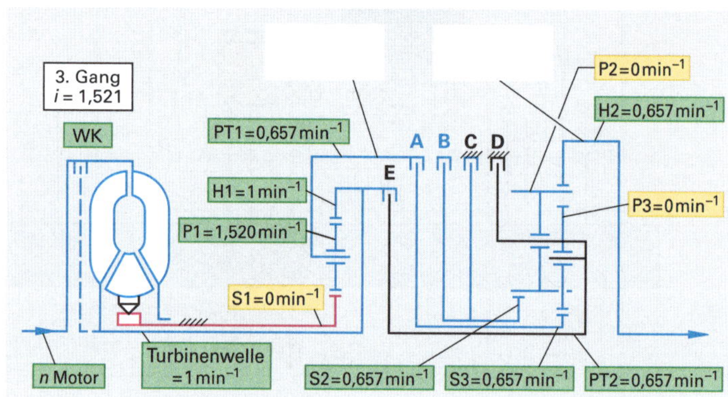

   ___

   e) Ordnen Sie die Drehzahlgeber G182 und G195 in der Abbildung richtig zu.
   f) Welche Bauteile werden für die Getriebeeingangs- und die Getriebeausgangsdrehzahl als Geberräder verwendet?
   n_{GEin}: ___ n_{GAb}: ___

3. Um eine gute Schaltqualität (kurze Schaltzeit, hoher Schaltkomfort) zu erreichen, erfolgen Druckaufbau und Druckabbau in den Kupplungen bei einer Hochschaltung, z. B. vom 3. in den 4. Gang, unter Last entsprechend des abgebildeten Diagramms.
   a) In welcher Kupplung wird der Druck abgebaut (p_{ab}), in welcher aufgebaut (p_{zu})?
   Druckabbau Kupplung: ___ Druckaufbau Kupplung: ___
   b) Für die Schaltqualität sind die Phasen Vorbefüllung „V", Überschneidung „Ü" und Haltphase „H" entscheidend. Benennen Sie diese Phasen mit „V, H, Ü" im Bild.
   Hinweis: Während dieser Abschnitte ist eine Druckadaption möglich. Dazu wird ein definierter Schlupf in den Schaltelementen berechnet und ggf. korrigiert. Diesen Vorgang bezeichnet man als Adaption.

Schaltablauf einer Zug-Hochschaltung

Legende
n_{Mot} = Motordrehzahl
n_T = Turbinendrehzahl
M_{Mot} = Motormoment
p_{zu} = Druck zuschaltende Kupplung
p_{ab} = Druck abschaltende Kupplung
t = Zeit

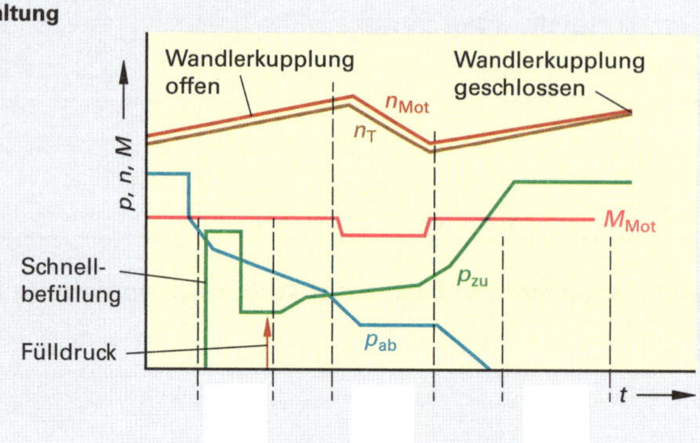

Schaltlogik					
Schaltelement	A	B	C	D	E
P/N				🟧	
R-Gang		🟦		🟧	
1. Gang	🟦			🟧	
2. Gang	🟦		🟧		
3. Gang	🟦	🟦			
4. Gang	🟦				🟦
5. Gang		🟦			🟦
6. Gang			🟧		🟦

🟦 Schaltelement Kupplungen
🟧 Schaltelement Bremsen

c) In welchem Zustand befindet sich die Wandlerkupplung während des Schaltvorgangs? Woran ist dies zu erkennen?

d) Warum wird während der Überschneidungsphase das Drehmoment des Motors abgesenkt?

e) Was geschieht, wenn der Druckaufbau „p_{zu}" zu schnell geschieht?

f) Was geschieht, wenn der Druckaufbau „p_{zu}" zu langsam geschieht?

4. a) Warum muss der Druckverlauf in den Schaltkupplungen angepasst werden?

b) Wie kann ein fortgesetztes gleichmäßiges Schaltverhalten gewährleistet werden? Wodurch wird dies bewirkt?

5. Warum kommt es bei Ausfall von G182 zu harten unkomfortablen Schaltvorgängen. Begründen Sie Ihre Aussage.

6. Eine Überprüfung des Drehzahlfühlers G182 ergab, dass der Sensor defekt ist, deshalb ist das Mechatronikmodul zu tauschen. Nach dem Austausch des Mechatronikmoduls, löschen Sie den Fehlerspeicher, setzen die Adaptionswerte zurück und ergänzen das Getriebeöl mit der richtigen Spezifikation. Bei einer ersten Probefahrt stellen Sie weiterhin eine unkomfortable/harte Schaltung fest.

Die Störanzeige leuchtet nicht mehr auf. Nach dem erneuten Auslesen des Fehlerspeichers ist kein Fehler hinterlegt. Sie erhalten die Anweisung eine Adaption durchzuführen.

a) Schnelladaption. Welche Kupplungen werden zur Schnelladaption verwendet?

b) Warum können nur zuschaltende Kupplungen zur Adaption verwendet werden?

c) Welche Kupplungen werden zugeschaltet beim Schalten von …

1.Gang in den 2.Gang:

2.Gang in den 3.Gang:

3.Gang in den 4.Gang:

Hinweis: Nach der Schnelladaption ist noch eine Feinadaption entsprechend der Herstellervorgaben durchzuführen. Dazu ist eine Adaptionsfahrt entsprechend „Ablauf Teil 2" vorgeschrieben. Bei der Adaptionsfahrt ist auf eine gute Fahrbahnbeschaffenheit zu achten. Bei starken Unebenheiten, stop and go oder bergigen Gelände wird die Adaption nicht durchgeführt bzw. abgebrochen.

Adaptionsbedingungen für die Schnelladaption:

Kupplung C
- ATF-Temperatur > 40 °C
- Motordrehmoment 60 Nm – 100 Nm (leicht beschleunigend)
- Turbinendrehzahl bis ca. 2100 1/min
- Fahrstufe D

Kupplung B
- ATF-Temperatur > 40 °C
- Motordrehmoment 80 Nm – 100 Nm (leicht beschleunigend)
- Turbinendrehzahl bis ca. 2100 1/min
- Fahrstufe D

Kupplung E
- Wie Kupplung B

Ablauf Teil 1
Fahrzeug aus dem Stand mit sehr wenig Drehmoment (ca. 100 Nm) in Fahrstufe D bis in Gang 4 beschleunigen. Anschließend das Fahrzeug ohne Bremsbetätigung bis 40 km/h ausrollen lassen und dann langsam bis zum Stand abbremsen. Im Stillstand 5 Sekunden warten. Dieser Teil wird maximal 3mal wiederholt.

Feinadaption:

Ablauf Teil 2
Gezielt 3 – 4 km fahren, mit einem Drehmoment von ca. 100 Nm in tiptronic Gang 5 (manuell) im Drehzahlbereich 1600 – 2800 1/min.
Anschließend Fahrzeug beschleunigen und in tiptronic Gang 6 (manuell) mit 1600 – 2800 1/min 3 – 4 km weiterfahren.

Situation: Ein Kunde mit einem Audi A4 mit stufenlosen Automatikgetriebe (Multitronic) reklamiert, dass das Fahrzeug bei geringen Steigungen im Gegensatz zu früher bei eingelegter Fahrstufe rückwärts rollt. Beim Auslesen des Fehlerspeichers erhalten Sie die Information „Fehler Drehzahlsensor".

1. Benennen Sie die mit Ziffern versehenen Positionen des abgebildeten Multitronic-Getriebes.

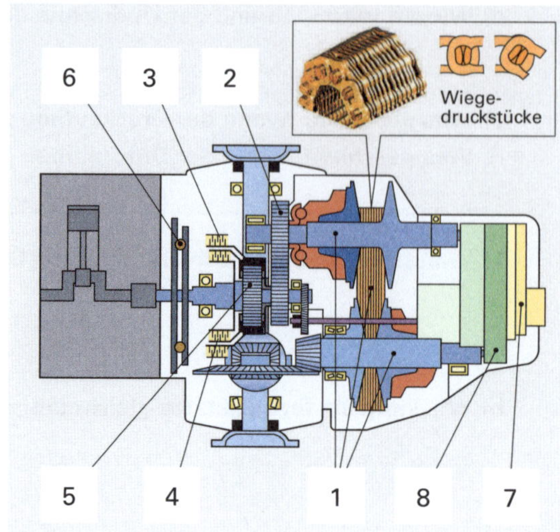

1 __________

2 __________

3 Rückwärtskupplung

4 __________

5 __________

6 __________

7 __________

8 __________

2. Was versteht man unter einem stufenlosen automatischen Getriebe?

____

____

3. Ordnen Sie dem abgebildeten Schema eines stufenlosen Getriebes die fehlenden Positionsnummern und Bezeichnungen zu.

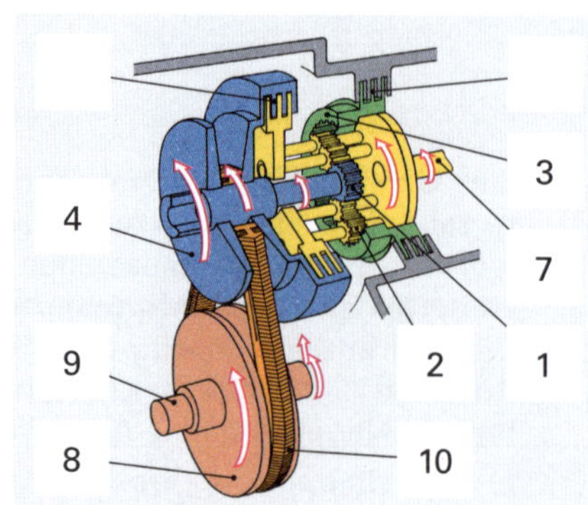

1 __________	2 __________
3 __________	4 __________
5 Kupplung Vorwärtsgang (K1)	6 Kupplung Rückwärtsgang (K2)
7 __________	8 __________
9 __________	10 __________

4. Welche Aufgabe hat das Planetengetriebe?

____

____

5. Welche Aufgabe haben die Kupplungen?

____

____

6. Beschreiben Sie den Kraftfluss in Wählhebelstellung „D" – K1 geschlossen, K2 gelöst.

Antriebswelle → __________

____

7. Beschreiben Sie wie die Übersetzungsänderung prinzipiell erfolgt.

____

____

Name:

Klasse: Datum: Blatt-Nr.:

8. **Berechnen Sie a) die kleinstmögliche und b) die größtmögliche Übersetzung sowie c) die Spreizung des Getriebes. Tragen Sie dazu die Wirkradien in Bild 2 ein und ermitteln Sie aus beiden Bildern die entsprechenden Maße (Maßstab 1:12).**

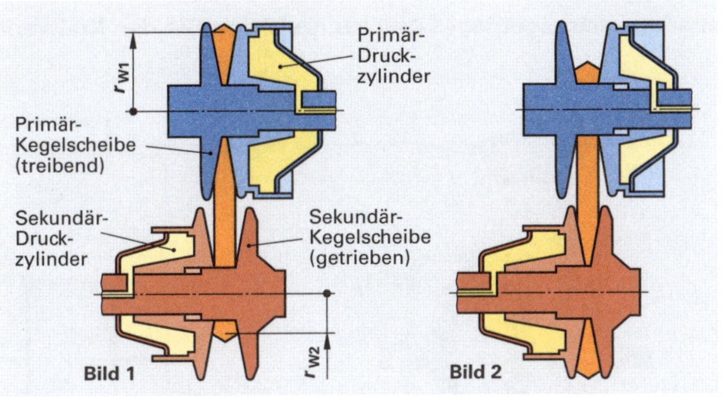

Geg.:

Ges.:

Lös.:

9. **Damit u.a. die Berghaltefunktion bei geringen Steigungen verwirklicht werden kann, wird die Getriebeausgangsdrehzahl und die Drehrichtung über zwei Drehzahlsensoren erfasst (Bild unten). Diese sind in das elektronische Steuergerät integriert. Bei eingelegter Fahrstufe und Motorleerlauf wird dazu ein definiertes Schleifmoment an der Vorwärtskupplung eingeregelt.**

a) **Zeichnen Sie den Kupplungsdruck und den Vorsteuerdruck in die Abbildung ein.**

Arbeitsdruck (grün)	Kupplungsdruck (orange)
Vorsteuerdruck (blau)	Drucklos (blau gestrichelt)
VK Vorwärtskupplung	HS Handwählschieber
N215 Druckregelventil	SIV Sicherheitsventil
N88 Magnetventil	
KSV Kupplungsssteuerventil	

b) **Erklären Sie anhand des abgebildeten Teilausschnittes aus dem vereinfachten Hydraulikplan wie die Regelung zur Vorwärtskupplung erfolgt. Das Druckregelventil N 215 wird vom Steuergerät angesteuert. N 88 wird nicht angesteuert. Am Sicherheitsventil liegt kein Druck an.**

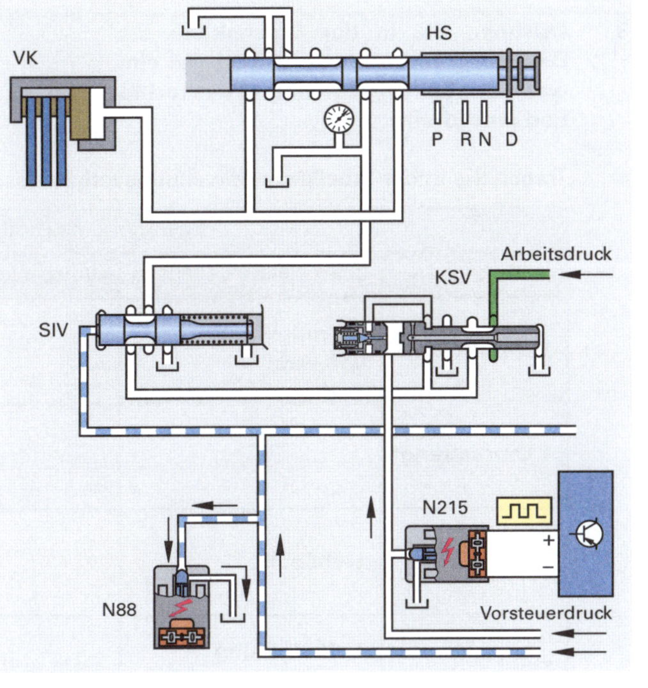

10. **Um den Fehler zu beheben ist lt. Hersteller das elektronische Getriebesteuergerät zu tauschen. Nach dem Abbau des hinteren Getriebedeckels und des Steuergerätes stellen Sie fest, dass durch Verschleiß entstandene Metallspäne am Magnetring haften. Welche Folge kann dies haben und welche Reparaturmaßnahmen schlagen Sie vor?**

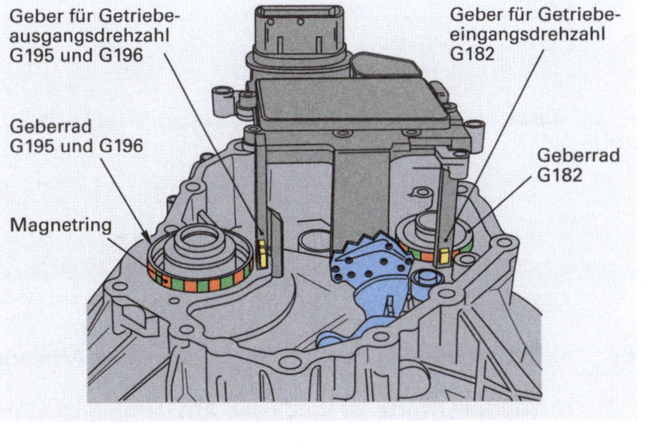

Situation: Bei einem Fahrzeug mit Heckantrieb erzeugt die Hinterachse bei höherer Geschwindigkeit unter Last ein singendes Geräusch, das sich im Schubbetrieb ändert. Zusätzlich ist beim langsamen Fahren ein Klacken im Antriebsstrang beim Lastwechsel zu hören.

1. Welches Bauteil ist für die Geräusche verantwortlich? ______

2. Benennen Sie die Teile des dargestellten Kegelradausgleichsgetriebes und kennzeichnen Sie den Kraftverlauf im linken Bild durch blaue Pfeile.

1 ______

2 ______

3 ______

4 ______

5 ______

6 ______

7 ______

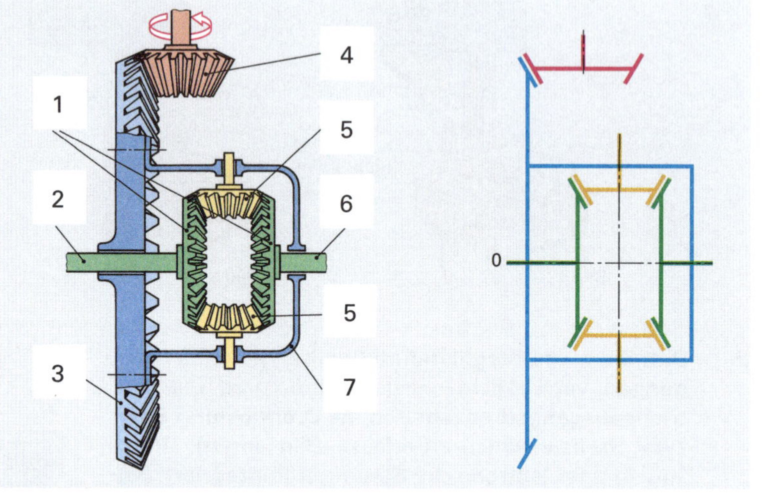

3. Zeichnen Sie in der Strichskizze die Bewegungspfeile in rot für den Fall ein, wenn das linke Rad steht und das rechte Rad durchdreht.

4. Tragen Sie in der Tabelle die Bewegungsverhältnisse der Bauteile des Achsantriebes ein.

Bewegungsverhältnisse im Ausgleichsgetriebe				
Tellerrad	**Linkes Achswellenrad**	**Ausgleichsgehäuse**	**Ausgleichskegelräder**	**Rechtes Achswellenrad**
1 Umdrehung	1 Umdrehung vorwärts		drehen sich nicht	
1 Umdrehung				1 $^1/_2$ Umdrehungen vorwärts
1 Umdrehung vorwärts	steht still			
steht still	1 Umdrehung vorwärts	steht still		

5. Bei dem im Bild dargestellten Ausgleichsgetriebe hat das Antriebsritzel 12 Zähne und das Tellerrad 45 Zähne. Das Antriebsdrehmoment beträgt 180 Nm, der Wirkungsgrad ist 0,99.
Berechnen Sie a) das Übersetzungsverhältnis und b) das Antriebsmoment an den Rädern.

Geg.:

Ges.:

Lös.:

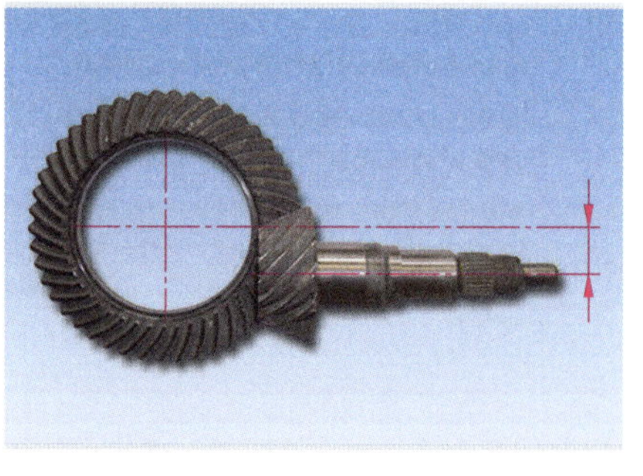

6. a) Bezeichnen Sie den im Bild dargestellten Achsantrieb. ______

b) Welche Ölsorte ist für diesen Achsantrieb zu verwenden? ______

Name:		
Klasse:	Datum:	Blatt-Nr.:

7. **Tragen Sie entsprechend der gewählten Beispiele in den Bildern die unterschiedlichen Drehzahlen durch unterschiedlich lange Pfeile ein. Ergänzen Sie die Tabelle.**

	Beispiel 1 Geradeausfahrt	Beispiel 2 Kurvenfahrt rechts	Beispiel 3 Durchdrehendes Rad rechts
	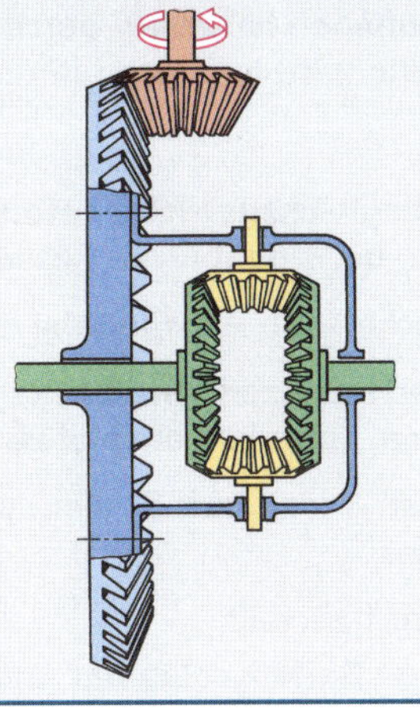	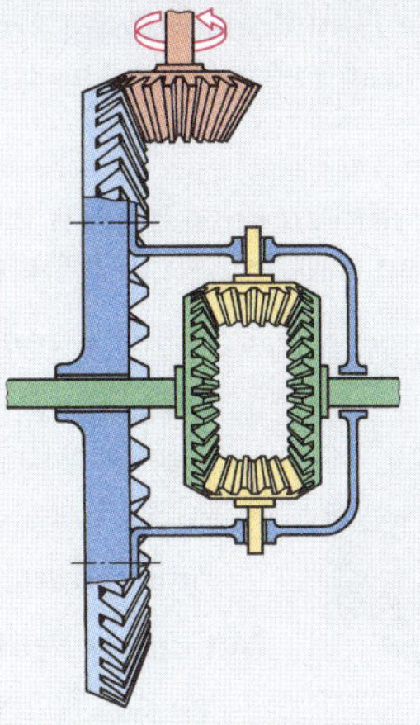	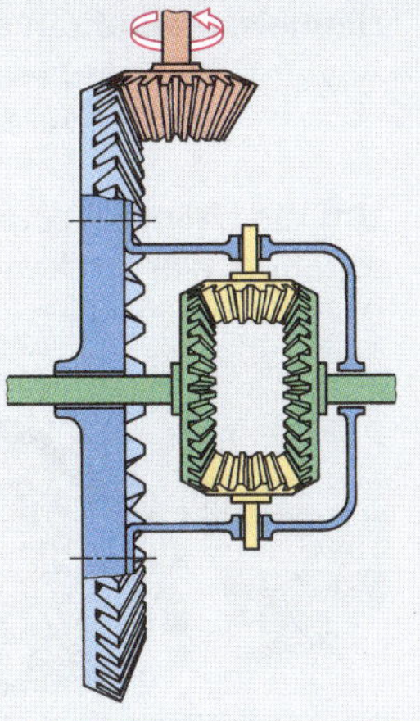
Wirkung auf Ausgleichskegelräder			
Antriebsmoment M_L, M_R			

8. **Warum kann im Beispiel 3 (durchdrehendes Rad) kein für den Vortrieb des Fahrzeugs ausreichendes Drehmoment auf die Straße übertragen werden?**

9. **Wie kann erreicht werden, dass im Beispiel 3 auf das linke Rad ein für den Vortrieb des Fahrzeugs ausreichendes Drehmoment übertragen wird?**

10. **Ergänzen Sie in der Tabelle die fehlenden Werte und den fehlenden Fahrzustand.**

Fahrzustand	n_k 1/min	n_{li} 1/min	n_T 1/min	n_{re} 1/min	M_K Nm	M_{li} Nm	M_T Nm	M_{re} Nm	i_A
Geradeausfahrt	2000	500			100	200			4,0
Linkskurve			300	500	200		600		3,0
Rechtskurve		1500	1000				700		3,5
Durchdrehendes Rad rechts	1200		400				30		
	4000	500					800		4,0

n_K Drehzahl Kegelrad
n_T Drehzahl Tellerrad
$n_{li/re}$ Drehzahl Achswelle links/rechts
M_K Drehmoment Achsgetriebe (Kegelrad)
M_T Drehmoment Tellerrad
$M_{li/re}$ Drehmoment Achswelle links/rechts
i_A Übersetzung Achsgetriebe

11. **Was kann die Ursache für die in der Eingangssituation genannten Geräusche sein?**

Hinweis: Sie führen dazu eine Funktionsprüfung am angehobenen Fahrzeug durch. Die Handbremse ist angezogen und es ist kein Gang eingelegt. Die Kardanwelle wird von Hand hin- und herbewegt. Sie lässt sich ca. 20° verdrehen.

12. **Um die Ursache festzustellen und zu entscheiden, ob das Ausgleichsgetriebe getauscht werden muss oder ob es repariert werden kann, müssen nachfolgende Arbeitsschritte bei eingebauter Achse vorgenommen werden.**

1. Öl ablassen und Deckel vom Achsgeriebe demontieren.
2. Messuhr am Tellerrad ansetzen, Antriebskegelrad festhalten und Tellerrad hin- und herbewegen, Zahnflankenspiel ablesen.
3. Diese Messung ist an 3 weiteren Stellen, verteilt am Umfang des Tellerrades, durchzuführen.

Mit dieser Prüfung wird beurteilt
- ob das Tellerrad einen Seitenschlag hat und
- ob das Zahnflankenspiel zu groß ist.

a) Wie groß ist die gemessene Messwertschwankung?

Zugelassener Toleranzwert des Herstellers: 0,12 mm bis 0,18 mm

b) Wie groß ist die zugelassene maximale Toleranz?

Ermittelte Messwerte	
1. Messung bei 0°	0,17 mm
2. Messung bei 90°	0,18 mm
3. Messung bei 180°	0,20 mm
4. Messung bei 270°	0,17 mm

13. **Wie sind die gemessenen Werte bezüglich Seitenschlag und Zahnflankenspiel zu beurteilen?**

Damit beurteilt werden kann, ob die Zähne des Kegel- und Tellerrades stark verschlissen sind, wird eine Tragbildprüfung vorgenommen. Hierzu müssen die Zahnflanken gereinigt und tuschiert werden. Danach wird das Kegelrad 8- bis 10-mal auf einer Stelle hin- und hergedreht und dabei das Tellerrad mit einem Keil abgebremst, der die Belastung simulieren soll. Das Tragbild gibt Aufschluss über den Verschleiß der Zähne. Danach wird entschieden, ob die Achse repariert wird.

14. **Beurteilen Sie das ermittelte Tragbild.**

Ermitteltes Tragbild	Solltragbild
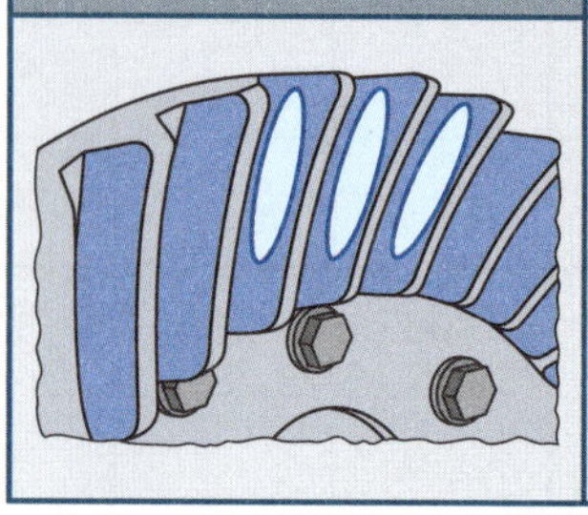	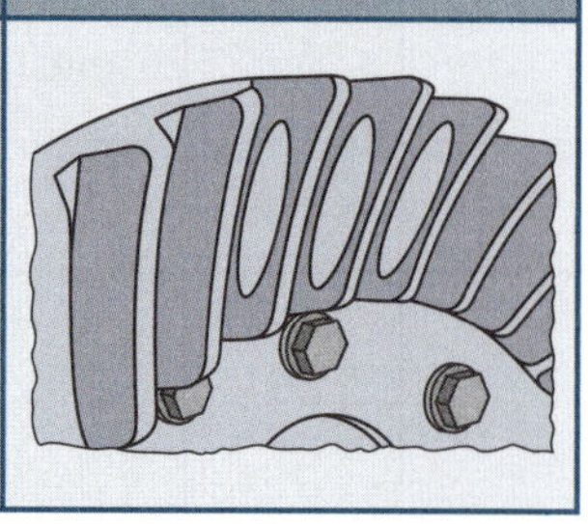

15. **Beschreiben Sie den weiteren Instandsetzungsweg.**

EUROPA LEHRMITTEL	**LERNFELD 13** Reparatur **Mechanisches Selbstsperrdifferential**	Name:
		Klasse: | Datum: | Blatt-Nr.:

Situation: Ein Kunde mit einem älteren 3-er BMW M-Power möchte wissen, welche Auswirkungen das in der HA verbaute Lamellensperrdifferenzial (s. Bild) auf das Fahrverhalten bei schlechter Bodenhaftung hat.

1. Benennen Sie die Bauteile 1 bis 4 und ordnen Sie die Benennungen den Bauteilen zu.

1 ______________________

2 ______________________

3 ______________________

4 ______________________

5 Tellerfeder 7 Innenlamellen

6 Druckringe 8 Außenlamellen

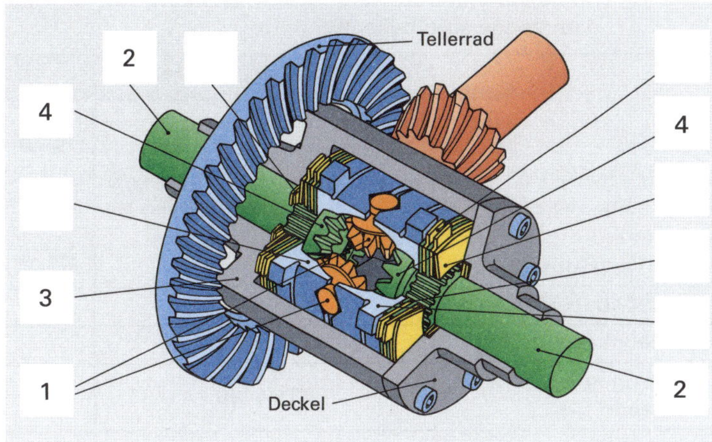

2. Ein Fahrzeug mit Selbstsperrdifferenzial in der Antriebsachse befährt eine Rechtskurve. Hierbei werden am linken Rad 400 Nm, am rechten Rad 600 Nm übertragen.
a) Wie groß ist das anliegende Tellerradmoment? b) Berechnen Sie den Sperrwert in %.

Geg.: Ges.:

Lös.:

3. Ergänzen Sie die Tabelle, wenn das Selbstsperrdifferential einen Sperrwert von 40 % hat.

Geradeausfahrt		Kurvenfahrt rechts		Durchdrehendes Rad rechts	
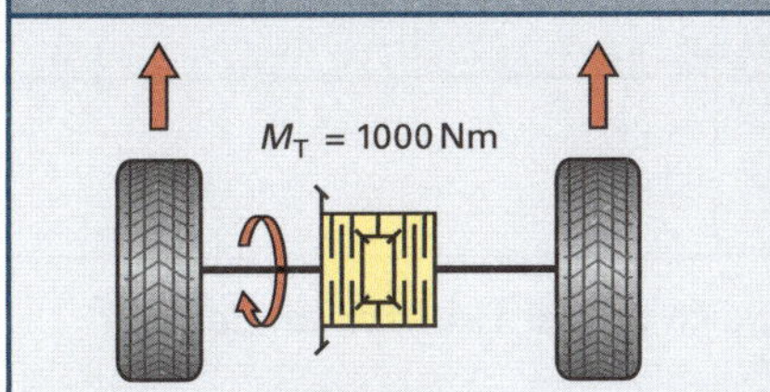		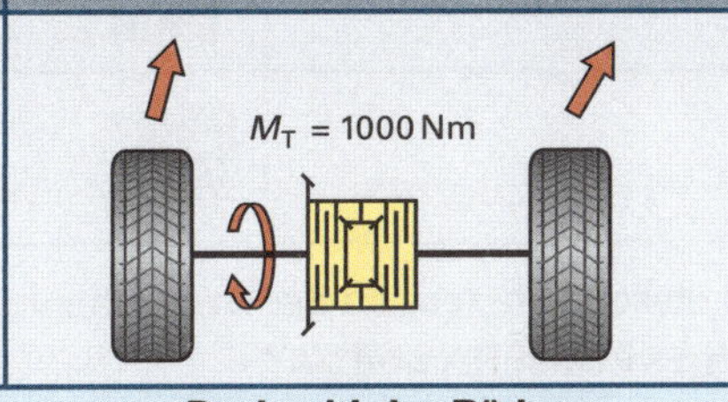		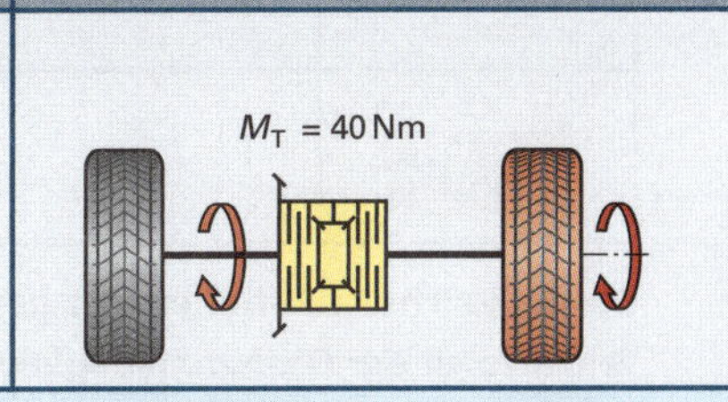	
Drehzahl der Räder					
Wirkung auf Lamellen					
Drehmomentberechnung an den Rädern in Nm					
Drehmomentverteilung in %					

* Das Drehmoment M_{links} = 28 Nm reicht in den meisten Fällen nicht aus, mit dem Fahrzeug anfahren zu können.

4. Wie verhält sich das Fahrzeug, wenn beim Beschleunigen durch schlechte Bodenhaftung das linke oder das rechte Rad schneller dreht?

____

____

LERNFELD 13	Reparatur	Name:		
Allradtechnik	Blatt 1	Klasse:	Datum:	Blatt-Nr.:

Situation: Ein Kunde möchte ein Allradfahrzeug kaufen. Damit möchte er Pferdeanhänger ziehen und zu jeder Jahreszeit auch Feld- und Waldwege (Off-Road) befahren können.
In seiner engeren Wahl stehen ein BWM X5, ein Mercedes G 500 und ein Audi Q5. Folgende Angaben der Fahrzeuge sind bekannt.

	BMW X540d xDrive	Mercedes G 500	Audi Q5 3,0 TFSI Quattro
VG = Verteilergetriebe	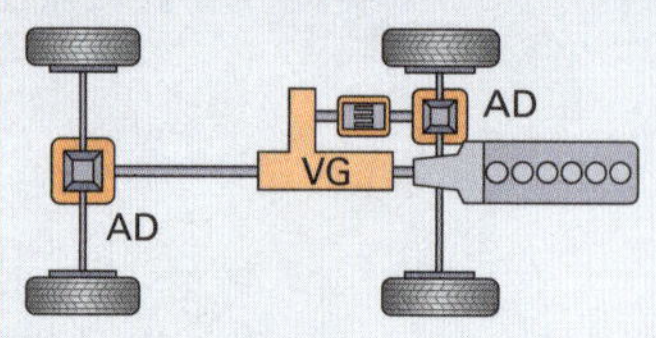	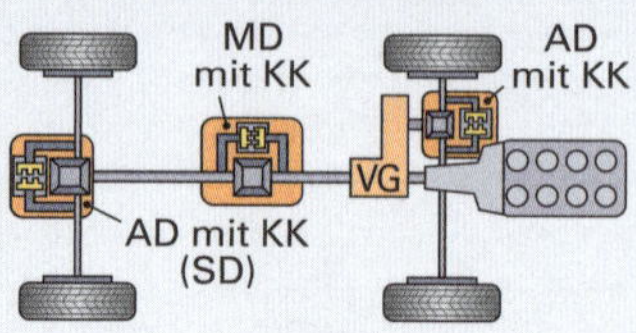	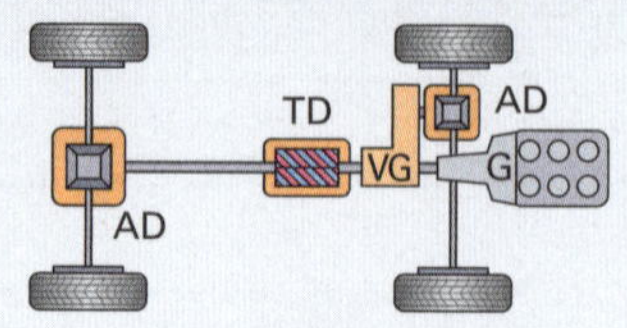
Motorbauart/Zylinder	Reihe/6	V/8	V/6
Hubraum cm³	2993	5461	2995
Leistung in kW bei 1/min	313/4400	387/6000	272/4780
Max. Drehmoment Nm bei 1/min	630/1500	530/2800	400/2150
Berganfahrhilfe	ja	nein	ja
Bergabfahrhilfe	ja	nein	ja
Kraftverteilung Vorder-/Hinterachse in %	38/62	50/50	40/60

1. **Bezeichnen Sie anhand der oberen Fahrzeugabbildungen die Bauteile:**

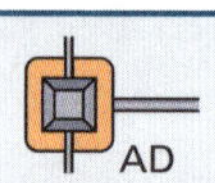		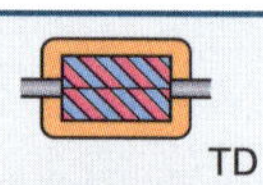	
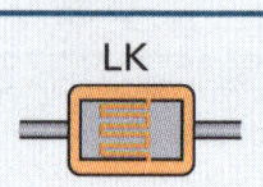		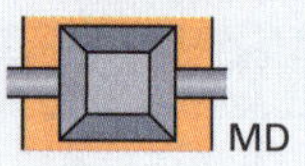	
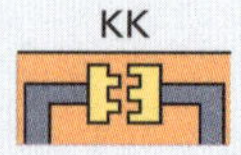		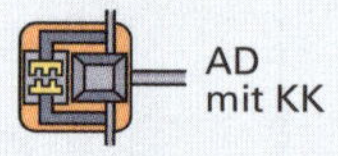	

2. **Durch welches Bauteil erfolgt bei diesen Fahrzeugen der Drehzahlausgleich an der HA bzw. an der VA?
Wie erfolgt der Drehzahlausgleich zwischen HA und VA?
Wodurch kann der Drehzahlausgleich gesperrt werden? Ergänzen Sie die Tabelle.**

	Drehzahlausgleich	durch	sperrbar durch
BMW X5 40d xDrive	an der VA		
	an der HA		
	zwischen VA-HA		
Mercedes G 500	an der VA		
	an der HA		
	zwischen VA-HA		
Audi Q5 3,0 TFSI Quattro	an der VA		
	an der HA		
	zwischen VA-HA		

3. **Sowohl der Audi Q5 als auch der BMW X5 fahren im Normalfall mit einer heckbetonten Kraftverteilung. Erläutern Sie dies.**

4. Begründen Sie dem Kunden, warum sich für seinen Einsatzzweck ein Allradfahrzeug besser eignet, als ein frontgetriebenes Fahrzeug.

5. a) Von welchen Faktoren hängt die übertragbare Antriebskraft eines Antriebsrades ab?

b) Geben Sie die Formel für die Reibkraft F_R an:

6. Die größte übertragbare Kraft wird in der Abbildung rechts, durch den Kamm'schen Reibkreis dargestellt.

a) Bezeichnen Sie die Kraftpfeile mit:

F_N = Belastung des Reifens / Normalkraft

F_U = übertragbare Umfangskraft des Reifens

F_S = übertragbare Seitenführungskraft des Reifens

F_{Res} = Resultierende übertragbare Kraft des Reifens

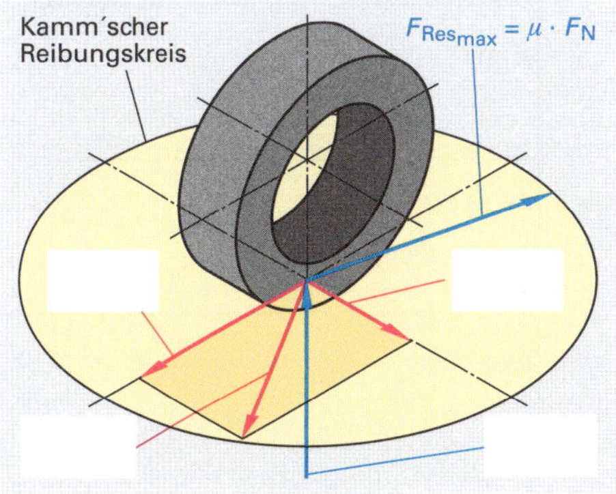

b) In der Tabelle sind die Haftreibungszahlen zwischen Reifen und Fahrbahn für unterschiedliche Fahrbahnzustände angegeben.

Fahrbahnzustand	trocken	nass	vereist
Haftreibungszahl μ	ca. 0.9	ca. 0,6	ca. 0,1

c) Wie verändert sich der Kamm'sche Reibkreis, wenn bei gleicher Normalkraft F_H die Haftreibungszahl μ kleiner wird?

7. In der Tabelle ist der Kamm'sche Reibkreis für 3 Fahrsituationen für ein Rad mit F_N = 4000 N dargestellt. Ermitteln Sie jeweils mit Hilfe des Maßstabes:

a) die Antriebs- und Seitenführungskräfte

b) die Haftreibungszahl und den Fahrbahnzustand aus Tabelle 3b).

Kräftemaßstab: 1 cm = 2000 N

Max. Fahrzeugbeschleunigung, Reifen kurz vor dem Durchdrehen	Max. Kurvenfahrt, Fahrzeug wird weder beschleunigt noch abgebremst	Kurvenfahrt mit geringer Beschleunigung
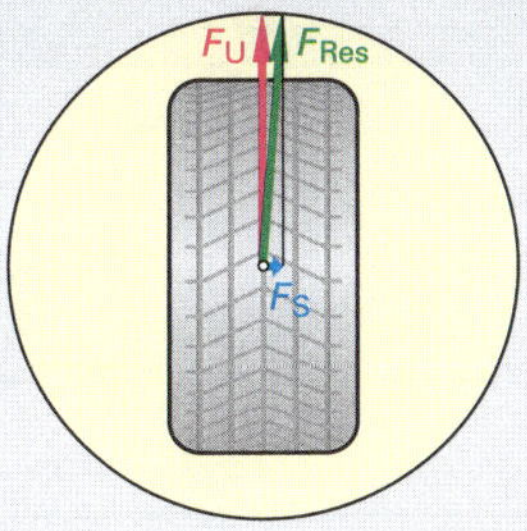	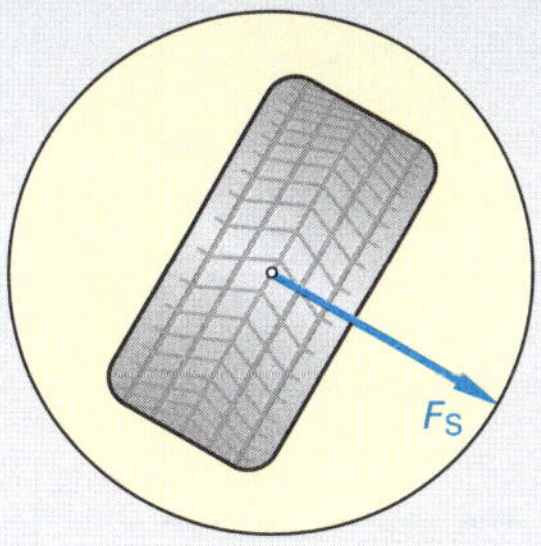	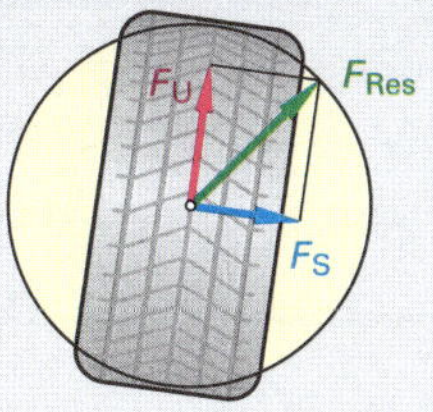
a)	a)	a)
b)	b)	b)

c) Welche Auswirkungen hat ein durchdrehendes bzw. ein blockierendes Rad?

8. **In der Tabelle ist grafisch der Antriebsstrang eines frontgetriebenen und eines allradgetriebenen Fahrzeugs dargestellt.**

a) Berechnen Sie die maximal übertragbare Antriebskraft eines Antriebrades bei einem Fahrzeuggewicht m **= 1600 kg und einer Haftreibungszahl von 0,85.**
Die Achslastverteilung beträgt bei beiden Versionen 50 % : 50 %.

b) Berechnen Sie die max. mögliche Antriebskraft des Fahrzeugs.

9. **a) Die Antriebskraft beträgt bei einer vorgegebenen Fahrsituation z.B. Kurvenfahrt 4000 N und die gesamte Seitenführungskraft 8000 N. Berechnen Sie Antriebskräfte und Seitenführungskräfte der Räder und zeichnen Sie diese als Kraftpfeile in die Abbildung ein. Kräftemaßstab: 1 cm = 1000 N**

b) Ermitteln Sie zeichnerisch die resultierende Kraft an einem Antriebsrad.

c) Ermitteln Sie zeichnerisch die Seitenführungskraftreserve ΔF_S **am linken Antriebsrad des allradgetriebenen Fahrzeugs, wenn die resultierende Kraft des frontgetriebenen Fahrzeugs zugrunde gelegt wird.**

Frontantrieb	Allradantrieb
8. a) ______	a) ______
b) ______	b) ______
9. 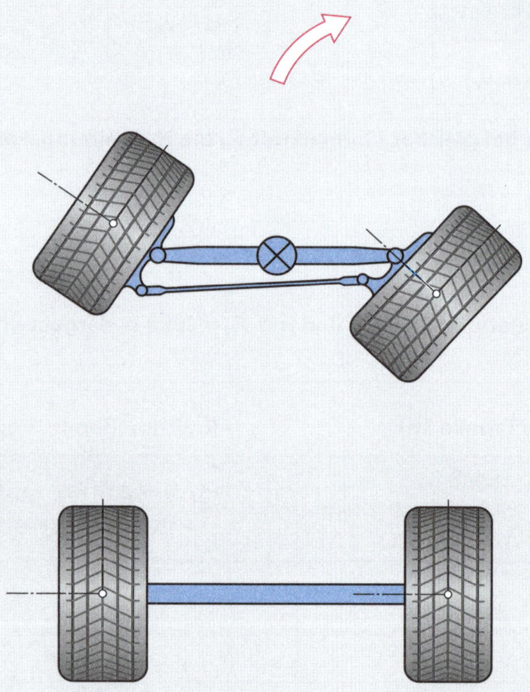	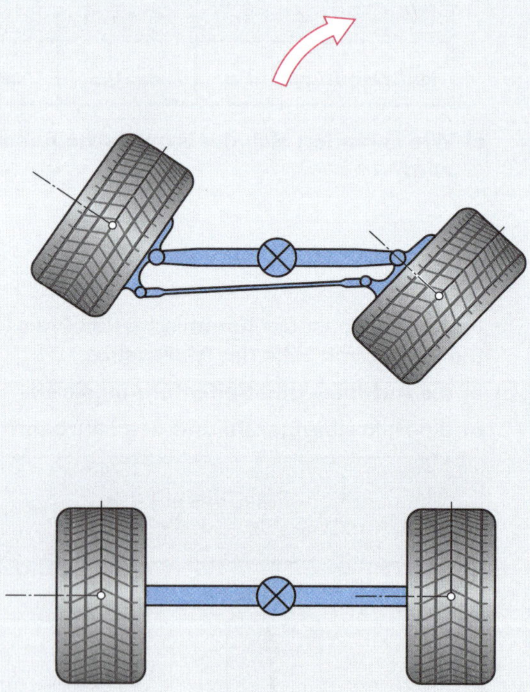
F_R = ______	F_R = ______ ΔF_S = ______

10. **Welche Vorteile hat somit ein Allradfahrzeug gegenüber einem Fahrzeug mit zwei angetriebenen Rädern?**

______

______

______

______

11. **Der Kunde möchte wissen, wie sich die drei Fahrzeuge in der abgebildeten Situation beim Anfahren mit Anhänger verhalten würden.**

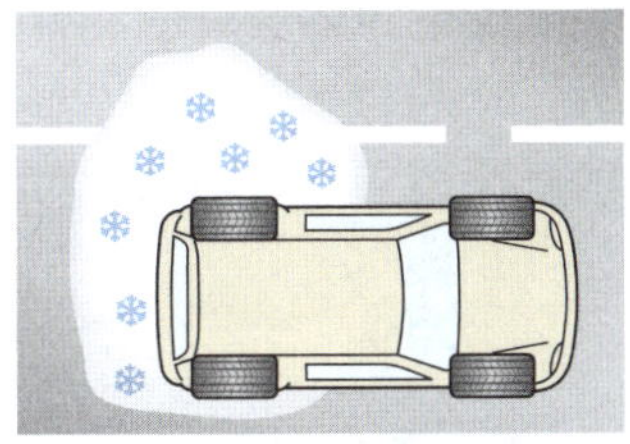

a) Beschreiben Sie abgebildete Situation.

b) Ergänzen Sie hierzu die Tabelle.

<table>
<tr><th colspan="2"></th><th>BMW X5</th><th>Mercedes G 500</th><th>Audi Q5</th></tr>
<tr><td colspan="2">Bauart der Längssperre</td><td></td><td></td><td></td></tr>
<tr><td colspan="2"></td><td>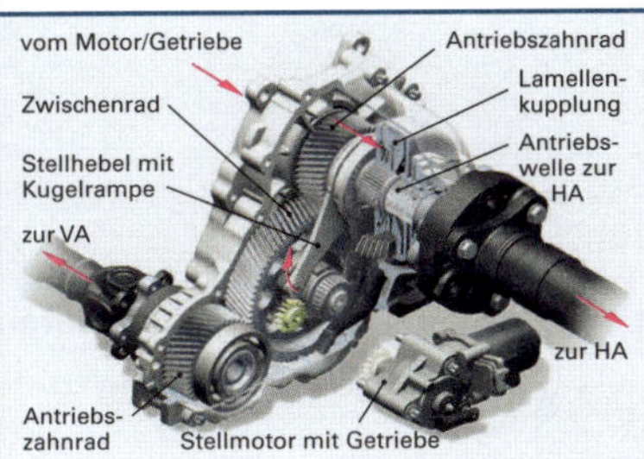
</td><td>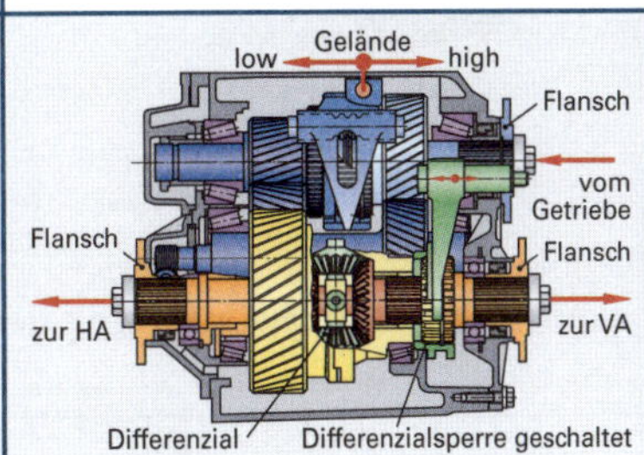
</td><td>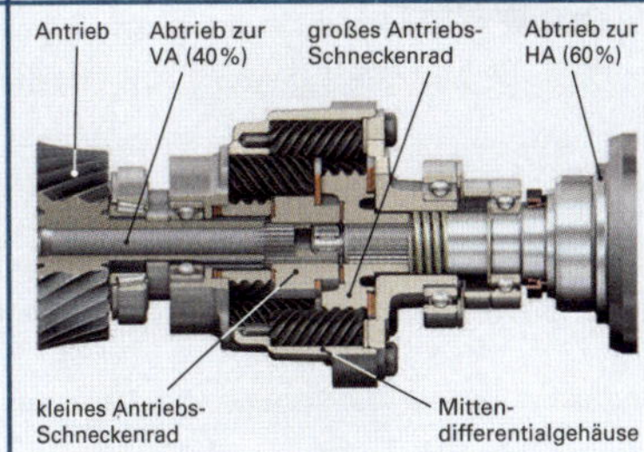
</td></tr>
<tr><td colspan="2">Betätigung der Sperre</td><td></td><td></td><td></td></tr>
<tr><td colspan="2">Sperrwert</td><td></td><td></td><td>0 … 62 %</td></tr>
<tr><td rowspan="2">Max. mögliche Drehmomentverteilung in % an der VA/HA</td><td>VA</td><td></td><td></td><td></td></tr>
<tr><td>HA</td><td></td><td></td><td></td></tr>
<tr><td colspan="2">Sperrung wird erreicht durch</td><td></td><td></td><td></td></tr>
</table>

12. **a) Warum überträgt der Audi Q5 in der oben abgebildeten Situation, weniger Antriebsmoment auf die VA als die anderen Fahrzeuge?**

b) Wie kann beim Audi Q5 das Antriebsmoment an der Vorderachse bis auf 63 % erhöht werden? Begründen Sie.

c) Welche Auswirkung kann der EDS-Eingriff bei langen Fahrten in Sand, Matsch und Schnee haben?

13. **Welches Fahrzeug eignet sich am besten für Fahrten im schwierigen Gelände. Begründen Sie Ihre Antwort.**

LERNFELD 13 Reparatur

Allradantrieb **Blatt 1**

Name:		
Klasse:	Datum:	Blatt-Nr.:

Situation: Der Toyota HDJ 80 ist mit einem permanenten Allradantrieb ausgestattet. Bei der Betätigung des Diff-Lock-Schalters blinkt die Anzeige Diff-Lock-Rear-Axel.

1. a) Welche Räder drehen ohne Aktivierung der Sperren durch?

____

____

b) Warum kann das Fahrzeug keine Vortriebskraft übertragen, obwohl die Antriebskraft des Motors zu gleichen Teilen an die Vorder- bzw. Hinterachse verteilt wird?

____

____

____

2. Benennen Sie die mit Ziffern gekennzeichneten Baugruppen des schematisch dargestellten Allradantriebs.

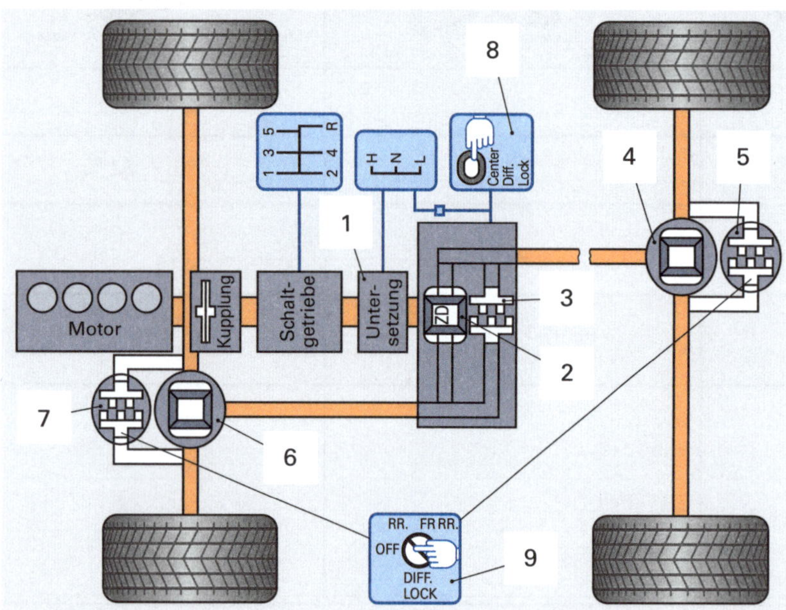

1 Untersetzungsgetriebe

2 ______________________________

3 ______________________________

4 ______________________________

5 ______________________________

____

6 ______________________________

____

7 ______________________________

____

8 ______________________________

____

9 ______________________________

____

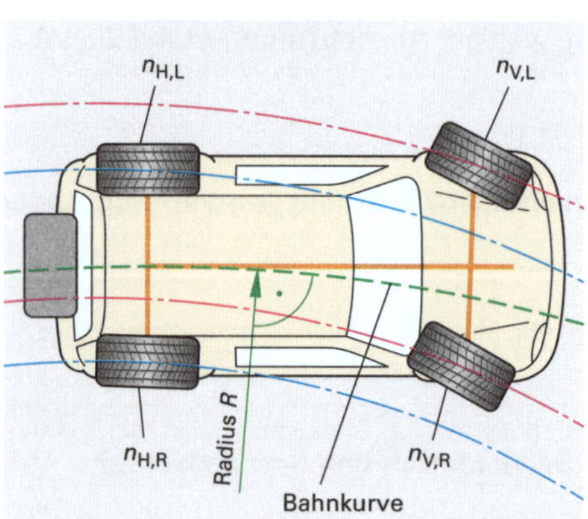

3. a) Begründen Sie anhand der Abbildung, warum dieses Fahrzeug drei Differenziale benötigt.

____

____

____

____

____

____

____

b) Welche Bauteile ermöglichen einen Drehzahlausgleich zwischen

– den Rädern einer Achse: ______________________________

– zwischen Hinterachse und Vorderachse: ______________________________

4. Welche Sperre bzw. Sperren benötigt das Fahrzeug, um in der oben dargestellten Fahrsituation einen Vortrieb zu ermöglichen?

____

Name:

Klasse: Datum: Blatt-Nr.:

Hinweis: **Beim Sperren des Mitten- und der beiden Achsdifferenziale mittels Betätigungsschalter blinkt die Diff-Lock RR-Anzeige, während die anderen Anzeigen leuchten.**

Center Diff Lock	Diff Lock Front Axel (FR) / Rear Axel (RR)
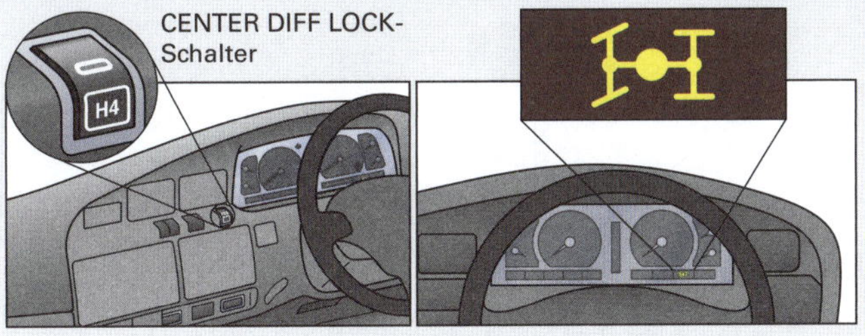	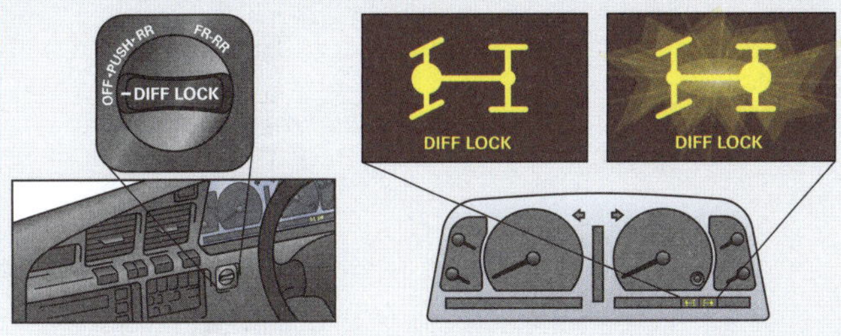

5. Erläutern Sie anhand der Tabelle welcher Fehler vorliegt.

Anzeige		DIFF LOCK-Schalter	Differenzial-sperren		Differenzial-betriebsart
Front-diff.	AUS	OFF oder RR	AUS	–	Freigegeben
	BLINKT*	FR-RR	AUS	–	Während Einlegen Sperren
	EIN	FR-RR	EIN	–	Gesperrt
Heck-diff.	AUS	AUS	–	AUS	Freigegeben
	BLINKT*	RR oder FR-RR	–	AUS	Während Einlegen Sperren
	EIN	RR oder FR-RR	–	EIN	Gesperrt

6. Beschreiben Sie anhand der Abbildung den Sperrvorgang der Hinterachse.

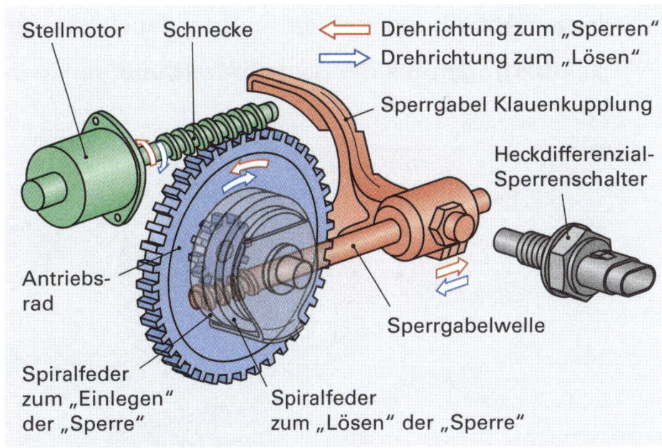

7. a) Unterlegen Sie im Schaltplan den Stromkreis für die Heckdifferenzialsperre rot, den des Kontrollsensors grün.

b) Nennen Sie drei mögliche Fehlerquellen für das Nicht-Sperren des HA-Differenzials.

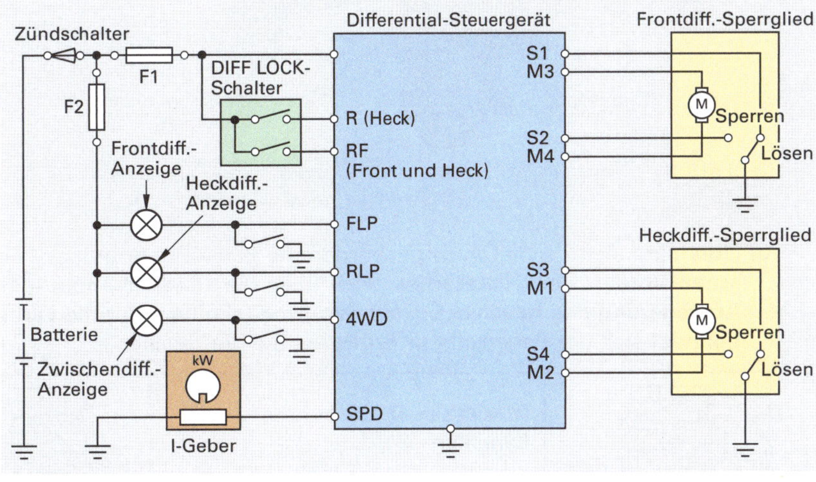

c) An PIN M1 und M2 messen Sie eine Spannung von 12 V. Was schließen Sie daraus?

d) Wie gehen Sie weiter vor?

e) Die Innenwiderstandsmessung des Stellmotors zeigt OL. Was schließen Sie daraus?

Name:

Klasse: Datum: Blatt-Nr.:

Situation: Bei einem Golf IV Variant 4motion leuchtet sporadisch die ESP-Kontrolllampe. Das Auslesen des Fehlerspeichers ergibt: „Sporadisches Aussetzen Haldex-Steuergerät"

1. Der Golf 4motion verfügt über das dargestellte Allradantriebssystem.
   a) Bezeichnen Sie die Bauteile.

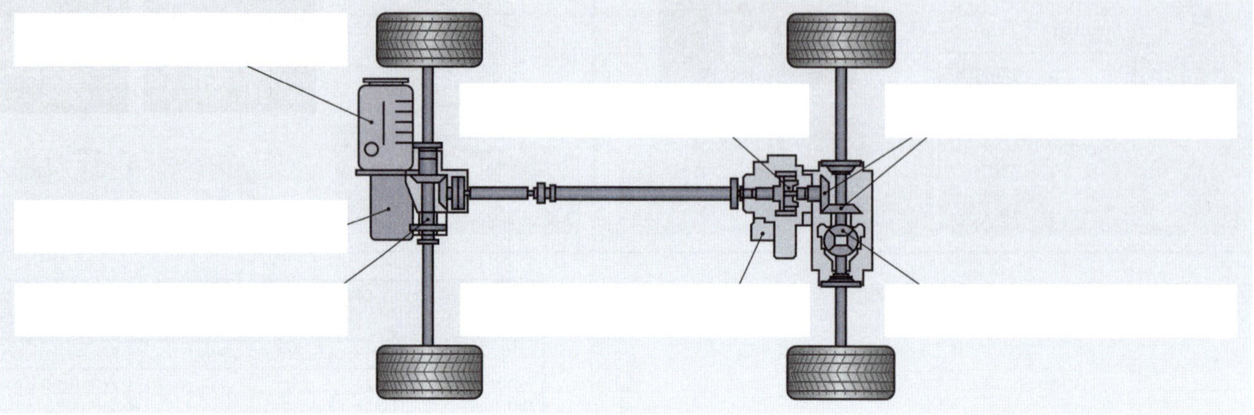

   b) Wie erfolgt die Drehmomentübertragung auf die Hinterachse?

   ____

   c) Zeichnen Sie den Kraftfluss bei geschlossener Haldex-Kupplung mit Pfeilen in die obere Abbildung farbig ein.

2. In den Abbildungen ist der Aufbau der Haldex-Kupplung dargestellt.
   a) Übertragen Sie die Bauteilbezeichnungen in den Hydraulikplan der Haldexkupplung.

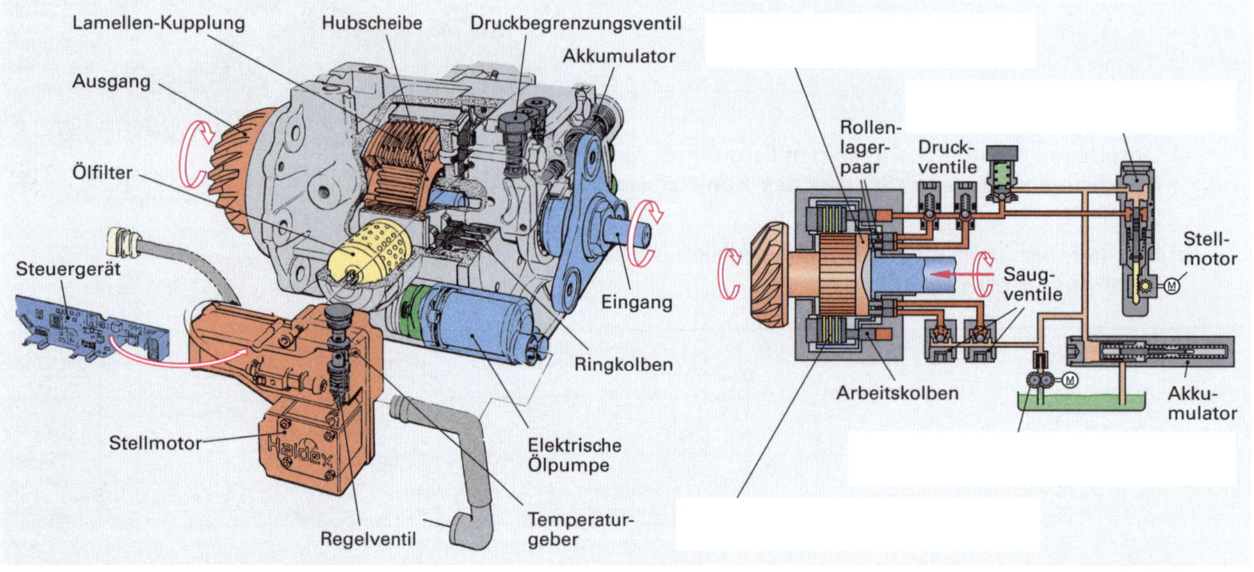

   b) Über eine elektrische Ölpumpe werden die Ringkolbenpumpen mit Öl versorgt. Bei Drehzahlunterschied zwischen Vorder- und Hinterachse wird über die Ringkolbenpumpen ein Druck erzeugt. Dieser wirkt je nach Ansteuerung des Regelventils auf den Arbeitskolben, der die Lamellen zusammendrückt. In welcher Stellung befindet sich der Regelkolben? Ergänzen Sie die Tabelle.

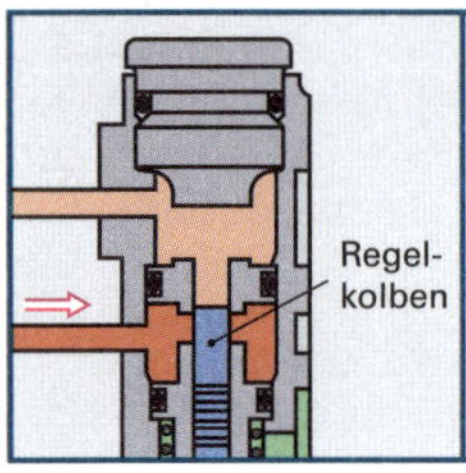	**Maximaler Druck auf die Lamellen** ______ ______	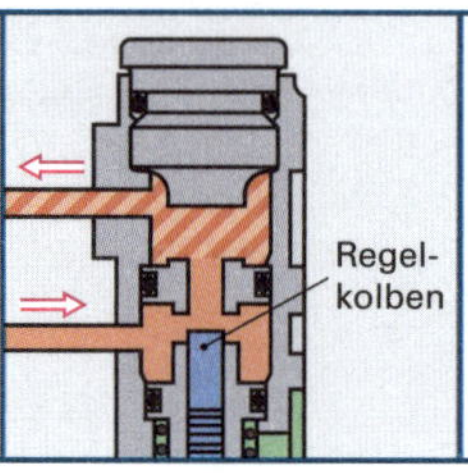	**Reduzierter Druck auf die Lamellen** ______ ______

3. Welches Bauteil steuert den Stellmotor (Schrittmotor) des Regelventils an?

____

4. Die geführte Fehlersuche schlägt eine Funktionsprüfung auf dem Rollenprüfstand oder Bremsenprüfstand vor.

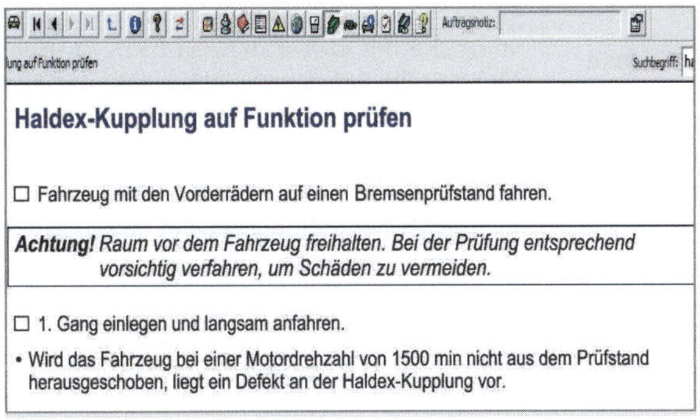

Warum muss sich das Fahrzeug, bei intakter Haldex-Kupplung, bei dieser Prüfung aus dem Bremsenprüfstand heraus bewegen?

5. a) Bei der durchgeführten Prüfung, bleibt das Fahrzeug im Prüfstand. Was schließen Sie daraus?

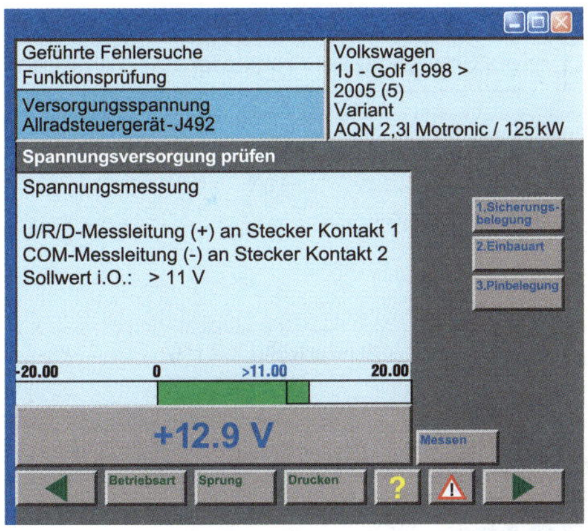

b) Was ist entsprechend der geführten Fehlersuche als nächstes zu überprüfen (siehe Abbildung)?

c) An welchen Pins wird die Spannung am Haldex-Steuergerät geprüft (siehe Schaltplan)?

d) Wie groß muss der Sollwert sein?

Hinweis: Übersteigt die Hydrauliköl-Temperatur 100 °C wird die Kupplung drucklos geschaltet. Sinkt die Temperatur wieder unter 100 °C, ist die Funktion wieder hergestellt. Bei Signalausfall des Temperatursensors wird der Allradantrieb nicht aktiviert!

e) Markieren Sie im Schaltplan die Leitung für die Spannungsversorgung des Haldex-Steuergerätes.

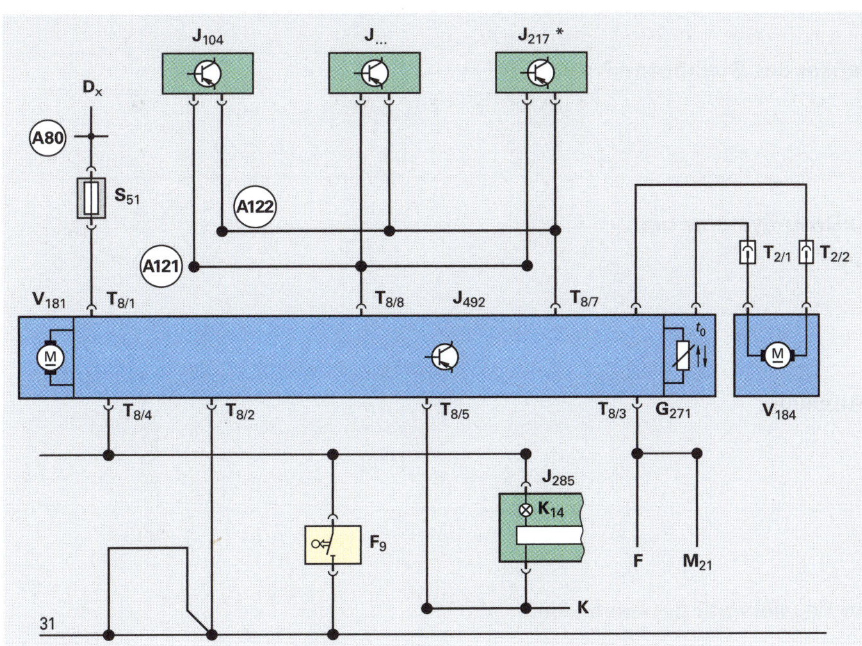

D	Zündanlassschalter
F	Bremslichtschalter
F_9	Schalter für Handbremskontrolle
G_{271}	Geber für Hydrauliktemperatur
$J_{...}$	Motorsteuergeräte
J_{104}	Steuergerät für ABS mit EDS/ASR/ESP im Motorraum links
J_{217}	Steuergerät für automatisches Getriebe im Wasserkasten mitte
*	Nur bei Fahrzeugen mit automatischem Getriebe
J_{285}	Steuergerät mit Anzeigeeinheit im Schalttafeleinsatz
J_{492}	Steuergerät für Allradantrieb, nähe Hinterachsgetriebe
K	Verbindung (K-Diagnoseleitung)
K_{14}	Kontrolllampe Handbremse
M_{21}	Lampe für Bremslicht links
S_{51}	Sicherung
V_{181}	Stellmotor für Öldruck
V_{184}	Pumpe für Haldex-Kupplung
A80	Verbindung -1- (x) Schalttafelstrang
A121	Verbindung (High-Bus)
A122	Verbindung (Low-Bus)

6. Am Pin T8/1 und T8/2 liegt keine Spannung an. Welche Fehler können vorliegen?

Name:		
Klasse:	Datum:	Blatt-Nr.:

Situation: **Ein BMW X3 zeigt ein ruckartiges Fahrverhalten. Der Kunde verständigt telefonisch die Werkstatt, welches das Fahrzeug abschleppt, um Folgeschäden zu vermeiden. Im Rahmen der Dialogannahme wird festgestellt, dass kein Fehlerspeichereintrag abgelegt ist.**
Bei der Sichtprüfung stellen Sie fest, dass an der Hinterachse neue Reifen montiert wurden. Die Reifen der Vorderachse sind fast bis auf Restprofiltiefe heruntergefahren.

Fahrzeuge mit xDrive müssen beim Abschleppen immer an beiden Achsen angehoben werden. Das Fahrzeug darf auf keinen Fall nur an einer Achse angehoben werden. Keines der Räder darf beim Abschleppen Bodenkontakt haben, denn auch bei stromlosem Stellmotor ist nicht sichergestellt, dass die Lamellenkupplung vollständig trennt. Das Fahrzeug könnte aus der Schleppvorrichtung fahren. Wenn die Räder der angehobenen Achse in der Schleppvorrichtung durch Verzurren blockiert werden wird das Verteilergetriebe geschädigt.
Die Warnhinweisschilder an der B-Säule links und Hinweise in der Betriebsanweisung sind zu beachten.
Das Ziehen von Fahrzeugen mit xDrive ist mit Einschränkungen zulässig. Zu beachten ist dabei, dass:
- alle Räder Bodenkontakt haben
- die Schleppgeschwindigkeit maximal 70 km/h
- die Schleppstrecke maximal 150 km beträgt.

1. Entnehmen sie den nebenstehenden Vorschriften für xDrive-Fahrzeuge, was beim Abschleppen zu beachten ist.

2. Ergänzen Sie die fehlenden Bezeichnungen des xDrive Systems.

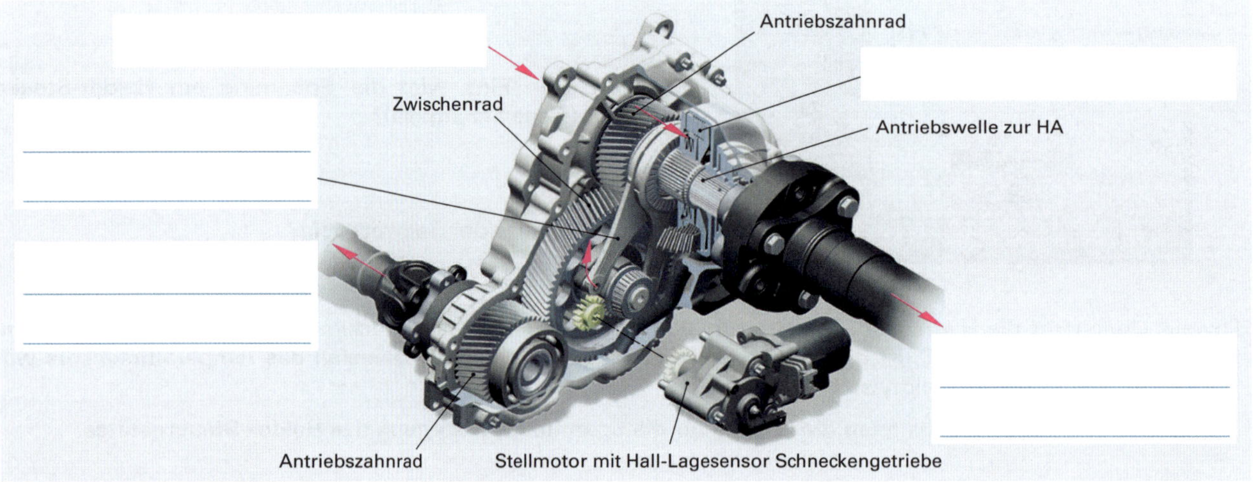

3. Welche Aufgabe hat der Lagesensor des Stellmotors?

4. Erläutern Sie die Funktion des xDrive-Systems bei

a) geöffneter Lamellenkupplung:

b) sich schließender Lamellenkupplung:

5. Was könnte die Ursache für den Regeleingriff gewesen sein.

Lernfeld 14 – Um- und Nachrüsten

Audioanlage – Blatt 1

Name:

Klasse: | Datum: | Blatt-Nr.:

Situation: Ein Kunde hat sich im Internet die Komponenten einer Audio-Anlage für sein Fahrzeug gekauft. Als er die Anlage installieren will, merkt er, dass er damit technisch überfordert ist. Deshalb erhalten Sie den Auftrag, das vorhandene Radio „alpha" gegen das höherwertige Radio auszutauschen. Dieses Radio soll unter anderem auch einen CD-Wechsler steuern, der im Kofferraum unterzubringen ist. Als Lautsprecher sollen jeweils ein Mittel- und ein Hochtöner in den beiden vorderen Türen eingebaut werden. Die tiefen Frequenzen werden durch einen Subwoofer im Kofferraum abgestrahlt. Die erforderliche Leistung wird durch zwei Verstärker (ein Ein-Kanal-Verstärker für den Bass, ein Zwei-Kanal-Verstärker für die Türlautsprecher) erzeugt.

Für die Installation der Komponenten finden Sie die folgenden Auszüge technischer Daten und Anschluss-Beschreibungen.

Bauteile | Technische Daten | Einbauhinweise, Anschlüsse

Antenne

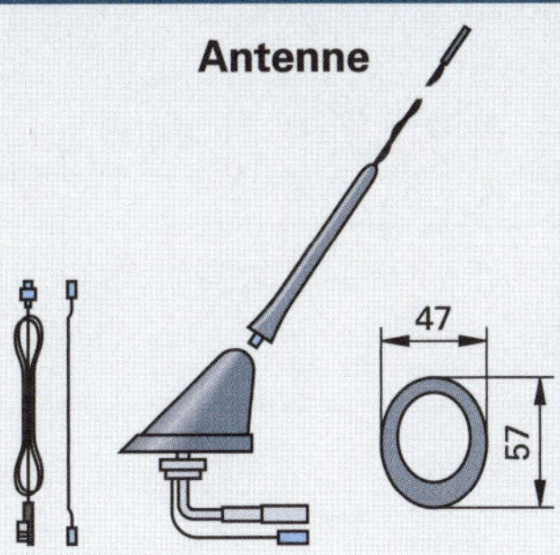

- Aktiver Radiozweig
- Frequenzbereich: 0,145 – 108 MHz
- 4 dB AM- und FM-Verstärkung
- Impedanz 75 Ohm
- 12 V Stromversorgung über separate Leitung
- Glasfiber-Antennenstab 410 mm lang
- Dachmontage
- Befestigung: Schrauben M5-Gewinde

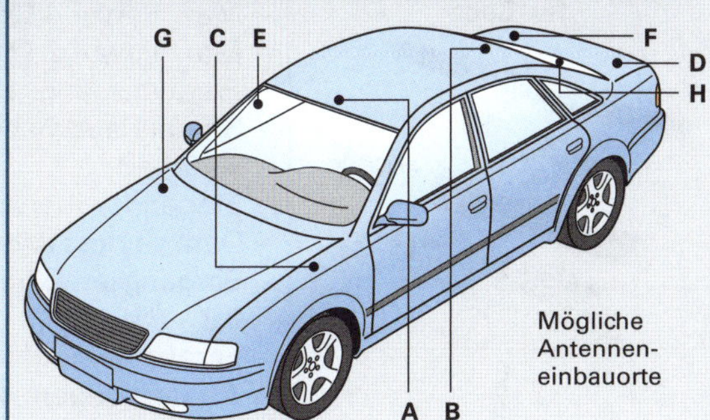

Mögliche Antennen-einbauorte

MP3-Tuner

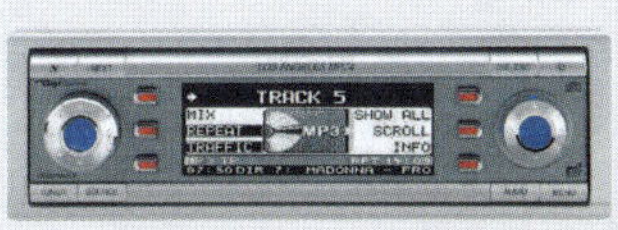

- Digital Receiver
- Radio-Data-System (RDS-EON-PTY)
- 36 Speicherplätze
- UKW-Frequenzgang: 20 – 16 000 Hz
- CD-R/RW-compatibel
- CD-MIX / CD-Text
- MP3 CD und DVD
- Bitrate: 8 – 320 kBit
- Digitaler parametrischer Equalizer
- Geschwindigkeitsabhängige Lautstärken-Anpassung (GALA / AutomaticSound)
- X-Bass
- Preamp out 4-Kanal
- Sinusleistung DIN bei 14,4 V: 4 x 26 W
- Max. Power: 4 x 50 W
- Vorbereitung für Telefon- und Sprachausgabe

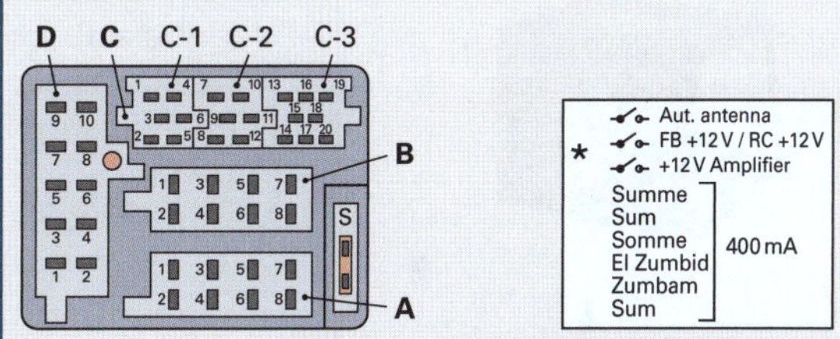

A		B		D	
1	GALA	1	Speaker Out RR+	1	AUX 2 NF L
2	Radio Mute	2	Speaker Out RR-	2	AUX 2 NF R
3	Sub out	3	Speaker Out RF+	3	AUX 2 GND
4	Permanent +12 V	4	Speaker Out RF-	4	Ext. Displ. Data
5	Aut. antenna*	5	Speaker Out LF+	5	Ext. Displ. Clock
6	Illumination	6	Speaker Out LF-	6	NC
7	Kl.15/Ignition	7	Speaker Out LR+	7	NC
8	Masse/GND	8	Speaker Out LR-	8	NC
				9	MIC GND
				10	MIC INPUT

C					
C-1		C-2		C-3	
1	Line Out LR	7	Telefon / Navi NF in +	13	Bus (TMC) - In
2	Line Out RR	8	Telefon / Navi NF in –	14	Bus (TMC) - Out
3	Line Out Masse / GND	9	Radio Mute	15	Permanent +12 V
4	Line Out LF	10	FB +12 V / RC +12 V *	16	+12 V *
5	Line Out RF	11	Fernbed. / Remote Control	17	Bus (TMC) - Masse/GND
6	+12 V Amplifier*	12	FB - Masse / RC - GND	18	AF - AUX 1 Masse/GND
				19	CDC IN L (AUX 1 NF L)
				20	CDC IN R (AUX 1 NF R)

2-Kanal-Verstärker für Türlautsprecher

- Kanäle: 2 / 1
- Max. Power 4 Ω: 2 x 250 W / 1 x 700 W
- Max. Power 2 Ω: 2 x 400 W
- Frequenzgang: 15 – 50 000 Hz
- Signal-Rauschabstand: > 100 dB
- Dämpfungsfaktor: > 100
- Eingangsempfindlichkeit: 0,3 – 8 V

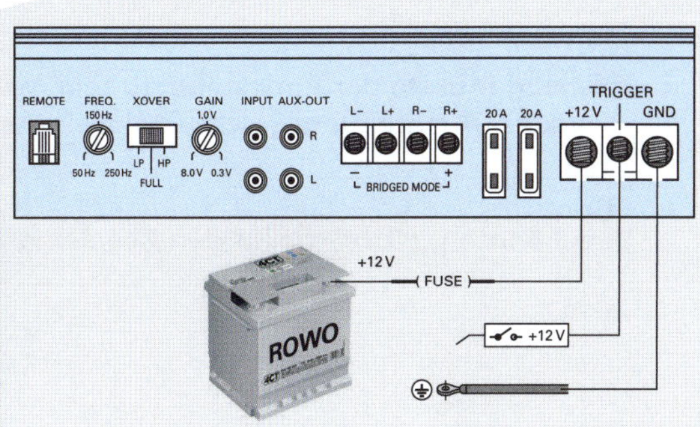

Türlautsprecher

- 2-Wege-Komponenten
- Durchmesser 165 mm
- Nennbelastbarkeit 120 W
- Impulsbelastbarkeit 360 W
- Frequenzgang: 70 – 22 000 Hz
- Impedanz 4 Ω
- Einbaufiefe 72 mm

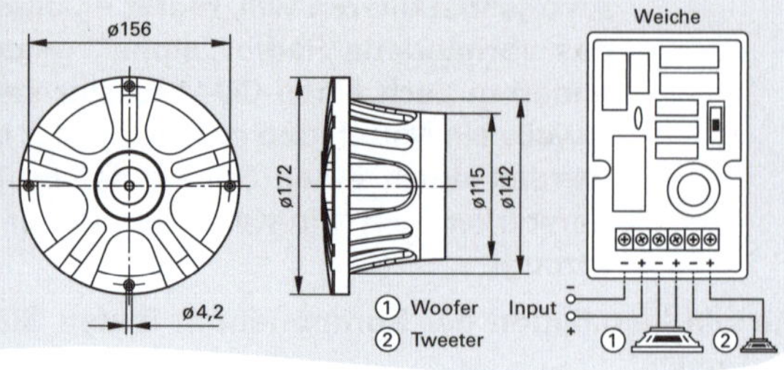

1-Kanal-Verstärker für Bass

- Kanäle: 1
- Max. Power 4 Ω: 1 x 1200 W
- Max. Power 2 Ω: 1 x 1800 W
- Frequenzgang: 15 – 250 Hz
- Signal-Rauschabstand: > 100 dB
- Eingangswiderstand: > 10 kΩ
- Dämpfungsfaktor: > 100
- Eingangsempfindlichkeit: 0,3 – 8 V
- Fernbedienung für Basspegel
- Abmessungen: 490 x 60 x 300

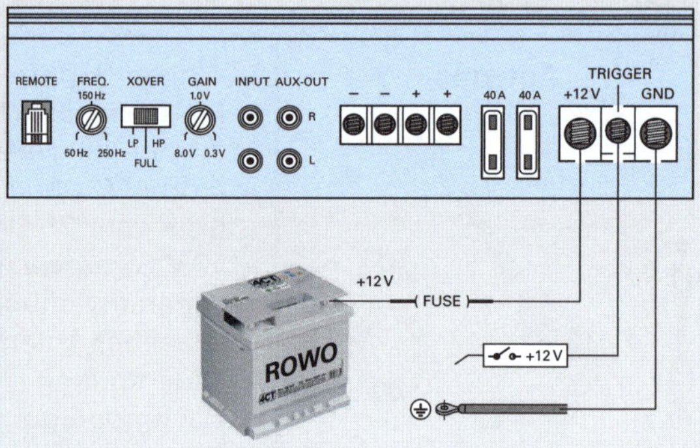

Subwoofer

- Subwooferbox
- Durchmesser: 300 mm
- Nennbelastbarkeit: 400 W
- Impulsbelastbarkeit: 1200 W
- Frequenzgang: 35 – 1000 Hz
- Impedanz: 2 x 2 Ω
- Maße: 435 x 390 x 400 mm

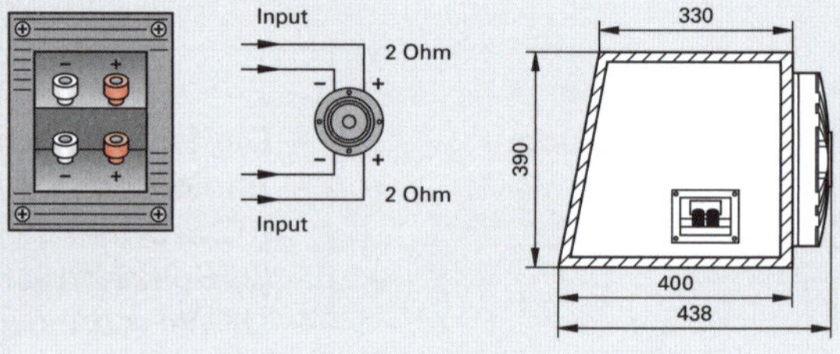

CD-Wechsler

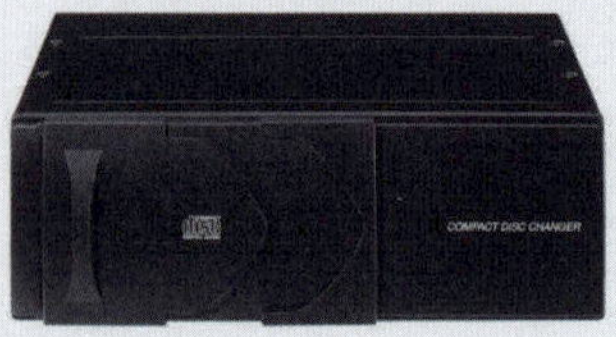

- 10-CD-Wechsler
- Steuerung über aktuelle DMS-Autoradios
- 1-Bit Delta/Sigma-DAC
- Übertragungsbereich: 5 – 20 000 Hz
- Klirrfaktor 0,005 %
- Signal/Rauschabstand: 95 dB

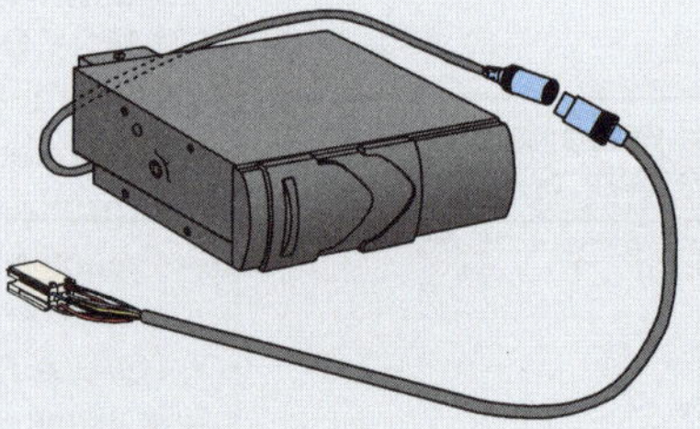

Antenne

1. **Die auf Blatt 1 abgebildete Antenne soll in der Position B am Fahrzeug angebaut werden. Begründen Sie, warum diese Stelle unter anderem vom Hersteller vorgesehen ist.**

2. **Wie lang müsste der Antennenstab sein, wenn die Antenne auf eine Empfangsfrequenz von 90 MHz abgestimmt sein soll? (Ausbreitungsgeschwindigkeit der Wellen: $c = 300 \cdot 10^6$ m/s)**

Geg.: **Ges.:**

Lös.:

3. **Laut Berechnung müsste die abgebildete Antenne eine Länge von 833 mm besitzen. Warum ist dennoch eine gute Empfangsqualität möglich, obwohl die Antenne nur 410 mm lang ist?**

4. **Worauf ist beim Anbau der Antenne besonders zu achten?**

Tuner

5. **In den technischen Daten des Tuners finden Sie unter anderem die in a) ... c) genannten Funktionen. Klären Sie mit Hilfe des Internets deren Bedeutung.**
Hinweis: Lassen Sie sich die Bedienungsanleitungen für Tuner, z.B. die der Firma Blaupunkt, anzeigen.

   a) Radio Data System (RDS-EON-PTY):

   RDS-EON:

   RDS-PTY:

   b) Automatic Sound:

   c) X-Bass:

6. **Auf der Rückseite des Tuners finden Sie verschiedene Steckanschlüsse. Wozu werden die Stecker A – D benötigt? (Seite 163)**

Stecker A:		Stecker C-1:	
		Stecker C-2:	
		Stecker C-3:	
Stecker B:		Stecker D:	

Achtung! Zum Anschluss des Tuners an den Stecker des Originalradios benötigen Sie einen Adapter!

7. **Warum wird die Steckbuchse B am Tuner nicht belegt?**

8. **Wozu dient PIN 6 von Stecker C-1?**

Verstärker für Türlautsprecher

9. a) Mit wie viel Ampere muss der 2-Kanal-Verstärker abgesichert sein (Sicherung F1), wenn davon auszugehen ist, dass die aufgenommene Leistung in etwa der abgegebenen Leistung entspricht und der Verstärker bei einer Batteriespannung von 13,9 V betrieben wird?

b) Welcher Leitungsquerschnitt ist zu wählen, wenn eine zusätzliche 50%ige Sicherheit gegen unzulässige Erwärmung bei Dauerbetrieb mit eingerechnet werden soll?

Geg.: Ges.:

Lös.:

Lautsprecher

10. Klären Sie mit Hilfe des Internets, was man unter dem Signal-Rauschabstand versteht.

11. Welche Aufgabe hat die im Türlautsprecher-Set enthaltene Frequenzweiche?

12. Welcher Leitungsquerschnitt ist für die Lautsprecherkabel zu wählen, wenn von einem Maximalstrom von 32 A ausgegangen wird?

13. Was ist beim Einbau der Türlautsprecher zu beachten?

Hinweis: Der Raum hinter dem Mitteltöner sollte luftdicht abgeschlossen sein. Einbautiefe beachten.

Achtung! Befinden sich Crash-Sensoren für einen Seitenaufprall in der Fahrzeugtüre, so müssen die verwendeten Lautsprecher vom Fahrzeughersteller zum Einbau freigegeben sein!

14. Welche Kraft wirkt auf die Befestigung des Subwoofers bei einem Unfall, wenn davon ausgegangen wird, dass die beim Aufprall mit 50 km/h wirkende Verzögerung ca. 30 g (≈ 300 m/s²) beträgt und der Subwoofer eine Masse von 15 kg besitzt?

Geg.: Ges.:

Lös.:

15. a) Die Leitung zum Ein-Kanal-Verstärker ist über die Sicherung F2 abgesichert. Welchen Wert und welche Farbe muss die Sicherung F2 besitzen, wenn der Verstärker intern mit 2 · 40 A abgesichert ist?

b) Welchen Querschnitt muss eine Leitung zum Subwoofer besitzen, wenn von einer Dauerbelastung von 40 A pro Leitung ausgegangen wird und 1,5-fache Sicherheit gegen unzulässige Erwärmung gefordert ist.

16. **Wie groß ist der Stromverbrauch der Anlage bei laufendem Motor, wenn die Türlautsprecher 2 · 120 W, der Subwoofer 400 W, der CD-Player 100 W und der Tuner und die Verstärker zusammen 130 W benötigen?**

17. **a) Welche Probleme ergeben sich ggf. durch den hohen Leistungsbedarf der Audio-Anlage?**

b) Wie kann jeweils Abhilfe geschaffen werden?

18. **Erstellen Sie einen Schaltplan für den Kunden, woraus hervorgeht, wie die Anlage anzuschließen ist. Verwenden Sie verschiedene Farben für die einzelnen Stromkreise und beschriften Sie den Schaltplan.**

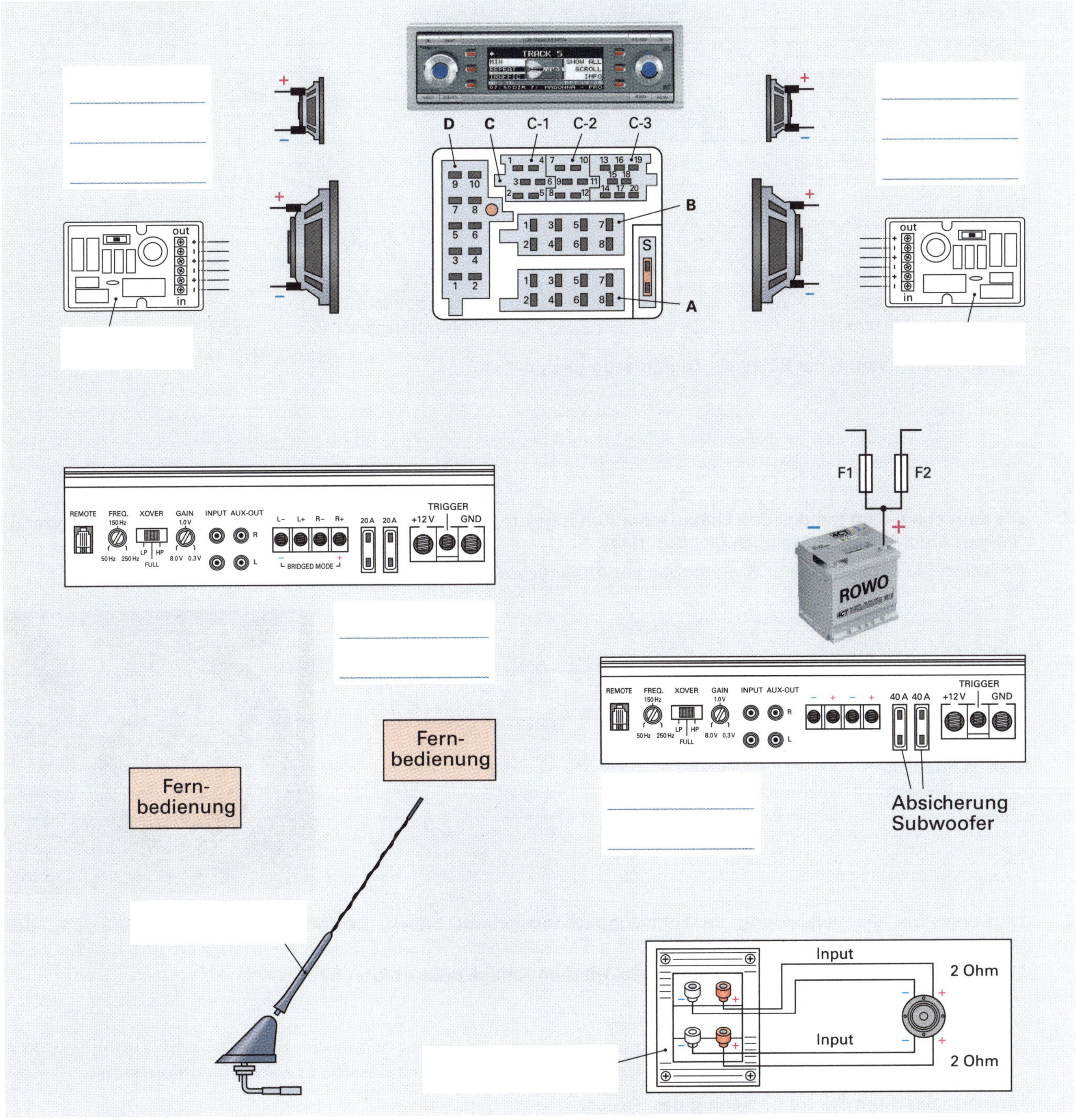

Name:		
Klasse:	Datum:	Blatt-Nr.:

Situation: Ein Kunde möchte an seinem BMW eine Anhängerkupplung nachrüsten.

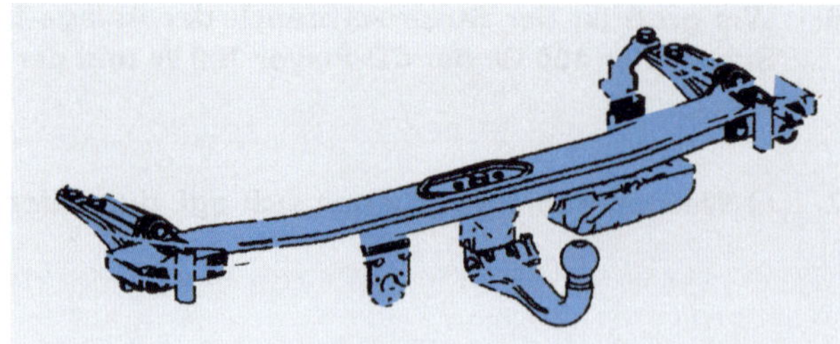

1. Der BMW soll als Zugfahrzeug für einen Wohnanhänger verwendet werden.

   Ermitteln Sie anhand der abgebildeten Zulassungsbescheinigungen die zulässige Anhängelast des Zugfahrzeugs und das zulässige Gesamtgewicht des Wohnwagens.

Zulassungsbescheinigung I Zugfahrzeug:

B	16.04.2009	2.1	0005	2.2	631 00C1	L	2	9	1	P.2/P.3	135/4000	T	225
J	01	4	0200			18	4775	19	1800				
E	WDADP81020GS81409	3	7			20	1416	G	1660				
D.1						12		13		Q			
D.2	5/D					V.7	221	F.1	2125	F.2	2125		
						7.1	1060	7.2	1170	7.3			
						8.1	1060	8.2	1170	8.3			
						U.1	078	U.2		U.3	071		
D.3	530D					Q.1	2000	Q.2	750	S.1	5	S.2	
2	BAYER.MOT.WERKE-BMW					15.1	225/60R15 96W						
5	PERSONENKRAFTWAGEN					15.2	225/60R15 96W						
	GESCHLOSSEN					15.3							
V.9						R		11					
14	S-ARM EURO 4, G:92/97					K	e1*98/14*0028*						
P.3	Diesel					6		17		16			
10	0002	14.1	0426	P.1	2926	21							
22	ZU 18-20:L.4876 U.H.1435*ZU F.1/F.2:2215 U.ZU 7.1-8.3:H.1275												
	B.ANHBETRIEB*WW.AHK LT.EGTG/ABE*												

Zulassungsbescheinigung I Wohnanhänger:

B	17.06.2007	2.1	0381	2.2	37500L 8	L	1	9		P.2/P.3		T	
J	85	4	0500			18	07135---	19	2170---				
E	WKNG70415R3675074	3				20	2535---	G					
D.1						12		13	00100	Q			
D.2	KNAUS 530					V.7		F.1	001500	F.2	001500		
						7.1	001500	7.2		7.3			
						8.1	001500	8.2		8.3			
						U.1		U.2		U.3			
D.3	TKM SÜDWIND					Q.1		Q.2		S.1		S.2	
2	KNAUS (D)					15.1	205/60R15 98S						
5	SDAH WOHNWAGEN					15.2							
						15.3							
V.9						R		11					
14						K	K172						
P.3						6		17	K	16	UB357542		
10		14.1		P.1		21							
22	ZU 18-20:L.BIS 7350 U.H. BIS 2825*AUFL.:ABREISSBREMSS.M.ZUGFZ VERBIND.,												
	STUETZVORR.; AN-BZW.EINGEBAUTE TEILE ANHEBEN; SICHERN U. EINZIEHEN*												

Zulässige Anhängelast des Zugfahrzeugs: (Anhänger gebremst) ____________

Zulässiges Gesamtgewicht des Wohnanhängers: ____________

Erläutern Sie, warum der BMW als Zugfahrzeug geeignet ist.

____

____

2. Sie empfehlen dem Kunden den Einbau einer Anhängekupplung mit abnehmbaren Kugelkopf und einer dreizehnpoligen Anhängesteckdose nach DIN ISO 11446.
   Erläutern Sie die Vorteile der dreizehnpoligen Anhängesteckdose gegenüber einer siebenpoligen.

____

____

____

____

____

____

3. Nachdem Sie die Verkleidung im Fahrzeugheck ausgebaut haben, beginnen Sie mit der Verlegung des Leitungssatzes für die Anhängersteckdose.
   Welche Arbeit ist vor den Arbeiten an der elektrischen Anlage durchzuführen?

____

____

Hinweis: Beachten Sie die Codierung des Radios.

4. **Die Verkabelung der Anhängersteckdose erfolgt mit Hilfe eines Zusatzkabelbaums und eines Zusatzsteuergerätes (Anhängermodul A6 (AHM II)) (siehe Abbildung).**

Ergänzen Sie in der Tabelle mit Hilfe des abgebildeten Stromlaufplans der Anhängerkupplung die jeweilige Kurzbezeichnung der Anschlussorte im Fahrzeug.

Unterlegen Sie im Stromlaufplan das Anhängermodul farbig.

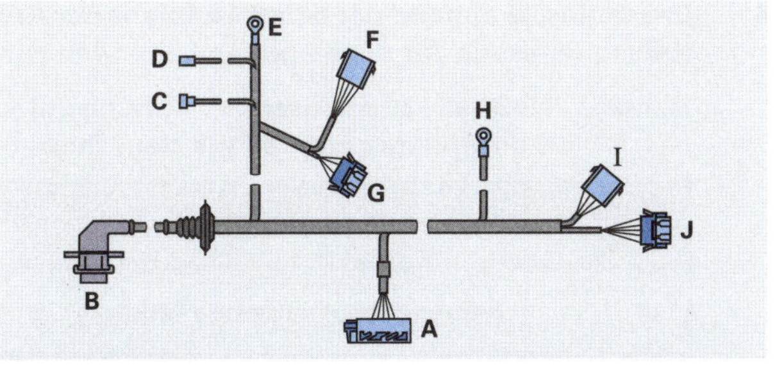

Position	Bezeichnung	Anschlussort	Kurzbezeichnung im Stromlaufplan
A	Anschlussstecker (15 Anschlüsse)	Anhängermodul A6 (AHM II)	X609
B	13polige Anhängerdose	Träger für Anhängersteckdose von Anhängevorrichtung	
C	Flachstecker	A49 Sicherungshalter IV	
D	Flachstecker	Lichtmodul A3	
E	Kabelschuh 6 mm / +	Sicherung F103 am Plusstützpunkt	
F	4poliger Anschlussstecker	Anschlussstecker von Heckleuchte rechts E47	
G	4poliger Anschlussstecker	Heckleuchte rechts E47 (am Fahrzeugkabelbaum)	
H	Kabelschuh 6 mm / Masse	Massestützpunkt unter der Heckleuchte links E46	
I	4poliger Anschlussstecker	Anschlussstecker von Heckleuchte links E46	
J	4poliger Anschlussstecker	Heckleuchte links E46 (am Fahrzeugkabelbaum)	

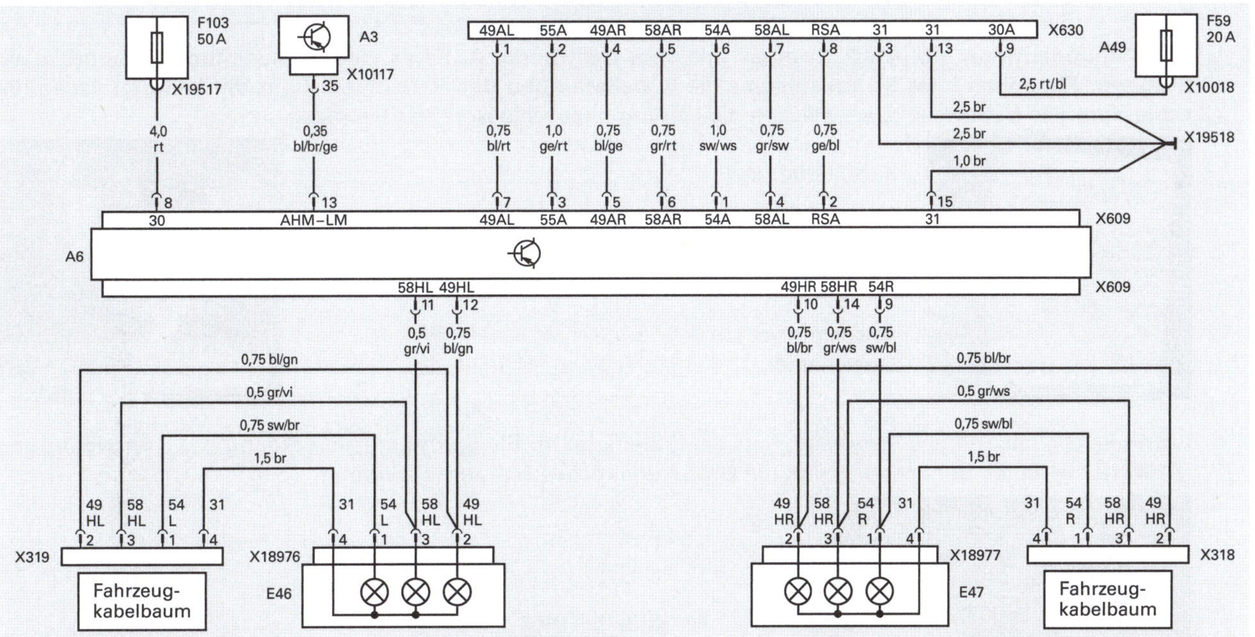

A3	Lichtmodul	X318	Steckverbinder 4polig, schwarz bei Heckleuchte rechts	X10117	Lichtmodul A3
A6	Anhängermodul (AHM II)	X319	Steckverbinder 4polig, schwarz bei Heckleuchte links	X18976	Anschlussstecker von Heckleuchte links
A49	Sicherungshalter IV	X609	Anschlussstecker von Anhängermodul	X18977	Anschlussstecker von Heckleuchte rechts
E46	Heckleuchte links	X630	13polige Anhängersteckdose	X19517	Anschluss an Sicherung F103
E47	Heckleuchte rechts	X10018	Sicherungshalter IV A49	X19518	Massestützpunkt bei Heckleuchte links
F59	Sicherung 20 A				
F103	Sicherung 50 A				

5. Ermitteln Sie anhand des Stromlaufplans der Anhängerkupplung (siehe vorherige Seite) die Kabelfarben und den Kabelquerschnitt für die einzelnen Leitungen zur Anhängersteckdose (X630).

Hinweis: Nicht alle Anschlüsse der Anhängersteckdose sind belegt. Die Klemmenbezeichnung für die Anschlüsse am Anhänger werden mit dem Buchstaben „A“ versehen. Ausnahme: Masseverbindung

Kontakt-Nr.	Kontaktbelegung	Klemmen-bezeichnung	Leiterfarbe	Leiterquer-schnitt in mm^2
1	Fahrtrichtungsanzeige links	49 AL		
2	Nebelschlussleuchte			
3	Masse (Stromkreiskontakte 1 bis 8)			
4	Fahrtrichtungsanzeige rechts			
5	Rechte Schluss-, Umriss-, Begrenzungs- und Kennzeichenleuchte			
6	Bremsleuchten			
7	Linke Schluss-, Umriss-, Begrenzungs- und Kennzeichenleuchte			
8	Rückfahrleuchte	RSA		
9	Stromversorgung (Dauerplus)			
10	Stromversorgung (durch Zündschalter)		Nicht belegt	
11	Masse für Kontakt 10		Nicht belegt	
12	Reserviert für spätere Festlegungen		Nicht belegt	
13	Masse für Stromkreiskontakt 9			

6. Das Anhängermodul A6 (AHM II) muss mit dem Lichtmodul A3 über eine Steuerleitung verbunden werden. Ermitteln Sie anhand des Stromlaufplans die Kabelfarbe und den Kabelquerschnitt der Leitung, sowie den Anschlusspin des Lichtmoduls, an welchen die Leitung angeschlossen werden muss.

Kabelfarbe: ______________

Kabelquerschnitt: ______________

Anschlusspin am Lichtmodul: ______________

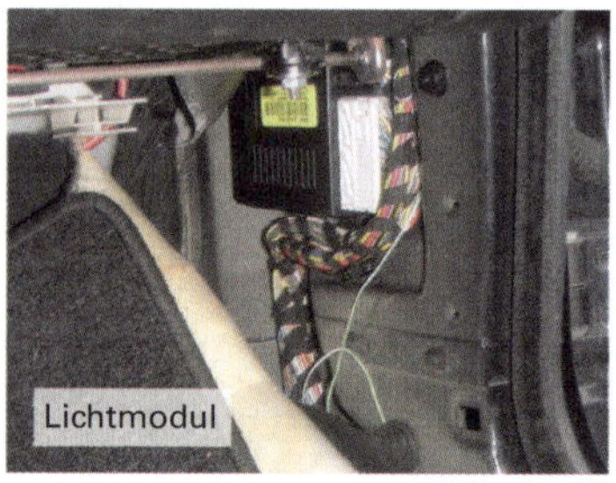

7. Ermitteln Sie anhand des Stromlaufplans die Kabelfarbe für die Spannungsversorgung des Anhängermoduls A6 (AHM II) sowie die Bezeichnung und die Größe der vorgeschalteten Sicherung.

Kabelfarbe: ______________

Kabelquerschnitt: ______________

Bezeichnung der Sicherung: ______________

Größe der Sicherung: ______________

8. Nachdem Sie die Leitung der Anhängersteckdose angeschlossen haben, montieren Sie den Querträger der Anhängekupplung.

Bei der Montage werden die abgebildeten Sechskantschrauben (Festigkeitsklasse 10.9) verwendet.

Ermitteln Sie das Anzugsdrehmoment der Schrauben mit Hilfe des Tabellenbuches. ______________________

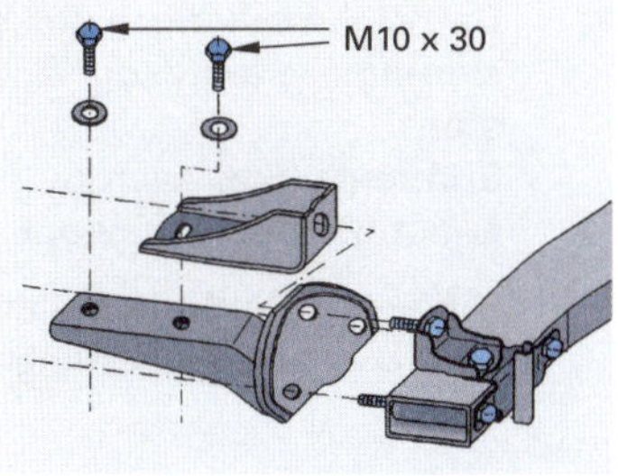

9. An welcher Stelle des Fahrzeugs ist der abgebildete Stützlastaufkleber anzubringen?

____

____

____

Hinweis: Bei Anhängerbetrieb muss der Reifendruck an der Hinterachse des Zugfahrzeugs entsprechend der Vorgaben des Herstellers angepasst werden.

10. Die Betriebsanleitung der Anhängerkupplung beschreibt den Ein- und Ausbau des Kugelkopfes.

Einbau des Kugelkopfes				
	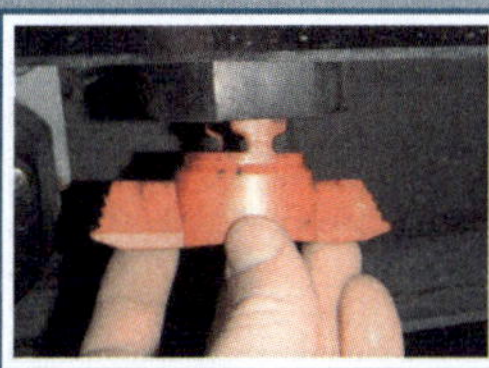	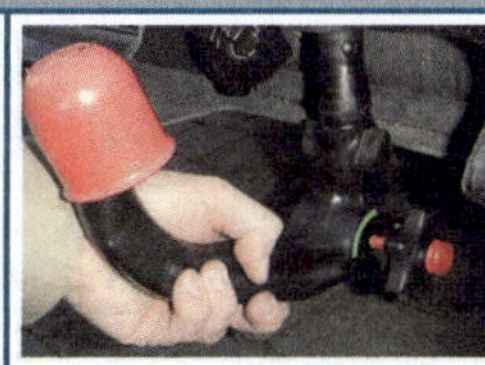	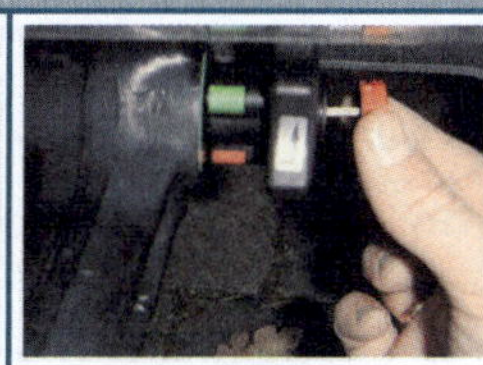	
1. Abdeckung der Stoßstange entfernen	2. Verschlussstopfen aus der Aufnahmehülse entfernen	3. Kugelkopf in die Aufnahmehülse einführen und einrasten	4. Kugelkopf abschließen und Schlüssel abziehen	5. Richtigen Sitz der Anhängekupplung überprüfen

Ausbau des Kugelkopfes				
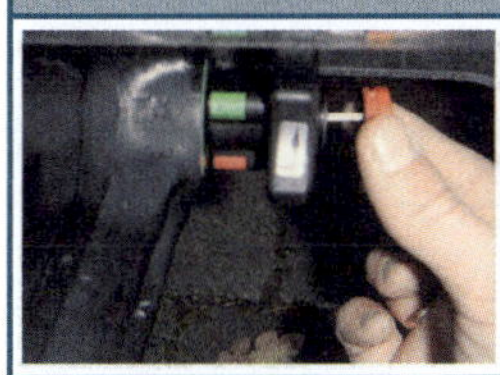		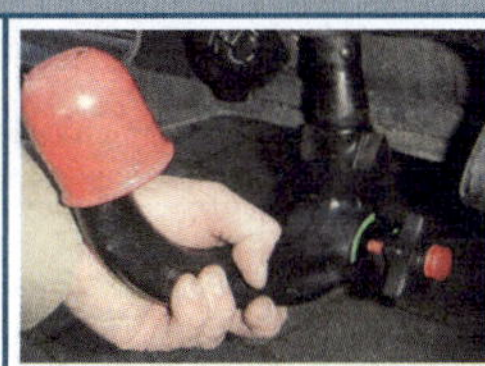	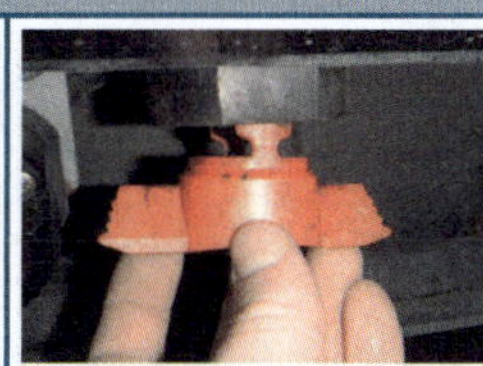	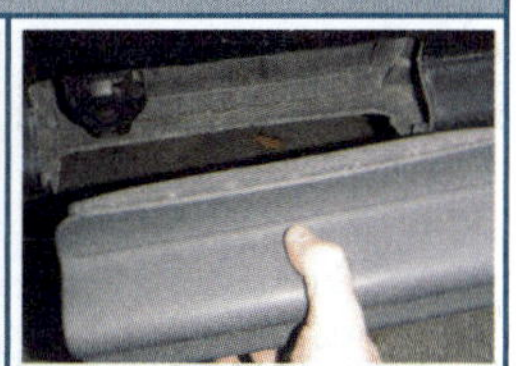
1. Schlüssel einstecken und den Kugelkopf aufschließen	2. Handrad in gezogener Position in Pfeilrichtung drehen	3. Kugelkopf entnehmen	4. Verschlussstopfen in die Aufnahmehülse einführen	5. Abdeckung der Stoßstange anbringen

a) Erläutern Sie, warum die Aufnahmehülse mit dem Stopfen verschlossen werden muss.

____

____

____

b) Warum muss der Kugelkopf nach der Montage abgeschlossen werden?

____

____

____

11. Der Wohnanhänger des Kunden ist mit einem Stabilisierungssystem (sog. Antischlingerkupplung) ausgerüstet.
Erläutern Sie, warum bei Fahrten mit dem Wohnanhänger der Kugelkopf nicht eingefettet sein darf.

Hinweis: Beachten Sie die nebenstehende Information zur Antischlingerkupplung.

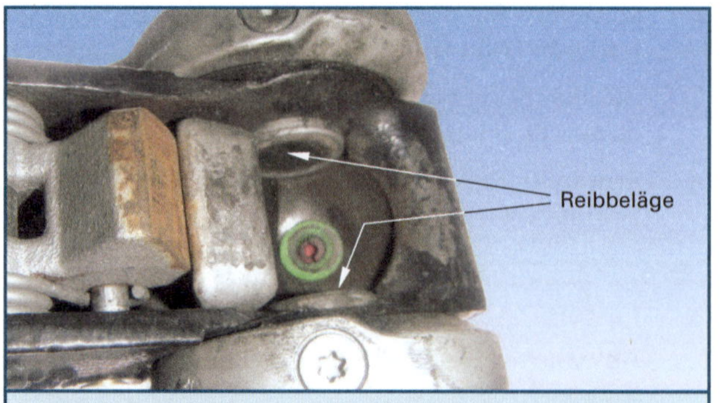

Nach dem Ankuppeln wird die Kupplungskugel durch das Herunterdrücken des Stabilitätsgriffs zwischen den Reibbelägen eingespannt.

Das Gehäuse wirkt wie eine starke Feder, welche die Reibbeläge mit sehr großer Kraft an die Kupplungskugel presst.

Bei der Fahrt wirken die Reibbeläge ständig auf die Kugel. Dabei erhält man eine Dämpfung der gefürchteten Schlingerbewegungen.

Die Reibbeläge sind aus verschleißarmem Material mit guten Reibeigenschaften gefertigt.

12. Der Kunde möchte mit dem Wohnwagengespann 100 km/h auf der Autobahn fahren. Der Gesetzgeber sieht diese Möglichkeit unter bestimmten Voraussetzungen vor.
Prüfen Sie anhand der Tabelle, ob für das Gespann des Kunden die erforderlichen Bedingungen erfüllt sind.

Vorschrift	Hinweis	Bedingung erfüllt	Bedingung nicht erfüllt
Zulässige Gesamtmasse des Zugfahrzeugs max. 3500 kg.	Siehe Zulassungsbescheinigung		
Das Zugfahrzeug muss mit ABS ausgestattet sein.	ABS ist vorhanden		
Die Reifen müssen der Geschwindigkeitskategorie bis 120 km/h entsprechen.	Siehe Zulassungsbescheinigung		
Die Reifen des Wohnanhängers dürfen höchstens 6 Jahre alt sein.			
Der Wohnanhänger muss hydraulische Achsstoßdämpfer haben.	Hydraulische Achsstoßdämpfer sind vorhanden		
Für die Stützlast der Kombination gilt die größtmögliche zugelassene Stützlast des Zugfahrzeugs oder des Anhängers. (Als Obergrenze gilt der kleinere Wert.)	Stützlast Zugfahrzeug, siehe Aufgabe 9 Zul. Stützlast Anhänger 100 kg gemessene Stützlast 80 kg		
Die zulässige Gesamtmasse des Wohnanhängers darf zulässige Gesamtmasse des Zugfahrzeugs nicht übersteigen.	Siehe Zulassungsbescheinigung		
Der Anhänger muss mit einer Stabilisierungseinrichtung ausgestattet sein. (Gegebenenfalls sind alternative technische Systeme zulässig.)	Siehe Aufgabe 11		

13. Welche Veränderungen müssen am Zugfahrzeug bzw. Wohnanhänger vorgenommen werden, um die Bedingungen des Gesetzgebers zu erfüllen?

Situation: Ein Kunde ist mit der Lichtleistung seines BMW unzufrieden.

Sie empfehlen dem Kunden den nachträglichen Einbau eines Xenon-Scheinwerfersystems.

1. Erläutern Sie die Funktionsweise von Gasentladungslampen (Xenon).

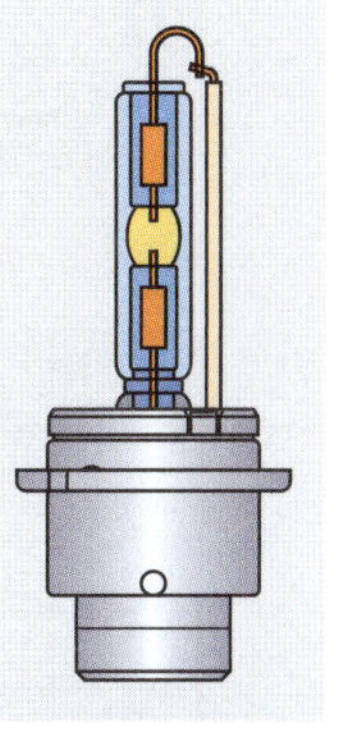

2. Nennen Sie die Vorteile von Scheinwerfersystemen mit Gasentladungslampen gegenüber herkömmlichen Systemen mit Halogenlampen.

Ausleuchtung mit Halogenlampe

3. Erläutern Sie den Unterschied zwischen Xenon und Bi-Xenon-Scheinwerfersystem

Ausleuchtung mit Xenonlampe

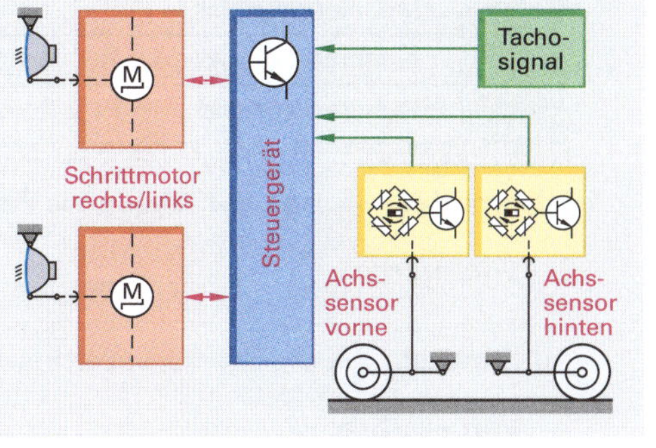

4. Um eine unzulässige Blendung des Gegenverkehrs zu vermeiden, müssen Xenon-Scheinwerfer mit einer Scheinwerferreinigungsanlage und automatischer Leuchtweitenregulierung ausgerüstet sein. Erläutern Sie die Wirkungsweise der automatischen Leuchtweitenregulierung.

5. Im Rahmen der Nachrüstung werden im Fahrzeug neben den Xenon-Scheinwerfern ein Steuergerät für die Leuchtweitenregulierung sowie Höhenstandssensoren an der Vorder- und Hinterachse verbaut. Gegebenenfalls muss das Fahrzeug noch mit einer Scheinwerferreinigungsanlage ausgerüstet werden. Die Verkabelung des Xenon-Scheinwerfer-Systems erfolgt nach dem im Bild dargestellten Schema.

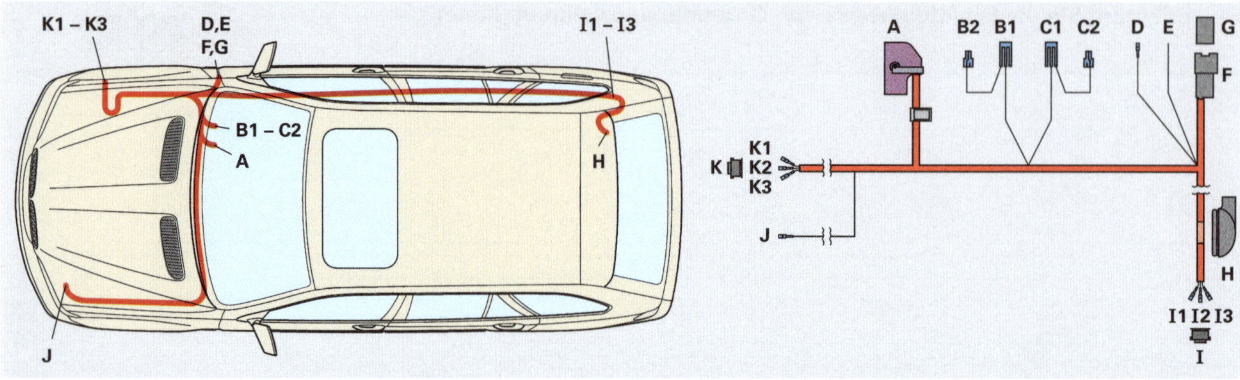

Pos.	Bezeichnung	Kabelfarbe	Anschlussort am Fahrzeug	Stecker-bezeichnungen
A	26pol. Stecker (bordeaux)	–	Steuergerät automatische Leuchtweitenregulierung	X991
B1	3fach Kammverbinder	–	Verbinderbox hinter dem Handschuhkasten	X10466
B2	Kammverbinderkontakt	weiß / rot / gelb	Verbinder K-Bus hinter dem Handschuhkasten	X10116
C1	3fach Kammverbinder	–	Verbinderbox hinter dem Handschuhkasten	X1608
C2	Kammverbinderkontakt	braun / schwarz	Verbinder Kl. 31 hinter dem Handschuhkasten	X596
D	Flachsteckkontakt	gelb / rot	54pol. Stecker am Lichtmodul Beifahrerseite	X10117/27
E	Leitung	blau / rot	54pol. Stecker am Lichtmodul Beifahrerseite	X10117/25
F	10pol. Stecker (schwarz)	–	mit Abzweig G verbinden	X1S
G	10pol. Stecker (schwarz)	–	mit Abzweig F verbinden	X1B
H	Kabeltülle	–	Kabeldurchführung Kofferraum	–
I	6pol. Stecker (schwarz)	–	Höhenstandssensor hinten rechts	X1451
I1	Flachsteckkontakt	grau / weiß	Höhenstandssensor hinten rechts	X1451/2
I2	Flachsteckkontakt	grau / braun	Höhenstandssensor hinten rechts	X1451/3
I3	Flachsteckkontakt	grau / grün	Höhenstandssensor hinten rechts	X1451/6
J	Flachsteckkontakt	gelb / weiß	ABS/DSC-Steuergerät Motorraum vorne links	X1170/18
K	6pol. Stecker (schwarz)	–	Höhenstandssensor vorne rechts	X10275
K1	Flachsteckkontakt	schwarz / weiß	Höhenstandssensor vorne rechts	X10275/2
K2	Flachsteckkontakt	schwarz / grau	Höhenstandssensor vorne rechts	X10275/3
K3	Flachsteckkontakt	schwarz / grün	Höhenstandssensor vorne rechts	X10275/6

a) Ermitteln Sie aus der Tabelle die Position der vorderen und hinteren Höhenstandssensoren.

Vorderachse: ______________________ **Hinterachse:** ______________________

b) Ermitteln Sie die Steckerbezeichnungen der vorderen und hinteren Höhenstandssensoren.

Vorderachse: ______________________ **Hinterachse:** ______________________

c) Ermitteln Sie die Anzahl der Anschlusspins der Stecker an den vorderen und hinteren Höhenstandssensoren. Welche Anschlusspins der Stecker sind belegt (siehe Stromlaufplan Aufgabe 6)?

Anzahl der Anschlusspins am Steuergerät: ______________________

Belegte Anschlusspins an den Höhenstandssensoren: ______________________

6. **Der Anschluss des Steuergerätes für die Leuchtweitenregulierung (LWR) erfolgt mit Hilfe des dargestellten Stromlaufplans.**

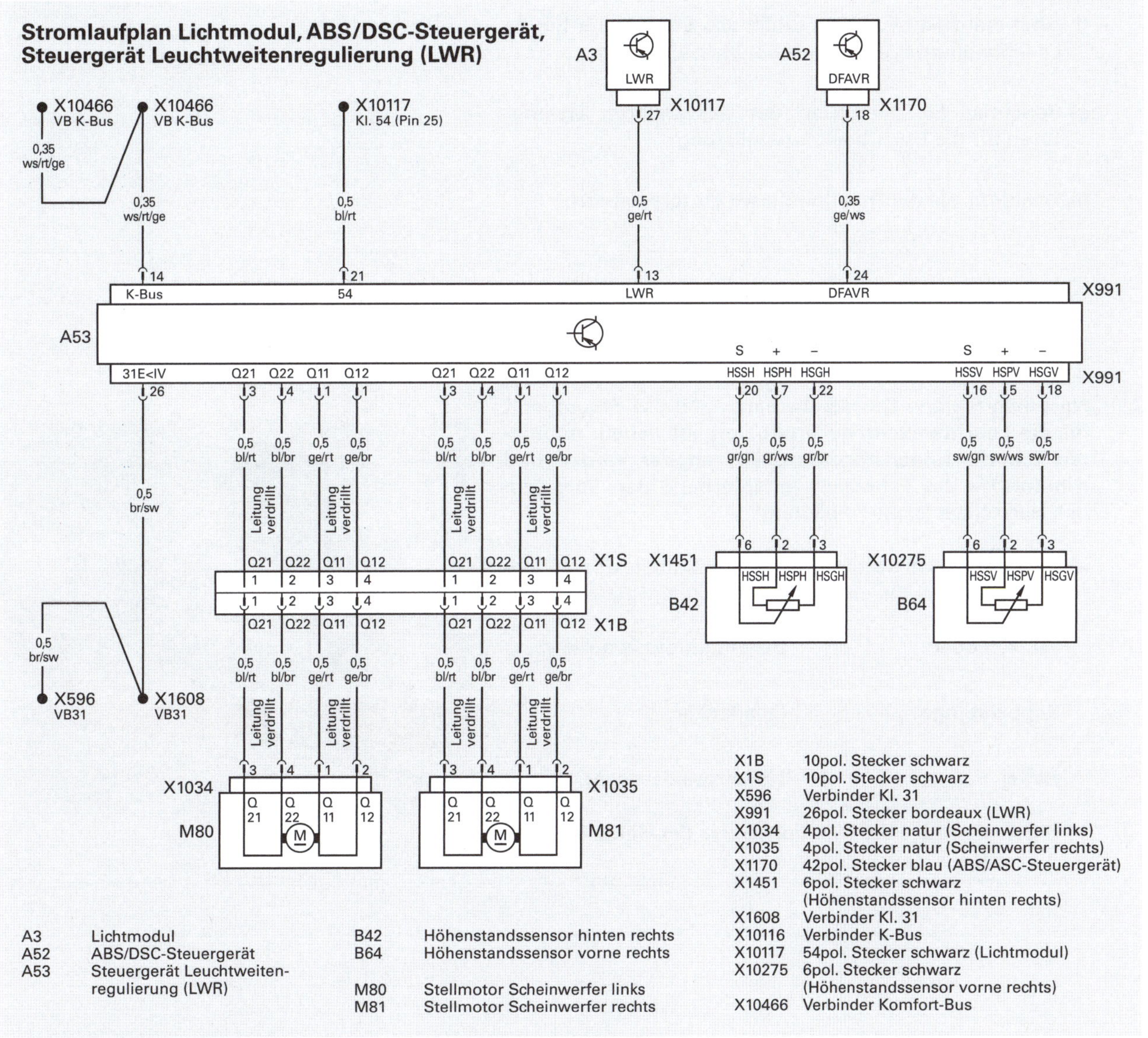

a) **Markieren Sie im Stromlaufplan die Höhenstandssensoren grün, das Steuergerät zur Leuchtweitenregulierung blau und die Stellmotoren der Scheinwerfer rot.**

b) **Mit welchen Steuergeräten im Fahrzeug ist das Steuergerät der Leuchtweitenregulierung (A53) direkt verbunden?**

c) **Ergänzen Sie in der Tabelle die Bauteilbezeichnungen der Höhenstandssensoren sowie die Anschlusspins am Stecker des Steuergerätes der Leuchtweitenregulierung (X991).**

	Höhenstandssensor vorn rechts	Höhenstandssensor hinten rechts
Bauteilbezeichnung		
Spannungsversorgung Plus		
Spannungsversorgung Masse		
Signalspannung		

d) **Welcher Kabelquerschnitt wird für die Leitungen zwischen den Höhenstandssensoren und dem Steuergerät für die Leuchtweitenregulierung verwendet?**

e) Über welchen Pin erhält das Steuergerät für die Leuchtweitenregulierung (A53) Masse?

f) Über welche Verbindung erhält das Steuergerät für die Leuchtweitenregulierung (A53) Masse?

g) Benennen Sie die Bauart der verwendeten Stellmotoren für die Leuchtweitenregulierung.

h) Erläutern Sie die Funktion dieser Motorenbauart.

7. Nachdem Sie den Zusatzkabelbaum und das Steuergerät für die Leuchtweitenregulierung verbaut haben, montieren Sie die Höhenstandssensoren an der Vorder- und Hinterachse des Fahrzeugs entsprechend den Vorgaben des Herstellers (siehe Abbildung).

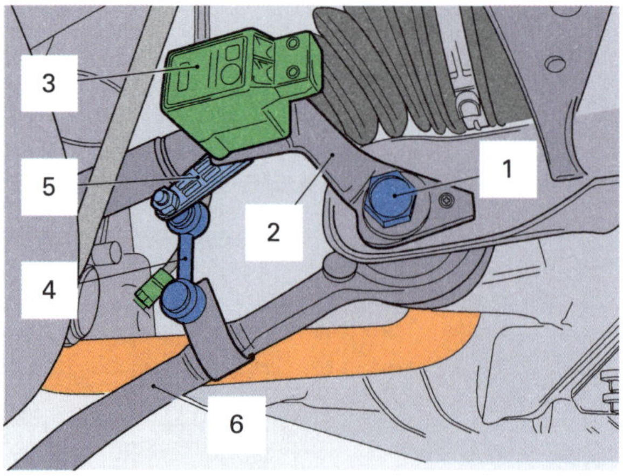

a) Ordnen Sie den Bezeichnungen der Bauteile des Höhenstandssensors die entsprechenden Ziffern zu.

Winkelhebel	___	Befestigungsschraube	___
Koppelstange	___	Querlenker	___
Halter	___	Höhenstandssensor	___

b) Beschreiben Sie die Funktionsweise der Höhenstandssensoren.

c) Die Funktion der Höhenstandssensoren kann mit Hilfe eines Voltmeters geprüft werden. Schließen Sie das Voltmeter in der Abbildung an den Pin der Signalleitung des Steuergerätes bzw. Steuergerätesteckers an. Beschreiben Sie die weitere Vorgehensweise bei der Prüfung.

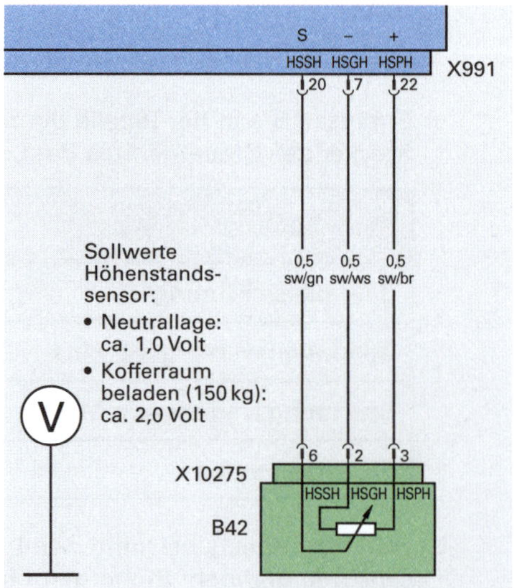

8. Die Einbauanleitung des Herstellers gibt den Hinweis, dass das Xenon-Scheinwerfersystem „codierrelevant" ist.

a) Erläutern Sie den Begriff „codierrelevant".

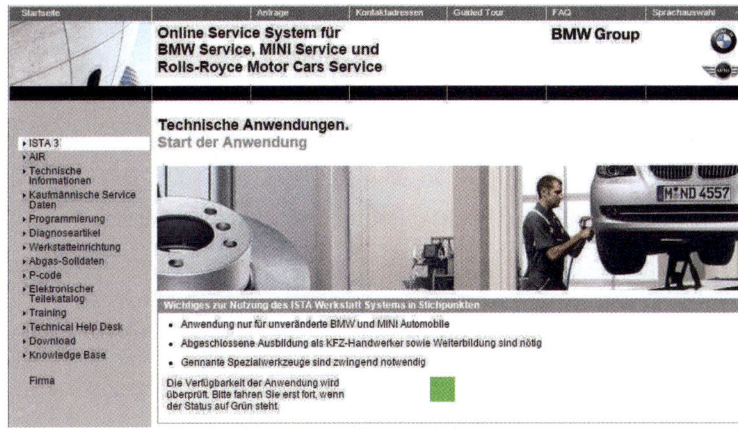

b) Im Rahmen der Codierung des Fahrzeugs wird die sog. „Regellage" eingelernt. Dabei speichert das Steuergerät der Leuchtweitenregulierung die Werte für die Regellage des Fahrzeugs und der Scheinwerfer ab. Erläutern Sie die Bedeutung der Regellage für die Leuchtweitenregulierung.

c) Die Bedingung für das Einlernen der Regellage ist die korrekte Einstellung der Scheinwerfer. Erläutern Sie die Voraussetzungen für die Scheinwerfereinstellung.

9. Der dargestellte Aufkleber weist auf die Gefahren bei Arbeiten an Scheinwerfersystemen mit Gasentladungslampen hin. Er muss jeweils über beiden Scheinwerfern angebracht werden.

Worauf ist bei Arbeiten an Xenon-Scheinwerfersystemen, z.B. beim Lampenwechsel, zu achten?

Name:

Klasse: Datum: Blatt-Nr.:

Situation: Ein Kunde möchte sein Fahrzeug (Peugeot 807 HDI, Bj. 2005) mit einer Standheizung nachrüsten.

1. **Welche Aufgabe hat eine Standheizung?**

2. **Erläutern Sie die Funktion einer Standheizung (Brennstoff-Zusatzheizer).**

3. **Ordnen Sie in der Darstellung des Standheizgerätes den Bauteilen die entsprechenden Ziffern zu.**

   1 Wassereintritt (kalt)
   2 Wasseraustritt (heiß)
   3 Verbrennungsluft-Eintritt
   4 Abgasaustritt
   5 Steuergerät mit Diagnosesystem
   6 Verbrennungsluftgebläse
   7 Kraftstoffdosierpumpe
   8 Wasserpumpe
   9 Temperaturfühler
   10 Überhitzungsfühler
   11 Flammfühler
   12 Abgasschalldämpfer

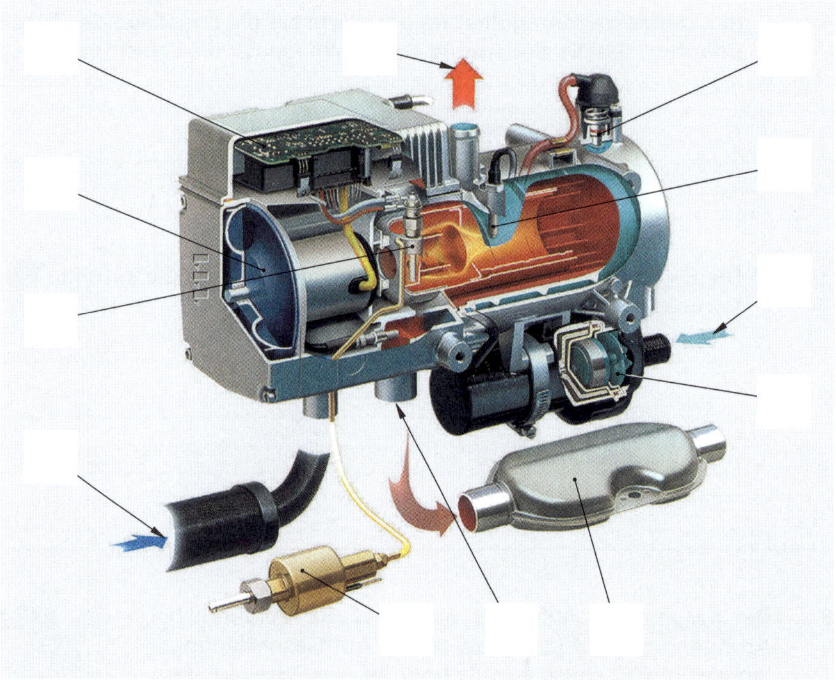

4. **Zur Verbesserung der Heizleistung können in einem Kraftfahrzeug verschiedene Zusatzheizsysteme verwendet werden.**

   Benennen Sie für die in der Tabelle aufgeführten Systeme die jeweils verwendete Energieform und kreuzen Sie an, ob durch das System der Motor und / oder der Fahrzeuginnenraum erwärmt wird.

Zusatzheizsystem	Energie	Erwärmung von	
Brennstoff-Zuheizer		Motor ☐	Innenraum ☐
Elektrischer Zuheizer		Motor ☐	Innenraum ☐
PTC-Heizung		Motor ☐	Innenraum ☐
Abgas-Wärmetauscher		Motor ☐	Innenraum ☐

Name:

Klasse: | Datum: | Blatt-Nr.:

5. Begründen Sie, warum bestimmte Fahrzeuge mit Zusatzheizsystemen ausgerüstet werden.

6. Der Peugeot verfügt über einen Brennstoffzuheizer. Erläutern Sie die Unterschiede zwischen der Zuheizer- und der Standheizfunktion, indem Sie die Tabelle ergänzen.

	Zuheizer	Standheizung
Schematische Darstellung	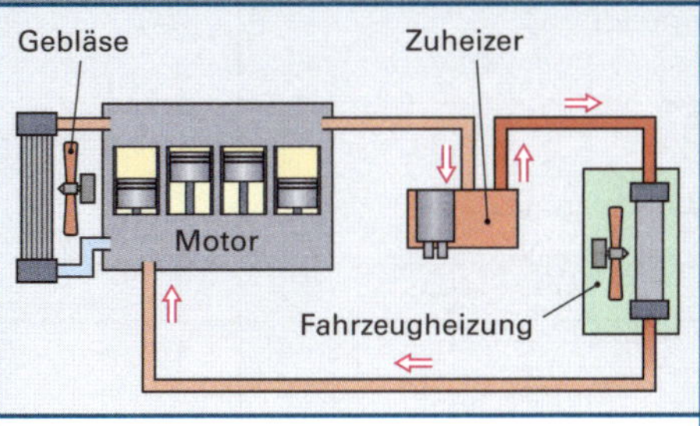	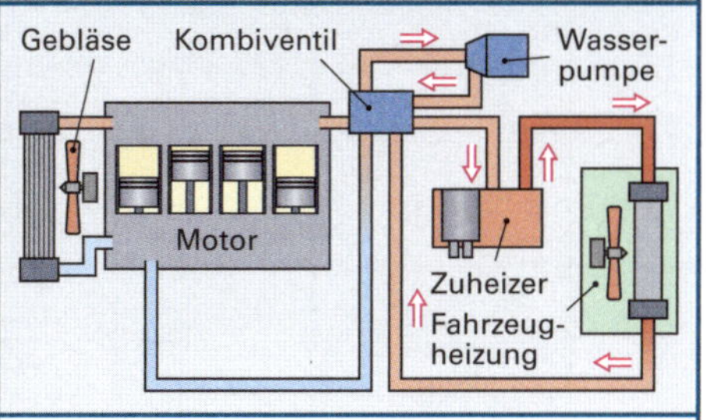
Elektrische Wasserpumpe		
Betrieb bei Motorstillstand		

7. Die nebenstehenden Diagramme zeigen die Kühlmitteltemperatur vor und nach dem Motorstart in °C für Fahrzeuge mit und ohne Standheizung bzw. Zuheizer bei einer Außentemperatur von – 10 °C und dem Betrieb im Stadtverkehr.

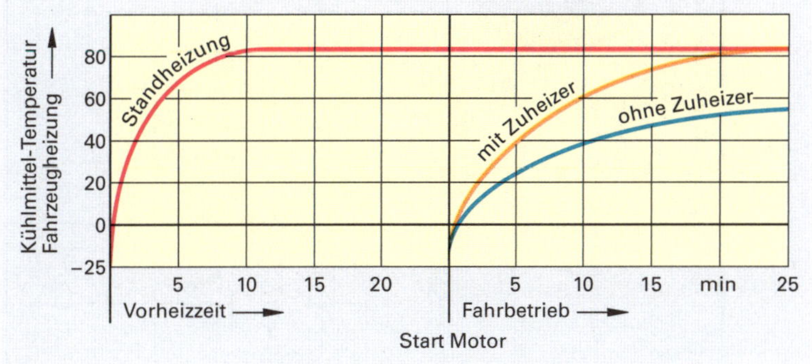

Hinweis:
Um die Starterbatterie nicht übermäßig zu belasten, sollte die Vorheizzeit bei der Standheizung die anschließende Fahrzeit nicht überschreiten.

a) Welche Kühlmitteltemperatur hat das Fahrzeug mit Standheizung beim Start des Motors?

b) Nach welcher Zeit wird diese Temperatur erreicht?

c) In welcher Zeit (nach Motorstart) erreicht ein Fahrzeug mit Zuheizer diese Temperatur?

d) Nennen Sie die Vorteile einer Standheizung gegenüber einem Zuheizer.

LERNFELD 14	Um- und Nachrüsten	Name:		
Standheizung	**Blatt 3**	Klasse:	Datum:	Blatt-Nr.:

8. Die Aufrüstung des Zuheizers auf die Standvorwärmung erfolgt bei dem Fahrzeug mit Hilfe eines Aufrüstkits (siehe Bild).
Dieses besteht aus einem Zusatzkabelbaum mit einer Halterung für einen Spannungsteiler und vier Relais.

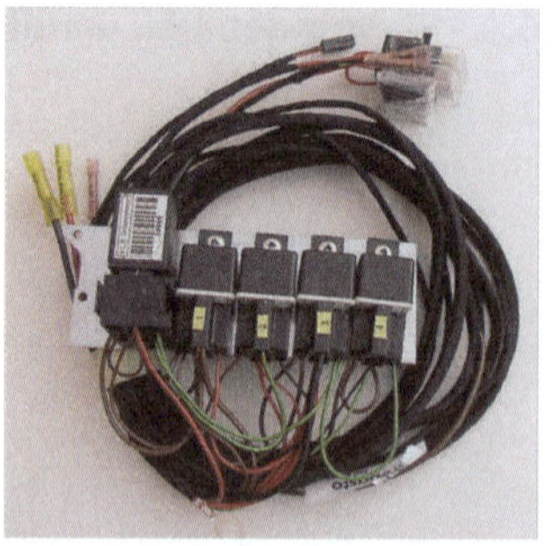

Hinweis: Die mit X gekennzeichneten Leitungen sind im Originalzustand vorhanden und sind im Rahmen der Aufrüstung aufzutrennen.

Kabelfarben:	BA weiß	BE blau	JN gelb	MR braun
	NR schwarz	RG rot	VE grün	JN/NR gelb/schwarz

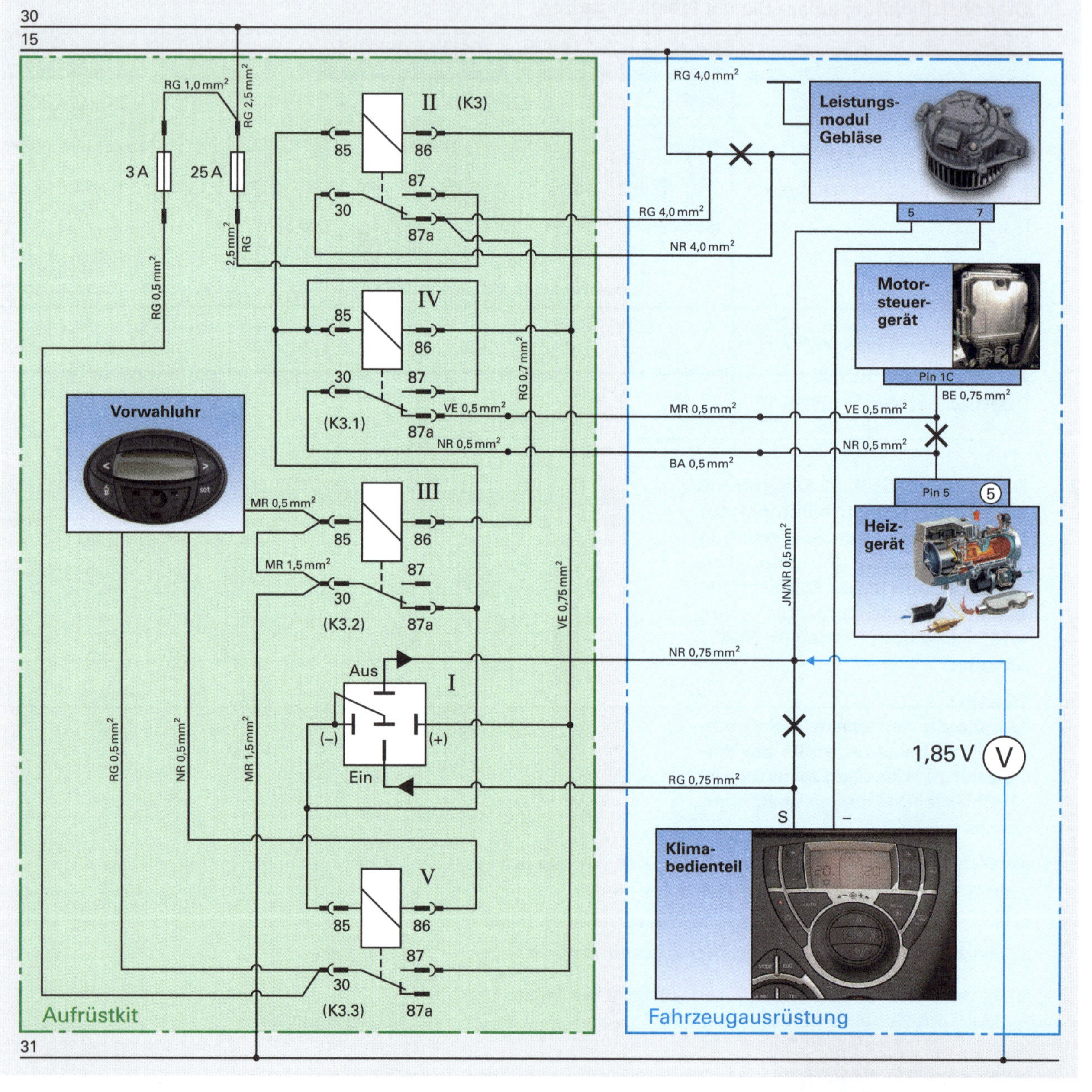

a) Welche Arbeit ist vor dem Einbau des Zusatzkabelbaums und der Relaisstation vorzunehmen?

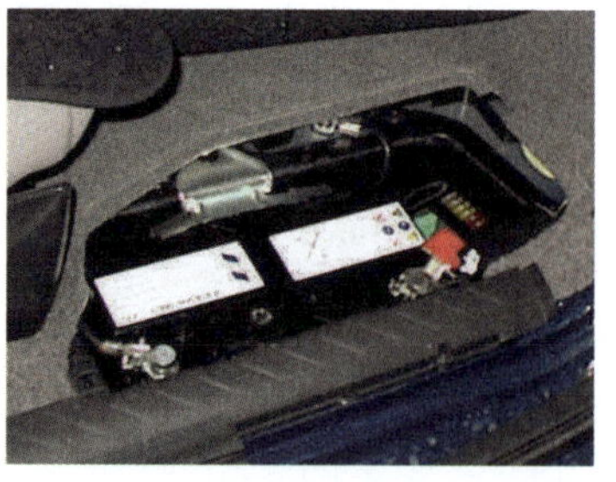

____

Hinweis: Vor dem Einbau des Zusatzkabelbaums und der Relaisstation muss außerdem der Beifahrerairbag entsprechend der Herstelleranleitung deaktiviert werden.

b) Nachdem die Verkleidung des Armaturenbretts demontiert ist, wird die Relaisstation im Fußraum der rechten Fahrzeugseite eingebaut.

Ermitteln Sie anhand des Stromlaufplans, welcher Relaistyp für die Relais II bis V verwendet wird.

____

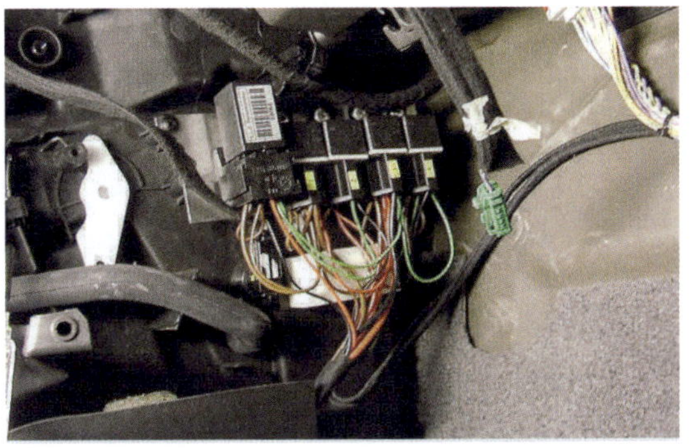

c) Ermitteln Sie die Kabelfarbe und den -querschnitt der Leitungen für die Spannungsversorgung des Zusatzkabelbaums bzw. der Relais (Verbindung mit dem Fahrzeugbordnetz).

Verbindung zu Kl. 30:

Kabelfarbe: ______________ Kabelquerschnitt: ______________

Verbindung zu Kl. 31:

Kabelfarbe: ______________ Kabelquerschnitt: ______________

d) Kennzeichnen Sie im Stromlaufplan die Verbindungsstellen zwischen dem Aufrüstkit und der serienmäßigen Fahrzeugausrüstung, indem Sie die Anschlusspunkte farbig markieren.

e) Ergänzen Sie die Tabelle über die Funktion der verschiedenen Relais innerhalb der Gerätesteuerung.

	Funktion im Schaltzustand EIN	Funktion im Schaltzustand AUS	Ansteuerung erfolgt durch
Spannungsteiler (Relais I)	Unterbricht die Leitung vom Klimabedienteil zu Pin 5 des Gebläsemoduls und legt 1,85 V auf diesen Anschluss.	Verbindet die Leitung zwischen Klimabedienteil und Leistungsmodul Gebläse.	
Relais II		Verbindet Leistungsmodul des Gebläses mit Kl. 15 (Zuheizerfunktion).	
Relais III		Stellt die Masseverbindung zu Relais V her (Kl. 87a auf 30).	Kl. 15 (Zündung ein)
Relais IV	Verbindet Pin 5 des Heizgerätes mit Masse		
Relais V		Unterbricht Spannungsversorgung (+) für Relais I, II und IV.	

f) Nach dem Einbau der Relaisstation wird diese über Sicherungen mit dem Bordnetz verbunden.

Ermitteln Sie anhand des Stromlaufplans, welche Sicherungen für die Absicherung der Anlagensteuerung (Vorwahluhr und Relais V) sowie für die Absicherung der Gebläsesteuerung verwendet werden.

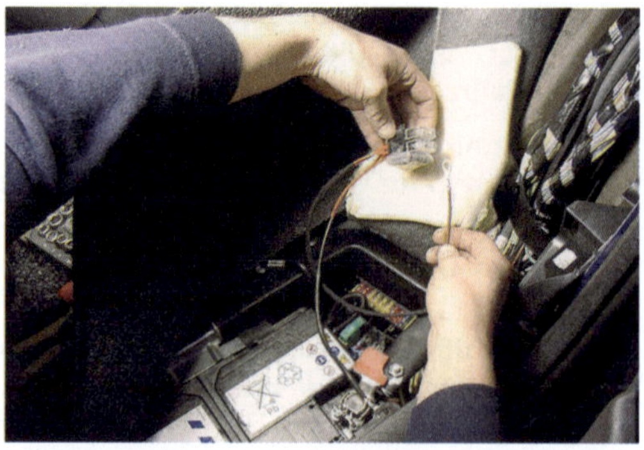

Anlagensteuerung: ____________________

Gebläsesteuerung: ____________________

9. Was ist vor dem Einbau der Vorwahluhr zu beachten?

____

____

____

10. Nachdem sie alle Teile im Fahrzeug verbaut und die Starterbatterie wieder angeschlossen haben, führen Sie eine Funktionsprüfung der Anlage durch.
Dabei stellen Sie fest, dass im Standheizbetrieb das Gebläse nicht funktioniert.

a) Welches Bauteil der Anlage ist mit dem Leistungsmodul des Gebläses verbunden und stellt die Drehzahl des Gebläses im Fahrbetrieb ein?

____

b) Erläutern Sie die elektrische Steuerung der Gebläsedrehzahl im Fahrbetrieb.

____

____

____

c) Wie erfolgt im Standheizmodus die Ansteuerung des Leistungsmoduls Gebläse?

Hinweis: Beachten Sie die Angaben im Stromlaufplan!

____

____

____

____

d) Die Spannungsmessung an Pin 5 des Leistungsmoduls Gebläse im Standheizmodus ergibt einen Wert von 0 Volt. Am Ausgang des Spannungsteilers (Relais I) messen Sie eine Spannung von 1,85 Volt.
Welcher Fehler liegt vor? Beschreiben Sie die weitere Vorgehensweise.

____

____

____

____

Situation: Ein Volkswagen Multivan wird mit einem Multimediasystem (Naviceiver) nachgerüstet. Das System verfügt über ein Navigationssystem.

1. Erläutern Sie, welche Aufgaben Navigationssysteme übernehmen können.

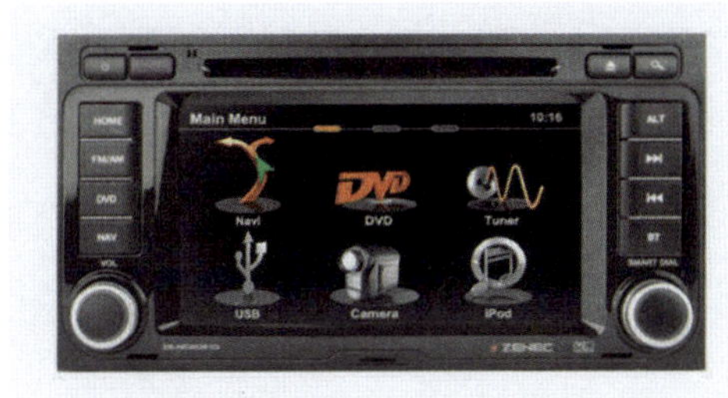

2. Der Anschluss des Multimediasystems (Naviceiver) erfolgt anhand des folgenden Schemas.

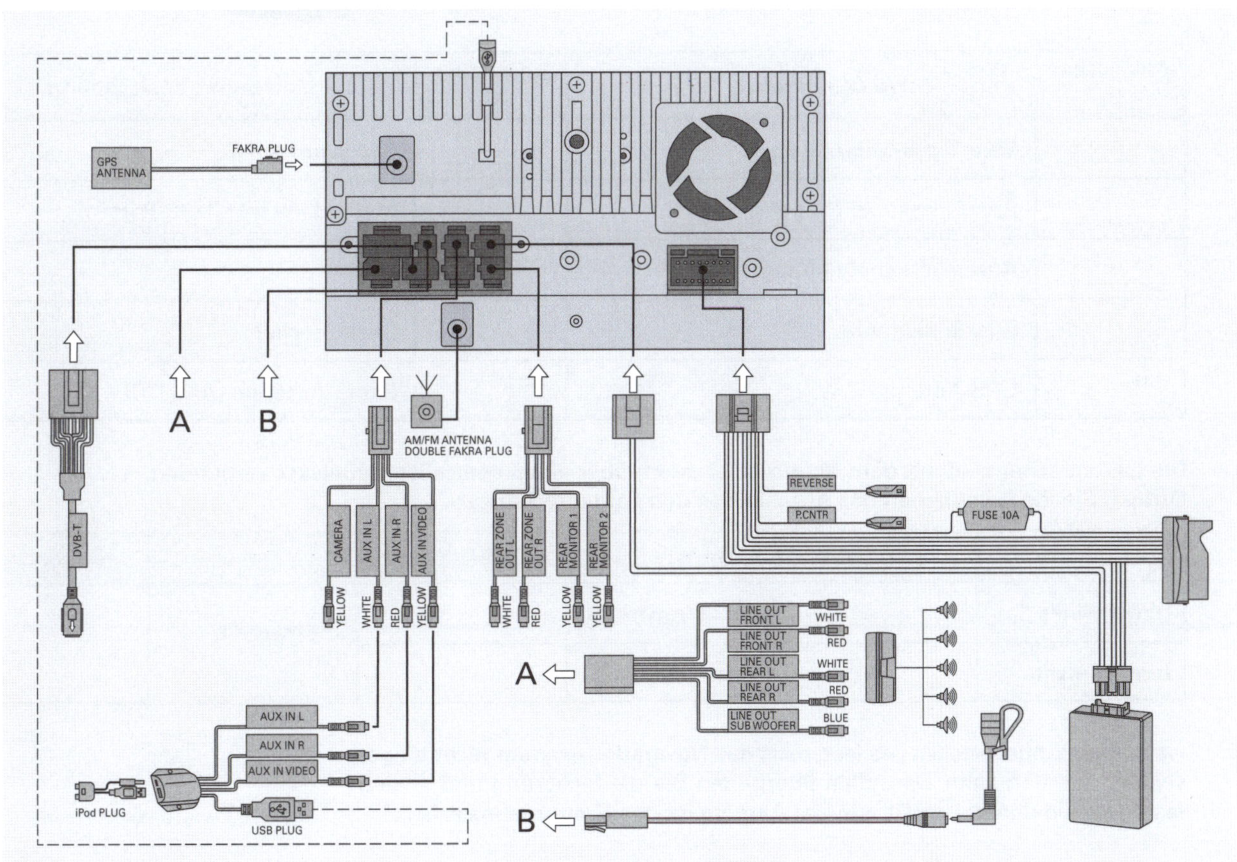

Der Hersteller weist in der Montageanleitung darauf hin, dass die Fernbedienung des Navigationssystems durch die Taster am Lenkrad nur dann möglich ist, wenn am entsprechenden Stecker der Hauptanschlussleitung das sog. CAN/Stalk-Interface angeschlossen ist.

Markieren Sie im Anschlussschema des Navigationssystems das CAN/Stalk-Interface.

CAN/Stalk-Interface

Ordnen Sie die Nummern der Anschlüsse an der Rückseite des Multimediasystems den Bezeichnungen in der Tabelle richtig zu.

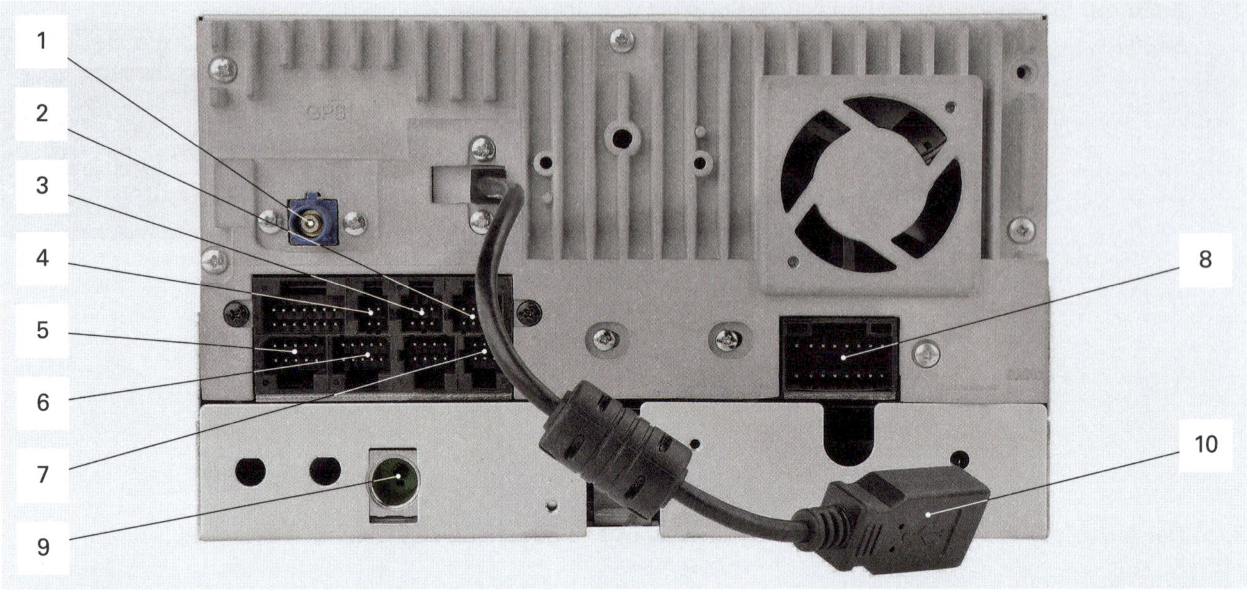

Anschluss-Nr.	Anschluss-Bezeichnung	Anschluss-Nr.	Anschluss-Bezeichnung
______	Blue-Tooth-Mikrophon	______	Receiver DVB-T
______	Anschlusskabel (16-polig)	______	Media-Link inkl. USB-Port
______	Anschlusskabel (6-polig)	______	USB
______	Rückfahrkamera	______	Lautsprecher
______	GPS-Antenne	______	Radio-Antenne (AM/FM)

3. **Die Lautsprecher sind mit dem Multimediasystem über einen speziellen Kabelsatz verbunden. Ordnen Sie die Kabelfarben des Anschlusses den Lautsprechern zu.**

Lautsrecher	Kabelfarbe	Lautsrecher	Kabelfarbe	Lautsrecher	Kabelfarbe
hinten/links	______	vorne/rechts	______	Subwoofer/ Bass	______
hinten/rechts	______	vorne/links	______		

4. **Nach dem Einbau stellen Sie fest, dass das Navigationssystem nicht eingeschaltet werden kann. Daraufhin überprüfen Sie die Sicherung und stellen fest, dass sie defekt ist. Mit wie viel Ampere ist das System abgesichert?** ______

5. **Nachdem Sie die defekte Sicherung ersetzt haben, beginnen Sie mit der Inbetriebnahme des Gerätes entsprechend den Angaben des Herstellers (siehe Ausschnitt aus der Anleitung).**

a) Warum muss die Inbetriebnahme des Navigationssystems im Freien erfolgen?

______

______

b) Wie viele Satelliten müssen mindestens durch das Navigationssystem erfasst werden, damit die Navigation funktioniert? ______

> **Inbetriebnahme Navigation:**
>
> **Nach beendetem Einbau starten Sie den Motor und fahren das Fahrzeug ins Freie. Das Gerät schaltet sich mit der Zündung ein. Wechseln Sie durch drücken der Taste NAV in den Navigationsmodus.**
> **Warten Sie ca. 3 – 5 Minuten auf die Erstellung des SAT FIX.**
> **Solange das Gerät noch Satelliten sucht, wird dies über ein Icon mit kreisenden Punkten auf dem Bildschirm dargestellt.**

Name:

Klasse: Datum: Blatt-Nr.:

Situation: Ein Kunde möchte sein Fahrzeug mit Autogasantrieb (LPG) nachrüsten, um die Kraftstoffkosten zu senken.

1. Erläutern Sie die Bezeichnung bzw. Abkürzung LPG. Aus welchen Bestandteilen besteht LPG?

   Bezeichnung: ____________________

   Bestandteile von LPG: ____________________

2. Der Kunde möchte wissen, wie viel er mit dem Autogasantrieb sparen kann. Kalkulieren Sie für den Kunden die jährliche Einsparung an Kraftstoffkosten. Gehen Sie dabei von den in der Abbildung dargestellten Kraftstoffpreisen aus (Stand: Juli 2014).
   Der Kunde gibt an, dass sein Fahrzeug einen Verbrauch von 9 l / 100 km Super und eine jährliche Fahrleistung von 20 000 km hat. Der Verbrauch an Autogas liegt bei gleichem Fahrzeugtyp ca. 10 % höher als der Verbrauch an Super.

Jährliche Verbrauchskosten (Super):

Geg.:

Ges.:

Lös.:

Jährliche Verbrauchskosten (Autogas):

Geg.:

Ges.:

Lös.:

Jährliche Einsparung:

3. Sie bieten dem Kunden den Einbau und die Abnahme der Autogasanlage für einen Gesamtpreis von 2350,00 € inkl. Mehrwertsteuer an.
   Ermitteln Sie überschlägig in welchem Zeitraum sich die Nachrüstung für den Kunden amortisiert.

   ____

4. Der Kunde entscheidet sich für die Nachrüstung. Sie besprechen mit ihm die Details des Umbaus. Der Flüssiggastank kann in der Reserveradmulde oder als zylindrischer Tank hinter der Rücksitzbank verbaut werden. Erläutern Sie einen Vor- und einen Nachteil bei der Montage in der Reserveradmulde.

   ____

   ____

Hinweis: Mit dem Kunden sind außerdem die Einbaulage des Befüllanschlusses und des Kraftstoffwahlschalters abzusprechen.

5. Die im Bild dargestellten Bauteile des Autogas-Nachrüstsatzes werden im Fahrzeug verbaut.

Ordnen Sie den Bauteilen des Autogas-Nachrüstsatzes die entsprechenden Ziffern zu.

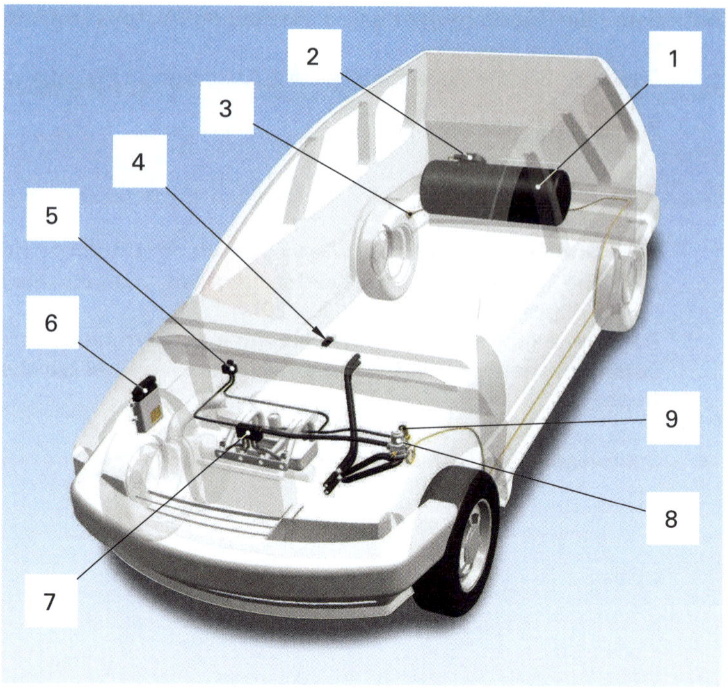

___	Elektronisches Steuergerät
___	Flüssiggastank mit Füllstandsensor
5	Drucksensor
9	Gasabsperrmagnetventil
8	Verdampfer-Druckregler
2	Armaturenschutzkasten
___	Außenfüllstutzen
___	Gasmengenverteiler
___	Umschalter Benzin/Gas

6. Im Anschlussplan ist das Zusammenwirken der elektrischen und mechanischen Bauteile der Autogasanlage dargestellt.

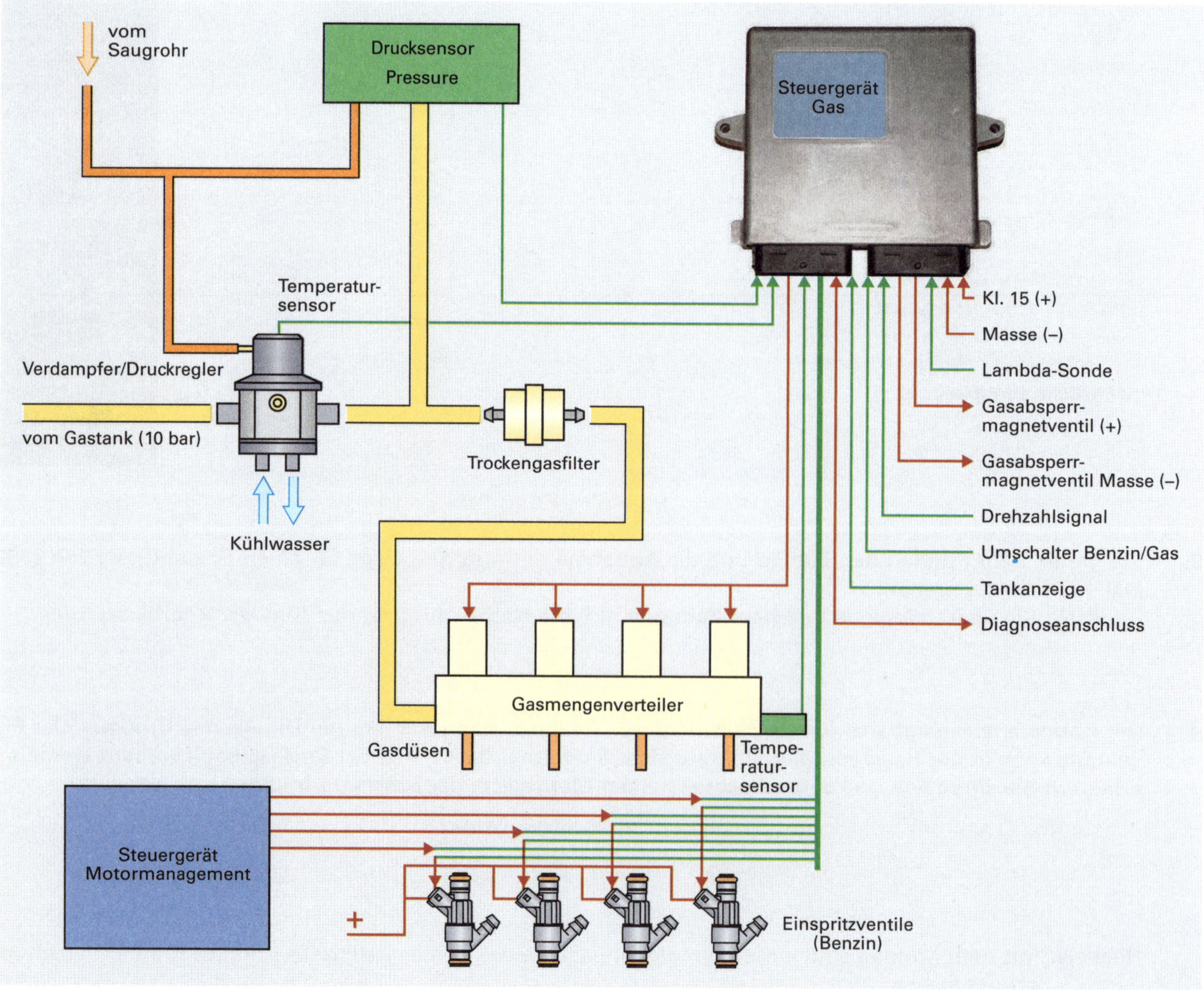

Name:		
Klasse:	Datum:	Blatt-Nr.:

Erläutern Sie die Aufgaben der jeweiligen Bauteile der Autogasanlage.

Bauteil	Aufgabe
Drucksensor	
Gasmengenverteiler	
Gassteuergerät	
Trockengasfilter	

7. **Der Verdampfer / Druckregler wird als Baueinheit gemeinsam mit dem Gasabsperrmagnetventil im Motorraum verbaut.**

Der Verdampfer hat die Aufgabe, das unter einem Druck von ca. 10 bar stehende Flüssiggas vom flüssigen in den gasförmigen Zustand umzuwandeln. Hierzu ist eine ausreichende Erwärmung des Bauteils, z.B. durch Motorwärme, notwendig.

Der Druckregler versorgt die Gaseinspritzdüsen mit einem konstanten Druck (1 bar).

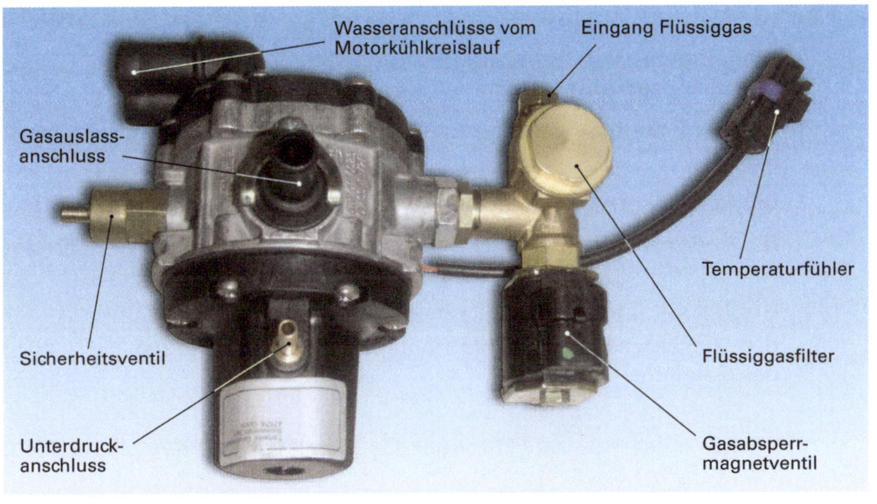

a) Warum ist die Erwärmung des Verdampfers notwendig?

b) Warum verfügt der Druckregler über einen Unterdruckanschluss?

Hinweis: **Vergleichen Sie die Funktion mit dem Kraftstoffdruckregler im Zweileitungskraftstoffsystem.**

8. Eine automatische Füllstandsregelung mit Füllstandssensor (siehe Abbildung) beendet den Tankvorgang selbstständig, wenn ein Füllstand von 80 % erreicht ist.

   Erläutern Sie, warum der Flüssiggastank nicht vollständig betankt werden darf.

9. Für die Montage der Gaseinspritzdüsen in den Ansaugkrümmer gibt der Hersteller die folgenden Arbeitsregeln vor.

   1. Die Düsen müssen möglichst nah an die vorhandenen Einspritzventile gesetzt werden.
   2. Die Düsen müssen in Strömungsrichtung des Gases sowie in möglichst gleichem Winkel und gleichem Abstand zum Brennraum angebracht werden.
   3. Die Bohrungen müssen mit einem Gewinde M6 hergestellt werden.
   4. Vor dem Herstellen der Bohrungen muss auf die anschließende Verlegungsmöglichkeit der Verbindungsschläuche geachtet werden.
   5. Die Verbindungsschläuche zum Gasmengenverteiler sollten möglichst kurz sein und die gleiche Länge aufweisen.
   6. Bei Ansaugkrümmern aus Metall muss der Ansaugkrümmer zum Bohren ausgebaut werden.
   7. Die Abdichtung der Gaseinspritzdüsen erfolgt mit einer stoffschlüssigen Schraubensicherung.

   a) Wählen Sie mit Hilfe des Tabellenbuches den entsprechenden Durchmesser des Kernlochbohrers für die Herstellung des Gewindes aus.

   b) Warum müssen Ansaugkrümmer aus Metall vor der Herstellung des Gewindes ausgebaut werden?

   c) Erläutern Sie eine Möglichkeit die Gaseinspritzdüse gegenüber dem Gewinde abzudichten.

   d) Was ist bei der Verlegung der Verbindungsschläuche zwischen den Einspritzdüsen und dem Gasmengenverteiler zu beachten?

10. **Für die Ansteuerung der Gaseinspritzventile benötigt das Gassteuergerät die Ansteuerungssignale der vorhandenen Einspritzventile (A bis D) für die Benzineinspritzung. Dazu werden die Steuerleitungen zu den Einspritzventilen aufgetrennt und das Signal durch das Gassteuergerät geführt. Dieses berechnet auf der Grundlage der vom vorhandenen Motorsteuergerät bestimmten Einspritzzeiten die notwendige Gas-Einspritzzeit.**

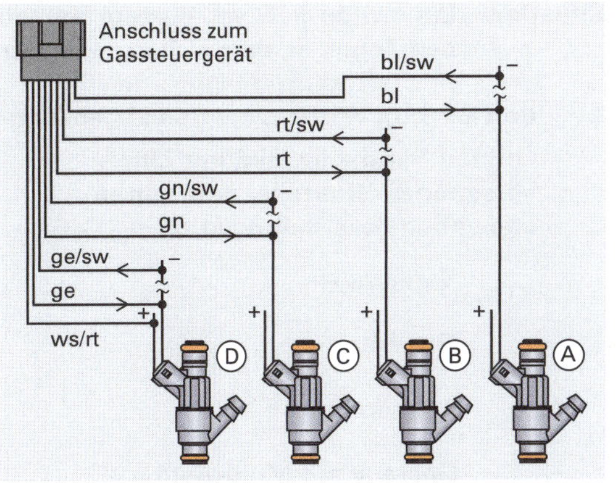

a) Ergänzen Sie die Tabelle mit den entsprechenden Kabelfarben.

b) Markieren Sie im Stromlaufplan die aufzutrennenden Stellen der Leitungen mit einem Kreuz.

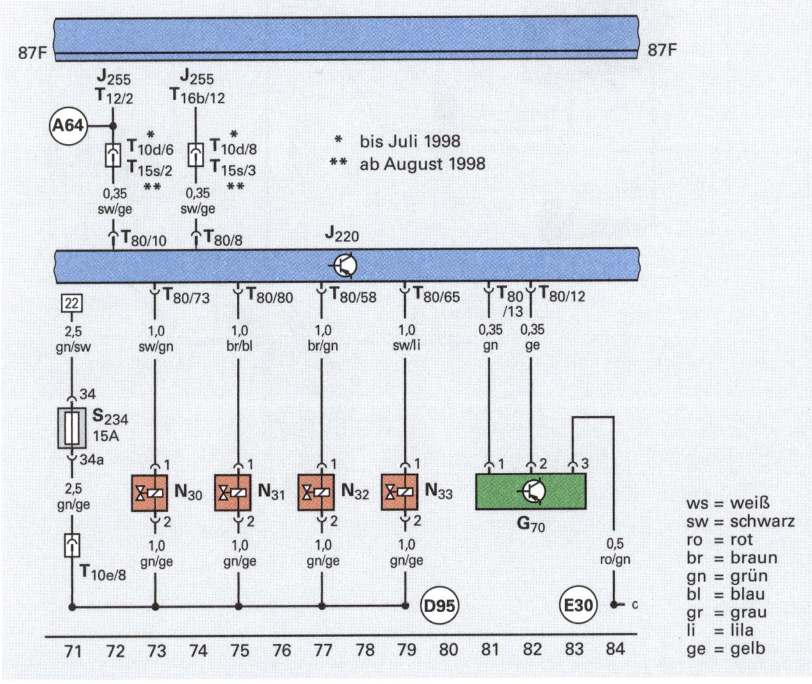

Steuergerät für Motronic, Einspritzventile, Luftmassenmesser

G_{70}	Luftmassenmesser
J_{220}	Steuergerät für Motronic, im Schutzgehäuse im Motorraum links
J_{255}	Steuergerät für Climatronic
N_{30}	Einspritzventil Zylinder 1
N_{31}	Einspritzventil Zylinder 2
N_{32}	Einspritzventil Zylinder 3
N_{33}	Einspritzventil Zylinder 4
S_{234}	Sicherung im Sicherungshalter
T_{10d}	Steckverbindung, 10-fach, braun, am Schutzgehäuse für Steuergeräte, im Motorraum links (Anschl. Klimaanlage)
T_{10e}	Steckverbindung, 10-fach, orange, am Schutzgehäuse für Steuergeräte, im Motorraum links
T_{12}	Steckverbindung, 12-fach, am Steuergerät für Climatronic
T_{15s}	Steckverbindung, 15-fach, rot, am Schutzgehäuse für Steuergeräte, im Motorraum links
T_{16b}	Steckverbindung, 16-fach, am Steuergerät für Climatronic
T_{80}	Steckverbindung, 80-fach, am Steuergerät für Motronic
A64	Verbindung (30, Drehzahlanhebung), im Schalttafelleitungsstrang
D95	Verbindung (Einspritzventile), im Leitungsstrang Motorraum
E30	Verbindung (87a), im Leitungsstrang Motor

	Zyl. 1 Ⓐ N30	Zyl. 2 Ⓑ N31	Zyl. 3 Ⓒ N32	Zyl. 4 Ⓓ N33
Kabelfarben der Steuerleitungen vom Motorsteuergerät				
Kabelfarben der Leitungen zum Gassteuergerät				
Kabelfarben der Leitungen vom Gassteuergerät				

11. **Bevor das Fahrzeug mit einer herstellerspezifischen Software auf den Gasbetrieb angepasst wird, erfolgt die Dichtheitsprüfung der Anlage, z.B. mit Hilfe eines Gasspürgerätes. Welche Bauteile der Anlage sind auf Dichtheit zu prüfen?**

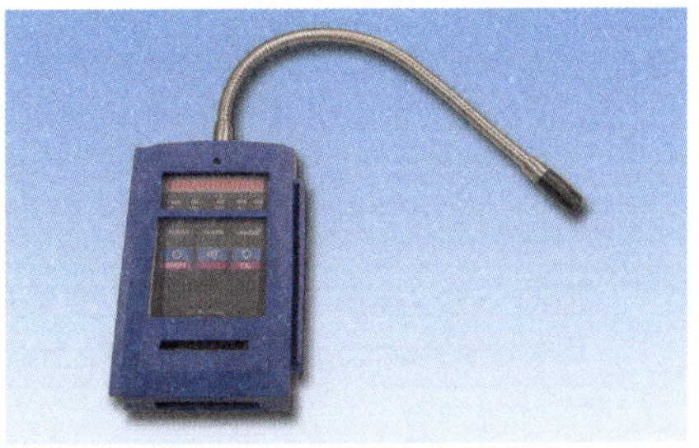

Situation: Ein Kunde ließ vor kurzem an seinem Opel Agila, Baujahr 2013, eine Autogasanlage nachrüsten. Nun bemängelt er, dass sich der Gasbetrieb nicht mehr aktivieren lässt.

1. Im Fahrzeug wurde die unten abgebildete Anlage verbaut.

Ordnen Sie die im Bild mit Ziffern versehenen Bauteile den unten stehenden Bezeichnungen zu.

___ Verdampfer

___ Gas-Filter

___ Absperrventil

___ Gastank mit Multiventil

___ Gas-Rail mit Injektoren

___ Map-Sensor (Saugrohrdrucksensor)

___ Gasdruck- und Temperatursensor

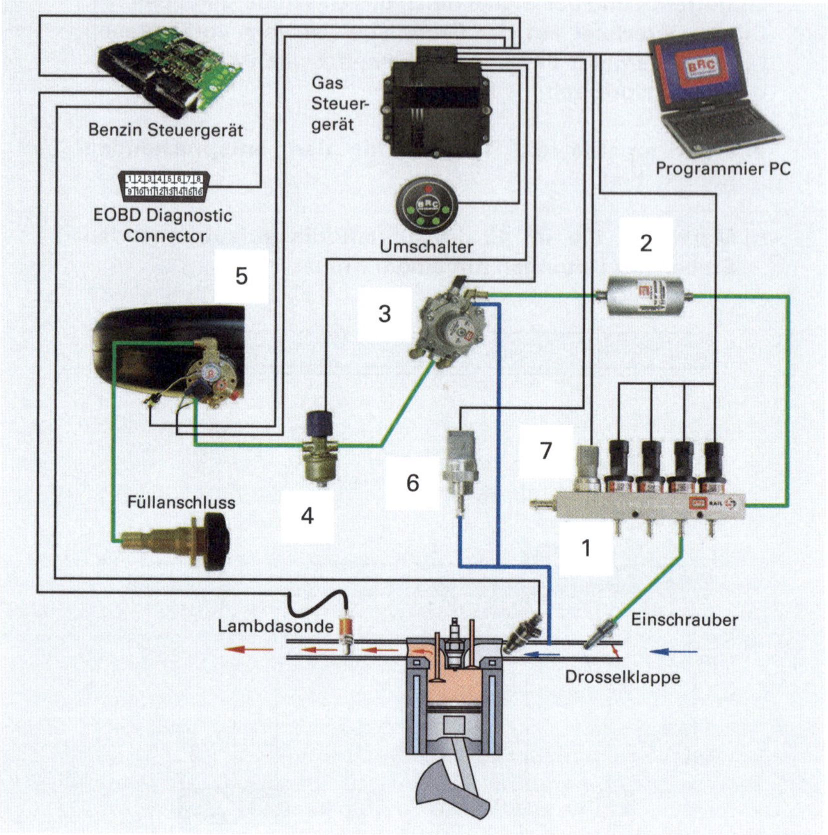

2. Geben Sie die Aufgaben der folgenden Bauteile an.

Verdampfer

____

____

Map-Sensor

____

____

3. Kennzeichnen Sie im Bild den Weg des Gases bei Gasbetrieb durch grüne Pfeile.

4. Da Sie den Fehler beheben sollen, führen Sie zuerst eine Sichtprüfung durch. Worauf achten Sie hierbei?

____

____

5. Nachdem Sie bei der Sichtprüfung keinen Fehler feststellen konnten, überlegen Sie, wie Sie die Fehlersuche beginnen sollen und welche Fehler vorliegen können. Nennen Sie fünf mögliche Fehler.

____

____

____

6. Bevor Sie den Fehlerspeicher auslesen, prüfen Sie die Tankanzeige (Bild rechts). Welche Aussage können Sie treffen?

____

7. Im Fehlerspeicher der Gasanlage ist kein Fehlercode abgelegt. In der Betriebsanweisung des Herstellers finden Sie jedoch die rechts dargestellten Hinweise.
Unter welchen Bedingungen ist die Gasanlage zuschaltbar?

Hinweise:
Der Motor wird immer im Benzinbetrieb gestartet. Die Gasanlage schaltet nur ein, wenn die dargestellten Parameter erfüllt sind.

Kalter Motor

Umschalttemperatur am Verdampfer größer als	39,8	°C
Umschaltverzögerung beim Start	60	s

Warmer Motor

Umschalttemperatur am Verdampfer größer als	49,9	°C
Umschaltverzögerung beim Start	5	s

Der auf dem Verdampfer angegebene Druck ist ein Differenzdruck zwischen dem in der Anlage vorherrschendem Druck und dem Saugrohrdruck. Der Nenndruck darf bei dieser Anlage den Wert von 600 mbar nicht unterschreiten, sonst schaltet die Anlage ab.

8. Sie lesen die Istwerte (Bild 1) bei eingeschalteter Zündung und stehendem Motor aus.
Dabei ist zu beachten, dass die Kühlmitteltemperatur die Gehäusetemperatur des Verdampfers wiedergibt. „T.Gas" stellt die vom Steuergerät errechnete Gastemperatur dar.
Worauf schließen Sie?

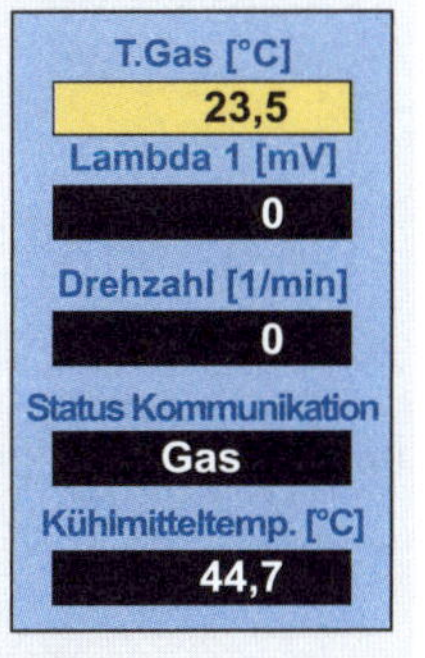

Bild 1

9. Im Anschluss prüfen Sie den Temperaturfühler des Verdampfers bei unterschiedlichen Kühlwassertemperaturen, die Sie sich über den Motortester anzeigen lassen. Sie stecken den Fühler ab und messen den jeweiligen Widerstand.

a) Ermitteln Sie aus dem nebenstehenden Diagramm die Sollwerte und vergleichen Sie diese mit den gemessenen Istwerten.

Temperatur (°C)	Istwert (kΩ)	Sollwert (kΩ)
15	2,6	
25	2,2	
45	1,6	
80	1,2	
110	0,95	

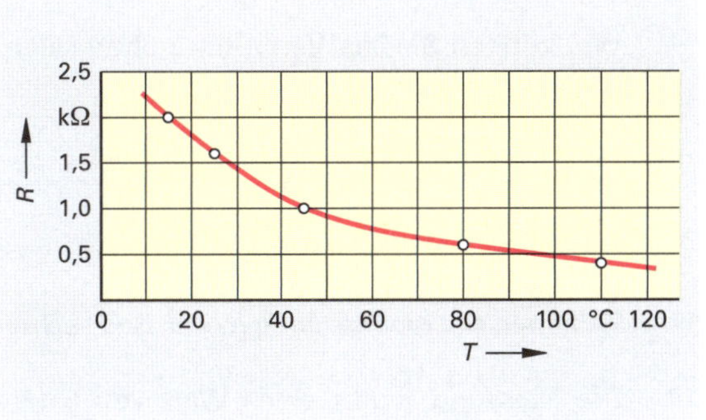

b) Wie groß ist der Widerstandssollwert bei Einschalttemperatur (kalter Motor)?

c) Bei welcher Temperatur hat der eingebaute Sensor diesen Wert?

d) Beurteilen Sie das Ergebnis. Was ist zu tun?

10. Nach einer Probefahrt stellen Sie fest, dass die Anlage trotz erfolgter Reparatur nicht in den Gas-Betrieb schaltet. Deshalb prüfen sie als nächstes den Gasdruck am Rail mit Hilfe der Gasanlagen-Software.
Beurteilen Sie die rechts abgebildeten Ist-Werte (Bild 2).

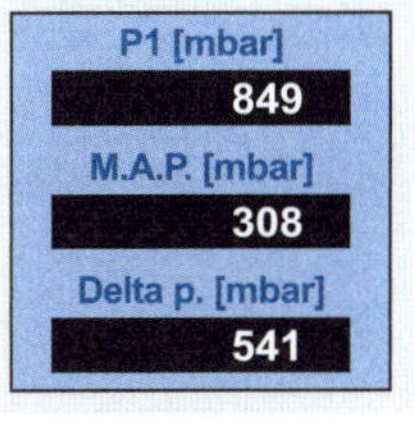

Bild 2

Name:

Klasse: Datum: Blatt-Nr.:

11. **Eine Ursache für den verringerten Nenndruck am Rail kann sein, dass das Multiventil am Tank nicht richtig arbeitet. Deshalb überprüfen Sie das Ventil mit Hilfe eines Stellgliedtests. Wird das Ventil angesteuert, ist kein Klicken im Ventil zu hören.**
Was schließen Sie daraus?

12. **Um die Spannungsversorgung zu prüfen, stecken Sie das Multiventil am Tank ab und schließen es mit Hilfe von zwei Y-Kabeln wieder an. Als Messwert erhalten Sie bei laufendem Motor 13,6 V.**
Beurteilen Sie das Ergebnis.

13. **Zur Sicherheit überprüfen Sie den Widerstand des Ventils. Sie stecken das Ventil ab und messen den Innenwiderstand des Ventils. Sie erhalten einen Wert von 9 Ω.**
Berechnen Sie den Sollwert.

Geg.: **Ges.:**

Lös.:

Beurteilen Sie das Ergebnis.

14. **Um das Magnetventil als Fehlerursache ausschließen zu können, müssen Sie eine weitere Prüfung vornehmen.**
Welche Messung führen Sie durch?

15. **Im Bild rechts ist das Ventil dargestellt.**
Zeichnen Sie den vermuteten Fehler ein.

16. **Wie können Sie Ihre Vermutung überprüfen?**

17. **Zeichnen Sie die Messung in das Bild rechts ein.**

18. **Die Messung ergibt einen Wert von 5 Ω. Wie groß müsste der Wert sein?**

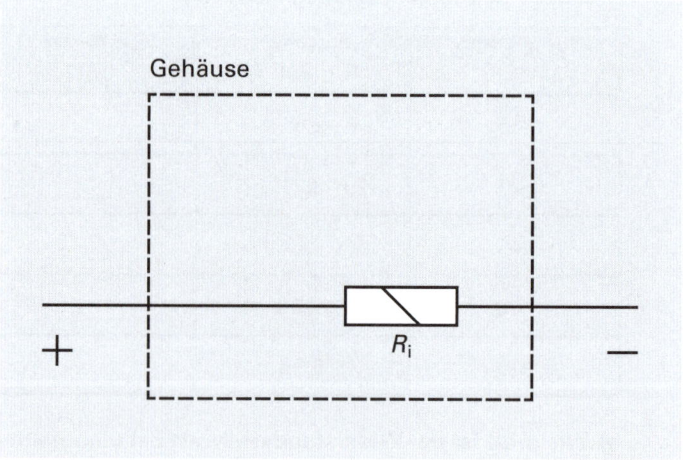

19. **Warum arbeitete das Ventil nicht richtig, so dass im Rail ein zu geringer Druck herrscht.**

20. **Was ist zu tun?**

Situation: Ein Kunde möchte seinen Mitsubishi Eclipse Spyder mit Lachgaseinspritzung für die Teilnahme an einem Wettbewerb nachrüsten.

Hinweis: **Für Lachgas-Einbausätze sind weder eine Teilegenehmigung noch ein Teilegutachten erhältlich. Wird ein Fahrzeug im öffentlichen Straßenverkehr eingesetzt, sind deshalb weder die Montage noch der Betrieb einer Lachgas-Einspritzung zulässig, die Betriebserlaubnis erlischt.**

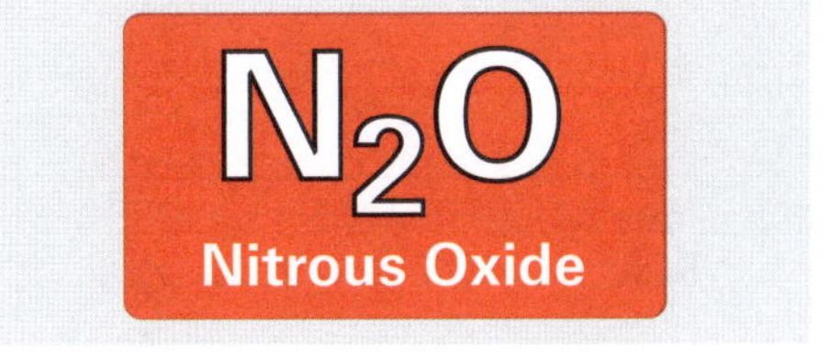

1. Erläutern Sie die chemische Zusammensetzung von Lachgas (N_2O).

____

____

2. Bei der Lachgaseinspritzung werden drei Systeme unterschieden.

Trockensystem	Nasssystem	Multiporteinspritzung
Einspritzdüse, die nur N_2O in den Ansaugkanal zuführt.	Über eine Düse wird N_2O u. Benzin in den Ansaugkanal zugeführt.	Über mehrere Düsen wird N_2O und Benzin in die Ansaugkanäle zugeführt.
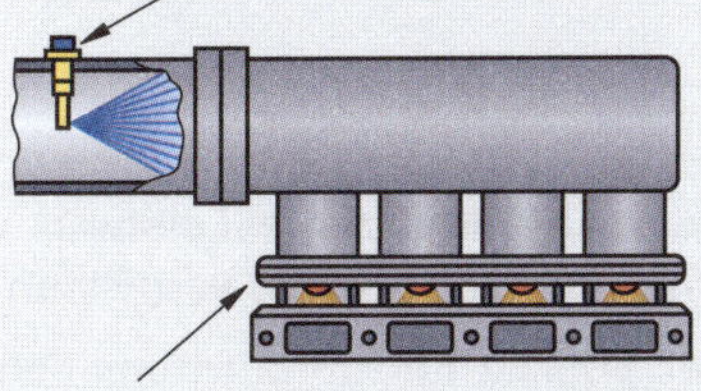	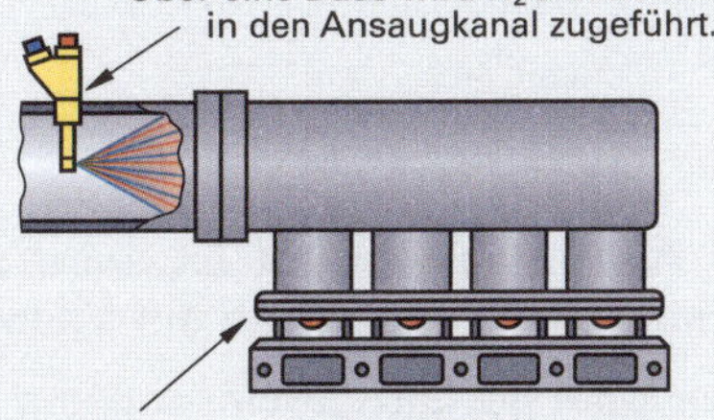	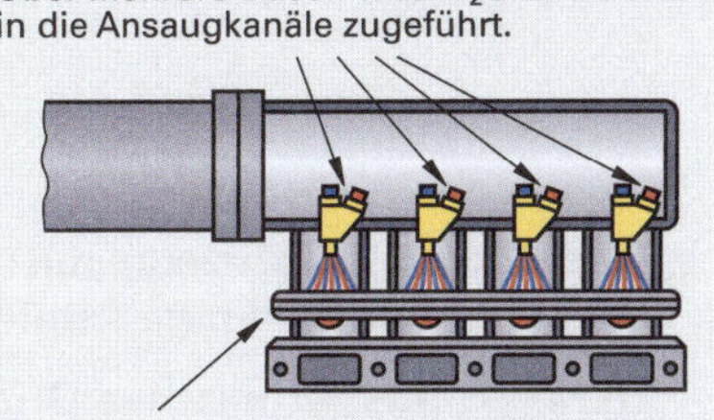
Zusätzlich wird mehr Benzin eingespritzt.	Normale Benzin-Luft-Gemisch-Einspritzung.	Normale Benzin-Luft-Gemisch-Einspritzung.

3. Erläutern Sie anhand der abgebildeten Lachgaseinspritzung, um welches System es sich handelt.

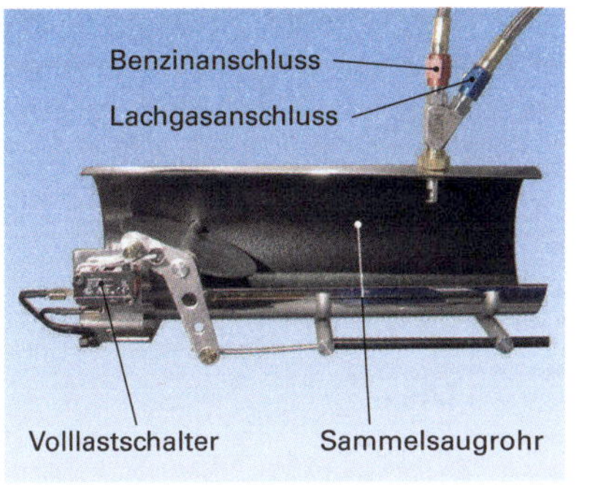

____

____

____

____

____

4. Ordnen Sie den Bauteilen des Lachgas-Einbausatzes die entsprechenden Ziffern zu.

____ Anschluss an die Benzinversorgung

____ Einspritzdüse (Foggerdüse)

____ Magnetventil zur Steuerung der Lachgaszufuhr

____ Gasflasche für Lachgas

____ Magnetventil zur Steuerung der Benzineinspritzmenge

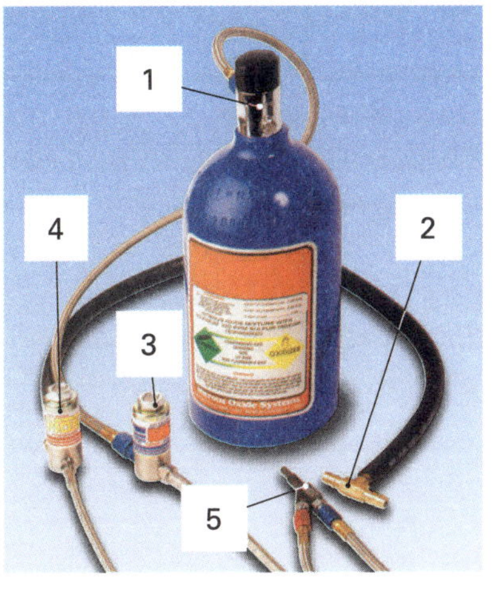

5. **Erläutern Sie anhand der nebenstehenden Erklärung des Herstellers die drei wesentlichen Punkte, welche die Leistungssteigerung bei der Lachgaseinspritzung bewirken.**

1. ______________________________

____

____

2. ______________________________

____

____

3. ______________________________

____

____

> N_2O (Lachgas) wird zusammen mit Benzin in flüssiger Form in den Ansaugtrakt des Motors eingespritzt. Durch das schnelle Verdampfen des unter Druck stehenden N_2O wird das Kraftstoff-Luft-Gemisch um ca. 20° Celsius abgekühlt. Erst im Brennraum zerfällt N_2O bei Temperaturen von über 575° Celsius zu Stickstoff und Sauerstoff. Dabei entsteht Wärmeenergie (exotherme Reaktion).
>
> $$2\,N_2O \Rightarrow 2\,N_2 + O_2 + \text{Energie}$$
>
> Entsprechend des erhöhten Sauerstoffanteils kann mehr Kraftstoff eingespritzt werden. Durch die Gemischzusammensetzung muss die Überhitzung des Motors verhindert werden.

6. **Warum kann kein reiner Sauerstoff in den Motor eingespritzt werden?**

____

____

7. **Nachdem das Fahrzeug mit der Anlage ausgerüstet ist, wird auf einem Prüfstand die Leistung und das Drehmoment des umgerüsteten Fahrzeugs ermittelt und mit einem serienmäßigen Fahrzeug verglichen.**

Hinweis: Aus technischen Gründen kann die Lachgaseinspritzung erst bei Volllast und mindestens 4500 1/min von dem Fahrer zugeschaltet werden.

Berechnen Sie anhand der abgebildeten Leistungs- und Drehmomentkurven die prozentuale Leistungs- und Drehmomenterhöhung nach der Umrüstung mit Lachgaseinspritzung bei einer Drehzahl von ca. 4800 1/min.

Geg.:

Ges.:

Lös.:

Geg.:

Ges.:

Lös.:

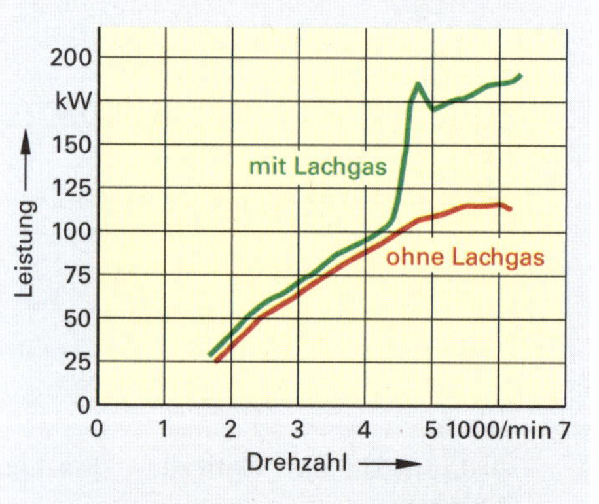

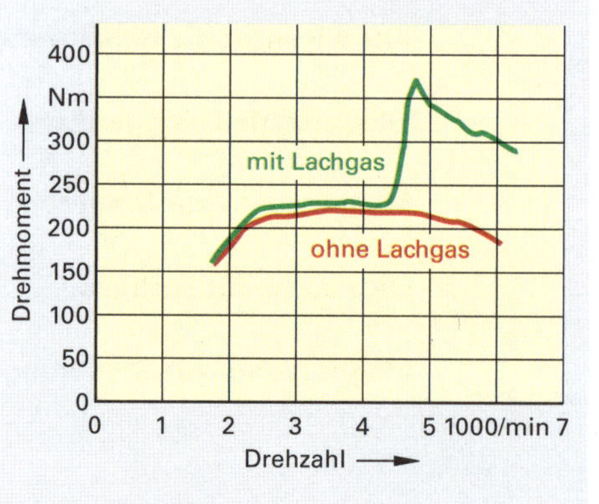

Name:		
Klasse:	Datum:	Blatt-Nr.:

Situation: Ein Kunde möchte an seinem 3er BMW ein Fahrzeugtuning vornehmen, um die Fahreigenschaften zu verbessern und das Fahrzeug optisch aufzuwerten.

1. Der Kunde hat mit Hilfe des Internets bereits eine „Wunschliste" der möglichen Tuningmaßnahmen zusammengestellt.
   Welche Vor- bzw. Nachteile ergeben sich daraus.
   Ergänzen Sie die Tabelle.

		Tuningmaßnahme	Vorteile	Nachteile
Räder / Reifen		Breitreifen 		
Räder / Reifen		Leichtmetallfelgen mit geringerer ET 		
Fahrwerksgeometrie	Federn / Dämpfer	Tieferlegung 		
Fahrwerksgeometrie	Federn / Dämpfer	Gewindefahrwerk mit variabler Dämpfereinstellung 		
Karosserie		Heck- und Frontspoiler 		
Karosserie		Domstrebe 		

2. Geben Sie den Mindestabstand zur Fahrbahnoberfläche nach § 49a StVZO an.

Kennzeichen vorn / hinten ______________ **Blinker vorn / hinten** ______________

3. Das Fahrzeug soll mit einem Gewindefahrwerk und Niederquerschnittreifen vom Typ 245/35 ZR18 87W umgerüstet werden. Berechnen Sie den kleinsten möglichen Luftspalt zwischen den Reifen der VA und der Kotflügelunterkante, wenn das Mindestmaß B eingehalten wird.

Technische Daten	**Gewindefahrwerk Artikel Nr. ... 20 021**			
Fahrzeugtyp	BMW 3er E46 Lim. Touring, Cabrio, Coupe Typ 346L, 346C, 346R		max. zulässige VA-Last: 910 kg	
	Vorderachse		Hinterachse	
Federkennzeichnung	KW 20-60-80/ KW 50-200		KW 2003	
Federbein-/ Dämpferkennzeichnung	200 1002		200 1102	
Zulässiges Restgewindemaß *A* Angabe* ca. in mm	minimal:	maximal:	minimal:	maximal:
	0 mm	35 mm	10 mm	35 mm
Zulässiges Radmitte-Bördelkante Abstandsmaß *B*, Angabe** in mm	minimal:	maximal:	minimal:	maximal:
	320 mm	355 mm	310 mm	335 mm

Ermittlung der Abstellmaße: (Abbildungen nur symbolisch)

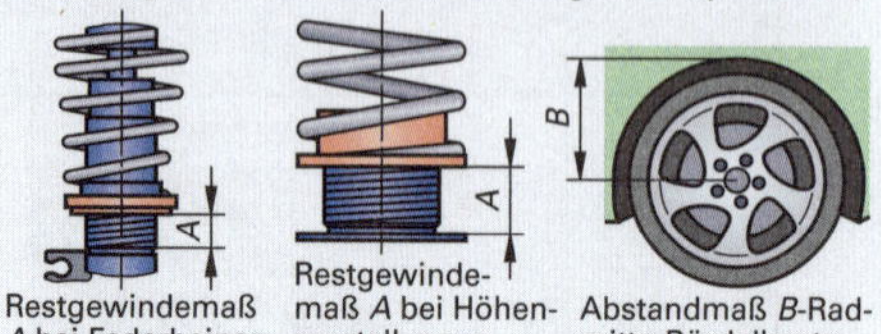

Restgewindemaß *A* bei Federbeinen — Restgewindemaß *A* bei Höhenverstellungen — Abstandmaß *B*-Radmitte-Bördelkante

Geg.: **Ges.:**

Lös.:

4. Zum Einbau des Fahrwerks steht Ihnen der abgebildete Auszug der Einbauanleitung zur Verfügung. Eine vollständige Einbaueinleitung erhalten Sie im Internet.

1. Die Federbeine sind anhand der Fahrzeughersteller-Richtlinien zu demontieren.
2. Zum Zerlegen der Original-Federbeine sind die vom Fahrzeughersteller vorgeschriebenen Montagewerkzeuge bzw. geeignete Federspanner zu verwenden.
3. Die angelieferten Federbeine bzw. die Tieferlegungskomponenten sind, wie auf den nachfolgenden Seiten beschrieben, zu montieren.
4. Die Befestigungsmuttern der Kolbenstangen dürfen nur mit geeignetem Spezialwerkzeug angezogen werden. Es darf keinesfalls ein Schlagschrauber verwendet werden. Die Kolbenstange darf niemals mit einer Zange oder ähnlichem festgehalten werden. Eine Beschädigung der Kolbenstange ist auf jeden Fall zu vermeiden, denn schon die kleinste Oberflächenverletzung führt zum Defekt und Gewährleistungsausschluss.
5. Das Restgewindemaß an jedem Federbein ist so einstellen, dass es einem Mittelmaß der Tabellenwerte entspricht.
   Beispiel: Bei einem angegebenem Restgewindemaß von 20-60 mm sollten 40 mm eingestellt werden.
6. Der Gewindering ist durch Anziehen der vormontierten Innensechskantschraube zu sichern. Bei Federn mit separaten Höhenverstellungen (keine Federbeine) ist ein Sichern des Gewinderings gegen Verdrehen nicht notwendig.
   Achtung: Das Anzugsdrehmoment am Kunststoffring von max. 1 – 2 Nm muss in jedem Fall eingehalten werden.
7. Alle nicht in dieser Anleitung vorgegebenen Anzugsdrehmomente sind aus den Unterlagen des Fahrzeugherstellers zu entnehmen und einzuhalten.
8. Nach kompletter Montage des Fahrwerks ist das Fahrzeug im Werkstattbereich auszurollen. Danach ist die Fahrzeughöhe zu prüfen und eine Korrektur gemäß Kundenwunsch durchzuführen.
   Achtung: Beim Einstellen ist zu berücksichtigen, dass sich das Fahrzeug im Fahrbetrieb um weitere 5-10 mm absenken kann.
9. Überprüfung der Freigängigkeit von Rädern und Bereifung zu den Federbeinen (Gewinderingen) sowie anderen Fahrwerks- und Karosserieteilen. Das Mindestabstandsmaß darf 5 mm nicht unterschreiten. Es ist gegebenenfalls mittels handelsüblicher (für das Fahrzeug zugelassenen) Distanzscheiben mit eigenem Gutachten oder fachgerechter Bearbeitung der Radläufe wieder herzustellen.
   Achtung: Bei Verbundlenkerachsen ist diese Methode zur Beurteilung der Radfreigängigkeit zur Karosserie nicht ausreichend. Hier muss das Fahrzeug bis zur maximalen Achslast beladen werden und im Fahrversuch die Radfreigängigkeit überprüft werden.
10. Die Fahrwerksgeometrie ist gemäß Vorgaben des Fahrzeugherstellers neu einzustellen. Sollten die Werte aufgrund einer erheblichen Höhenabweichung nicht einstellbar sein, so ist ein optimaler Wert in Nähe des Toleranzbereiches des Fahrzeugherstellers einzustellen.
11. Abschließend müssen noch alle mit der Fahrzeughöhe in Verbindung stehenden Komponenten (z.B. Scheinwerfer, Bremskraftregler usw.) gemäß Vorgaben des Fahrzeugherstellers eingestellt werden.
12. Bei Fahrzeugen mit ESP bzw. DSC, EPC, etc. kann ein Eintrag im Fehlerspeicher in Verbindung mit Aufleuchten der Fehlerlampe aufgrund der neuen Fahrwerkskomponenten erfolgen. Je nach Marke und Modell kann dies ein sporadischer Fehler sein, der nach einer Probefahrt von ca. 5 km erlöschen kann. Bei einzelnen Modellen müssen zusätzlich beide Lenkendanschläge im Stand erreicht werden. Bei aktuellen Modellen ist u. U. eine Grundeinstellung der ESP-Funktion und des Lenkwinkels über den Diagnosetester des Fahrzeugherstellers notwendig.

Geben Sie als Antwort die jeweilige Ziffer des Montagehinweises an:

a) Wie ist nach der Einstellung der Fahrzeughöhe der Gewindering gegen Verdrehen zu sichern? ______

b) Wie weit kann sich das Fahrzeug im Fahrbetrieb noch setzen (absenken)? ______

c) Wie ist bei einer Verbundlenkerachse die Freigängigkeit der Räder zu Überprüfen? ______

d) Was ist bei Fahrzeugen mit ESP zu beachten? ______

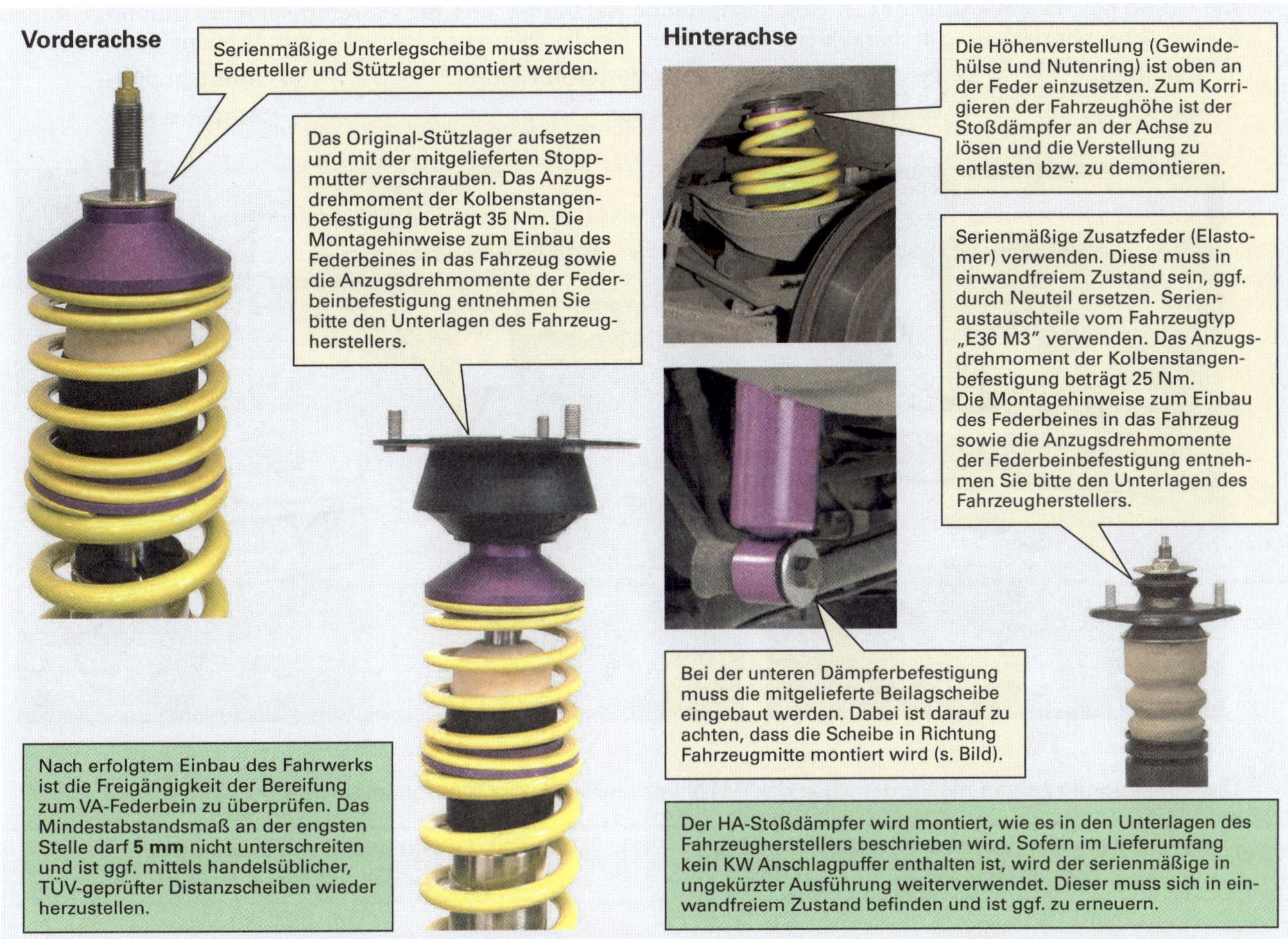

5. **a) An welcher Stelle ist die Gewindeverstellung der HA einzubauen?**

____

b) An welcher Stelle ist die serienmäßige Unterlegscheibe zu montieren?

____

c) Wie hat die Endabnahme nach Einbau des Fahrwerks zu erfolgen? (Vergleiche S. 196, Aufgabe 4., Punkt 9)

____

____

d) Geben Sie das Mindestmaß für die Freigängigkeit zwischen Fahrwerk und Bereifung an.

____

6. **Wenige tausend Kilometer nach dem Fahrwerkseinbau beschwert sich der Kunde, dass die neuen Reifen schon abgefahren seien. Beschreiben Sie das Reifenverschleißbild. (Abgebildet sind die Räder der Hinterachse. Räder stehen in Laufrichtung).**

____

____

____

____

____

Name:		
Klasse:	Datum:	Blatt-Nr.:

7. **Auf Grund des Reifenverschleißes ist eine Sichtprüfung der Vorder- und der Hinterachsen durchzuführen. Tragen Sie die Achsenbezeichnung in den Bildern ein. Ordnen Sie die Ziffern den Bauteilen der Abbildung zu.**

1 Stabilisator	3 Pendelstütze	5 McPherson-Federbein	8 Stoßdämpfer
2 Spurstange	4 Querlenker	6 Feder	7 Antriebswelle

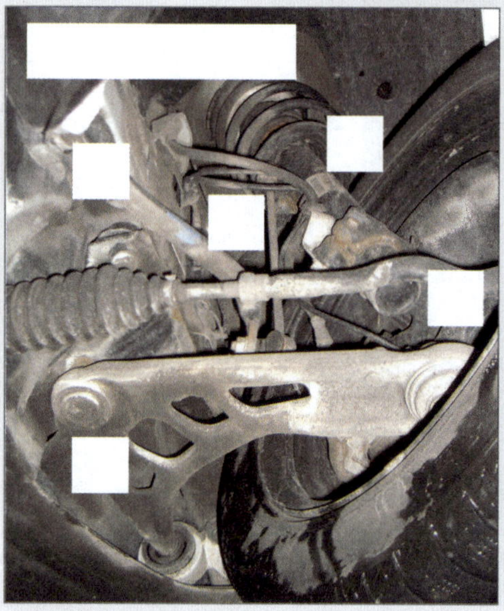

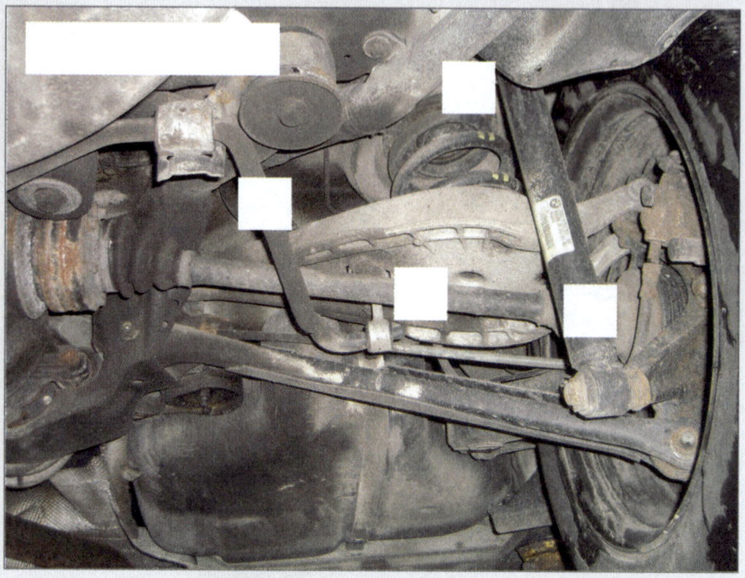

8. **Die Abbildungen zeigen die Vorderachse des BMW vor und nach der Tuningmaßnahme.**

mit original Federn und original Bereifung (225/45ZR17 auf 8 J × 17 ET 47)	tiefer gelegt mit Breitreifen (245/35ZR18 auf $8\,^1/_2$ J × 18 ET 36)
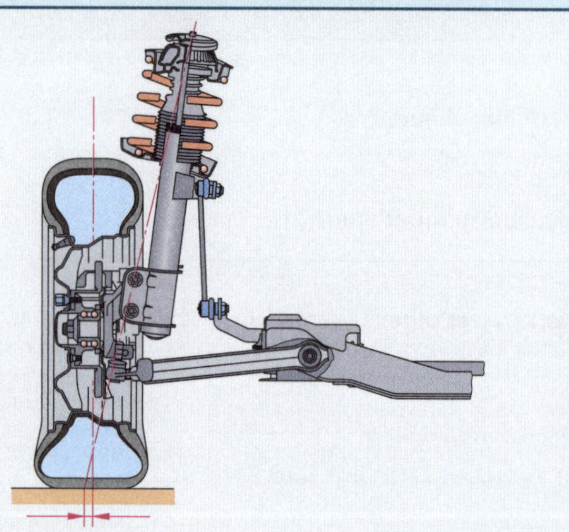	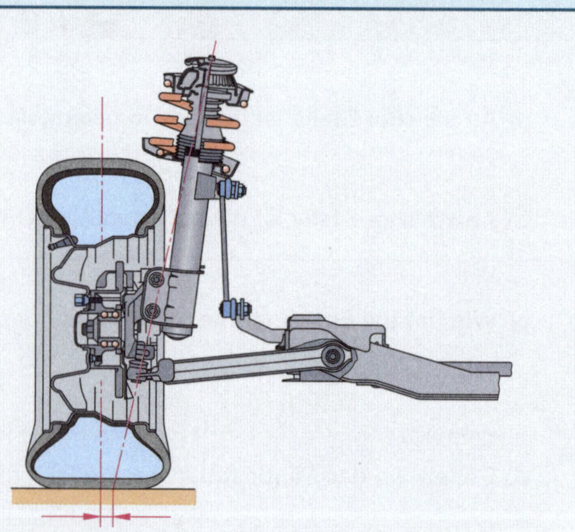

Welche Radstellgrößen haben sich durch die Tuningmaßnahme verändert?

9. **Berechnen Sie die neue Spurweite (Spurweite vorne mit Originalbereifung S =1480 mm)**

10. **Erklären Sie dem Kunden die Ursache des erhöhten Reifenverschleißes.**

Situation: Ein Kunde hat in seinen VW Golf VI, einen gebrauchten 2.0l, 155 kW GTI-Motor anstatt des serienmäßig 1.6l, 75 kW Motor eingebaut. Hierdurch erhöht sich die Höchstgeschwindigkeit von 188 km/h auf 240 km/h.

1. Welche rechtlichen Folgen hat dies für das Fahrzeug (siehe StVZO § 19) und den Fahrer?

2. Welche Veränderungen müssen durch die höhere Motorleistung und dadurch erhöhte Fahrgeschwindigkeit am Fahrwerk durchgeführt werden? Begründen Sie Ihre Antwort.

3. Welche Gefahr besteht, wenn beim Abbremsen aus der Höchstgeschwindigkeit die Bremsanlage unverändert bleibt?

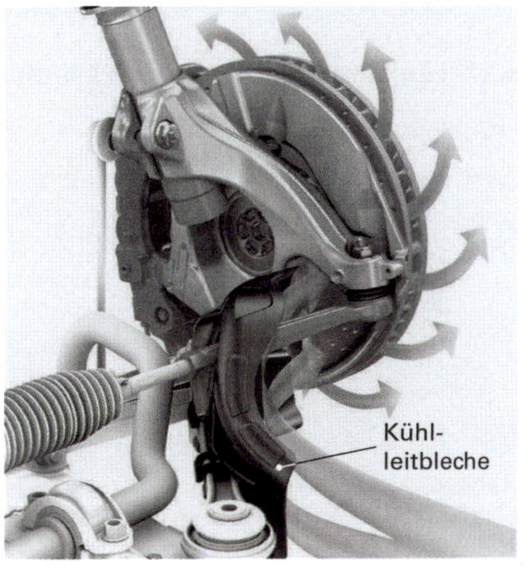

4. Es ist die im Bild dargestellte Bremsscheibe zu verwenden.
   a) Welche Maßnahmen verhindern eine zu starke Erwärmung der Bremsanlage?

   b) Welche zusätzlichen Aufgaben haben die Bohrungen in der Bremsscheibe?

   c) Tragen Sie den Lüftstrom in die Skizze ein. Unterscheiden Sie kalte und warme Luft verschiedenfarbig.

5. Welcher Zusammenhang besteht zwischen Geschwindigkeit und Bewegungsenergie (kinetischer Energie)?

6. **Hinweis:** Beim Vergleich der Bremsanlage des 75 kW mit der des 155 kW Fahrzeuges wird anhand der Ersatzteilnummern festgestellt, dass an der Hinterachse im Serienzustand die gleiche Bremsanlage verbaut ist. Für die Vorderachse sind unterschiedliche Umbauvarianten der Bremsanlage möglich. Ermitteln Sie aus dem Datenblattauszug, worin sich die beiden Umbauvarianten unterscheiden.

		Serienzustand	Umbauvariante 1	Umbauvariante 2
Hauptbremszylinder	∅ in mm	23,81	23,81	23,81
Bremskraftverstärker	∅ in Zoll	10″	10″	10″
Bremssattel	Art Typ	Faustsattel „FN 3“	Faustsattel „FN 3“	Faustsattel „Supersport“
Bremssattel Kolben	∅ in mm	54	54	58
Bremsscheibe	∅ in mm	288	312	312
Halter für Bremssattel	Bestell-Nr.	4A 06 15 125A	4B 06 15 125A	01 B0668

Variante 1:

Variante 2:

7. Warum steigt bei Umbauvariante 1 im Vergleich zum Serienzustand das Bremsmoment bei gleicher Anpresskraft des Bremsbelages?

Serienzustand	Umbauvariante 1
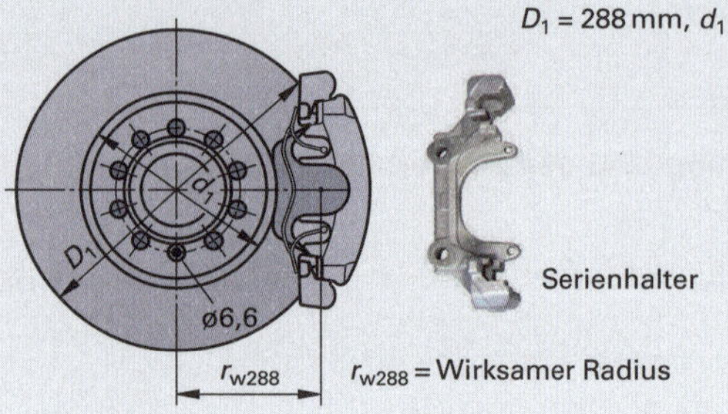	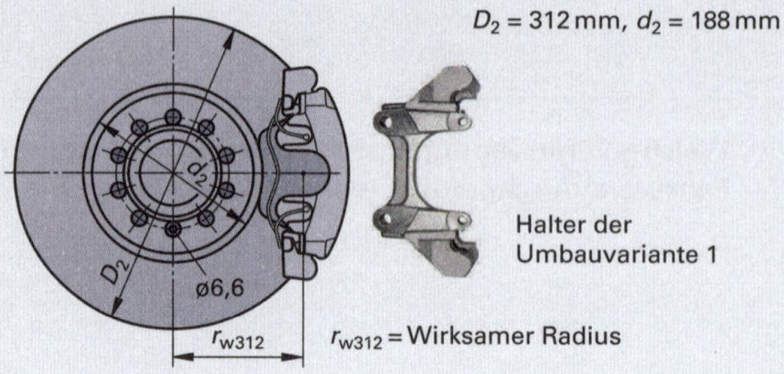

Serienzustand:

Umbauvariante 1:

____

8. Ermitteln Sie für beide Fälle den wirksamen Hebelarm r_w.

Geg.:	**Geg.:**
Ges.: r_{w288} = ?	**Ges.:** r_{w312} = ?
Lös.:	**Lös.:**

9. Berechnen Sie um wie viel % das Bremsmoment beim Umbau auf die Variante 1 gegenüber dem Serienzustand bei der gleichen Anpresskraft erhöht wird.

Geg.: **Ges.:** r_{w288} = ?

Lös.:

10. Der Kunde entscheidet sich für den Einbau der Umbauvariante 2 mit dem Festsattel „Supersport". Welchen Vorteil bietet diese im Vergleich zur Umbauvariante 1?

____

____

11. Das Fahrzeug soll mit der Umbauvariante 2 umgerüstet werden. Die Räder sind demontiert. Ordnen Sie die Arbeitsschritte der Umrüstung in die richtige Reihenfolge.

___	Einbau und Reinigen der neuen Bremsscheibe	___	Räder mit vorgeschriebenem Drehmoment anziehen	___	Druck und Funktionsprüfung durchführen
___	Bremsanlage entlüften	___	Einbau des Bremssattels, Halters und neuer Bremsbeläge	___	Ausbau der alten Bremsanlage
___	Probefahrt durchführen	___	Bremswerte auf dem Bremsenprüfstand prüfen	___	Einbau der neuen Bremsschläuche

12. Welche weiteren Schritte muss der Kunde vor der Inbetriebnahme des umgebauten Fahrzeuges vornehmen?

____

____

____

____